中国气象灾害大典

海南卷

主　　编　温克刚
本卷主编　吴岩峻

气象出版社

图书在版编目（CIP）数据

中国气象灾害大典．海南卷/《中国气象灾害大典》编委会编．—北京：气象出版社，2008.3

ISBN 978－7－5029－4474－2

Ⅰ．中…　Ⅱ．中…　Ⅲ．①气象灾害－气象资料－中国②气象灾害－气象资料－海南省　Ⅳ．P429

中国版本图书馆CIP数据核字（2008）第025057号

出 版 者：气象出版社
地　　址：北京市海淀区中关村南大街46号
邮　　编：100081
电　　话：总编室　010－68407112　发行部　010－68409198
网　　址：http：//cmp. cma. gov. cn
E－mail：qxcbs@263. net
责任编辑：江彦文
终　　审：章澄昌
封面设计：刘　扬
责任技编：都　平
责任校对：赵　媛
印　　刷：北京中新伟业印刷有限公司
装　　订：北京恒智彩印有限公司
发 行 者：气象出版社
开　　本：787mm×1092mm　1/16
印　　张：18.5
插　　页：9
字　　数：453千字
版　　次：2008年4月第1版
印　　次：2008年4月第1次印刷
印　　数：1—3000
定　　价：70.00元

ISBN 978-7-5029-4474-2
9 787502 944742 >

《中国气象灾害大典》编委会

主　　任：温克刚（兼主编）

副 主 任：李　黄　毛耀顺　阮水根

丁一汇　朱祥瑞

委　　员：（按姓氏笔画排列）

于新文　王存忠　孙　健

许小峰　李泽椿　李维京

沈国权　周曙光　倪允琪

裘国庆　董超华　韩通武

《中国气象灾害大典》编辑部

主　　任：毛耀顺（兼副主编）

副 主 任：王存忠　朱祥瑞　李维京

特约编辑：江彦文

《中国气象灾害大典·海南卷》编委会

主　　任：吴岩峻

委　　员：符大良　陈小丽　周茂华　陈　海　符之趁　林　熙　钟业诚

《中国气象灾害大典·海南卷》编写组

主　　任：吴岩峻

副 主 编：符大良

编　　辑：陈小丽　周茂华　陈　海

总　　序

我国是一个季风气候特点显著的国家。季风气候有利的方面是：气候类型多样，气候资源丰富，世界上绝大多数动植物类型都能在我国生存繁衍，从而为大农业（农林牧副渔）的发展提供了宝贵的种质资源。但是，季风气候不利方面是：它的不稳定性又使我国成为气象灾害频繁发生的国家。干旱、洪涝、台风、寒潮以及冰雹、龙卷风、高温酷暑、低温冷害等对国民经济和人民生命财产安全造成严重危害，此类灾害所带来的损失约占所有自然灾害的70%，随着经济不断发展，气象灾害造成损失的绝对值越来越大。20世纪90年代全球重大气象灾害造成的损失比50年代高出10倍。我国每年因气象灾害造成的经济损失占GDP的3%～6%。天气气候的变化，气象灾害的发生是客观存在。中国几千年的文明史就是认识自然，掌握天气变化规律，与气象灾害作斗争，推动生产力向前发展的历史。早在原始社会时期，人类就学会了在各种天气气候条件下生存的本领，在殷商时期的甲骨文中就有关于气象灾害的记载，在2000多年前，黄河流域一带形成了反映季节与农事活动关系的“二十四节气”。随着生产力的发展，人类为了取得生产的主动权，更加关心天气气候的变化，在生产实践中逐渐加深了对气象变化规律的认识，学会了在复杂变化的天气气候条件下生产、生活，逐步积累了预防、抵御气象灾害的经验，从而推动了气象科学的发展。气象科学的发展离不开劳动人民的实践与智慧。

随着现代科技水平的提高与全球化趋势的发展，气候变化和气象灾害问题受到世界各国的普遍关注。由于人类对自然认识的局限性以及社会经济和科技发展水平等诸多原因，从总体上说，今后相当长的时期内气象灾害对国民经济和人民生命财产安全带来的危害仍然是难以完全避免的。但是，只要我们在规划国民经济、社会发展时坚持可持续发展的观点，依靠科技进步，充分重视气象灾害所带来的影响，加强对气象灾害规律的研究、监测和预报，立足于趋利避害，增强防灾抗灾意识，克服侥幸心理，树立长期作战的思想，人类必将在防御减轻并最终战胜气象灾害的斗争中不断前进！

编纂《中国气象灾害大典》（以下简称《大典》）正是在这样的背景下经过长期酝酿而付诸实施的。编纂《大典》旨在全面反映我国几千年来发生过的气象灾害以及劳动人民与其斗争的历史，总结历史经验，承上启下，继往开来，服务当代，有益后世。编纂《大典》既是气象文化建设的内在要求，也是社会主义精神文明建设系统工程的组成部分。《大典》把实用性放在第一位，以现代资料为重点，由近及远，详今略古，立足气象行业，面向全社会。

《大典》的问世将有助于提高全民族对气象灾害的忧患意识，加深对气象工作在经济、社会发展中的地位和作用的认识，为各级党政领导规划经济、社会发展和组织防灾减灾提供科学依据。《大典》收集了大量宝贵而翔实的资料，不仅可以为气象科研人员研究气候变化特别是短期气候预测提供基础性资料，同时也为其他学科的专家学者从事社会、经济、军事、科技、文化诸多领域的研究提供历史证据，为后人搜集整理我国劳动人民与自然作斗争的史料奠定基础。

编纂《大典》按照“大统一，小灵活”的原则，整体上分卷、章、节、目四级。全书编成若干卷，每卷单独成册，综合卷为全国性气象灾害的综述、评价；地方卷为各地具体灾害的“概述”与个例的辑录，分地区单独成卷。章按气象灾害种类划分，每卷设章数量按各地灾害种类发生的多少与频繁程度而定；节按年代划分，每章设节的多少按资料密集程度而定。章节的设定地方卷有一定的灵活性。章节之前分别撰写“绪论”和“概述”。条目是《大典》内容的基本单元，每个条目包括：灾害出现时间、地点，灾情（气象要素、造成的危害），防灾减灾措施等，编排按时间先后列出。

《大典》既是历代劳动人民的贡献积累，也是当代气象工作者集体智慧的结晶。编纂者虽然尽了很大的努力，但不足与疏漏仍在所难免，恳请读者批评指正。

《中国气象灾害大典》编委会

2005 年 3 月 23 日

凡　　例

一、《中国气象灾害大典·海南卷》遵循实事求是、厚今薄古的原则，以马克思主义的辩证唯物主义和历史唯物主义史观为指导，编撰海南省有历史记载以来的台风、暴雨、洪涝、干旱、雷暴、龙卷风等气象灾害的影响范围、灾害情况、防灾减灾措施等，力求准确、全面地反映海南省气象灾害的基本概貌，为海南省各级党政领导和相关部门提供充实的科学资料。它是一部反映海南省气象灾害和防灾减灾情况的大型工具书。

二、本卷采用述、记、图、表体裁，以记为主。

三、本卷资料上限至最早有文字记载的气象灾害，下限至2000年。

四、本卷纪年，1950年以前沿用历史纪年，括注公元纪年；1950年以后，采用公元纪年。

五、地名按历史名称书写，括注今名。

六、计量单位按1984年国务院颁布的《中华人民共和国法定计量单位》执行。但记述历史事实时，仍用其原有的计量单位。

七、资料来源：《海南省志·气象志》、《海南岛志》、《琼山县志》、《琼州志》、《琼海县志》、《琼中县志》、《文昌县志》、《万宁县志》、《定安县志》、《澄迈县志》、《屯昌县志》、《临高县志》、《白沙县志》、《昌江县志》、《保亭县志》、《乐东县志》、《感恩县志》、《儋州志》、《崖州志》、《昌江县二千年大事记》、《广东省自然灾害史料》、《海南省千年自然灾害史料集》及各市县政府灾情报告、民政部门、“三防”部门、农业部门、农垦部门、林业部门有关灾情、救灾报告和气象部门气象服务总结等资料。气象灾害图片主要来源于省、市、县气象局和电视台、报纸。

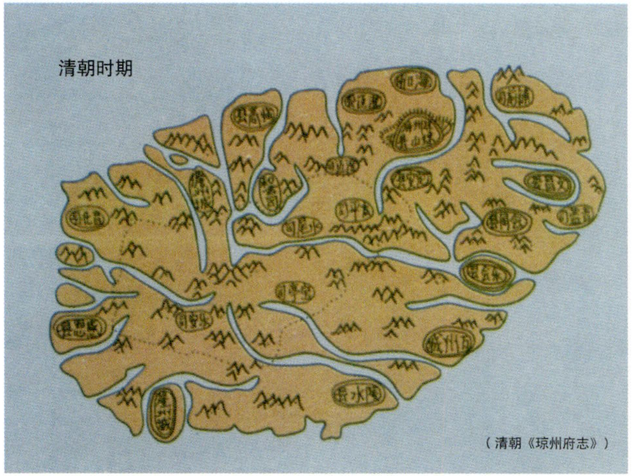

清朝时期

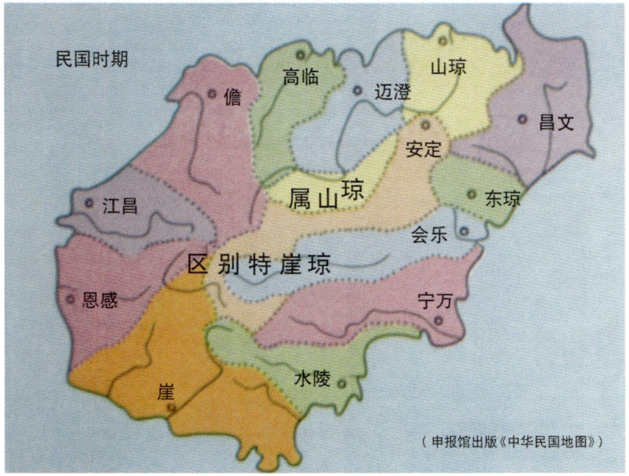

民国时期

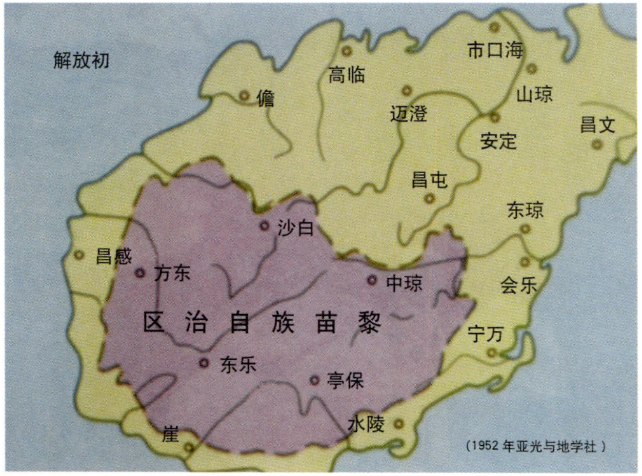

解放初

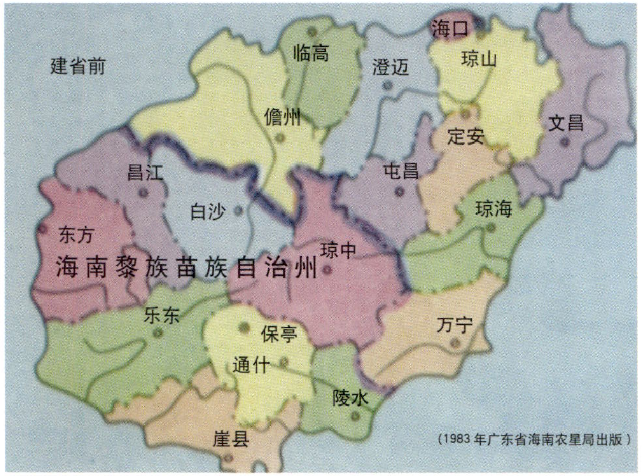

建省前

海南建省前政区图

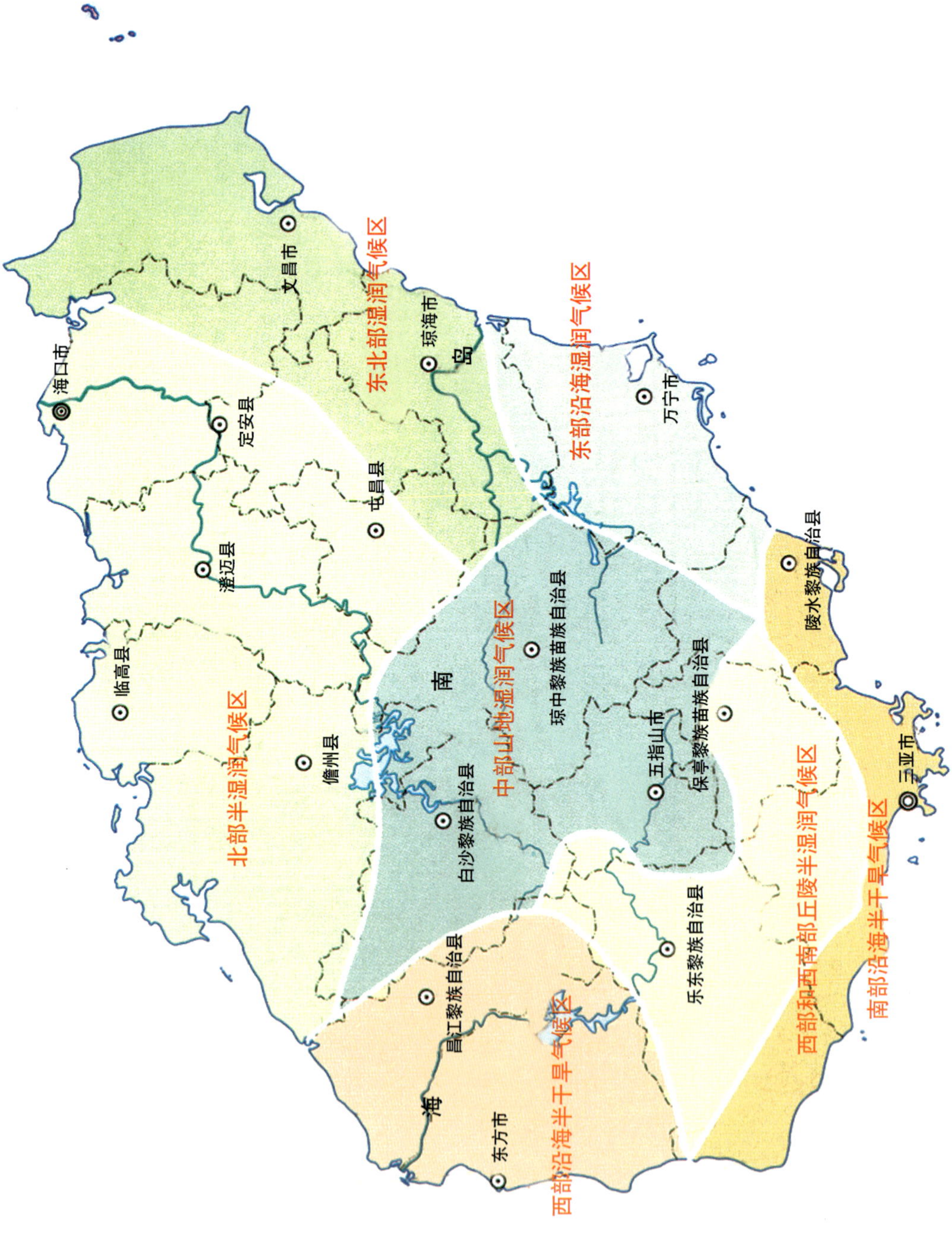
东北部湿润气候区
东部沿海湿润气候区
北部半湿润气候区
中部山地湿润气候区
西部和西南部丘陵半湿润气候区
南部沿海半干旱气候区
西部沿海半干旱气候区
海口市
文昌市
琼海市
万宁市
定安县
屯昌县
澄迈县
临高县
儋州县
琼中黎族苗族自治县
五指山市
保亭黎族苗族自治县
陵水黎族自治县
三亚市
白沙黎族自治县
昌江黎族自治县
乐东黎族自治县
东方市
海
南
岛

海南气候区划

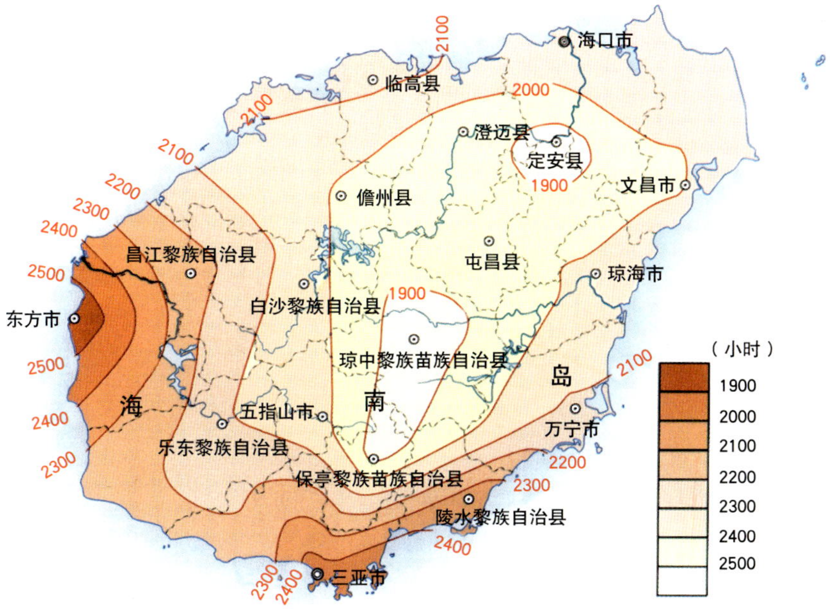

年平均日照时数

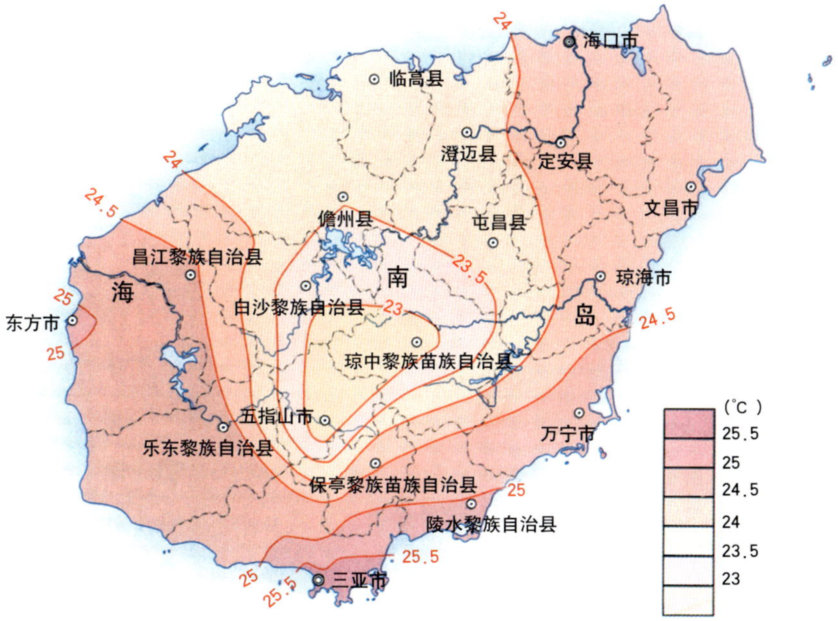

年平均气温

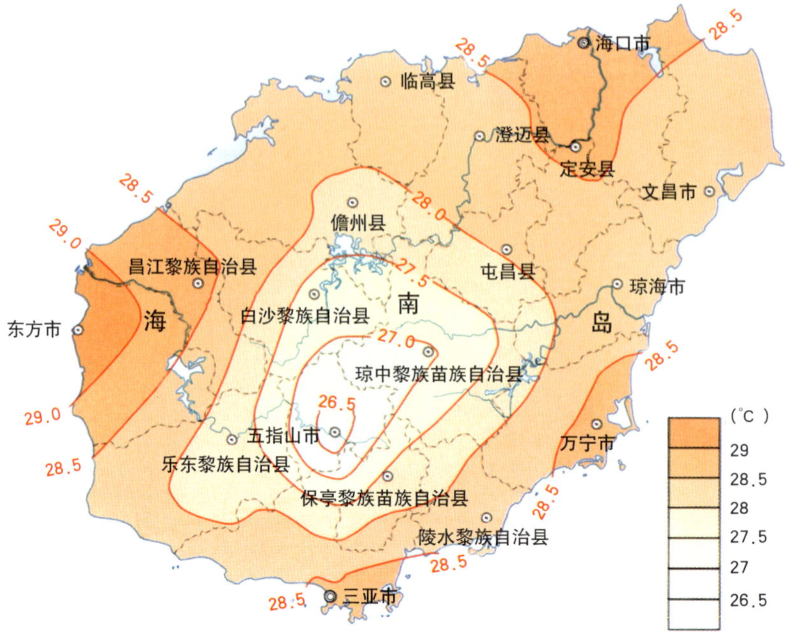

最热月平均气温

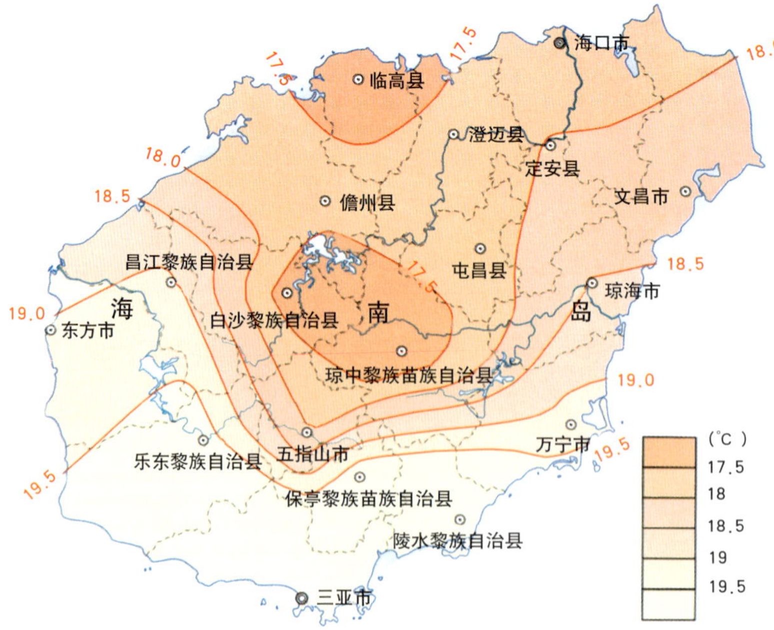

最冷月平均气温

最大日降水量

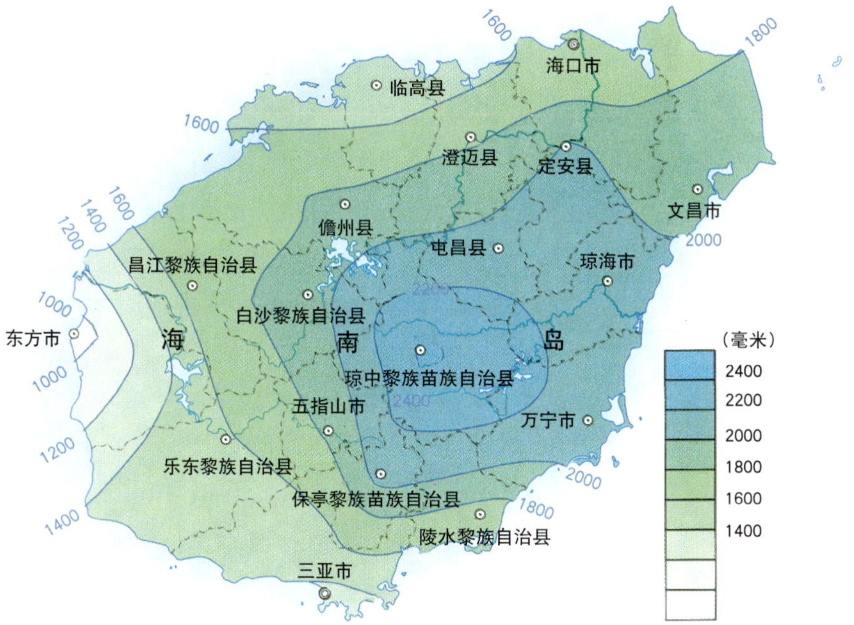

年平均降水量

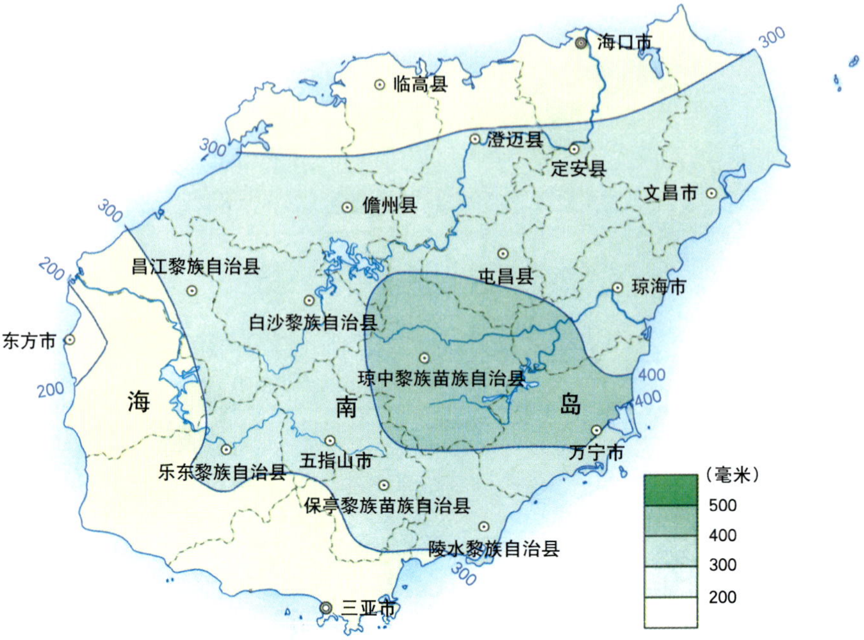

降水最多月平均量

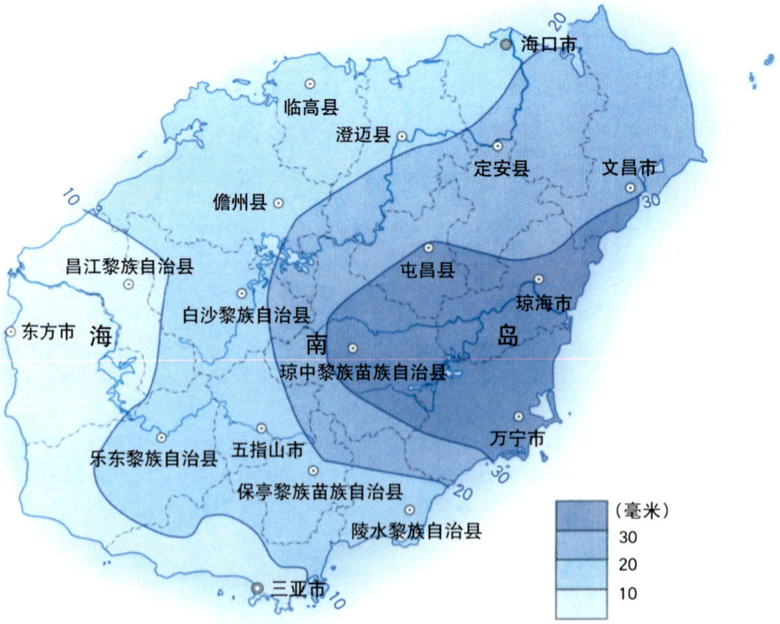

降水最少月平均量

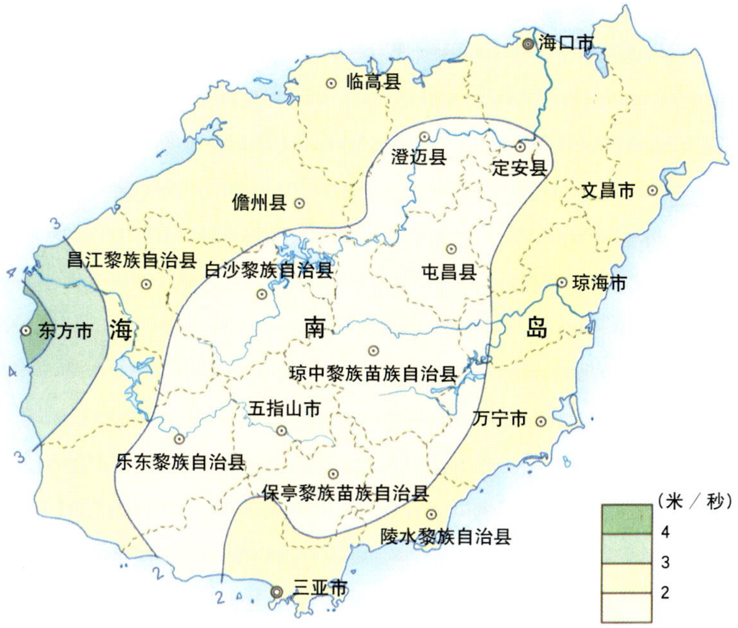

年平均风速

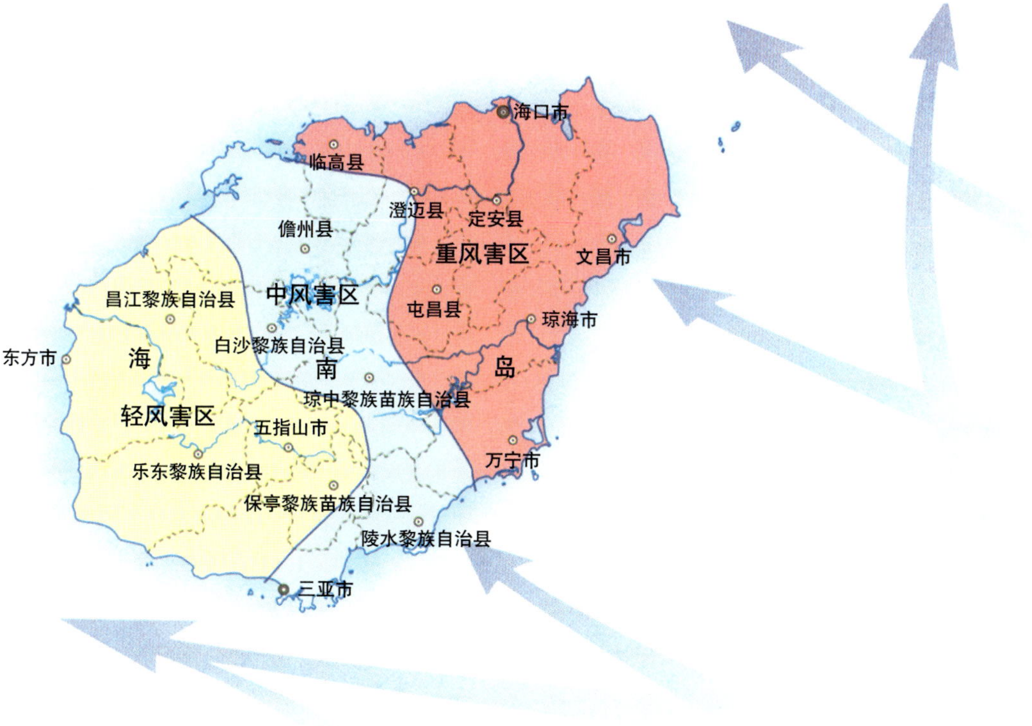

台风灾害及路径

在琼海县委大院附近，瓦片被狂风刮飞插入椰子树干达2厘米深

1973年大台风后，琼海泮水公社东山大队民兵在抢修被台风破坏的水利沟渠

7818号台风中琼海被刮损坏的民房

7818号台风中琼海被刮倒的林木

8604号热带风暴中琼海遭严重破坏的民房

1989 年 10 月 12 日傍晚台风来临前，在琼州海峡海面作业和运输的渔船和小货轮在海口避风

琼海嘉积镇新民街受损的房屋

琼海嘉积镇环市街受损的房屋

陵水县光坡镇港坡村村民日夜抢修房屋、重建家园

琼海著名粮产区大路镇大路管区农民抢收被水浸的成熟水稻

1997年5月6日龙卷风突袭万宁市乌场港后

三亚紧急转移渔民

被0016号“悟空”台风刮倒折断的三亚香蕉地

三亚被毁坏的橡胶园

三亚被损坏的民房

三亚五辆轿车被铁架压毁

三亚赤田水库灌溉涵被损坏

三亚三陵水库渡槽被冲毁

三亚藤桥半水洋灌溉涵被损坏

三亚湾应水库溢洪道尾端交通桥被冲毁

三亚海丰村群众安全转移

琼山政府给灾民送救灾物资

琼山领导亲临一线指挥救灾

部队官兵抢修被中断的公路

2000 年 9 月 9 日下午，抢险官兵固定被损坏的琼海潭门渔港堤坝

万宁被淹的民房

文昌被淹没的农田

三亚市四套班子领导召开紧急会议部署2000年16号“悟空”台风抗洪救灾工作

万宁转移群众

文昌被淹没的城市和街道

文昌被淹没和冲毁的公路

琼山南渡江沿岸受淹的村庄和农田

1970 年干旱，陵水解放水利灌区实行上排下灌，节约用水

1970 年干旱，琼海九曲江公社新华大队社员一边车水，一边抢插

1970 年干旱，文昌东阁公社新群大队社员安装抽水机，把水引过 7 米高坡，抗旱扩种水稻

1977 年海南严重干旱，屯昌乌坡公社挖渠抗旱

目　　录

绪　论

（一）

海南省位于南海北部，在3°20′～20°18′N、107°50′～119°10′E之间，包括海南岛、南海诸岛（约3.56万平方千米）及200多万平方千米的南海海域，其中，海南岛位于18°03′～20°10′N、108°37′～111°03′E，东西长240千米，南北宽210千米，呈雪梨状，面积约3.4万平方千米，仅次于台湾岛（3.6万平方千米），是我国第二大岛屿，是典型的“陆地小省、海洋大省”。北隔琼州海峡、北部湾与广东省、广西壮族自治区相邻，西隔北部湾与越南社会主义共和国相望，东隔南海与菲律宾共和国毗邻，南临马来西亚共和国、文莱苏丹国。海南省地处热带，四面环海，海域辽阔，属于热带季风岛屿型气候，拥有丰富的光、热、水资源，山川秀丽、四季常青，森林覆盖率高，空气基本没有污染，人称“天然氧吧”，是全国生态环境最好的省份。

海南岛虽然面积不大，但由于五指山（主峰1876米）和1500米以上的6座山峰处于海南省中部，形成中央高、四周低的环形层状的地形地貌，其中，山地约占总面积的25%，丘陵、台地约占50%，余为阶地及平原；全省山脉大致分为三列东北—西南走向的相互平行的山脉类型：即西北列为雅加大岭—坝王岭；中列为黎母山—莺歌岭—猴弥岭—尖峰岭；东南列为五指山—青春岭—马咀岭及吊罗山、牛上岭等。由于山区的屏障作用，影响天气系统的运动，阻滞南北、东西气流的交换和水汽的流通，使海南省形成较明显的气候差异：北半部气温低于南半部，尤其是冬半年较弱的冷空气常受山脉的阻挡，使北半部的温度下降，阴雨连绵，常出现不同程度的低温冷害，而南部却晴空万里，气候宜人，极少寒害；由于处于山脉迎风坡受地形抬升作用，中部、东部雨量多于西部，为多雨区，而西部、南部由于焚风效应，为少雨干旱区。

海南省高温多雨，形成众多的土壤类型。土壤是气候的一面镜子，根据各类土壤成土过程，可以反过来从土壤分析其小气候环境的特点，同时它与植被类型的分布又是相对应的。在热带季风气候和复杂地形的作用下，海南省有着复杂多样的植被类型。在自然植被类型中，有常绿季雨林、落叶季雨林、沟谷雨林、山地雨林、山地常绿阔叶林、山顶矮林、海岸红树林、热带针叶林、灌丛、草原等，一般北部为热带季雨林，南部为热带雨林，东部为常绿季雨林，西部为旱生落叶半落叶季雨林。

海南省位于北回归线以南，一年中受太阳两次直射，太阳高度角大，太阳辐射能相当可观，日照充足，年日照时数1800～2811小时（西部、南部多于东部、北部，中部最少)，其中，西沙群岛永兴岛日照时数最高，达2811小时，西部的东方市日照时数次高，达2558小时，再次为南部的三亚市，达2477小时；琼中县和定安县的日照时数最少，仅1832小时。年日照时数超过2000小时的市县有：西沙群岛（2811）、东方市（2558）、三亚市（2477）、陵水县（2375）、昌江县（2244）、临高县（2120）、万宁市（2109）、乐东县（2107）、海口市（2070）、白沙县（2058）、琼海市（2037）、五指山市（2024）等12个市县。年太阳辐射总量为4600～5800兆焦耳/平方米，其分布规律是内陆向沿海递增，西部多于南部、南部多于北部、北部多于中部，高值区位于东方到三亚一带，低值区位于中部的琼中一带；夏（30%～33%）多于春（27%～30%）、春（27%～30%）多于秋（21%～24%）、秋（21%～24%）多于冬（16%～20%），为热带气候的形成奠定了基础。

表—1　海南省累年逐月日照时数（0.1小时）

站名	1	2	3	4	5	6	7	8	9	10	11	12
海口	1091	987	1373	1679	2181	2228	2513	2177	1938	1767	1448	1313
定安	968	905	1346	1597	1966	1986	2285	1968	1588	1424	1189	1054
澄迈	1101	979	1409	1649	2003	1995	2294	2008	1675	1543	1303	1192
临高	1251	1061	1452	1767	2259	2161	2482	2139	1905	1794	1528	1403
儋州	1283	1151	1561	1711	2026	1960	2272	1963	1652	1557	1332	1276
琼海	1163	1016	1503	1814	2193	2253	2514	2154	1798	1625	1211	1122
文昌	1098	940	1369	1687	2106	2192	2509	2125	1796	1634	1252	1143
万宁	1303	1158	1574	1880	2248	2221	2533	2221	1823	1610	1276	1244
屯昌	1116	1061	1602	1847	2107	2138	2402	2050	1653	1498	1194	1082
白沙	1371	1292	1775	1847	2043	2048	2261	1997	1709	1560	1369	1311
琼中	1126	1116	1619	1792	1961	1875	2119	1850	1538	1278	1025	1015
昌江	1661	1423	1803	1963	2224	2073	2263	1984	1750	1704	1744	1704
东方	1793	1476	1850	2139	2706	2442	2639	2361	2172	2112	2022	1870
乐东	1723	1371	1667	1797	2024	1762	1951	1627	1655	1814	1821	1671
五指山	1600	1331	1792	1899	2016	1757	1916	1667	1528	1605	1556	1569
保亭	1472	1096	1372	1471	1778	1658	1866	1620	1453	1558	1625	1580
陵水	1885	1542	1813	1957	2308	2156	2438	2179	1926	1936	1803	1803
三亚	1983	1600	1878	2079	2467	2170	2453	2251	2005	2068	1948	1867
西沙	2146	2181	2675	2779	2855	2582	2691	2508	2187	2072	1777	1653

海南省由于雨热同季，水热资源比较协调，能较好地发挥中和作用，故气温年、日较差较小，夏无酷暑、冬无严寒。全省各地的年平均气温在22.8～26.7℃之间，以中部山区的琼中县和五指山市最低，为22.8℃，西沙群岛永兴岛最高，为26.7℃，南部的三亚市次高，为25.8℃，再次为东方市和陵水县的25.0℃；年平均温度在24℃以上的市县有：西沙群岛（26.7℃）、三亚市（25.8℃）、东方市（25.0℃）、陵水县（25.0℃）、万宁市（24.8℃）、昌江（24.6℃）、保亭县（24.5℃）、乐东县（24.5℃）、琼海市（24.3℃）、定安县（24.2℃）、海口市（24.1℃）、文昌市（24.1℃）等12个市县。最热月平均气温

26.2～29.4℃，其中，西沙（29.1℃）、屯昌（28.0℃）、琼中（27.3℃）、五指山（26.2℃）、保亭（27.6℃）、乐东（27.7℃）、陵水（28.3℃）、三亚（28.8℃）、白沙（27.3℃）、东方（29.4℃）、昌江（28.7℃）等 11 个市县出现在 6 月，其他北部 8 个市县均出现在 7 月，平均气温 28.3～28.6℃之间，差异甚小。最冷月平均气温 17.1～23.3℃，出现在 1 月，其中，北部的海口、澄迈、临高、儋州及中部的屯昌、白沙、琼中等市县月均温 17.1～17.8℃，月均温在 20.0℃以上的有西沙（23.3℃）、三亚（21.6℃）、陵水（20.3℃），其余市县月均温在 18～20℃之间。

表—2　海南省累年逐月平均气温（0.1℃）

站名	1	2	3	4	5	6	7	8	9	10	11	12
海口	177	187	218	252	274	285	286	281	272	253	223	190
定安	180	193	225	256	275	285	286	279	268	248	216	186
澄迈	176	189	222	254	273	283	284	278	265	245	213	182
临高	173	182	212	248	272	283	284	279	267	248	214	183
儋州	176	188	220	252	269	279	278	271	259	241	210	181
琼海	185	197	226	255	274	283	284	278	268	250	221	192
文昌	182	195	222	252	272	282	283	278	268	250	219	189
万宁	192	205	231	259	278	286	286	281	271	254	226	199
屯昌	178	191	223	253	269	280	279	273	261	243	212	183
白沙	173	189	222	250	263	273	271	264	252	233	203	175
琼中	171	186	215	244	260	269	268	262	251	233	202	174
昌江	191	202	231	263	280	287	286	278	266	251	225	198
东方	190	198	224	262	287	294	293	288	276	258	230	200
乐东	198	210	235	260	273	277	275	269	262	249	226	201
五指山	181	195	219	243	256	262	260	256	247	232	206	182
保亭	199	212	234	257	271	276	275	270	262	250	228	204
陵水	203	214	236	261	278	283	282	278	269	257	235	210
三亚	216	225	246	269	284	288	285	281	275	264	243	221
西沙	233	238	256	276	290	291	289	287	281	271	257	241

年极端最高温度，各地 34.3～41.1℃，高温区域位于海南省北部、西北部内陆的澄迈—儋州—昌江一线，以及南部内陆的保亭县，极端最高温度分别是澄迈的 41.1℃（1994 年 5 月 3 日），海口的 40.5℃（1933 年 5 月 2 日），儋州的 40.0℃（1985 年 4 月 24 日），昌江、定安的 39.9℃（1988 年 3 月 15 日、1977 年 5 月 18 日），年极端最高温度的低温区域为南部、东南部一带，极端最高温度分别是西沙的 34.3℃（5 月 4 次）、三亚的 35.9℃（1991 年 6 月 4 日），陵水、万宁、五指山的 37.0～37.1℃（1983 年 7 月 12 日、1977 年 6 月 2 次、1977 年 6 月 27 日）。但由于海南省四面环海，受海风的调节，极端最高温度的出现机会不多且短促，全省 35℃以上的高温日比我国大陆内陆少得多，除昌江（43 天）、澄迈（39 天）、定安（33 天）外，其余地区年不足 30 天，文昌、万宁、陵水、三亚、五

指山、东方等6市县在4天以下（五指山、三亚甚至不足1天），琼中、保亭、乐东、琼海等4市县在10～15天之间，40.0℃的高温酷暑更是罕见，全省绝大部分地区没有出现过，而且，即使偶有高温，也仅发生在中午前后，由于海风的作用，傍晚到夜间也比较凉快。

表—3　海南省累年逐月极端最高气温（0.1℃）

站名	1	2	3	4	5	6	7	8	9	10	11	12
海口	331	372	381	384	387	384	380	370	360	345	347	312
定安	335	368	372	378	399	390	387	372	376	352	345	315
澄迈	340	383	404	396	411	394	386	382	368	348	359	320
临高	333	369	393	388	392	394	390	370	362	343	348	324
儋州	340	365	387	396	388	378	391	366	360	340	340	323
琼海	330	350	338	360	389	375	382	372	364	336	335	304
文昌	322	325	316	336	371	375	377	368	360	330	316	303
万宁	303	321	324	340	361	371	367	365	357	330	314	304
屯昌	335	364	368	377	391	382	376	374	368	342	341	317
白沙	341	374	381	386	378	375	382	365	356	349	344	323
琼中	321	360	361	373	382	383	376	364	359	334	320	314
昌江	338	374	399	397	391	395	388	390	370	345	342	324
东方	311	322	354	355	361	365	350	353	353	342	319	309
乐东	326	362	360	377	380	379	375	362	359	345	332	331
五指山	309	351	347	358	366	371	354	347	343	327	320	306
保亭	331	341	354	373	389	397	369	373	359	344	336	327
陵水	299	311	324	342	367	363	370	362	354	334	318	308
三亚	304	310	332	345	354	359	345	343	355	337	326	319
西沙	291	304	320	332	343	341	336	339	334	322	316	303

海南省年极端最低气温大多数地区在0℃以上，仅西北部内陆及中部山区有0℃以下的记录，其中，儋州－4.3℃（1955年1月11日），白沙－1.6℃（1963年1月15日），乐东天池－3.0℃，西沙极端最低气温最高，达16.6℃（1966年3月3日），其余市县大多在2.0～5.0℃左右。日平均气温除中部山区个别年份外，全年稳定通过10℃，年活动积温8000～9300℃。

海南省虽然四季不明显，但旱季和雨季却非常分明。一般11月至次年4月为旱季，也称干季或冬半年。旱季全省盛吹东北风，雨量少，虽常有冷空气影响，但强度一般不是太强，偶有骤寒，可罕见霜冻。因此，海南省冬半年多数时候气候宜人，阳光明媚，空气清新，是我国著名的避寒胜地、旅游胜地和南繁育种基地。遗憾的是，海南省冬半年却常出现历史性、气候性干旱，农业、人畜用水有时会感到困难。5—10月为海南省的雨季，又称夏半年，主要受西南、东南季风的影响，特别是常有热带气旋和热带扰动等热带天气系统的活动，容易产生较强烈的降水，雨季的降水量多数市县占全年总雨量的90%以上。

其年雨量的地理分布大致为：中、东部多于西部，山区、丘陵多于平原，尤以东南部最多。各地的年平均雨量在960～2500毫米之间，2000毫米以上的市县有琼中、万宁、保亭、万宁、屯昌、琼海、定安等7个，1700～2000毫米的市县有白沙、文昌、儋州、澄迈、五指山等5个，年雨量1400～1700毫米的市县有陵水、昌江、海口、乐东、西沙、临高等6个，其余三亚、东方2个市县在1400毫米以下。年雨量最多的是琼中县，达2438.8毫米（历年最多为3759.0毫米，出现于1978年；最少为1398.1毫米，出现在1959年），年雨量最少的是东方市，仅有961.2毫米（历年最多也仅有1528.8毫米，出现于1959年；历年最少为275.4毫米，出现于1969年）。各地年平均雨量的季节分布为：5—7月占年雨量的30%～40%，8—10月占年雨量的50%左右，旱季仅占10%～20%，其中，12月至次年2月仅占年雨量的2%左右。

表—4　海南省累年逐月降水量（0.1毫米）

站名	1	2	3	4	5	6	7	8	9	10	11	12
海口	195	350	506	1002	1814	2270	2181	2356	2441	2244	813	349
定安	201	356	453	1446	2721	2637	2311	3066	3215	2497	905	347
澄迈	193	296	402	1060	2245	2376	2473	2774	3002	2016	712	304
临高	177	258	345	618	1286	1843	2121	2565	2465	1973	554	279
儋州	178	220	310	863	2328	2122	2678	2872	3256	2505	835	333
琼海	314	435	475	1254	2154	1965	1788	2804	3676	3457	1596	682
文昌	294	528	583	1084	2268	2106	1765	2892	3550	2677	1032	503
万宁	458	380	609	1341	1914	1870	1890	1999	3827	4158	2259	818
屯昌	305	370	423	1222	2582	2175	2215	2711	3652	3485	1268	518
白沙	167	188	347	1250	2670	2399	2345	3091	2831	2958	824	306
琼中	372	351	381	1283	2627	2181	2427	3145	3882	5112	2027	600
昌江	69	124	279	746	1929	2351	2558	3235	2885	2192	338	118
东方	76	142	174	300	883	1468	1402	1762	1709	1293	265	139
乐东	109	180	184	897	1730	2439	2482	3097	2311	1765	493	161
五指山	132	183	262	925	2233	2207	2648	2858	3069	2756	608	169
保亭	186	260	248	1044	2861	2833	2910	3449	3733	2706	809	196
陵水	134	102	245	735	1786	2226	2106	2195	3171	3113	936	250
三亚	80	128	192	433	1423	1975	1926	2215	2514	2345	582	107
西沙	318	105	105	518	885	1942	1840	2542	2918	2861	1250	446

海南省雨季开始时间北部早于南部，中部山区早于沿海，东部早于西部。中部山区、北部开始于5月上中旬，南部开始于5月下旬，西部沿海更晚至6月中下旬。雨季的结束时间恰恰相反，西部、南部为10月中下旬，早于北部、东部、中部的11月上中旬。各地

的雨日在86～194天，中部的琼中是多雨日中心，达194天，西部的东方最少，仅有86天，东北部160天以上，西北部130～160天，西部西南部在130天以下。雨季中，大部分地区每月的平均雨日都在15日左右，而在旱季，大部分地区月均雨日不足10日，甚至连续数月滴雨未下。

表—5 海南省累年逐月降水日数（天）

站名	1	2	3	4	5	6	7	8	9	10	11	12
海口	8	11	10	12	17	16	15	15	14	12	8	7
定安	9	11	10	13	18	17	16	19	17	13	9	8
澄迈	9	11	10	12	18	17	17	19	17	13	9	8
临高	9	10	10	10	14	15	14	16	15	13	8	7
儋州	9	10	9	11	18	16	17	18	18	15	10	8
琼海	11	11	10	12	15	15	13	18	18	17	13	11
文昌	11	12	11	12	16	15	13	18	17	15	12	10
万宁	10	9	9	10	13	14	12	16	17	18	15	12
屯昌	12	12	10	14	18	16	16	19	19	16	13	11
白沙	11	9	9	12	19	16	18	19	19	16	12	10
琼中	14	12	11	12	18	16	17	20	20	18	15	14
昌江	4	5	5	8	13	12	14	17	18	15	6	4
东方	4	5	5	6	7	8	8	12	13	12	5	3
乐东	5	6	6	9	14	16	16	20	20	16	7	5
五指山	6	7	6	10	17	17	18	21	21	16	9	5
保亭	6	7	7	10	18	19	19	22	22	17	8	5
陵水	5	5	5	7	14	17	14	17	18	16	9	5
三亚	3	4	4	6	10	14	14	16	17	14	7	4
西沙	8	5	4	5	8	11	9	12	16	18	15	14

根据海南省的光、温、水、风等气候资源，全省大致可分为三大气候区域：

东部、中部湿润气候区：包括文昌、琼海、万宁、琼中、白沙、五指山及保亭、屯昌、定安、陵水的一部分。其中，琼海的南部、万宁和陵水的一部分为东南沿海湿润气候区，文昌、屯昌及定安、琼海的部分地区为东部湿润气候区，琼中、白沙、五指山和保亭北部山区为中部山地湿润气候区。

北部、南部半湿润气候区：包括儋州、临高、澄迈、海口、乐东、保亭及三亚、定安、屯昌的一部分。其中，儋州、临高、澄迈、海口及定安、屯昌的一部分为北部半湿润气候区，乐东、保亭及三亚的一部分为西南部半湿润气候区。

南部、西部沿海半干旱气候区：包括陵水大部、三亚、莺歌海、东方、昌江。其中，陵水大部、三亚、莺歌海为南部沿海半干旱气候区，东方、昌江为西部沿海半干旱气候区。

（二）

海南省虽然地处热带，有得天独厚的气候资源，为实施省委、省政府提出的“一省两地”（即新兴工业省、热带高效农业基地、度假休闲旅游和南海开发基地）的发展战略，大力发展海洋经济提供了优越的自然资源保障。但是，也正是由于海南省地处低纬海洋，位于东亚季风气候区南缘，季风成为海南省气候的基本制约因素，影响和决定着全省气候变化，海南省既受偏北气流的影响，又受偏南气流的左右，各种天气系统交互活动频繁，因此，海南省的天气系统及气候变化极其复杂，致使海南省每年的气象灾害出现频繁，危害后果严重，给海南省社会经济发展和国计民生带来严重影响。

影响海南省的主要天气系统有四大类：冷空气、低压槽、热带气旋、副热带高压。其中，以冷空气类系统影响最多，占57%，一般出现在10月至次年4月。冷空气影响海南省的路经分为两类，即东路和西路，一般冷高压中心从110°E以西地区南下侵袭本省的冷空气，称为西路，反之为东路。同时，根据冷空气南下的态势及性质，海南省将冷空气又分为七种模式：（1）冷空气偏西南下冷锋过境过程（占冷空气类的11%）；（2）冷空气偏西南下静止锋过程（占冷空气类的8%）；（3）冷空气偏西南下锋消过程（占冷空气类的15%）；（4）冷空气偏东南下冷锋过境过程（占冷空气类的9%）；（5）冷空气偏东南下静止锋过程（占冷空气类的10%）；（6）冷空气偏东南下锋消过程（占冷空气类的15%）、变性冷高压脊（占冷空气类的29%）。但是，造成低温冷害的时候并不多。

其次，槽类系统较多，占28%，一般以5—9月居多；影响海南省的按照其出现的位置分为四种模式：（1）西南低压槽，即低压中心在我国西南地区的低压槽伸向本省，吹西到西南风，属于槽类的主要系统，占低压槽类的55%，4—7月居多。（2）南海低压槽，东南向的槽控制南海中部和北部（有时有低压中心及槽线，或有辐合线在15°～20°N之间），越南北部至北部湾可能有低压或低压槽，吹东北、东到东南风，占低压槽类的20%，5—9月居多。（3）华南沿海低压槽，东西向的槽控制华南沿海，华南沿海有切变线，海南省吹西北、西—西南风，占低压槽类的9%，主要出现在6—9月，以8月份最多（占42%）。（4）越南低压槽，向北开口的低压槽控制整个越南，有时扩展到中南半岛其他地区或延伸至南海南部，副热带高压脊从南海北部伸向本省，本省吹东、东南—南风，占低压槽类的16%，出现于4—10月，主要在6—8月（占82%）。低压槽是夏半年影响海南省的主要天气系统，与海南省的降水关系密切，一般受西南低压槽和华南沿海低压槽系统控制时，降水稀少，容易产生干旱，而南海低压槽和越南低压槽控制时，容易出现较大的降水。当低压槽和冷空气前锋构成锋面低槽天气形势时，常常造成海南省除热带气旋以外最强烈的暴雨过程，是海南省最重要的暴雨灾害的重要成因。

副热带高压类系统控制本省时，脊线常呈东西向，其南缘多吹偏东风，北缘常吹偏西风，脊端一般吹偏南风，副热带高压类年出现频率为8%，主要出现在4—9月（占89%）。副热带高压类系统控制海南省时一般是好天气，副热带高压的长期控制，是海南省干旱的重要原因之一。但是，副热带高压若与其他系统配合，也可造成较大的降水，酿成灾害性天气。

台风一般活动时间为5—10月，台风系统虽然影响的频率不高，与副热带高压相仿，仅占8%，但活动季节长，危害严重，甚至造成毁灭性灾难，是海南省最主要的气象灾害。

表—6　累年影响海南省的各类天气系统天数出现频率（%）

类型＼月份	1	2	3	4	5	6	7	8	9	10	11	12	全年
冷空气	98	94	81	62	40	12		1	24	78	93	97	57
低压槽	2	6	15	27	45	68	66	59	32	3	1	2	28
台风					2	10	14	22	24	13	6	1	8
副高		1	4	10	14	10	19	17	18	5			8

影响海南省的气象灾害主要有：热带气旋、暴雨、干旱、局地强对流天气（含雷暴、冰雹、龙卷风）、低温冷害（含低温阴雨、清明风、寒露风）、海上强风等六大类十种。

自然灾害，特别是气象灾害对海南省社会经济发展的危害和破坏是极其严重的。据有关部门的统计资料，1989年自然灾害损失分别占当年全省社会生产总值和国民收入的19.6%和38.4%，比当年全省财政总收入高出4.6倍。气象灾害中破坏最大的属热带气旋。

热带气旋是影响海南省最主要的气象灾害，主要原因是，由于海南省地处低纬、四周环海，面对南海和辽阔的太平洋，南海海面和太平洋洋面经常有热带气旋生成，太平洋热带气旋生成后常常西进移入南海，南海和太平洋热带气旋都可能对海南省构成威胁，但是，太平洋热带气旋影响较多，占52%，南海热带气旋次之，占48%。登陆海南省的热带气旋占登陆我国热带气旋的20%，占登陆华南热带气旋的35%，受其严重影响1～2次的年份占17%；严重影响3～5次的年份占61%；严重影响6～8次的年份占20%；严重影响9次的年份占2%。登陆1～2次的年份占50%；登陆3～4次的年份占35%；登陆5～6次的年份占14%。

表—7　1951—2000年逐年影响海南省的热带气旋统计表

年份	个数	年份	个数	年份	个数	年份	个数
1951	8	1964	10	1977	5	1990	7
1952	9	1965	10	1978	10	1991	3
1953	11	1966	3	1979	7	1992	5
1954	8	1967	10	1980	8	1993	7
1955	6	1968	5	1981	6	1994	8
1956	10	1969	3	1982	5	1995	7
1957	6	1970	9	1983	8	1996	9
1958	8	1971	12	1984	7	1997	3
1959	3	1972	8	1985	8	1998	4
1960	10	1973	11	1986	9	1999	4
1961	7	1974	11	1987	4	2000	6
1962	8	1975	10	1988	8	合计	366
1963	6	1976	4	1989	13	平均	7.3

影响海南省的热带气旋活动期很长，一年四季都有可能发生。最集中的季节为6—10月，占全年的88%～90%左右。

1973年14号台风，是近百年来影响海南省强度最强、损失最重的一次台风。该台风于9月14日凌晨4时在琼海博鳌港登陆，登陆时中心最低气压925百帕，最大风速60米/秒，瞬间极大风速超过70米/秒。在这次台风的影响下，先后有琼海、万宁、屯昌、琼中、白沙、昌江、东方等市县遭受12级以上大风的袭击。据不完全统计，全岛死亡926人，受伤6160人；损坏房屋4.36万间，水稻面积损失25660公顷，薯类面积损失8577.33公顷，甘蔗面积损失2997.33公顷，橡胶损失669.9万株，胡椒损失423.6万株；水利设施损坏174宗，损坏船只649艘；损失稻谷4390万千克，大米190万千克，面粉41万千克，花生18万千克，棉布2.02万米，水泥16.1万千克，肥料3.7万千克，农药0.8万千克等，直接经济损失10亿元以上（当时的价格）。2000年9月“悟空”台风袭击海南省，造成直接经济损失达13亿元以上。

干旱是海南省出现频率高、影响范围广、持续时间长、危害程度仅次于热带气旋的又一主要气象灾害，平均每1.3年发生一次，即使是在雨季，也经常因为降水时空分布不均，出现夏旱或秋旱，有的年份，甚至全年干旱。历史上干旱时间最长的是清道光三年（公元1823年）九月至道光四年七八月，久遭旱灾，小熟失收，杂粮亦绝收，“蝗虫漫天遍野，所过禾麦一空，饿殍载道，民多流亡，卖男女渡海者以万计。”1977年出现的大旱是海南省解放以来持续时间最长、波及范围最广、影响最为严重的一次干旱。从1975年的11月起持续大旱至1977年底，长达两年多。各地雨量普遍减少3～6成，全省有9成江河断流，南渡江、昌化江出现了历史上最低水位和最小流量，有8成以上的山塘水库干涸，120万农村人口及牲畜饮水困难，部分地区组织交通工具到边远地方拉水，按人口定量供水。1977年7月21日，受7703号台风影响，虽然旱情有所缓和，但是，由于台风降水区域仅限于西南地区，大部分地区降雨较小，台风过后旱情继续发展，年降雨量比常年偏少500毫米以上的有11个市县，其中，偏少5成以上的有海口、琼海、屯昌、万宁、琼中、保亭、陵水、三亚等8个市县。长期、大范围的干旱，给工农业生产和人民生活带来严重影响。据不完全统计，当年的水稻、甘蔗、花生、番薯等受旱面积达32.9万公顷，占播种面积的43%，旱死作物面积5.6万公顷。其中，水稻插植面积47.13万公顷，受旱面积达14.67万公顷，旱死作物面积2万公顷。全省1900多口水井干涸，全省山塘水库的总蓄水量仅有22亿9千万立方米，比上年同期减少18亿2千万立方米，有效蓄水量仅有16.1亿立方米，水电站发电量下降50%。

暴雨是海南省的重要气象灾害，具体分为非台风暴雨和台风暴雨两大类。非台风暴雨主要由锋面低槽、南海低压槽、华南沿海槽、辐合带等天气系统产生，台风暴雨指由热带气旋引发的暴雨。台风暴雨是海南省暴雨的主要种类，占暴雨的80%。由于海南省的地形中间高四周低，降水容易流失，一般的暴雨不易造成灾害，从整体上说，它的危害比热带气旋、干旱的危害小。但是，如果是热带气旋产生的暴雨或者持续的暴雨，对海南省的经济建设造成的损害也是不可估量的。如：2000年10月中旬，由于冷空气和热带气旋共同影响，全省普降暴雨到大暴雨，局部特大暴雨，日雨量屯昌达到578.7毫米，琼海达到402.4毫米，全省有8个测站出现连续3～4天的暴雨天气过程，雨量高度集中，其中，连续3天的降水量，9个站在420毫米以上，最高的屯昌达到831.6毫米。10月中旬的旬雨量，11个市县在400毫米以上，最多的市县是屯昌，达1138.5毫米，其次为琼海的937.8毫米，再次为定安的904.5毫米。这是本省几十年不遇的特大暴雨。受特大暴雨的袭击，全省15个市县230个乡镇296.5万人受灾，有742个村庄21.6万人被洪水围困，倒塌房屋4.09万间，因灾死亡10人，全省受灾农作物面积30.39万公顷；公路被中断655条次，毁坏路基1139.9千米，交通中断；因灾停产的工矿企业76家；损坏水库、山塘602座，损坏灌溉设施7951座。直接经济损失达39.14亿元，其中，农业口26.47亿元，工交口4.69亿元，水利设施4.06亿元，其他3.92亿元。这次暴雨过程持续时间之长、降雨强度之强、影响范围之广、造成灾害之重，为海南省以往气象记录所未有。

其他的气象灾害，如低温冷害、强对流天气和海上强风等对海南省的影响虽然也非常严重，但是，一般来说，它们产生的几率及范围都相对小于热带气旋、干旱、暴雨等气象灾害，我们在以下相关章节中将有专门的分析，这里不再赘述。

（三）

由于海南省的气象灾害比较严重，所以，海南气象部门从建立之日起，一直把服务作为气象工作的出发点和归宿，始终把气象服务作为立业之本，下大气力来抓，紧密结合海南省经济建设和社会发展，坚持以提高气象服务社会经济效益为中心，把决策服务和公众服务放在首位，充分利用气象现代化建设成果，积极主动地当好防灾抗灾的参谋，积极主动地开展气象服务，不断扩大服务领域和提高服务质量，取得显著的社会经济效益，为保护国家和人民生命财产安全作出了重要贡献。气象服务主要包括：天气预报服务、气象信息服务、专业气象服务、人工增雨服务、防雷减灾技术服务等诸方面。

1. 台风汛期气象服务及时准确，为防灾减灾作出重要贡献

台风是海南的最主要的气象灾害，是发展经济的一大制约因素。各级气象部门始终把防台抗灾气象服务作为气象服务工作的重点，从省局领导到一般气象职工，全力以赴力争报准每一次台风天气过程，做好每一次防台减灾决策服务，对影响海南省的热带气旋基本上能做到提前1～3天制作和发布较为准确的气象灾害的预报和警报，为全省各级政府组织防御气象灾害赢得了时间和主动权，最大限度地减少了损失，受到各级党政领导和广大人民群众的好评和赞扬。如：1985年10月21日在三亚市登陆的8521号强台风，全岛都受到大风暴雨的袭击。海南气象台提前5天作出了较准确的预报，并主动向当时的区党委、区政府、区“三防办”（防风、防汛、防旱指挥部办公室的简称，下同）汇报，区党委于17日向全区发出防台抗灾紧急指示。海南气象局从18日起，先后派27人次到16个单位，同时电话通知30多个单位，通报台风情况，台风广播由每天的2次增加到8次，《海南日报》连续5天做了台风报道。由于动员广大群众及早做好防御，使这次台风造成的损失减少到最低程度，取得了显著的社会经济效益。

1989年10月份，连续有4个台风登陆海南，全省气象工作者发扬连续作战、不怕苦不怕累的工作精神，严密监测、预报台风的动向，出色地完成防灾气象服务保障工作，充

分发挥了气象参谋的作用，得到了国家防总和省政府的嘉奖。省领导称赞说，海南气象部门不愧为一支既能抗住政治风浪又能抗住自然风浪的好队伍。

8928号台风于1989年10月13日5时从三亚市以南60千米的近海经过，三亚市出现了平均风力10级、阵风12级以上的大风和大暴雨。三亚市气象台全力以赴，做好预报服务工作，提前3天于10月10日上午预报台风对三亚有较大影响，11日下午发布警报，12日上午发布紧急警报，多次向市领导和三防汇报，还通过书面和气象预警系统传给各有关单位和用户，预报台风具有范围广、强度大、移动快等特点。市领导高度重视，召开了五套班子会议研究防台工作，分三路到乡镇、水库检查落实防台工作。由于台风预报准确、及时，采取措施得力，社会和经济效益明显。三亚市港务局的船只和大吊车得到保护，免遭200万元的损失；同时仓库里的几千万元的物资安然无恙，避免了损失；南海办事处避免损失上千万元；三亚粮食转运站320万千克粮食未遭损失。

2. 为“三农”服务的深度和广度不断深入

全省气象部门普遍开展气象科技扶贫工作，除广泛开展“三农”的综合性系列化服务外，不断扩大为“三农”服务的领域，由粮食生产扩大到水果、瓜菜、橡胶、林业、养殖等各个领域，为农业生产趋利避害夺取丰收发挥了重要作用。省委、省政府高度重视利用气象信息指导生产，连续由省政府主持召开海南省冬春冷暖趋势预测专家研讨会，为发展冬季瓜菜生产这一绿色支柱产业提供气象保障。省政府根据专家的预测意见，部署全省的冬季瓜菜生产，连年趋利避害，获得好收成。省政府领导表扬说：“气象专家的预测基本上是准确的，为我们指挥冬种生产，为打开瓜菜北运绿色通道提供了准确的依据，使我省冬季瓜菜产销两旺。”

海南省气象部门以合理利用气候资源为基本目标，成功地开展杂交水稻农业气象适用技术高产试验，经当地农业部门组织实地验收，平均亩产分别达到493千克和443千克，最高亩产分别达631和611千克，比未改制前的水稻分别增产117%和94%，起到农业气象科技优秀示范作用，引导和帮助农民通过改制夺取丰收。各市县气象部门根据天气预测，适时向当地政府提出合理科学的水稻生产种植制度安排意见，使早稻生产避过“清明风”影响，晚稻生产避过“寒露风”和台风的危害，同时，充分利用了海南优越的光、温、水资源，获得大丰收。

文昌市气象局从1982年起为铺前镇合理安排农业生产提供气象信息服务，该镇应用气象信息指导生产，趋利避害，逐步改变了农业生产的落后面貌。1987年，由于天气预报准确，该镇根据该县出现高温少雨的情况及时调整了农事安排，使大旱之年仍夺得好收成；同时，充分利用气象信息，适时调整农业生产结构，大力发展反季节瓜菜生产，不但供应岛内市场，而且大量出口，收入160万元（1982年价格），成为当地的经济支柱。为全市农业结构调整、因地制宜发展瓜菜、海产品、经济作物，增加农民收入闯出一条新路子。该镇当年还根据气象部门的高温预报，将原春季毛蚶养殖投资从25万元缩减到13万元，余下部分留做下半年使用，避免了不应有的损失。

定安县仙沟镇地处南渡江下游，晚稻生产因未把握气候规律，历年来产量低而不稳，多年平均亩产约110千克，1988—1989年两年仅亩产50多千克。1990年定安县气象局与仙沟镇政府进行了低产田大面积推广气候安全植期实用农业气象技术的试验。该局充分分析几十年来的气候资料，结合本县农业气候区划成果，提出“按照气候规律，安排品种、植期，利用气候优势，提高经济产量”的建议，并做好产前、产中、产后综合跟踪观测服务。仙沟镇政府依据县气象局的建议，加强对晚稻生产的领导，统一选种和栽培管理，使试验一举成功。1990年晚稻产量首次越过低谷，900亩试验田平均亩产达305千克，总产量超过前3年的总和。海南电视台和《海南日报》先后报道了5次，干部群众称赞：科技兴农立大功，气象科学信得过。

3. 专业气象服务领域进一步拓宽

气象部门积极探索气象高科技与经济建设相结合的发展新思路，在卫星遥感监测技术服务等方面取得了显著的成效，成功开展万宁地热水资源卫星遥感监测服务、森林保护、土地利用、港口水下地形勘查、土地沙化勘测等遥感监测项目，编制了海南省第一套遥感湿地解释图等，一些成果已被省政府及有关部门应用于政府决策和有关法规编制等工作。为区域开发、高速公路、国际机场、低纬火箭发射场等重点建设项目进行气候可行性论证，取得显著的社会经济效益。海南省气象部门积极开展风能资源、太阳能资源、山区气候资源、海岛气候资源等调查研究试验工作，为海峡横渡、国际椰子节、海南经济交易会、国际旅游年等重大社会和科研活动提供气象保障，出色地完成了任务，受到省委领导的高度评价。

海南省气象台与红明农场签订气象服务合同，开展“雷达测雨预报天气指导割胶生产”的课题研究，经3年试验，测雨准确率达94%；3年平均雨冲胶次数：试验队0.7次，对照队7.6次；单株橡胶3年平均损失干胶：试验队32克，对照队37.7克；试验队3年共增产干胶27432.4千克，节省用工24150个，节省乙烯208千克，增收人民币29.85万元，扣除成本，后净经济效益24.29万元，投入和产出比为1∶5.63。农业部专家鉴定称：“该课题选题正确，紧密结合生产，符合科研兴农精神，实验设计合理，资料完整，数据可靠，雷达测雨准确率高，效果好，是当前农场提高割胶经济效益的有效途径，是我国割胶生产中防止雨冲胶的一项技术突破，经济效益十分明显。本项研究为海南省首创，具有国内先进水平，建议在中国橡胶生产部门大面积推广应用。”

1985年6月下旬，海军陆战队某旅驻屯昌部队，要求屯昌县气象局提供6月23—28日的晴雨预报，以便进行导弹发射演习。屯昌县气象局立即组织力量，强化值班制度，认真做好每天的天气分析会商，及时报告部队。由于预报准确、服务主动，保证了演习工作的顺利进行。部队为感谢气象局的支持，特意赠送一面写着：“军地协作巧利时，拥军有功战绩高”的镜屏。

中国科学院于1988年12月在海南省西北部进行发射“织女一号”探空火箭的试验，要求省气象台提供气象保障。火箭发射要求的气象条件为云量少于4成，垂直能见度大于18千米。省气象台认真组织技术人员进行研究，指定一名高级工程师具体负责，多次组织天气会商，预报有4次可发射的天气时段，分别是12月11、13、21、24日，预报云量均为0，能见度大于20千米。结果预报准确，火箭发射成功。这次专项气象服务，受到中国科学院有关领导的好评。在庆功表彰会上，他们赞扬说：“气象预报十分准确，火箭发射成功有气象部门一份功劳。”

4. 人工影响天气抗灾活动取得丰硕成果

由于海南省冬春季和夏季经常会出现气候性干旱，对国民经济尤其是农业生产和人民生活有严重影响。通过人工影响局部天气达到增加降水、缓和或解除局部地区的干旱的目的。

人工增雨就是根据人工催化的原理，在云体中播撒人工冰核、吸湿性核，提高云体中的冰核、大盐核的浓度，从而加速降雨的形成或增加降雨的强度，达到增加降水量，缓和或解除旱情的目的。

海南省的人工增雨工作始于1959年，是中国开展人工增雨最早的地区之一。海南省的人工增雨，采用过三种方法：一是使用飞机试验在云层上撒播盐粉或干冰，二是使用“三七”高炮对准云体发射含碘化银的特制炮弹，三是使用火箭人工增雨作业车。三种作业方式，飞机作业受限制多，成本高，“三七”高炮“守株待兔”、机动性差、效果不佳，火箭人工增雨作业车机动灵活效果显著，有效率高达95%以上，海南省目前已经全部使用火箭人工增雨作业车实施作业。为了战胜干旱夺丰收，海南省气象部门积极宣传人工增雨对抗旱的重要作用，根据干旱的发生、发展情况，适时提出实施人工增雨作业的建议，并利用和发挥气象部门高科技的优势，组织实施人工增雨作业，不断改进作业手段，为解除或缓和海南省的旱情，确保农业生产的大丰收作出了贡献。灾区的干部群众说：“人工增雨不但挽回了经济损失，消除了山林火灾隐患，而且改善了农业气候和生态环境。”“这是下金、下银、下粮食，感谢党和政府的关怀”。经过几十年的人工增雨实践，海南省气象部门已经摸索出一套比较科学、适用、符合热带地区人工增雨作业的技术方法，培养出一支熟练的作业队伍，建立了具有较大规模的装备精良的作业技术装备，为发展我国热带地区人工影响局部天气事业奠定了坚实的基础，人工增雨已经成为海南省气象部门开展防灾抗灾和气象服务的品牌。

5. 依法实施防雷组织管理，全方位开展防雷技术服务，扎实有效防御雷电灾害

海南省是全国的雷击灾害高发区，年均雷暴日大多在100天以上，最高达149天，每年因雷击伤亡人数在50人上下，经济损失达亿元。面对海南省严峻的雷击灾害，海南省委、省政府领导对防雷安全高度重视，领导同志分别批示：“海南是雷灾高发区，要注意加强防雷电设施建设和防雷措施”；“要把人民的生命安全放在特别重要的位置，防雷工作应加强”；“要特别注意有关知识的普及，加强防雷工程及设施的管理”。海南省气象局与省安全生产监督管理局、省教育厅、省海洋与渔业厅等部门联合发文，对防雷安全管理进行规范；各市县政府也相继依法出台了本行政区防雷管理办法或防雷安全的规范性文件，明确了气象行政主管机构防雷减灾管理的主体地位。为有效防御雷电灾害，海南省气象局始终坚持“防雷安全第一、社会效益第一、技术质量第一、服务信誉第一”的原则，依法履行职责、完善防雷法制，强化安全管理、加强防雷宣传，开展技术服务、规范防雷市场，促进了防雷减灾事业快速、健康、有序的发展。

海南省气象部门开展防雷减灾工作，从1995年4月4日《海南省防雷安全管理暂行办法》颁布后正式开始。《中华人民共和国气象法》颁布后，海南省出台了《海南省实施〈中华人民共和国气象法〉办法》，从法律上明确了气象部门防雷管理的主体地位，海南省气象局根据国家法律规定，先后制发《海南省气象依法行政手册》和防雷管理规范性文件21件，基本形成了比较配套的防雷管理法律体系，为规范和加强防雷减灾管理提供了法律基础。

海南省气象局成立“海南省气象行政执法总队”和各市县气象行政执法支（分）队，近年，全省共开展气象行政执法700多次，在一定程度上抑制了在防雷安全方面违法行为的蔓延，保证了《气象法》、《实施办法》的贯彻落实。

为了加强和规范气象部门自身的防雷工作，颁布了《海南省防雷质量管理手册》、《海

南省气象部门防雷安全管理规定》等规范性文件，大力推行防雷“五统一”（检测项目统一、检测标准统一、报告格式统一、收费标准统一、合格证统一）、“五个100%”（辖区易燃易爆场所检测覆盖率达100%，执法人员、执法装备、文明窗口达100%，防雷人员考核合格率、持证上岗率达100%，防雷设计方案审核、防雷竣工验收率达100%，三独立、五统一达100%）、“五个零”（雷击灾害引起≥3人伤亡率为零，防雷安全生产事故发生率为零，防雷管理、业务、服务、收费投诉率为零，防雷人员违反廉政事件投诉率为零，行政执法过错责任追究为零）工作，狠抓防雷工作质量，确保防雷安全。

在队伍建设层面，成立了防雷技术服务实体，以科技为依托，以优质服务为宗旨，积极开展各项防雷技术服务工作，在质量保障层面，逐步实现防雷减灾的业务化、规范化管理；在技术支持层面，完成了防雷中心信息管理系统、野外可移动式防雷装置等科研项目。

为适应现代防雷减灾工作的需要，建立一支作风过硬、业务技术精良的防雷队伍，采取举办培训班、外出学习取经、专家讲座、交流研讨等措施，不断提高防雷队伍的业务能力和服务水平。

以全国法制宣传日、“3·23”世界气象日、安全生产月等活动为契机，借助报刊、电视、广播、网络等媒体，在易燃易爆场所、基层社区、乡村、学校、种养殖（植）场所、公众聚集场所等，大力宣传雷电的危害性和做好防雷减灾工作的重要性，特别突出对防雷减灾政策、雷电防护、灾情处置等科普知识的宣传教育和普及，建立了每年联合有关部门定期开展防雷减灾宣传教育活动的长效机制，提高全社会的防雷减灾忧患意识，增强群众安全防范能力，降低雷击灾害造成的损失。

（四）

海南省气象部门坚持从做好防灾减灾和经济建设服务的需要出发，始终把气象现代化建设作为兴业之路放在重要位置上来抓，坚持“引进、消化、开发、创新”的路子，坚持高起点、高标准的方针，使海南省气象部门的业务工作和办公方式发生了根本性的变革，大大提高了气象业务服务水平，为海南省的气象灾害防御和国民经济建设提供优质服务打下了科学基础。

1. 现代化的气象信息网络

完成了重点工程“气象卫星综合应用业务系统（9210工程）”和全省县级PCVSAT单收站业务系统建设；全省建成了2M光纤数字电路综合业务网和视频业务系统，并实现了与9210工程的无缝集成。省级和市（县）级局域网络在可靠性、可管理性、可扩充性等方面得到较大提升，实现了气象信息传输的高速化、自动化、网络化，解决了大量观测资料、数值预报产品、上级指导产品等信息资料传输瓶颈问题，大大提高了气象信息的传输流量和传输时效，极大丰富了各类业务服务产品信息。

依托丰富的气象信息，在省政府各部门率先通过互联网向社会提供信息服务，建立了海南省气象部门互联网形象窗口——“海南气象灾害防御指挥信息网”，面向社会提供气象政务、业务和服务等方面的动态信息，并向政府部门、行业用户提供实时的、个性化的气象信息服务，创造了显著的社会经济效益。它标志着海南省气象部门为政府决策参谋服务、为国民经济建设服务、为公众日常生活服务的手段和能力跨上了一个新的台阶。

2. 气象技术装备综合保障能力明显提高

经过多年的建设，气象技术装备保障能力和时效提高较快，为拓宽气象服务领域提供了良好的基础条件。完成了海口、三亚 701 探空雷达大修改造、电解水制氢设备更新换代、省级气象仪器检定环境改造、省级气象计量设备更新换代、省级气象仪器仓库改造等建设项目，使大型装备和技术装备工作环境有了较大改善，技术装备综合保障能力明显提高。

3. 大气探测跨上新台阶

海南省大气探测业务经过长期建设，迈上了新的台阶。已建成了 17 个市（县）气象局的遥测自动气象站，实现了对温度、湿度、气压、风向、风速、降水、蒸发、地温、深层地温、太阳辐射的自动观测，自动观测所获得的气象要素值通过宽带网每 10 分钟传递一次，在时间尺度上加密了观测，从而使全省各地的气象要素变化可随时掌握。全省建立了两套静止卫星接收站和一套极轨卫星单收站，可对全省的旱、涝、森林火险进行动态定量定点监测，为全省防灾减灾提供有力依据；为开展环境气象服务，在海口、三亚两个主要城市布设了太阳紫外线观测仪；高空探测 701 雷达通过技术改造，降低了功耗和故障率，提高了探测精度；全省实现了地面、高空报表制作机制化和网络传输。

4. 气象信息加工、分析预测水平明显提高，为防灾减灾奠定了重要基础

预报预测工作平台发生了质的变化，预报流程全面改革，建成了可视会商系统。9210 工程在业务化运行，其中新一代人机交互预报业务系统（简称“MICAPS”系统）的业务化，使海南省中短期预报进入信息处理自动化、操作流程规范化、预报制作无纸化的新阶段。建成了海南省短期预报制作系统、短期气候预测系统、海南省气象业务管理信息系统、天气预报会商平台、海南省热带气旋业务系统、3～5 天中期逐日滚动预报业务系统、海南省气候分析业务系统等多个业务系统，取得了丰硕的成果，并在业务应用中发挥了重要作用。充分利用卫星、雷达等现代观测手段，通过对数值预报产品解释应用，结合本地天气气候特点，不断完善预报预测体系，在预报时效、预报精度、预报范围等方面都取得了明显进步。短期预报时效由 48 小时延伸到 72 小时，并开展了 3～5 天逐日滚动分县预报；为提高重要灾害性天气预报服务的精确度，开展了 3 小时的短时临近预报；预报内容由常规天气预报拓展到旅游景点、双休日、各种环境指数、上下班、琼州海峡通航预报等。利用降水、气温、土壤湿度、蒸发等气象要素和水位、流量等水文要素以及卫星遥感等对旱情进行及时、全面、连续地分析和评估。气象信息加工，分析预测水平的显著提高为加强气象灾害防御、保障国家和人民生命财产安全提供了条件。

第一章 热 带 气 旋

第一节 概 述

热带气旋是生成于热带或副热带海洋上伴有狂风暴雨的空气漩涡，在北半球作逆时针旋转，在南半球作顺时针旋转。它在围绕自己中心旋转的同时，不断向前前进，像陀螺边行边转，其范围一般较大，直径最大的可达2000千米或以上，成熟的台风通常都有一个台风眼，直径在几百米到几千米不等，台风眼区天气晴朗、风力微弱，阳光明媚，与台风眼外的狂风暴雨形成两个世界。

热带气旋包括热带低压、热带风暴、强热带风暴、台风等类型，一般统称"热带气旋"，是海南省最主要的自然灾害。海南省是全国受热带气旋影响最频繁的地区。素有"台风走廊"之称，登陆海南省的热带气旋占登陆全国的20%，占登陆华南的35%。热带气旋是发生在热带海洋上的极其严重的气象灾害，它的形成和来临常常总是伴随着狂风暴雨和风暴潮，具有极大的破坏性，能使电讯中断、交通阻塞，倒屋拔树，危害生命，对海南省各行各业影响极大，严重威胁人民生命财产安全和制约国民经济的发展。但是，热带气旋又是海南省降水的主要来源，如果没有热带气旋带来的降水，海南省将出现较严重的干旱。因此，认识热带气旋、了解热带气旋、掌握热带气旋规律、抗御热带气旋灾害、利用热带气旋资源，是保障海南省经济建设趋利避害、持续稳定增长和保障人民生命财产安全的首要任务之一。

一、热带气旋标准

热带气旋是发生在热带海洋上的一种强烈气旋性风暴，强度等级由风暴中心附近最大风速确定。根据中心附近强度，世界气象组织对热带气旋的名称进行了分类。世界气象组织统一的热带气旋名称标准如下：

热带低压——风速≤17.1米/秒；

热带风暴——17.2米/秒≤风速≤24.4米/秒；

强热带风暴——24.5米/秒≤风速≤32.6米/秒；

台风——32.7米/秒≤风速≤41.4米/秒；

强台风——41.5米/秒≤风速≤50.9米/秒；

超强台风——≥51.0米/秒。

此外，台风委员会根据成员国的推荐，拟定了100个名字，结合台风编号，循环使用。如"达维"、"悟空"、"龙王"等。

二、热带气旋影响标准

（一）影响全省的标准

凡热带气旋中心进入 15°N 以北、114°E 以西海域的，即视为对海南省有影响的热带气旋。

影响海南省的热带气旋可分为两类：

1. 影响海面类：只影响海南省海面，对海上交通运输、渔业生产、海上作业等有较大影响。

2. 影响陆地类：对本省陆地和附近海面都有影响。

（二）具体地点的影响标准

1. 最大风速≥10 米/秒；

2. 极大风速≥17 米/秒；

3. 日雨量≥40 毫米；

4. 过程雨量≥80 毫米。

凡符合以上条件之一者，即统计为某地已受热带气旋影响。

三、热带气旋影响次数

按全省影响标准统计，1949—2000 年进入影响区的热带气旋共有 383 次，年均 7.4 次。年最多 13 次（1989 年），年最少 3 次（1959、1966、1969 年）。其中，严重影响本省的热带气旋，年均 4.3 次，最多 9 次（1956 年），最少 1 次（1984 年）；登陆的热带气旋年均 2.7 次，最多 6 次（1971 年），最少 1 次（1954、1961、1979、1984 等 10 年）。年影响次数 3～5 次的年份占总年数的 21%，年影响次数 6～8 次的年份占总年数的 42%，年影响次数 9～11 次的年份占总年数的 33%，年影响次数 12～13 次的年份占总年数的 4%。

四、热带气旋活动季节

影响海南省的热带气旋活动季节较长，一年四季都有可能发生，主要集中在 6—10 月，占影响总次数的 90%，其中，7—10 月占 78%，8—9 月占 50%，11 月至次年 5 月出现的次数最少，仅占总数的 10%。严重影响类和登陆海南类热带气旋的月际分布，与影响类的分布是一致的。

表 1.1 各类热带气旋各月出现频率（%）

影响程度 \ 月份	1—5	6	7	8	9	10	11—12
影响	4	13	15	22	24	17	6
严重影响	4	11	13	28	23	16	5
登陆海南	5	13	13	28	24	12	5

影响海南省的热带气旋平均初、终期分别为 6 月 13 日和 10 月 22 日，平均活动期 132 天。最早初期出现在 1 月 26 日（1975 年），最晚初期出现在 7 月 28 日（1959 年）；最早终期出现在 8 月 3 日（1966 年），最晚终期出现在 12 月 3 日（1953 年）。

严重影响海南省的热带气旋平均初、终期分别为7月1日和10月3日，平均活动期95天。最早初期出现在5月2日（1971年），最晚初期出现在9月25日（1960年）；最早终期出现在8月3日（1966年），最晚终期出现在12月2日（1974年）。

登陆海南省的热带气旋平均初、终期分别为7月11日和9月16日，平均活动期66天。最早初期出现在5月2日（1971年），最晚初期出现在9月25日（1960年）；最早终期出现在5月10日（1954年），最晚终期出现在11月22日（1981年）。

表1.2　各类热带气旋初、终期统计

影响程度 \ 出现日期	初期			终期			平均活动日数
	平均日期	最早日期	最晚日期	平均日期	最早日期	最晚日期	
影响	6月13日	1月26日（1975年）	7月28日（1959年）	10月22日	8月3日（1966年）	12月3日（1953年）	132天
严重影响	7月1日	5月2日（1971年）	9月25日（1960年）	10月3日	8月3日（1966年）	12月2日（1974年）	95天
登陆海南	7月11日	5月2日（1971年）	9月25日（1960年）	9月16日	5月10日（1954年）	11月22日（1981年）	66天

五、热带气旋源地及强度

一般将起源于120°E以东海域的热带气旋称为太平洋热带气旋，将起源于120°E以西的南海海域的热带气旋称为南海热带气旋。在影响海南省的热带气旋中，太平洋热带气旋占41%～45%，南海热带气旋占55%～59%。

表1.3　各类热带气旋源地及强度

影响等级	源地 \ 百分率（%） \ 强度	热带低压	热带风暴	强热带风暴	台风
严重影响	南海	38	16	27	18
	太平洋	1	1	11	86
登陆影响	南海	47	16	23	14
	太平洋	2	2	2	93

一般而言，太平洋热带气旋强度较强，南海热带气旋强度较弱。在严重影响海南省和登陆海南省的热带气旋中，达到台风强度的太平洋热带气旋分别占86%和93%，而南海热带气旋仅分别占18%和14%。在严重影响的太平洋热带气旋中，热带低压、热带风暴、强热带风暴、台风分别占1%、1%、11%、86%；南海热带气旋中，热带低压、热带风暴、强热带风暴、台风分别占38%、16%、27%、18%。在登陆的太平洋热带气旋中，热带低压、热带风暴、强热带风暴各占2%，台风占93%；南海热带气旋中，热带低压、热带风暴、强热带风暴、台风分别占47%、16%、23%、14%。

登陆或影响海南省的热带气旋路径主要有四种：一是热带气旋中心登陆的占35%；二是热

带气旋中心从海南南部海面经过 110°E 西行的占 28%；三是热带气旋中心登陆粤西地区的占 24%；四是热带气旋中心沿海南岛东部海面北上或进入影响区域转向的占 13%。

登陆海南的热带气旋中，在文昌市登陆者最多，占 31%，万宁市次之，占 22%，琼海市、陵水县、三亚市分别占 19%、12%、13%，其他市县占 3%。据统计，登陆海南省的台风强度的减弱，主要出现在登陆前 6 小时，登陆前 6～12 小时之内强度变化不大，比台风登陆台湾省强度减弱时间开始迟一些。

表 1.4 各路径热带气旋月际变化（%）

路径 \ 月份	5	6	7	8	9	10	11
登陆海南岛	6	13	13	28	24	12	5
岛南海面西行	1	12	9	13	30	30	5
登陆粤西地区	4	12	26	23	26	7	2
岛东海上北上或转向	7	15	10	20	15	23	10

六、热带气旋天气

热带气旋影响主要表现在大风与降水两个方面。大风暴雨是海南省主要自然灾害之一，给国民经济建设和人民生命财产造成巨大的威胁。但是，热带气旋降水又是海南降水的主要来源，倘若没有热带气旋影响，则往往容易产生干旱。因此，对海南省来说热带气旋既有利又有弊，只要科学防御、合理利用，总体上应当是利大于弊。

（一）热带气旋大风

海南省各地几乎每年都受热带气旋大风影响，大风强度和范围与影响的热带气旋的强度、范围及外部环流有关。一般说来，无论频率与风力，都是沿海大于腹地、平原地区大于丘陵山区。大风高频区出现在东部、南部、西部沿海，高达 80%～94%，是风害最严重的地区；低频地区主要在琼中、保亭等地，仅占 40%。过程平均风力一般 8～10 级、最大可达 12 级，风速极值 70 米/秒（出现于登陆琼海市的 7314 号台风）。瞬间极大风速比平均风速大得多，全省均出现超过 40 米/秒的记录。大风维持时间，一般半天左右，长者 36 小时。以登陆类热带气旋出现的大风频率最高，南部海面偏西行类次之。

表 1.5 影响、登陆海南省台风各级极大风速频率（%）

风速等级（米/秒）	极大风频数				最大风频数			
	影响		登陆		影响		登陆	
	频数	%	频数	%	频数	%	频数	%
＜20	12	13.6			46	52.9	9	21.9
20～29	34	38.6	9	22.1	27	31.0	21	51.8
30～39	16	18.2	12	29.3	13	14.9	10	24.4
40～49	25	28.4	19	46.31	1.1	1	1.1	
＞50	1	0.9	1	2.4				
合计	88		41		87		41	

由此可见，登陆海南省台风：过程最大风速在20～29米/秒之间的频率最高，为51.8%，其次是30～39米/秒，占24.4%；过程极大风速在40～49米/秒之间频率最高，占46.3%，其次是30～39米/秒，占29.3%。影响海南省台风：过程最大风速在20米/秒以下的频率最高，为52.9%，20～29米/秒之间占31%，30～39米/秒之间占14.9%；过程极大风速在20～29米/秒之间的频率最高，为38.6%，其次为40～49米/秒之间，占28.4%。概言之，影响、登陆海南省台风的最大风速主要在30米/秒以下，占73.83%，但是，极大风速却以30米/秒以上为主，占48.78%。

（二）热带气旋降水

热带气旋降水过程一般可维持2～4天，长者甚至达8～11天（如6810、7619号台风）。过程平均降水量，西部、南部50～90毫米，大多数地区在90毫米以上，其中，中部山区达120毫米。过程最大降水量，多数地区为300～600毫米，极大值达727.2毫米（屯昌县，7619号台风）。过程最大日降水量，各地均在250毫米以上，东南部、中部可达400～500毫米（如：1977年7月21490.3毫米），部分地区甚至高达700～900毫米。

热带气旋暴雨产生几率，中部山区、西部内陆较高，约40%～56%，东部、西北部次之，约30%～40%，其余地区约20%～30%。热带气旋特大暴雨（日雨量≥200毫米）产生几率，中部山区、西南部较高，在10%左右，其余地区在7%以下。

表1.6　影响、登陆海南省台风雨量等级频率（%）

项目 / 雨量等级（毫米）	24小时最大雨量				过程最大雨量			
	影响		登陆		影响		登陆	
	频数	%	频数	%	频数	%	频数	%
＜50	16	23.9			15	14.7	2	
50～99	7	10.4	1	3.7	11	10.8	2	4.9
100～199	22	32.8	11	40.8	28	27.5	11	26.8
200～299	13	19.4	8	29.5	22	21.6	13	31.7
300～399	5	7.5	6	11.1	17	16.7	10	24.4
400～499	2	3	2	7.4	5	4.8	1	2.5
500～599	2	3	2	7.4	3	2.9	3	7.2
＞600					1	0.9	1	2.5
合计	167		27		102		41	

显而易见，影响、登陆海南省台风雨量等级，24小时最大雨量：100～199毫米等级极值的频率最高，占32.8%，其次50毫米等级极值以下，占23.9%，200～299毫米等级极值占19.4%，300毫米等级极值以上只占13.5%。过程最大雨量：100～199毫米等级极值的频率最高，占27.5%，依次是200～299毫米，为21.6%，300～399毫米，占据16.7%，50毫米以下占15.7%，400毫米以上只占5%。

七、热带气旋灾害的防御

（1）重视热带气旋预报警报，及时做好热带气旋灾害防御的各项准备和采取切实可行的防御措施。热带气旋预报警报为全社会防灾抗灾提供了重要信息和决策依据。气象部门的预报警报，一般分为短期气候预测和短期天气预报警报。短期气候预测主要是年景分析和趋势预测，短期天气预报警报是具体对象的影响情况，通常以预警信号的方式发布，热带气旋预警信号分为台风蓝色、黄色、橙色、红色预警信号四个等级，其中，橙色台风预警信号表示 12 小时内，本地风力达 10 级、阵风 12 级。红色台风预警信号表示 6 小时内，本地风力达 12 级，阵风 14 级以上。各级政府、各部门、各单位一方面要注意收听气象部门的中长期气候预测，未雨绸缪，预作准备；一方面更应当注意收听短期热带气旋预警信号，及时做好防范。

（2）各级人民政府应当高度重视防御热带气旋工作，完善防灾抗灾责任制和应急预案，切实做到“三落实”：组织落实，检查防风防汛组织是否完善，防风防汛岗位责任制是否落实；思想落实，各级防灾抗灾人员要克服麻痹大意和侥幸心理，从最坏处着想，做最充分的准备，立足防大灾、抗大灾、打恶战；措施落实，检查各项防风防汛工程设施是否完好，发现隐患，立即整改，保证安全度汛。

（3）根据海南省台风活动的特点，按百年一遇的要求和抗风标准设计修建各种建筑物（含住宅），同时要按照抗风要求，对农村民房进行改造，增强抗风抗洪能力。

（4）按百年一遇的要求和抗风标准加强沿海沿岸海塘工程和水利工程的建设，增强防风抗洪能力。使陆地免受波浪、风暴潮、海啸的侵袭。

（5）在全岛四周持之以恒地坚持植树造林，构成全岛闭合环形防风屏障，削弱热带气旋风力，减轻陆地上的受灾程度，也能起到巩固海堤的作用和减轻海浪对堤岸的破坏。

（6）获悉热带气旋信息，政府及相关部门应当按照职责做好热带气旋抢险应急工作，停止室外集会，停课、停业（特殊行业除外）；船只回港避风，加固港口设施，防止船舶走锚、搁浅和碰撞；妥善安排人员留守或转移到安全地带；加固或拆除易被风吹动的搭建物；当台风中心经过时应当继续留在安全处避风，危房人员及时转移；相关地区应当注意防范强降水可能引发的洪水和地质灾害。

（7）来不及回港的海上船只，如果由于各种原因不及躲避或误入热带气旋时，首先按照“风压规律”估计船只的位置，在北半球背风而立，热带气旋中心在本船的左边；其次，船只到热带气旋中心的距离，若测到的风力已达 8 级，则船只到热带气旋中心的距离在 150 千米左右；第三，采取果断措施迅速驶离热带气旋，如果船只处在热带气旋前进方向的右半圆（此半圆属于危险半圆），应当采取风向对右舷船首的航向行驶；如果船只处在热带气旋前进方向的左半圆（此半圆属于可航半圆），应当采取风向对右舷船尾的航向行驶；如果船只处在热带气旋前进方向的前部，而且在热带气旋前进的路线上，也应当采取风向对右舷船尾的航向行驶。

第二节　古代（公元 1840 年以前）热带气旋灾害

宋　太平兴国七年（公元 982 年）　琼州：八月飓风，毁坏城门、州署、民舍殆尽。

定安：八月，飓风，毁坏民舍甚多。

澄迈：八月，飓风袭击琼州，澄迈县署城门官宇民舍倒尽。

宋　熙宁十年（公元1077年）　琼州：在此以前，琼管的兵士周元等三十几人被交趾的贼人所捕，正要解往南方，刚巧在此前后被俘的琼管军员赵秀，遂带领周元等盗取兵仗，乘船逃归，不幸中途遇到台风，飘到廉州，被廉州黎峒所拘置，只有周元等几人逃回，翌年正月赵秀也逃回。

宋　元丰五年（公元1082年）　琼山：八月，飓风毁庐舍。

崖州（今三亚）：八月，飓风毁民舍。

澄迈：八月，珠崖军遭飓风，澄迈县庐舍毁，木树倒。

宋　绍兴十一年（公元1141年）　儋州：八月，琼郡各州县飓风，毁城门、公署、民舍殆尽。

宋　庆元二年（公元1196年）　临高：八月，飓风毁官署、民舍殆尽。

宋　庆元七年（公元1201年）　澄迈：七月琼郡各州县刮飓风，澄迈县城门毁，公廨倒，民舍崩。琼山：八月，飓风毁坏城门、公署、民舍殆尽。定安：八月，飓风，大坏民舍。儋州：琼郡各州县飓风毁城门公署、民舍殆尽。崖州（今三亚）：八月，飓风毁城门、公署、民舍殆尽。

宋　淳祐八年（公元1248年）　琼山：飓风大作，县北十里白津地，自冲成港，人以为神应，名神应港。

元　至元十五年（公元1278年）　琼山：十一月州民作乱，元军捕获琼管安抚司赵光珞。当时张世杰奉杨太后以小舟航占城，企图再举，但遇台风，小舟覆没，部将五百五十人在琼州、雷州登陆，十六年投降元朝。

元　至元二十九年（公元1293年）　西沙：十二月飓风，元将史弼率远征爪哇海军在此遇风，船舰大部分损失。

明　永乐二十一年（公元1423年）　琼山：秋八月，琼州飓风暴雨，海水涌溢，湮没庐舍孳畜，居民溺死者五十二人。

澄迈：八月，琼州刮飓风，降暴雨，本县河水暴涨，淹没庐舍禽畜被溺，居民遭殃。

明　宣德六年（公元1431年）　临高：秋，飓风夹雷雨，昼夜不息，洪水涨溢，居民溺死甚众。

儋州：飓风大雨，昼夜不止，洪水涨溢，溺死者众。

澄迈：是年飓风暴雨齐发，数日不息，洪水涨溢，溺死者众。

明　天顺二年（公元1458年）　琼山：七月十六日，飓风大作，昼夜不息，毁屋拔木，户外牛马俱倒。

〔七月十六日夜（8 月 24 日），飓风大发，飞瓦倒屋，伤人，牛马立足不安，人行不能举步，声如响雷，昼夜不息。〕

临高：七月十六日，飓风大作，声吼如雷，彻三昼夜不息。

澄迈：七月十六日飓风大发，毁屋拔木，牛马俱倒，声响如雷，数天方息。

明　天顺四年（公元 1460 年）　琼山：岁秋七月十有六日，暴风疾雨，漂荡冲击，其势异常，自乙夜至次日辰巳之交方止，明伦堂馔所斋舍两庑、戟门之属扫地殆尽，礼堂瓦屋漂揭穿漏如麻，淋漓塑像剥落，残毁不忍仰视。

明　弘治十三年（公元 1500 年）　临高：春大旱，秋大涝，漂没民庐舍。五月飓风，八月复作，更兼暴雨，潮水泛涨，田禾尽淹。次年饥。

明　弘治十四年（公元 1501 年）　琼山：闰七月，飓风潮溢，平地水高七尺。〔季夏，淫雨大作，洪水暴至，荡屋坏城。〕

定安：夏，淫雨洪水涨，民舍漂。

明　弘治十七年（公元 1504 年）　琼山：五月六日，飓风大作。〔五月，琼州水涨，伤稼。翌年大饥。〕

八月，（飓风）复作，淫雨不止，水泛涨，田禾俱损。次年大饥。

定安：五月，飓风。八月，霖雨洪水荡禾。

明　正德三年（公元 1508 年）　乐会（今琼海）：七月，乐会大风，海溢数十里。

明　嘉靖三年（公元 1524 年）　万州（今万宁）：七月飓风，雨如荆，挟风而来，飘瓦拔木，坏墙屋，伤禾稼。

〔秋七月，乐会、万州飓风大作，雨落如注，震荡弥空，屋瓦皆飞，居民庐舍十去其八，林树合抱折之驾出数丈地，人亦为覆墙所压，或风遍落河海死，牛马豕鹿溺死无算，海舟飘平陆一二里许，浮苴栖于木末，父老骇之，以为从古未之有也。〕

乐会（今琼海）：七月乐会大风，海溢数十里。

明　嘉靖十九年（公元 1540 年）　乐会（今琼海）：六月，乐会大风雨，空中火光如炬。

明　嘉靖二十年（公元 1541 年）　琼山：九月大风，宫室毁坏，草木推折殆尽，是岁大饥。翌年如斯而作岁复饥。

明　嘉靖二十一年（公元 1542 年）　琼山：九月，大风，官宅毁坏。是年大饥。翌年底复饥。

〔九月十四日（10 月 22 日），琼山飓风猛甚，公署民房圮坏，草木摧折殆尽，是岁大饥，翌年如期而作，岁复告饥。〕

明　嘉靖二十六年（公元 1547 年）　定安：琼籍生员渡海赴考，遇飓风覆没者数百人，临高知县陈址与焉，并失县印。

明　嘉靖二十九年（公元 1550 年）　文昌：飓风大作，官廨民舍尽圮，文庙独存。

明　嘉靖三十三年（公元 1554 年）　琼山：七月，飓风，海寇覆舟。

明　嘉靖三十五年（公元 1556 年）　琼山：七月，发生飓风，遇难生还的海寇十一人从琼山大林都登陆，千余官军居然不敢前进。

明　嘉靖四十五年（公元 1566 年）　会同（今琼海）：会同飓风大作，树木尽折。

琼山：琼州府署大堂倾圮。

明　隆庆四年（公元 1570 年）　琼山：六月，海贼林容驾六十艘，乘风自澄迈直入白沙，欲杀许端（已就抚海贼），是夜大雨飓风，容舟尽覆。

明　隆庆六年（公元 1572 年）　万州（今万宁）：七月二十二日，飓风大作，风中有火星飞散，拔树毁屋，州厅塌压死十余人。海水涨溢，村民溺死甚多。

秋七月二十二日（8 月 29 日），飓风大作，海水涨溢，民溺死者不可胜数。

秋七月，大飓风，海水溢，坏州治儒学。时七月二十二日（8 月 31 日），飓风大作，拔木坏屋，州厅倒塌，压死十余人，儒学、圣殿、学署尽倾圮。海水涨溢，民溺死者不可胜数。

明　万历十九年（公元 1591 年）　定安：八月，“铁飓”坏屋拔树……括二仓见存之谷共三百余石，减价而粜，人不过五斗，次以二三斗为差，远近之民颇赖焉。

明　万历三十二年（公元 1604 年）　琼山：飓风大作，庙堂尽圮。

明　万历四十四年（公元 1616 年）　乐会、会同（今琼海）：会同，七月二十日（8 月 31 日），飓风大作，坏屋折树。乐会，七月，飓风，坏屋拔木殆尽。

琼山：飓风大作，毁屋拔木殆尽。文明楼倾废

〔七月，飓风，会同、乐会尤甚，坏屋拔木殆尽。〕

明　万历四十六年（公元 1618 年）　乐会、会同（今琼海）：十月初六，七日淫雨成灾，万泉河边庐舍人畜，漂没无数。

〔飓风大作，淫雨数月，会同县树木多折，稻尽浸伤，乐会县城池行舟。〕

〔乐会，飓风七作，大雨连月，城市行舟。会同，飓风屡作，树木多折，禾尽浸伤。〕

儋州：淫雨数月，禾尽浸伤。

明 天启七年（公元1627年） 琼山：九月，霜降后，飓风大作，摧屋折木，琼人谓之铁飓。

临高：九月霜降后数日，飓风尤大作，摧垣拔屋，民庐舍无一完者。

明 崇祯五年（公元1632年） 临高：夏六月廿八日（8月13日），飓风大作，人牛马立不安足，海涨，没庐舍，伤禾稼。

明 崇祯九年（公元1636年） 临高：九月霜降后数日，飓风大作，摧垣拔屋。

清 顺治二年（公元1645年） 昌化（今昌江）：七月，台风暴雨，洪水泛滥，漂荡民房，淹没畜物，冲毁田地城池，县治之东石岭崩塌。知县黄立修、典史黄嘉庆重修城池。

清 顺治八年（公元1651年） 定安：七月，飓风大作，八、九月淫雨，田禾多没。

琼山：表贤亭风雨倾圮。

清 顺治十年（公元1653年） 琼山：秋七月十六日（8月7日），风雨交作，连三昼夜，琼、定二县河水大涨，居民濡溺无数。

定安：七月水灾，风雨三昼夜，河水陡涨，城内浸至大门照墙，沿江村乡民舍淹流十之八九，漂死者数百，禾稼一空。

清 顺治十六年（公元1659年） 文昌：飓风，儒学门、宫门倾圮。

琼山：文昌宫修，旋塌。

乐会（今琼海）：风雨，城隍庙倾坏。

清 康熙元年（公元1662年） 万州（今万宁）：秋八月，飓风。

清 康熙五年（公元1666年） 琼山：七月，因海口游舟飘突，海安所副将江起龙，提兵巡洋，飓风陡发，舟覆殒命。

昌化（今昌江）：知县严于屏捐修城池完固，十一年闰七月二十三日，又遭飓风，城池全毁。知县高日旦督修堞楼完固，至二十六年，几经风雨无损。三十年闰七月二十五日，又飓风大作，颓堞城楼，知县遽之璨、典史陈汉又捐修完固。

清 康熙七年（公元1668年） 文昌：十月初二三日（11月5、6日），大风，拔木倒屋，县署修补未竟其工，旋被飓风毁坏。先是有大鸟集于迈豆岭三日而去。

会同、乐会（今琼海）：十月，会同县飓风淫雨，城垣崩毁。乐会，城隍庙坏。

清　康熙九年（公元 1670 年）　琼山：风雨损坏（郡城），辛亥知府牛天宿、知县金光房再修。

清　康熙十年（公元 1671 年）　琼山：府学被飓风损坏，巡道、知府、同知、教授捐修。

清　康熙十一年（公元 1672 年）　会同（今琼海）：七月（编者注：疑为闰月之误），会同县飓风大作三次，城舍民房倾倒，树木毁折几尽。

万州（今万宁）：七月，飓风。

澄迈：闰七月十七日（9 月 8 日）连日飓风，二十五日（16 日），震荡摧撼更甚，崩崖拔木，倒折棂星柱石，城中陨折公廨，乡居倾尽民房，伤败高田坡稻，摧折园林罗殖，海水涨溢，海边田禾咸灌失收，蛋场村址几经水灾，从无若比此甚。是次漂流屋宇，溺死六人，淹没牲畜，民居荡然。

临高：闰七月二十三日（9 月 14 日），飓风淫雨，自辰至申，无顷刻息，树至合抱者拔如拉朽，伤官民屋宇，田禾殆尽，海与江水并涨，城内水深八尺，自是连月多大风雨，河水屡入城为患。

定安：秋，飓风四作，闰七月二十三日（9 月 14 日）大作，辰至未时，飞瓦走石，拔树毁城，官舍民房倒塌殆尽；又二十七日并八月十九日、九月十三日飓风相继，淫雨连六昼夜。

崖州（今三亚）：闰七月二十三日（9 月 14 日），风雨大作。越二十七日酉时至二十九日卯时止。猛烈尤甚，倾倒城垣、署舍不可胜计。水涨海溢，淹死男女十余口。

昌化（今昌江）：闰七月二十三日（9 月 14 日），三州十县同日飓风顷作，平地水高数尺，城垣尽毁，禾田尽淹，合抱之千年古树，拔根飞空，班船行空中，自东海过西海，飞腾数十里，官舍民房片瓦不存，冲压死人不胜其数，父老言自古来未有。

琼山：闰七月二十六日，飓风凡六作，二十七日（9 月 18 日）尤甚，官民庐舍倾圮，郡学棂星门石柱摧折，城垣塌十五丈，雉堞全坠，拔木淹禾，十三州县同时被灾。县学、各祠石柱皆折，墙垣倾圮。坠（郡城）南门大楼，东北角楼及窝铺十二间圮，南城一十二丈，东城三丈余，全城雉堞毁十之五六。海口所城崩塌五十三丈，雉堞毁者三之一，三门城楼俱倾。

陵水：闰七月二十七日（9 月 18 日），飓风大作，大雨继之，昼夜不息飞瓦倒屋，人无立足之处，吹拔椰树过半。府县案卷俱毁，使陵邑自顺治元年起至康熙七年止之典史姓名无凭查考。

文昌：飓风，大水，淹覆民舍数十间。

清　康熙十三年（公元 1674 年）　琼山：八月十三、十九日（9 月 12、18 日）飓风大作，海水涨溢，漂没人畜房屋无数。是年大饥。

万州（今万宁）：海水泛滥，飘流人畜无可胜数。

崖州（今三亚）：海水溢。漂没人畜无算。

清　康熙十七年（公元 1678 年）　琼山：夏，大风雨。

清　康熙十八年（公元 1679 年）　琼山：飓风，四祠石柱皆倒，城垣倾圮。县学倾圮。

清　康熙十九年（公元 1680 年）　琼山：秋，大风雨。

清　康熙二十三年（公元 1684 年）　临高：夏六月，飓风作，雨霜，伤榔、椰之属。

清　康熙二十四年（公元 1685 年）　澄迈：六月初二日（7 月 3 日），飓风大作。

琼山：六月，飓风屡作，城墙屋宇倾圮。郡城倾倒城垣六十余丈，雉堞一百二，并各门城楼、子楼城倾倒三楼，城垣五十五丈。海口所城倾倒城垣二百二十九丈，雉堞一百八十六，并城楼四座。

儋州：夏六月，琼山、澄迈、儋州、临高飓风屡作，城垣屋宇倾圮。

淫雨，城上四角楼倾圮。

临高：大风雨，河水入城。

定安：秋，七、八月淫雨连旬，飓风数次，衙宇民居尽被倾圮，学宫戟门两庑垣墙倒塌殆尽。

清　康熙二十五年（公元 1686 年）　琼山：飓风，县学东西两庑墙垣俱倒。

清　康熙二十六年（公元 1687 年）　会同（今琼海）：七月初八日（8 月 15 日），会同县飓风大作，竟夜尽方止，大木多拔，房屋倾倒殆尽。

文昌：七月，暴雷狂风，坏官廨、民舍甚多。潮溢害稼二十里许。

清　康熙二十七年（公元 1688 年）　万州（今万宁）：秋八月，飓风大作，学宫棂星门倾圮。

清　康熙三十年（公元 1691 年）　昌化（今昌江）：闰七月二十五日，飓风大作，庑门各处崩塌。

清　康熙三十三年（公元 1694 年）　陵水：五月十五日飓风作。

清　康熙三十六年（公元 1697 年）　琼山：飓风。县学两庑仪门倒塌，椽瓦俱毁。

文昌：飓风，县署倾圮。

临高：飓风大作。

清　康熙三十七年（公元 1698 年）　琼山：五月，飓风，坏民庐舍，县学损坏。

陵水：五月初二日，飓风作。

清　康熙四十六年（公元 1707 年）　万州（今万宁）：秋八月，飓风大作，洪水泛滥。

清　康熙五十二年（公元 1713 年）　陵水：闰五月初二日，飓风作。

崖州（今三亚）：闰五月初二日（6 月 24 日），飓风大作。水进村，坏民房数十间，溺死十余人。

定安：迄今，（飓风）学宫正殿倾塌过半，两庑仅存基址，启圣名宦乡贤诸祠卒多茂草。

清　雍正元年（公元 1723 年）　崖州（今三亚）：八月，飓风大作。山水暴涨进村，加癸巳年（1713）尺余，幸在白昼，损伤无几。

清　雍正七年（公元 1729 年）　琼山：飓风毁坏府城、海口所城雉堞。

清　雍正八年（公元 1730 年）　定安：八月，飓风五作，坏屋拔木，大水，伤禾，五谷不登。

清　雍正十三年（公元 1735 年）　崖州（今三亚）：七月二十三日（9 月 9 日），飓风大作。城垣倾圮。水势加癸卯（1723）年二尺。坏民房屋数十间，溺死数人。

会同（今琼海）：七月二十六夜，会同飓风大作，庙宇、衙门、城楼、民房倾毁，压死多人。忠义、节孝二祠尽扫平地。〔七月，连月大水，盐一升卖银五分。〕

万州（今万宁）：七月二十四日（9 月 10 日）夜，飓风。会同、万州、崖州、陵水同时飓风大作，田禾尽淹，米价腾贵。城垣庐舍摧毁过半。

陵水：七月二十四夜飓风大作。

清　乾隆二年（公元 1737 年）　琼山：本年八月初二日（8 月 27 日），广东海康、遂溪、徐闻、吴川、合浦、琼山、文昌等飓风潮涨灾民。

清　乾隆四年（公元 1739 年）　琼山：六月，飓风淫雨连日不止，覆溺商民船只无数，兵民房多被淹没。县学损坏。郡城城楼窝铺垛口损坏崩塌无数。海口所城毁坏。海潮涌发，冲塌堤岸，水势分流，港道淤塞。

陵水：六月飓风作。

清　乾隆六年（公元 1741 年）　琼山：八月，飓风大作，船只房屋多损。县学坍塌。武庙倾圮。

琼州、雷州于八月十四、十五日（9 月 23、24 日）风雨大作，吹揭屋瓦。琼属之琼山、澄迈、临高、儋州、万州（今万宁）、崖州（今三亚）、乐会（今琼海）、昌化（今昌江）、文昌、感恩（今东方）州县被飓风灾民各给赈有差。乾隆四、六年迭遭飓风，郡城城楼窝铺垛口损坏崩塌无数。海口所城毁坏。

陵水：八月飓风大作。

清　乾隆八年（公元 1743 年）　琼山：赴省请领琼府、琼山、万州（今万宁）、感恩（今东方）四学祭器、乐器，以海舟载还，至大洋飓风舟覆，器皆沉失。至二十九年复详请补制府学祭器乐器。

清　乾隆九年（公元 1744 年）　万州（今万宁）：秋七月飓风连作三次，房屋俱坏，冬虫食禾苗，禾稻无收。

清　乾隆十年（公元 1745 年）　万州（今万宁）：秋七月，飓风大作，番船大坏，东澳、港北等处货物漂流，浮上人者数人。冬，瘟疫流行，牛死殆尽，一州皆然，耕民苦之。

琼山：飓风作，府学圮，海口东西炮台被风损坏。

陵水：飓风作。

清　乾隆十六年（公元 1751 年）　万州（今万宁）：10 月 22 日台风，海水上涨，侵入万城旧县署，居民死无数，是万州历史上最大的水灾。

清　乾隆十八年（公元 1753 年）　崖州（今三亚）：八月十七日（9 月 13 日），风雨大作。水进村。九、十月，俱大风一次。伤损民舍、槟榔、畜殿颇多。

万州（今万宁）：秋淫雨，时连作飓风三次，雷声甚烈，加以大水，港北溺死二十七人，水浸守备内署，民房倾圮大半。

琼山：飓风大作，府学殿庑、宫墙倾圮，庙宇、民房多倾圮。

陵水：飓风大作。

清　乾隆二十年（公元 1755 年）　万州（今万宁）：秋淫雨飓风二次。

清　乾隆三十二年（公元 1767 年）　琼山：八月二十二日，飓风大作，大树、民房多被刮坏。

清　乾隆三十三年（公元 1768 年）　文昌：六月十七日（7 月 30 日）飓风大作，文庙，崇圣祠尽坏。

陵水：六月十八日飓风大作。

琼山：六月，飓风大作，文庙、城楼俱为摧倒，府学殿庑门墙皆圮，民房损毁甚多，白沙港内船损百余只。

清　乾隆三十四年（公元 1769 年）　万州（今万宁）：冬飓风大作，连日大水，早禾大伤。

清　乾隆三十五年（公元 1770 年）　万州（今万宁）：月大雨，风水连绵，飓风连作，东南一带禾苗大伤，为从前所少见。

清　乾隆三十八年（公元 1773 年）　陵水：飓风作。

清　乾隆四十三年（公元1778年）　万州（今万宁）：夏五月端阳（5月30日）夜，飓风作。

会同（今琼海）：会同七月十六〔二十六日，9月16日）日，自日至夜，飓风大作，村庄城市屋宇倾圮甚多，大木有连根拔者，禾叶尾裂如丝，而秋竟大熟。

清　嘉庆十三年（公元1808年）　文昌：九月十六日（11月4日）夜，飓风大作，海潮自铺前涨至乌树岭下有十余里，居民死者十余人，经年田咸，不可耕种。

清　嘉庆年间（公元1796—1810年）　文昌：海匪乌石二等蜂起，舳舻蔽海登岸肆劫，官兵不能制，被害极惨。岭头潘琼宇忿恨，鬻牛为费，扎高楼一座，集巫诵经，目睨匪船，琼宇齿血书表诉天，不数日飓风大作，匪船沉碎者不计其数，自兹贼匪势孤，白制军来剿乃就擒，海滨始得安息。

嘉庆十五年五月，总督百龄督师擒获海贼乌石二等磔之，海氛悉靖。

清　嘉庆二十二年（公元1817年）　万州（今万宁）：夏四月，飓风作，时在二十七日（6月11日）夜。

崖州（今三亚）：冬十月，青气见，自南至北，久之乃散。参将杜茂达，把总张萧汉，巡哨至岈琅港，飓风大作，舟覆，官兵皆溺死。

清　嘉庆二十三年（公元1818年）　夏秋间，飓风连作，民房俱倒，会同（今琼海）、乐会（今琼海）、万州（今万宁）尤甚。

会同（今琼海）：五月二十一日至八月十八日，会同县连续四次遭受强台风袭击，庙宇、民房片瓦无存，树林尽折，压死人畜无数。

五月二十一、五月二十七日、八月初三、十八日飓风累作，大堂内衙儒学东西两斋及庙宇民房片瓦寸木无存，压死人丁无数。乐会县亦遭次飓风连作，民房俱倒。自飓风以来，未有若斯之甚者。

定安：飓风大水伤稼，夏秋间飓风连作，民房俱倒，淫雨数月大伤禾稼。

澄迈：五月廿一日，飓风大作，倾倒民房大树。八月初三日，又刮飓风，拔木毁屋，民遭灾难。

（八月）是月十八日，澄、定、会、乐、万各州县再遭飓风和暴雨，并有火星随飞，拔树毁屋，文武衙门、民众祠庙倒塌殆尽。海水涨溢，沿海居民溺死者众，俗谓之扫地飓。道府派员到县赈济。

万州（今万宁）：秋八月初三日（9月3日）夜，飓风作。

（八月）是月十八日夜，飓风大作，风中星火散飞，拔木坏屋，文武衙门民间祠庙倒塌殆尽，海水涨溢，溺死者不可胜数。

清　嘉庆二十五年（公元1820年）　崖州（今三亚）：八月，飓风大作。坏民房多处。

琼山：九月，飓风，大雨，水稻受浸。

粤西滨海地方，九月猝被飓风大雨，遂溪被灾较重，海康、徐闻、电白、茂名、吴川、琼山、陵水各县被灾较轻。

陵水：九月，飓风大作，损害庄稼。

清 道光三年（公元 1823 年） 万州（今万宁）：九月风雨淋漓，损伤禾苗。冬间米价高昂。

清 道光四年（公元 1824 年） 文昌：七月飓风。

万州（今万宁）：秋九月十二日（11 月 2 日）飓风大作。

琼山：洄酌亭圮。

清 道光五年（公元 1825 年） 昌化（今昌江）：飓风大作，学圣祠被毁。

清 道光七年（公元 1827 年） 琼山：武庙为飓风所损，楹桷倾欹，大半颓坏，几不能蔽风雨。

文昌：飓风大作，商船覆没甚众，重修坞岸桥。

儋州：飓风大雨，丽泽书院倒塌。

清 道光八年（公元 1828 年） 文昌：飓风大作，商船覆没甚多。

清 道光十二年（公元 1832 年） 琼山：琼镇黄建功巡洋舟覆，随行官兵殉者百余人。（七月飓风在珠江口西登陆）

清 道光十五年（公元 1835 年） 儋州：飓风，万寿宫倾圮。

清 道光十九年（公元 1839 年） 定安：四月初八日（5 月 20 日），飓风大水，田禾甚丰，未及收成，风水淹没失收。

秋，淫雨累月，飓风大水，饥。自九月初一至十二日（10 月 7—18 日），风静水涨，水落风起，水飓连环相继者六次，沦沉民房，漂荡田禾，草木朽烂，市绝买卖。自此至二十一年大熟，水旱频仍，五谷不登，历来饥馑，无如此之久者。

文昌：九月初旬，飓风三作，稻不收获，岁饥。

第三节 近代（公元 1840—1949 年）热带气旋灾害

清 道光二十八年（公元 1848 年） 定安：七月十五日（9 月 23 日），飓风倒屋拔木，田始有水插秧。

清　道光二十九年（公元1849年）　万昌：四月初七日，狂风大作。

清　咸丰元年（公元1851年）　定安：八月十三日（9月8日），飓风大作，发屋拔木，内图尤甚。疫。

清　咸丰三年（公元1853年）　定安：六月十六日（7月21日）飓风后连接西风二十余日。

饥，春旱、夏虫、秋飓，冬淫雨。伤稼，长年升米钱四十余文。

清　咸丰四年（公元1854年）　文昌：闰七月，飓风，大水，南门外水深一丈余，便民桥圮两段，漂没三合街一带民房四十余间，溺死男女四十余口。邑令陈起礼集绅士将公项并捐输赈恤。

定安：秋飓风，此次坏屋极众，幸大稻尚未放花，故不伤谷。

清　咸丰五年（公元1855年）　文昌：十月，飓风淫雨，漂便民桥石栏杆，淹没三合街民房十余间，署令张霈散给口粮。〔大水冲坏承先桥重修。〕此月水六图大岭村，二更后狂风大作，声响如雷，坏民房九十余间，砖瓦尽飞，有冲入椰子树深寸许者。

清　咸丰七年（公元1857年）　文昌：三月，南托图陈治业等七人出海捕鱼遭飓风，漂至一处……，究不知何国或以为琉球云。

清　咸丰八年（公元1858年）　琼山：八月十五日（9月21日），飓风大作，数百大树俱吹倒，为向来所未有，时称铁飓。幸一日遂止，损伤未甚大。

清　咸丰九年（公元1859年）　定安：多风水。九月寒露（10月8日）前后飓风三次兼以大水，高低稻俱淹没。

清　咸丰十一年（公元1861年）　定安：七月十一日（8月16日）夜，大雷雨，飓风助之，至寅时（凌晨四五时）始息，是时东山市作中元醮，诸大台及鼓台灯棚俱倒，屋崩压死及舟覆溺死者颇多。

清　同治二年（公元1863年）　琼山：八月九日（9月21日），飓风自而东至南，府城考棚毁为平地，坊牌崩折甚多，邑城隍庙头们瓦屋为之折碎，自未时至次日亥时乃止。

八月十五日（9月27日）丑时又大飓，自西北角起至午转正西而南而东南而止，此日伤屋极多，溪水海水相礴，海南海北居民没入海者数万。吾邑瓦千枚价至三千钱有奇。此灾从来未有。

〔癸亥中秋，飓风暴作，海水冲溢，崩塌民房官廨无数，瀛海书院大门卒倒，门外学海文澜石坊碎为十余节，屋瓦皆飞，池水骤涨数尺，浸海阶砌波涛翻涌。〕

清 同治三年（公元 1864 年） 定安：八月初八（9 月 8 日）夜，飓，至次日晨止，尤大于癸亥年（二年，1863）八月十五之飓。至巳时又复回南，亦极大，至未时止。城内伤室甚多，南城北城俱毁，城隍庙大门、书院楼阁、文庙经阁、县衙俱被伤十之五，谯国夫人庙大门扫为平地，村庄坡上祠堂俱圮。水浸城五尺，西门沉船十四只，上下江沉船百余只，浸村溺人不计其数，此水大乙酉（公元 1585 年）年而稍让于乾隆壬辰（公元 1772 年）年。老壬辰水，城内中街乘筏上街买菜。最高水位 16.6 米（1949 年后水文调查）。

清 同治八年（公元 1869 年） 定安：八月廿三夜（9 月 28 日），飓风大作，自酉至辰乃止。学宫正殿裂上层短墙，县衙仪门尽倒为平地，东门外墙压死一人，霖雨数日后陆续崩墙不可胜数，自八月二十三至十月一连北风，并无东风或霖雨或寒冻，甚于甲子（公元 1864 年）乙丑（公元 1865 年）。

清 光绪三年（公元 1877 年） 昌化（今昌江）：九月，飓风大雨。

崖州（今三亚）：秋，飓风陡作。州属山岭多崩成渠。山水同日暴涨，冲没屋庐牛畜无数，漂没数十人。

清 光绪十三年（公元 1887 年） 昌化（今昌江）：九月九日飓风暴雨，树林连根拔起不可胜数，大水冲坏田洋，城东北落岭冲崩一处，村民逃荒。

感恩（今东方）：九月连雨，九日飓风大水，坏田庐，拔树木不可胜数。城东北落缨岭冲崩一处。

清 光绪十四年（公元 1888 年） 临高：九月，飓，伤禾稼，民饥，继而瘟疫，路断行人。

清 光绪十六年（公元 1890 年） 崖州（今三亚）：八月，飓风大作三次，毁民舍。

琼山：十月二十日，东营沙上村五十只大型风帆拖网渔船在陵水渔场遭台风击沉，死亡一百零八人。

清 光绪二十年（公元 1894 年） 乐会（今琼海）：四月二十七日（5 月 31 日），飓风大作，全邑（乐会）神庙、衙署、祠宇民居倾塌多半，其余树木拔折不能胜计。

定安：四月飓风大作毁坏学宫，二十七日巳刻飓风起大甚，东南一带尤甚，其毁坏学宫围墙及星门，其余城内外庙居屋倾覆不计其数，午刻风静大雨如注，乡老以为四月无飓风如此之大，百数十年目所不见。

八月十一日又飓风，自十一未刻大至十二丑刻方止，水浸至城垣半城之高。居近建江一带村庄漂流猪鸡极多，西门外水中漂一马，身上有鞍尚未死，但水势太猛，人莫敢救，浸二日夜方落。至二十日及九月初一飓风又雨作，田稻为之尽朽，海米来接济不至大饥。

琼山：四月二十九日（6 月 2 日），飓风大作，民房大树多吹倒折。琼州风灾多入秋后始有，是年忽作于夏四月，异矣。

澄迈：五月，飓风大作，金江地方民房毁坏，大树倾倒。

清　光绪二十一年（公元 1895 年）　会同（今琼海）：会同，飓风暴雨，衙署各房，全行吹倒。

琼山：四月二十七日，大风。

清　光绪二十三年（公元 1897 年）　琼山：八月二十一日，飓风大作，三日始息。海水暴涨高数丈，海口大街水深数尺。港中大小船均被打坏，铺店民房亦多倒塌，沿海村庄尤甚。县文庙重修初升梁亦被刮倒。九月十月连遭水灾。是年大饥荒。

定安：八月二十一日、九月初十、廿一飓风三次。十月廿一、廿二大风雨相连，两日大水比甲午年八月大。

崖州（今三亚）：十月，飓风大作。打破三亚港船只无数。蛋户死者百余。

清　光绪二十六年（公元 1900 年）　感恩（今东方）：二月，飓风大作，伤损民房甚多。

海南岛：五月十三日，大飓风。（编者注：陈寒松本，与公元 1904 年记载同，疑误。）

清　光绪三十年（公元 1904 年）　琼岛：五月十三日（6 月 26 日），海南岛大台风。

定安：八月飓风，八月十四日酉刻风作，邑城及附近尚小，黄竹以内极大，拔木坏屋不计其数，人皆怨咨。

清　光绪三十二年（公元 1906 年）　崖州（今三亚）：九月二十一日，飓风大作。山水暴涨，毁伤民舍田禾。三十三年，升米百钱，民间艰食。有南洋及陵水商船运至谷米与番薯干屑，转售，得以接济。民赖全安。

清　光绪三十三年（公元 1907 年）　崖州（今三亚）：九月二十一日（10 月 27 日），飓风大作，山水暴涨，毁伤民舍田禾。

清　光绪三十四年（公元 1908 年）　海南岛：飓风，伤人无数。

定安：九月十二日，飓风，先后连有大水数次。

崖州（今三亚）：九月，飓风两作。毁伤民舍田禾。

临高：台风袭击，伤人畜无数。

琼属灾荒，哀鸿遍野，琼崖道钟颖发公帑存款交绅商购米平粜，藉纾民困。

清　宣统元年（公元 1909 年）　海南岛：六月，台风多次入海南岛。

定安：八月廿一日飓风大作。

乐会（今琼海）：八月二十一日（10 月 4 日），乐会，飓风大作，庙宇民舍倒塌少半。米价腾贵，每升十六两价六十文有奇。

万州（今万宁）：八月二十一日台风，龙滚地区民房、庙宇倒塌近半。

琼山：九月，飓风大作，房倒塌以千计。

感恩（今东方）：十月，暴雨飓风，海面溺死者颇多。

昌化（今昌江）：十月，暴雨飓风，农作物损失甚大，海面溺死者众多。

清　宣统二年（公元 1910 年）　海南岛：八月，台风多次掠海南岛。〔9 月，海南岛台风特多。〕

文昌：八月大雨淋漓，池崩四五丈深，其水流通溪入海。

定安：八月廿旬至九月初旬大水三次，五谷多失收，米箩价钱一千百文。

会同（今琼海）：夏季亢旱过甚，秋季复遭淫雨涨溢，水旱交灾，高低田仅收三成，米价极贵数月，每升十六两，价呈七十文。

清　宣统三年（公元 1911 年）　定安：七月廿七日飓风大甚，下午风起入夜更大，拔木坏屋极多，人谓前有甲午四月廿七，后有辛亥七月廿七，皆罕见之飓风也。

民国　元年（公元 1912 年）　琼中：九月八日（7 月 27 日），大台风，暴雨，山洪暴发，营根地方大部分草茅被吹走，居民死伤多人，时称铁风。

民国　三年（公元 1914 年）　万宁：台风、洪水，新沟坡崩。

民国　四年（公元 1915 年）　文昌：九月，干飓风大作一昼夜，草木稻禾尽枯，是年琼属大荒，米昂贵，贫民间有饿死者。

民国　八年（公元 1919 年）　文昌：七月二十八日（7 月 2 日），大风拔木，暴雨倾盆，三更后海潮与溪流交激便民市桥石栏冲崩殆尽，溪边民房亦间遭冲破，一望汪洋，水涨丈余，数十年仅见灾也，咸丰八年水灾亦同此劫。（编者注：咸丰八年疑是四年之误）

民国　九年（公元 1920 年）　澄迈：七月，作十二级大风，大树拔起，民房倒折，满田洋水。

昌江：夏飓风暴雨袭击本县，昌化、墩头等港口大小渔船被打翻，小舟被大风卷上岸，农村田地被洪水冲毁，逃荒者众。冬，牛瘟病遍及全县，耕牛死亡率高达 95%。

陵水：台风大作，房屋被吹倒，大树连根拔起，人畜有伤亡，农作物损失极为惨重。

民国　十年（公元 1921 年）　陵水：六月初二日（7 月 6 日），强台风登陆陵水，东门村瓦灶街等房屋，倒塌百余间。

儋县（今儋州）：六月廿一日（7 月 25 日），飓风大作，其势亦如龙过天，崩塌盐场村房屋甚多。

民国　十四年（公元 1925 年）　海口；八月二十一日，暴风、风速 22～26.8 米/秒。（编者注：与 1926 年记载同，疑误）

陵水：台风大作，房屋被吹倒，树木被拔起折断，农作物遭受损失，人畜有伤亡。

民国　十五年（公元1926年）　海口：八月二十一日（9月27日），暴风，风速22～26.8米/秒。

澄迈：八月二十一日，海南被暴风袭击，每小时风速40～50哩，每秒钟风速18～22米。澄迈的农作物受损失。

文昌：十一月一日，狂风袭击铺前一带，附近海上船只沉没，海潮冲没万明朝村，房屋全倒，全村一百多人，仅活存三人。

民国　十六年（公元1927年）　乐东：八月（编者注：疑为九月之误）台风很大，暴雨成灾，山洪暴发，崩山成浆，浸淹加巴村一尺多，南木村二尺多，罗马村小学二尺，九所市三四尺，利国市五六尺，农田、民房冲毁甚多，山猪、黄猄、坡鹿等动物被洪水淹死无数。

儋县（今儋州）：八月廿四日，大风雨，损坏禾稼甚多。

崖县（今三亚）：九月二十三日，台风暴雨大作，宁远河水泛滥，淹没崖城、保港村庄，崖城十字街水深七尺（水位8.024米），冲倒房屋不少，死伤多人，冲坏农作物，冲走牲畜很多，是崖县历史上洪水最大的一年。

万宁：九月连降雨三天，发生水灾，米价高昂。

民国　十七年（公元1928年）　海南岛：五月二十八日，暴风，风速22～26米/秒。

海口：五月二十八日（7月15日），琼州遭暴风袭击，风速22～26.8米/秒。

定安：夏六月大水，南渡江洪水暴发，定城水位达17.92米。

文昌：十月二十一日（新志记为10月21日），刮大台风。锦山、罗豆、铺前、翁田等地农田失收十二万亩，伤亡300多人，房屋倒塌1276间，船只沉没万余只，损失价值一千六百六十万元。

九月台风暴雨，海潮骤涨，洪水淹没冯坡一带村庄，山宝村一百多户被迫迁到十二个村庄落户定居。

琼山：潮灾，潮位2.21米。

澄迈：七月十五日，琼州遭暴风袭击，波及澄迈，风速22～26.8米/秒。

民国　十八年（公元1929年）　崖县（今三亚）：十二月十七日（1月27日），台风登陆海南岛崖县。

民国　十九年（公元1930年）　临高：六月十九日，飓风，新盈港海滨一带船只沉没，死尸不计其数，海滨船户及乡村民家因房屋倒塌被压死伤者不知凡几。

六月十九日（7月14日）上午8时，飓风大雨，乃由东南而起，下午一时转西风，直至六时风势始渐息。县城各机关党部、县政府、县分庭、二高学校及民房等屋顶瓦片，莫不被风撤去殆尽，一高校舍及王家祠、符家祠等均全座倒塌，乡间民房幸免者不过十之一二，所有田间农品概被扫清，沿途电杆桥梁毫无或存，甚者尤以新盈港海滨一带，船只沉没死尸不知其数，海滨船户及乡村民家因房屋倒塌被压死伤者不知凡几，损失不下百万元，为临高空前未有之巨灾。

澄迈：7月14日，台风大作，临高、澄迈两县沿海渔民损失惨重。澄迈损失90多艘渔船，有个黑石村全村被淹死。

琼山：7月，多台风暴雨，月雨量达754毫米，淹没农田。

民国 二十年（公元1931年） 11月10日，海南岛东南部有迟台风登陆。

陵水、万宁、琼东（今琼海）、文昌：11月10日有一台风登陆。

民国 二十二年（公元1933年） 海口：六月十九日（8月9日），琼州海峡台风，暴雨，日雨量393毫米。八月十三日（10月2日），海口发生飓风巨灾。

昌江：八月十二日（10月1日）夜，风雨交作，翌日益烈，狂风暴雨，震天撼地，县政府房屋吹毁数处，民房倒塌十之四五，灾情奇重，为十余年所仅见。

崖县（今三亚）：八月十二日（10月1日）上午八时，飓风淫雨交作，历时二十余小时始息，三亚、榆林等处，潦水由山岭倾注而下，势甚浩大，新旧盐田之围基被摧毁者十之八九，盐厂之干盐亦被水冲化，各乡倒塌房屋颇多，田禾园果及椰子槟榔吹倒殆尽，全县损失在一百万元以上。

临高：八月十三日（10月2日），飓风，各港口船户失踪者九十余艘，计调楼港六十余艘，黄龙港二十余艘，昆社、新盈港五六艘，损失不下四十余万元，人命达千余人。

琼东（今琼海）：秋，琼东县飓风袭击，农作物及房屋受害颇大，县署房舍吹倒，县府搬迁到嘉积商会办公。

民国 二十三年（公元1934年） 万宁：九月十四至十八日（11月1—4日），大雨滂沱，至十九日晨忽吹飓风，兼之暴雨，午前更为猛烈，其时风狂雨急，县城各机关屋宇及民房吹塌甚多，街道水深三尺许，交通断绝，附城第一区一带水深五尺，数天未退，牲畜杂物被水冲后溺毙者不知凡几。

海口：九月十八日（11月5日），狂风大雨，琼崖各县均遭损失，尤以府城为甚，所有军队营房多受吹塌。海口船只吹沉者共有六十余艘，人民死伤数十，一兵士晚出被吹下海溺毙。

琼山：九月十八日（11月5日），琼城飓风为灾，登记局大部吹塌，检察处梁木毁折，瓦面多被吹毁。

民国 二十四年（公元1935年） 海口：九月初十至十三日（10月7—10日），飓风，以8日为最猛烈，塌屋覆舟，吹毁农作物极多，溺毙百余人。

民国 二十七年（公元1938年） 新民（今屯昌）：八月，遭强台风，大榕树被刮倒，卜文乡数十间民房倒塌。

民国 二十九年（公元1940年） 南沙：4月28—29日，太平岛，台风，阵风十二级。

民国　三十年（公元1941年）　万宁：秋，飓风大作，港北地区树木折断，民房倒塌。

民国　三十一年（公元1942年）　海口：六月初十日（7月22日）下午二时，台风眼抵海口，十六小时后，愈吹愈烈，时速当在二十五千米以上，十二日晨，骤雨随风而至，市面顿成泽国，十五时风势更烈，电报天线多被吹落，十六时仍在狂袭。

民国　三十三年（公元1944年）　万宁：8月、9月初连续刮三次强台风，最后一次风强无雨，海潮涨五米以上，农田被淹没，全县晚稻失收。次年大饥荒，共饿死四万多人，占当时全县人口的四分之一以上，东澳新漂村饿死一千三百多人，占全村总人口的百分之七十四。

民国　三十五年（公元1946年）　海南：八月初三日（8月29日），飓风。八月初七、八日（9月2、3日），风雨连作。九月十七日，大雨滂沱，酿成数十年未有大水，全年失收。

定安：九月七日、九月十一日（编者注：疑为阳历9月之误）连遭两次风灾。

昌感（今昌江、东方）：9月7～11日，石碌、八所连遭二次台风袭击，叉河铁路桥17座桥墩被冲垮，东方电站水渠堤岸被冲毁，机组被淹没。

乐东：九月（编者注：疑为阳历9月之误），五天内连刮两次台风，带来大暴雨，山洪沿望楼河一泻而下，水淹佛亨铁路桥面，冲走白沙河上铁路枕木。冲坡、塘丰、乐罗、望楼、九所、风塘、青山、田头、丹村、白沙等村庄被水淹没，到处一片汪洋大海，冲走懒元村耕牛数十头，冲走鸡鹅鸭不计其数。

〔9月，台风带来特大暴雨，造成山洪暴发发，冲倒白沙河、三曲沟、抱套河铁路桥，从佛亨村至路桥面水浸0.2米，九所市0.6～0.8米，利国市1.4～1.8米，损失巨大。〕

〔8、9月间，接着大旱灾之后，发生一次大涝灾。仅是望楼河下游冲坡、黄流一带就饿死三千九百多人，出卖妻女三十六人，逃荒四千九百人。〕

崖县（今三亚）：秋台风暴雨，宁远河水泛滥，崖城、保港被淹没，在崖城十字街水深2米多，水位近二十八米，家禽，农作物被冲入大海，损失很大。

民国　三十六年（公元1947年）　西沙：五月二十九日（7月17日），南海飓风。

民国　三十七年（公元1948年）　七月十六日（8月20日）九时，七级风力之飓风登陆海南岛，连续影响70小时，至22日2时始稍停风势，海上船只及海边盐田，时遭重大损失。21～22日五指山区下暴雨，万泉河、南渡江、昌化江同时发生大洪水，南渡江加烈河段洪峰流量大7120立方米/秒，为1897年以来第二位大洪水；万泉河嘉积河段洪峰流量11700立方米/秒；为1927年以来最大洪水，昌化江宝桥河段洪峰流量26600立方米/秒，为1887年以来第二大洪水。

昌江：8月20日大暴雨，昌化江水位涨到28.87米，流量27000立方米/秒。蛋场村被水冲死四十多人，广坝电站厂房全部受浸，机械设备被泥水淹盖，损坏严重，无法发电。

新民（今屯昌）：8月12日（编者注：疑21日之误），东、西区各乡发生72年来最大的水灾。新民县的松涛、林加、二区的西坡、北海乡靠近河边的村庄被洪水淹没，作物被冲坏，房屋大多倒塌，不少农民无家可归，流离失所。

澄迈：八月十二日（编者注：疑为8月22日之误），发生洪水，据南渡江加烈水文站调查，这次洪水水位35.49米，流量7120立方米/秒。

8月，大雨，山洪暴发，五指山直通海口之南渡江泛滥成灾，田禾淹没，交通断绝，低洼尽成泽国，秋收无望，据老者言，水势为近年甚少见者。

琼崖旅省人士……为琼崖十六县水灾惨重，于昨（注：见报时间为9月21日）函救灾会请求拨款施赈。

琼山：9月7日，台风、暴雨袭击琼山县，环城乡损失稻谷月约2.3万担。岭大乡水稻失收近千亩，减产七成四百多亩，减产五成五十多亩。

9月27日，受台风袭击，风、洪、潮灾一并而来，沿海一带咸水涨3米，淹没耕地五千六百多亩，低矮房屋浸没无数。

〔九月二十七日（编者注：疑为阳历9月27日之误），遭台风袭击。死九十四人，伤三十五人，倒屋七千多间，坏屋近六千五百间，沉船近二百只，坏船一百二十多只，水稻、牲畜损失甚众，共损失折款6087623万元（国币）。〕

海口：9月27日（八月二十五日）第四号飓风，为六十年来所仅见，从零时起风便施威，一时后飓风中心移至海口，七时半风势加厉，暴雨挟着海潮向市街袭击，市南郊房屋倾覆，仅剩断垣，海南大学礼堂全座倒塌，附中课室宿舍只剩空架，陆军医院药物仪器损失殆尽，盐灶家屋支离破碎，后勤部汽车厂和公路处当风全部塌下。海口堤岸海浪飓风掀开仓门，货物流失，荔枝干、咸鱼漂流满街，水巷口塌铺二间，压死十人以上，新民路压死数人，军医营养厂分院塌下，压死伤病兵十数人。国立高农职校全部校舍吹塌，国立侨中损坏不堪。四艘轮船被卷上沙滩，数百艘帆船不知去向。郊外白沙乡捡获浮尸百余具，货物行李漂流更多。得胜沙路街道水深至膝，溺死三百多人，沿海低洼村庄，海水涌溢，房屋崩倒。

文昌：9月27日，飓风大作，暴雨倾盆，海潮骤涨，铺前水位高达2.62米。沿海地区海潮浸过的田地，因咸二年不能种植。

〔9月27日，大雨倾盆，风大作，洪涝海潮交激，泛滥成灾，铺前、锦山、罗豆一带遭洪水围困。〕

西沙：10月22日（九月二十二日），台风。

新民（今屯昌）：秋，台风袭击，屯昌、乌坡、南吕、枫木乡房屋倒塌二百一十九间，死九人，伤八十一人，耕牛死十五头，田稻完全失收的有一千六百六十五亩。

民国　三十八年（公元1949年）　琼山：9月27日，飓风袭击琼山县沿海一带，海水连涨八九天，有五千多亩农田受淹失收，为数十年少见。

琼中：台风大暴雨，乘坡河水上涨，使二十多位师生和干部所住的山头被水吞没，师生全部溺死。

〔秋，暴雨，上安招咱河猛涨，浸招咱村，水深盈尺，洪水冲走和平镇斩对村二十余人。〕

第四节　现代（公元1950—2000年）热带气旋灾害

1950年　【热带低压】　1950年10月11日在南海生成的热带低压，西北行于14日在海南岛琼东（今琼海）县沿海登陆，登陆时低压中心附近最大风力7级。其掠过该岛中北部，15日凌晨出海进入北部湾，中午在越南沿海再次登陆并减弱为低气压。

此次天气过程对海南岛造成的损失之大为数十年来所未有，60万以上人受影响，占全岛人口的1/4，其中18.8万人受灾，30～40万人缺粮。全岛倒塌房屋53934间，因灾害死亡239人，伤172人，损失牲畜4313头（只）。7340公顷农作物受灾，稻谷、杂粮分别损失46%、40%以上，折倒椰子树、橡胶树155470株。击沉渔船27艘，损坏桥梁17座。

琼山、文昌、定安、澄迈等县受灾最严重。文昌县5个区30个乡受灾，待救灾民6452人，其中190人已断炊。倒塌房屋2927间，损坏15850间，压死54人，压伤75人，死牲口192头。稻谷损失5%，杂粮损失40%，折倒椰子树、橡胶树77510株。琼山县灾情较重的是二、五、六3个区，倒塌房屋6640间，损坏7982间，压死47人，压伤53人，损失牲口16头。稻谷平均损失70%，杂粮损失20%，橡胶树折倒2000株，椰子树折倒数百株。定安县灾害遍及13个乡，房屋被夷为平地的有4072间，损坏的有11969间，压死6人，压伤34人，稻谷损失66%，杂粮损失60%，橡胶树折倒2000株；澄迈县仅金江镇及附近16个村庄，房子全毁103间，损坏732间，死亡2人，稻谷损失50%，有64人断炊。新民（今屯昌）、临高、陵水、儋县（今儋州）、昌感（今昌江）等县也遭到较重的灾害。

编者说明　1950年10月14日登陆琼海的热带气旋，海南省“三防办”作为32号强台风统计，不过，经查中央气象局1972年编印的《1949—1951年台年鉴》的气象资料显示（海南当时没有气象台站，海口气象记录从1951年开始），该热带气旋只是一个南海热带低压，最大风力15米/秒，中心最低气压1000百帕。然而，气象出版社1994年出版的《海南台风》一书，在表2.5　1884—1979登陆影响琼海市的台风和表2.7　1884—1979登陆影响秀英港的台风中，却明确地将1950年10月14日登陆琼海市的热带气旋统计为1950年21号台风。我们查阅了海南省气象部门1993年3月整理的历年台风个例，这个热带气旋又确实编号为1950年32号。对这个热带气旋，不同的渠道有不同的说法。如果从灾情的角度看，热带低压不可能造成239人死亡、172人受伤，5.3万栋房子倒塌，更不可能使即使12级大风都不易折断的椰子树被折倒7.8万株之多……热带低压的说法显然与灾情的惨重现状和数十年来所未有的结论不相符。但是，灾情是客观存在的。本卷只以依据中央气象局年鉴将其定为热带低压，灾情照录。所存的争议和疑点，待以后继续探讨和确定。

1951年　【510018号台风】　1951年8月27日在太平洋生成的热带低压，28日发展成热带风暴，30日发展成强热带风暴，31日加强为台风。9月1日西行进入南海，3日2时在海南岛文昌沿海登陆，登陆时台风中心附近最大风力12级。从中北部掠过该岛，3日上午出海进入北部湾，20时前在越南沿海再次登陆，4日上午减弱为低气压。

据三亚、文昌、乐东、临高、定安、琼山、琼东（今琼海）、澄迈、万宁、儋县（今儋州）、新民（今屯昌）、陵水、海口、东方等14个市县统计，因灾害死亡326人（因房屋倒塌压死52人），伤279人（房屋倒塌压伤171人），失踪155人。倒塌房屋76460间（全倒12078间），损坏12553间。其中新民（今屯昌）县倒塌房屋4886间，损坏6861间，死亡牲畜4088头（只）。渔船沉没241艘，损坏322艘，失踪48人。受灾田地39175.6公顷，稻谷、杂粮损失927.50吨，摧折果树林木等133568株。农豆49.6千升，锅269个，缸2545个，其他损失143.94万元。

灾后灾民饥饿待救，儋县（今儋州）人民政府9月11日组织救灾慰问队，前往调查慰问和发放救济粮，救济灾民332户1310人，继而带领灾民转业复业。县政府于10月2日组织救灾工作队，深入灾区开展20多天紧张的救灾工作，帮助重灾渔民339户1300多人转业复业，轻灾渔民60户320人复业。另外发动群众互助借贷4000多万元（旧币），以辅助政府放贷之不足。所有灾民在政府领导社会互救、灾民自救的方针下，都能得到安置转业复业，同时使1000多名渔民摆脱了饥饿与失业的威胁。

1952年 【520015号台风】 1952年8月22日在太平洋生成的热带低压，26日西北行进入南海并发展成热带风暴、强热带风暴，27日加强为台风。28日0～1时在海南岛万宁至琼海之间登陆，登陆时台风中心附近最大风力12级。从中部横穿本岛，28日上午出海进入北部湾，29日02时前在越南沿海再次登陆，30日上午减弱为低气压。27日海口降雨量52.1毫米，27—28日海南岛局部地区出现最大风力7～8级，阵风9级。

【520017号台风】 1952年9月1日在太平洋生成的热带低压，2日发展成热带风暴，3日发展成强热带风暴，5日西北行进入南海并加强为台风。6日12时在海南岛文昌登陆，登陆时台风中心附近最大风力12级。掠过该岛北部边缘出海进入北部湾，7日下午在越南沿海再次登陆。

海南岛6—7日出现最大风力7～9级，阵风10级。普遍降雨100毫米以上，加积水文站143毫米。万泉河出现较大洪水，加积站洪峰超过警戒水位1.47米，下游的下朗、前正、文曲、乐园等部分村庄及农田受浸。全岛65571公顷田地被淹，损失稻谷、杂粮约20869.25吨。

由于8月下旬至9月上旬，海南岛连续遭受第15号、第17号台风袭击，先后在该岛登陆，登陆时中心附近最大风力均在12级以上，造成全岛33个区138个乡14.5万人受灾，倒塌房屋73973间（全塌4700间），因灾害死亡88人，伤58人，死亡牲畜5399头（只）。65600公顷农作物受灾，损失稻谷、杂粮22869.15吨。甘蔗倒伏486900条，折倒橡胶树15107株、椰子树72140株。损坏渔船123艘、渔网312张。经济损失62.85万元。

1953年 【530013号台风】 1953年8月9日在太平洋生成的热带低压，10日发展成热带风暴，11日发展成强热带风暴，12日西行进入南海并加强为台风。14日07时在海南岛文昌登陆，登陆时台风中心附近最大风力12级。掠过本岛西北部于20时前出海进入北部湾，15日下午在越南沿海再次登陆，16日上午减弱为低气压。

受其影响，海南岛降暴雨至大暴雨，11—16日降雨100～300毫米，11—15日出现最大风力9～10级，阵风8～12级。12日20时至14日20时，儋县（今儋州）累计降雨量

187.0毫米，东方238.6毫米。

据13个市县的不完全统计，倒塌、损坏房屋1.11万间，因灾害死亡8人，伤16人，牲畜死亡1.48万头（只）。农作物受淹301273公顷。损失船只181艘、渔网43张。

崖县（今三亚）损失最为严重，其次是陵水、澄迈和万宁。崖县（今三亚）倒塌房屋0.43万间，占房屋总损失的38%；死7人，伤5人，损失牲畜1.39万头（只）。5720公顷秧田被淹，损失种子12万余斤，水冲沙埋田133.7公顷，水深不能耕种或烂秧166.7公顷，占禾苗总损失的29%，损失谷子、杂粮等519.5吨，折断果树1.56万株，损失盐53.65吨，家具0.15万件。洪水冲坏水沟76条，坝277座，堤44条，沉破小船121艘，渔具损失5500万元。

澄迈县以南渡江沿岸的一、三区和沿海的四、六区灾情较重。倒塌房屋240间，损坏3425间。禾田被冲坏及淹浸220公顷，黑豆、绿豆损失5～7成的220公顷，损失7～8成的19公顷，全部失收2.3公顷，损坏番薯、甘蔗266.7公顷，芭蕉树5805株。毁坏船只8艘，鱼网43张。

陵水县倒塌房屋708间，死1人，伤1人，牲畜死亡959头（只）。21986.7公顷禾田被淹浸，损失甘薯、豆59.9公顷，果树1.16万株，损坏小船41艘。

万宁县镇立小学教室全部倒塌，中学及县委住房均受损坏。据第4区11个乡统计，倒塌、损坏房屋120间，倒墙24面。524.6公顷农作物被淹，推倒椰子树、芭蕉树321株。毁坏渔船3艘，损失船板123块，冲坏桥1座。

昌感区（今昌江、东方）损失盐183.5吨，临高区损失盐7.59吨。

【530026号台风】 1953年10月26日在太平洋生成的热带低压，28日发展成热带风暴、强热带风暴，并西北行进入南海，29日发展成台风。11月1日5时在海南岛文昌沿海登陆后向琼山、临高方向移动，登陆时台风中心附近最大风力12级。掠过本岛东北部出海，从琼州海峡又折回南海，3日下午减弱为低气压。

台风带来暴雨至大暴雨，本岛东北部累计降雨量100毫米以上。10月30日20时至11月3日20时，儋县（今儋州）降雨量170.3毫米，琼东（今琼海）212.1毫米，海口243.9毫米。10月31日至11月1日，全岛最大风力6～8级，阵风8～11级。海口6级以上风力持续18小时，8级以上8小时，11级达4小时。

受狂风暴雨影响，海口、文昌、琼山、定安、澄迈、琼东（今琼海）、临高等市县受灾，其中海口、文昌受灾最重。海口、琼山、文昌、澄迈、琼东（今琼海）、临高等市县房屋全毁214间，损坏421间，因灾害死亡渔民33人，失踪船工2人；折倒椰子树819株；沉没船只80艘，失踪民船23艘，损坏船只71艘，损失渔网145张，毁渔埠26个，损失食盐0.625吨，折船桅7条。

海口市倒塌房屋6916间，损坏6278间，几乎没有完整无损的房屋，市内当时钢筋水泥结构最坚固的五层楼被摧垮上两层。死10人，伤53人，农作物面积损失8236.2公顷，损失船只3艘，机关、工厂房屋损失200万元。

文昌县倒塌及损坏房屋41053间，死46人，伤264人，牛死亡74头，伤201头；农作物平均损失6～8成，稻谷减产3成，推倒椰子树33776株；冲坏水利、堤防、桥梁、田畦7516处。

海口气象台预报较及时准确，气象台28日、29日发布台风消息和警报，30—31日先后发布6次台风紧急警报，公告将有大风大雨，必须发动群众防风防洪。台风警报解除后仍发布严重强风警报。此次预报在台风中心距本岛1200千米时发出消息，800千米时发出警报，600千米时发布紧急警报；台风中心附近的最大风力，移动方向与速度及登陆地点和大雨警报均与实况相符。

1954年 【540002号台风】 1954年5月5日在太平洋生成的热带低压，7日发展成热带风暴，8日西北行进入南海并先后发展成强热带风暴、台风。11日20时在海南岛陵水至崖县（今三亚）之间登陆，登陆时台风中心附近最大风力12级。自南向北穿过本岛，12日08时前从儋县（今儋州）出海进入北部湾，15时在广西北海再次登陆，13日上午减弱为低气压。

台风经过陵水、崖县（今三亚）、万宁等县时，中心附近最大风力11级，榆林、昌感、陵水、万宁一带最大风力10级，北部最大风力9级，琼东（今琼海）、加积一带最大风力8级。全岛普降暴雨，局部大暴雨，暴雨中心在五指山的迎风面（即屯昌、琼中一带），屯昌11日雨量238毫米，12日达611毫米。10日20时至12日20时，琼东（今琼海）累计降雨量122.1毫米，海口169.5毫米。

这次台风损失严重，据不完全统计，全岛因灾害死亡43人，伤284人，其中陵水、崖县（今三亚）死24人，伤242人；牲畜死亡51925头（只）。倒塌房屋31354间，损坏20797间，其中陵水、崖县（今三亚）、万宁最严重，陵水倒塌15786间，损坏6700多间，部分乡有80%以上的房屋遭受损失。椰子果刮落80%，折倒橡胶树189000株。沉没、损毁船只122艘，部分损坏141艘。澄迈、陵水、文昌、海口市郊损坏中小水利430宗。国家企业损失大米550多吨，谷子23.5吨。兴隆华侨农场各项损失1.26万多元。

全岛33%的水稻正在入米结实，损失不到1成；30%正在打苞扬花的水稻损失1～2成，个别重灾区损失3成。陵水县70%的水稻损失1成半到2成，另30%损失2～3成。万宁、临高6个乡大水冲毁种子田113.3公顷。杂粮及经济作物也遭受损失。据屯昌、陵水等7个县不完全统计，2133.3公顷番薯，平均损失1～3成；1066.7公顷花生，损失4～5成；6133.3公顷瓜菜类，受灾严重的损失七八成，2133.3公顷豆、蔗、芝麻等，除陵水损失8成外，其余均损失3～5成。

5月9日19时台风中心距榆林800千米时，海南气象台即发布消息，10日14时距该岛南部沿海5个县（万宁至昌感）450千米时发布警报，距350千米时向北部发布警报，并报告海南行政区党委电令南部各县防洪防风。11日16时向北部发出紧急警报，12日台风中心移向东湾，16时解除警报。

接到海南气象台台风警报后，各市县领导立即召开紧急会议，布置防风防洪工作，采取紧急措施，部分县由领导带领干部下乡，以党团员为核心，互助为基础，深入发动广大农民抢收抢救，安慰灾民，提倡节约，动员群众生产自救，并及时发放急救粮款，解决灾民的口粮困难，帮助灾民恢复生产，修理房屋，抢收农作物，大大减少了灾害的损失。

【540023号台风】 1954年10月5日在太平洋生成的热带低压，6日发展成热带风暴、强热带风暴，7日加强为台风。8日西行进入南海，11日从海南岛南部近海海面掠过，台风中心附近最大风力12级。12日在越南沿海再次登陆。

受其影响，海南岛降暴雨至大暴雨，其中澄迈、儋县（今儋州）、琼东（今琼海）、屯昌、琼中降大暴雨，10日20时至12日20时，全岛大部分地区累计降雨量在100毫米以上，琼东（今琼海）238.3毫米，儋县（今儋州）250.2毫米，屯昌852毫米。

南渡江出现较大洪水，澄迈县金江站水位达31.15米，超警戒水位3.15米，龙塘站洪峰超警戒水位4.15米。澄迈、定安、琼山、海口等南渡江中下游市县129个村庄受淹，水稻受淹9493.3公顷。其中澄迈县沿岸村庄、墟镇、田野受淹一天两夜，一、三区淹没27个乡80个村2个墟镇，淹死4人，倒塌房屋1687间；损失牲畜716头（只），农具用具284件；冲毁中型水利工程1宗；国营企业、机关损失物资37644万元。琼山县55个村庄被洪水包围，水深达1～2米。

万泉河也出现较大洪水，加积站水位达11.81米。万泉河沿岸水稻受淹面积6093.3公顷，106个村庄受淹。屯昌县龙州河水暴涨，高坡、加乐等13个自然村受淹，高朗洋积水深1米多，附近驻军2000多间营房被浸，720公顷水稻被淹。

1955年　【550026号台风】　1955年9月18日在太平洋生成的热带低压，20日发展成热带风暴，21日发展成强热带风暴、台风。西行于24日进入南海，25日12时在海南岛琼东（今琼海）沿海登陆，登陆时台风中心附近最大风力12级。掠过琼山、定安、澄迈、儋县（今儋州）、临高，20时后从昌感北黎和儋县那大之间出海进入北部湾。26日上午在越南再次登陆。

25日受台风和冷空气共同影响，海口、儋县、琼东降大暴雨，23日20时至27日20时，琼东累计降雨量135.4毫米，海口148.7毫米，东方152.6毫米，儋县185.4毫米。暴雨中心在五指山东部，从24日至28日累计雨量在200毫米以上的有屯昌南坤、澄迈、白沙等地，其中雨量最大的南坤达453毫米。24—27日万泉河流域平均雨量308毫米，琼东县船埠站430毫米。琼东、崖县（今三亚）、东方、儋县、海口等市县最大风力9～12级，儋县、崖县、海口阵风11～12级。

海南岛从24日后半夜至26日晨受此台风影响，全程28小时左右，持续时间较长，降雨量大，受灾面宽。26、27日该岛各江河水位先后上涨，昌化江宝桥站、陵水河陵水站超过警戒水位。同时适逢潮水暴涨，沿海沿河部分地区酿成水灾。全岛因灾害死亡27人，失踪14人，伤592人，损失牲畜28170头（只）。倒塌房屋3.39万间，损坏12.02万间。晚稻受灾17.52万公顷，占晚稻总面积的53%，损失稻谷5.25万吨，甘蔗损失20%，番薯受灾22926.7公顷，平均损失产量22.5%。东泰、西华、东兴农场损坏橡胶树苗22万多株，西联农场损坏17.4%。

沉没渔船27艘，失踪8艘，损坏190艘，损失鱼网71张。损坏水利工程2749宗。

粮食、商业仓库受损共需5.85万元修复，损坏商品价值845.12万元，淋湿大米、谷子1211.3吨。折断电杆150余根，海榆中线被冲毁路面约400米，倒塌路基数百立方米。工矿部门木板、轻便铁轨、车间等经济损失约8.76万元。全岛25所中学房屋、篮球架被刮倒、课桌椅损坏等共计损失5.2万多元。此次台风以临高、琼山、儋县、东方等地损失较重，陵水、琼东、文昌等地次之。

9月23日晚9时海南气象台发布台风警报，海南区党委连夜布置并发出防风紧急指示，即夜传达到各县、区、乡，24日作防御准备，县委会议暂停，县区干部深入乡村领导群众开展防风防汛工作。海南防风防汛指挥部督促检查各地抓紧准备工作。由于各级党政领导重视风前准备工作，大大减少了损失。26日晨，台风稍减弱后，区党委立即召开紧急会议，研究布置灾后的紧急抢救工作，抽调干部500余人，带救济款深入灾区协助各县进行紧急抢救、慰问救济等工作。

1957年 【570023号热带风暴】 1957年10月11日在太平洋生成的热带低压，13日西行进入南海并发展成热带风暴。15日18时在广东省台山沿海登陆，登陆时风暴中心附近最大风力6级。16日减弱为低气压。

受热带风暴和南海低压槽共同影响，海南岛普降暴雨至大暴雨，局部特大暴雨。11日20时至14日20时，海口、儋县（今儋州）、琼东（今琼海）、琼中、陵水累计降雨量在100毫米以上，其中较多的陵水370.8毫米，琼东（今琼海）488.5毫米，琼中636.9毫米。

特大暴雨致使山洪暴发，河水猛涨，陵水、加积、龙塘水文站均超警戒水位。万泉河、太阳河接近1951年最高水位，南渡江接近1954年最高水位。澄迈、定安、文昌、琼山、琼东、乐会（今琼海）、万宁、海口、屯昌、琼中、陵水等11个市县的沿江河地势较低地区洪水泛滥成灾。洪水高峰时，文昌县文城镇水深3米以上，老人说这是70多年来没有见过的大水。海口市白龙乡和市内的水巷口、长堤、新华北路后街、大英村、南门一带部分地区和房屋浸在水中1天多。

各地洪水主要出现在13、14日，灾情较严重的是文昌、琼东、乐会、万宁、定安、琼山、海口、琼中等8个市县。据上述各市县不完全统计，有33个乡镇191个自然村受灾，淹死11人，其中，文昌、琼东、乐会3县受灾1.66万户。倒塌房屋84间，受浸房屋502间。25179.5公顷农作物受淹。失踪木船1只，损坏4只。毁坏水利工程26宗，万宁县水利工程崩堤500米，乐会县新村水库被冲走土石3000～4000立方米。

1958年 【580004号强热带风暴】 1958年5月28日在南海生成的热带低压，30、31日先后发展成热带风暴、强热带风暴。6月2日10～11时在海南岛海口至文昌之间登陆，登陆时风暴中心附近最大风力8级。掠过本岛北、东、南部靠近沿海地区，于4日凌晨出海进入北部湾，6日02时前在越南沿海再次登陆，5日上午减弱为低气压。

受其影响，海南岛普降暴雨至大暴雨。5月31日20时至6月6日20时，海口、儋县（今儋州）、琼东（今琼海）、琼中、东方、陵水累计降雨量都在100毫米以上，其中较多的琼中409.4毫米，琼海420.1毫米，陵水477.3毫米。

此次连续降雨，虽然解除全岛旱情，但局部地区引发水灾。据文昌、万宁、定安等9个市县和自治州（7个市县）不完全统计，因灾害死亡3人，损坏水利工程169宗。文昌县86个村庄被浸，286户受灾，倒塌屋屋58间，牲畜死亡460头（只）。文昌、万宁和定安10946.7公顷农作物被淹，万宁、定安218.7公顷刚育苗秧田的水稻种子被水冲走。

党、政、军领导立即组织队伍，顶风冒雨抢救抢收，使绝大多数受灾水利工程脱险，夺回了粮食。至6月5日不完全统计，全区参加抢救抢收570813人，抢救抢修水利工程349宗，抢救秧苗804公顷。

【580023号强热带风暴】 1958年9月2日在太平洋生成的热带低压，西北行于8日进入南海并发展成热带风暴，9日发展成强热带风暴。11日20时在海南岛万宁沿海

登陆，登陆时风暴中心附近最大风力 10 级以上。从东北部横穿本岛，12 日凌晨进入北部湾，22～23 时在广西东兴再次登陆，此时风暴中心附近最大风力 8 级。登陆后继续向西北方向移动，13 日减弱为低气压。

热带风暴经过海南岛时，全岛普降暴雨至大暴雨，9—12 日大部分地区降雨量 100～300 毫米，西北部地区 300～600 毫米。8 日 20 时至 13 日 20 时，陵水累计降雨量 112.9 毫米，文昌 184.8 毫米，琼东（今琼海）201.3 毫米，琼中 239.5 毫米，海口 255.7 毫米，儋县（今儋州）395.5 毫米。万宁、儋县、琼东等县最大风力 10 级，其余地区 7～8 级。

暴雨使南渡江龙塘水文站超警戒水位 3.2 米，万泉河出现略超警戒水位洪水，临高、那大的沙河水库库区的径流系数达到 90%以上。据全岛 14 个县统计，有 244 个村庄受淹，倒塌房屋 10937 间，其中儋县倒塌 6839 间，损坏 25537 间。因灾害死亡 159 人，失踪 11 人，伤 127 人，损失牲畜 13049 头（只）。农作物受淹 100999.7 公顷，其中临高、儋县、琼山、澄迈等县损失较重。冲走粮食 174.42 吨、土化肥 2001 吨，淋湿粮食 227 吨。损失经济作物 50175 万株。损失渔船 10 艘，鱼苗近 113500 尾。冲毁水利工程 3202 宗。损失价值 3 万元的药品。

各级党政领导非常重视此次灾害的抢救工作，在党委的统一领导下，依靠集体、发动群众，采取一切有效措施，发动灾区的全体干部群众从管田运动转为抢险救灾和善后工作，经过十多天奋战，战胜了自然灾害。全区共有 786156 人参加抢救工作。

1960 年 【6003 号台风】 1960 年 6 月 21 日在太平洋生成的热带低压，24 日发展成热带风暴、强热带风暴，25 日加强成台风。西行于 27 日进入南海，30 日 3～4 时在广东省吴川沿海登陆，登陆时台风中心附近最大风力 11 级。30 日 08 时左右进入北部湾，20 时左右在越南沿海再次登陆，7 月 1 日下午减弱为低气压。

受其影响，海南岛普降暴雨至大暴雨，局部特大暴雨。6 月 27 日 20 时至 7 月 1 日 20 时，有 12 个市县累计降雨量在 100 毫米以上，其中较多的通什（今五指山）266.9 毫米，海口 286.2 毫米，文昌 463.0 毫米。

暴雨引起部分地区山洪暴发，洪水泛滥成灾。万泉河、昌化江出现一般洪水，加积站洪峰略超警戒水位。因灾害死亡 5 人，牲畜 2085 头（只），倒塌房屋 61 间。文昌、琼海、万宁、澄迈、崖县（今三亚）等 5 个县农作物受淹 25733.3 公顷，被淹较多的琼海、崖县为 6666.7 公顷左右，万宁、澄迈 4666.7～5333.3 公顷。损坏小型山塘水库 21 宗。

万宁县有 11 个公社 55000 人受灾。中造水稻被淹 1026.1 公顷，其中全部损失 28.1 公顷，其余的损失 30%～50%，晚稻被淹 3829.5 公顷，其中全部损失 139.3 公顷，番薯受淹 54.9 公顷。由于水灾影响，估计受灾的 55000 人秋收前缺粮 1000 吨。

【热带低压】 1960 年 9 月 22 日在南海生成的热带低压，西行于 26 日 12 时在海南岛琼海至文昌之间登陆，登陆时台风中心附近最大风力 6 级。从中北部横穿本岛，20 时出海进入北部湾，27 日上午在越南沿海再次登陆。

热带低压经过本岛时，26 日全岛近半数地区降暴雨，其中较多的东方 81.4 毫米，白沙 90.8 毫米。

据海口、琼山、文昌、琼海、澄迈、万宁、定昌（定安县与屯昌县合并，称定昌县）、儋县（今儋州）、东方、乐东、琼中等11个市县统计，因灾害死亡8人，受伤46人，房屋倒塌2.27万间（其中全倒1058间），损坏2.16万多间。农作物受灾184333.3公顷，其中71.5%的晚稻受灾，损失产量约122000吨。损坏渔船7艘、山塘水库1107宗。据文昌、琼山、琼海、澄迈等县16个农场统计，损坏干线公路318千米、桥梁8座，刮倒电话线电杆2600多条，占总杆数的34%。折断橡胶、果树27.9万多株，12.4万多株橡胶受损。损失牲畜4428头（只）。

【6024号台风】 1960年9月29日在太平洋生成的热带低压，10月4日迅速发展成强热带风暴、5日加强成台风。8日西行进入南海，11日20时在海南岛琼海至文昌之间登陆，登陆时台风中心附近最大风力12级以上（44米/秒）。经过琼海、琼山、海口、定昌、琼中、澄迈、儋县（今儋州）、东方等市县，于12日傍晚从东方县南部进入北部湾，13日下午在越南沿海再次登陆，14日减弱为低气压。

台风经过该岛时，全岛大多数市县最大风力7级以上，海口、琼山、琼海、定昌（今定安、屯昌）、琼中、儋县、东方、澄迈等市县阵风9级以上，文昌12级以上，万宁、崖县（今三亚）、保亭、乐东等市县风力也达7～8级。大部分地区降暴雨至大暴雨，10日20时至13日20时，8个市县累计降雨量在100毫米以上，其中雨量较大的儋州为144.1毫米，屯昌178.1毫米，文昌194.3毫米。

此次台风从登陆该岛到出海，整整持续24个小时。据全岛13个县市统计，因灾害死亡6人，伤44人，倒塌房屋1993，损坏2497间。农作物受灾179533.3公顷，其中晚稻受灾面积占总面积的71.6%。倒、断果树76882株，木瓜6889.5公顷。损失牲畜4428头（只）。损坏船只6艘，失踪1艘。损坏水库、堤坝等1107宗。损失各种物资19500件。

全区各级党委在台风到来之前做好了抗灾准备，台风登陆和过境后，又动员全党全民全力以赴，抢救各种农作物，减少风雨带来的损失。台风过后，海南区党委立即抽调180名干部和医务工作者，由区党委书记、常委、各战线负责同志率领，于12日赴文昌、琼海、儋县、澄迈、定昌、琼山、东方等县，协助各级党委慰问灾民和组织开展抢救工作。各级党委组织群众，连夜突击，排干禾苗积水，同时抢救已八成熟的禾稻。党和政府拨出救灾救济款60多万元，帮助灾区人民安排生活和恢复生产。

1961年 【热带低压】 1961年6月3日在南海生成的热带低压，6日24时在海南岛万宁沿海登陆，登陆时中心附近最大风力6级。掠过本岛南半部地区，从乐东县出海进入北部湾，西行于8日凌晨在越南再次登陆。

受其影响，全岛普遍降雨，6日万宁、儋州降大到暴雨。全岛因灾死亡11人，伤153人，房屋全倒塌1783间，半倒塌损坏2.1万多间。169446.7公顷农作物受灾（缺澄迈、东方、崖县（今三亚）统计资料），损失产量16.35万吨，推倒、折断果树11.4万多株。损失牲畜4421头（只）。损坏船只11艘，毁坏山塘水库107宗。公路、桥梁、电讯设备等也遭受不同程度的损失。

1962年 【6209号台风】 1962年8月5日在太平洋生成的热带低压，7日发展成热带风暴、强热带风暴，9日加强成台风。西行于10日19时在海南岛文昌沿海登陆，登陆时台风中心附近最大风力12级。经过本岛东北部从临高县出海进入北部湾，11日11时在广西东兴至钦州一带再次登陆，是时台风中心附近最大风力11级。登陆后继续向西方向移动，11日晚减弱为低气压。

受其影响，全岛绝大部分地区降暴雨至大暴雨，9日08时至11日08时，有11个市县累计降雨量在100毫米以上，其中雨量较大的琼山为150毫米，澄迈176毫米，临高219毫米。东方、屯昌、琼山、琼海最大风力7～8级，崖县（今三亚）、琼海、琼山阵风9～12级。

据屯昌、文昌、琼山、海口、临高等5个市县统计，倒塌房屋175间，死亡9人，耕牛失踪21头，刮沉渔船12艘。东方、琼山、定安、澄迈、临高、儋县（今儋州）、昌江的水利渠道被冲毁276.6万土石方，水稻受浸530公顷。

【6216号台风】 1962年9月18日在南海生成的热带低压，20日发展成热带风暴、强热带风暴，21日加强成台风。西行于21日21～22时在海南岛陵水沿海登陆，登陆时台风中心附近最大风力12级。经过万宁、崖县（今三亚）、保亭、琼中、白沙、乐东等市县，22日凌晨从东方县出海进入北部湾，下午在越南再次登陆，登陆后继续向西北方向移动，23日中午减弱为低气压。

台风经过本岛时，东、西、南部大部及琼中降暴雨至大暴雨，21日20时至22日20时，有5个市县累计降雨量在100毫米以上，其中较大的通什（今五指山）为147.8毫米，三亚227.7毫米，万宁县局部地区达300多毫米。东方县沿海地区最大风力达12级，一般风力9～10级。

五指山区各地山洪暴发，洪水成灾，农作物、房屋、家禽家畜和其他国家财产遭受很大损失。全岛因灾害死亡35人，伤82人，损失牲畜5816头（只）。房屋全倒塌5144间，损坏14017间，农垦系统倒塌房屋13万多平方米，损坏6万多平方米。农作物损失11580多公顷，失收733.6公顷，损失稻谷110.95吨。损失果树林木等614540多株。刮沉渔船2艘，损坏51艘。损坏中小型水利设施771宗、渡槽14座，冲垮渠道土方18万多立方米，石方约3000方。损坏桥梁200座，路面91.2千米。损坏电杆3454根，电线7135千克。

公交系统、部队损失各类物资一批，炸药、各类器材、工具等直接经济损失9万元。机关、学校、企业、商业等单位也有不同程度损失，各类物资商品直接经济损失2.6万元。

遭受台风袭击的海南黎族苗族自治州，积极组织开展救灾工作，经过数天的大力抢救，全州修理草房1119间，抢救水稻297.1公顷，房屋倒塌的灾民全部安置妥当。同时，自治州及时拨出7万元救济款，帮助灾区恢复生产。东方县倒塌房屋不少，但经过充分动员灾民群众，仅用3～5天的时间，就把刮倒的房屋全部重建。

8、9月份海南岛遭受两次台风侵袭。每次灾害发生时，各级党政领导都很重视，采取各项措施，在各部门的大力支援下，发动群众进行救灾、恢复生产。到灾区组织抢救，慰问、处理善后工作，对困难的灾民进行急需的救济，安排好他们的生活，在迅速恢复生产，重建家园等工作中取得了很大的成绩。

1963年 【6309号台风】 1963年8月8日在太平洋生成的热带低压，10日迅速发展成热带风暴、强热带风暴、台风。14日西行进入南海，16日12～13时在海南岛文昌县东郊至翁田之间登陆，登陆时中心附近最大风力12级以上。穿过琼山、海口北部沿海，掠过琼州海峡，17～18时在广东省徐闻沿海再次登陆，当时中心附近最大风力12级。20时左右出海进入北部湾，并于17日08时前在越南北部第3次登陆，下午减弱为热带低压。

受其影响，文昌、琼山、海口、定安、琼海、澄迈等市县风力10～11级，阵风12级以上，临高、儋县（今儋州）、陵水、崖县（今三亚）的沿海陆地风力8～10级，阵风10～12级。全岛各地普降暴雨至大暴雨，局部特大暴雨。15日08时至18日08时，所有市县累计降雨量都在100毫米以上，其中9个市县200毫米以上，雨量较大的澄迈为279毫米，定安280毫米，临高289毫米，东方323毫米。

由于台风中心经过该岛东北部沿海地区，引起潮位上升，海潮倒灌，致使部分低地受淹，加上大面积暴雨和松涛水库放水，南渡江下游部分地区出现局部洪水。据文昌、海口、琼山、定安、儋县、澄迈、临高、琼海、万宁、屯昌、崖县、保亭等12个市县统计，因灾害死亡17人，伤52人；死亡牲畜1.4万多头（只）。农作物损失10666.7公顷左右，倒伏、受浸和沙压的晚造禾苗30000公顷。倒、断果树林木等295万多株。倒塌房屋1291间，损坏14948间，海口罐头厂、砖瓦厂停产，563名职工和家属无处安身。损坏渔船26艘。损坏水库124宗，崩塌渠道204条，公路损坏32处。文昌、琼山、海口等市县90%左右，琼海、定安、澄迈、临高等县40%～50%电话机损坏。海南供销社损失化肥150吨。海南水产局、海南经委、海南教育处、海南农科所、海口市委、海南工业局等6个单位共损失240万元。

海南区气象台分别于12、13、14日的天气形势广播中预报这个台风将进入南海，并向海南行署农林水办公室报告这个台风的动向，乐东县气象站及清澜海洋水文站也在13日向当地领导及有关部门报告了有关部门情况。14日下午区气象台及多数县气象站第一次正式发布警报，澄迈、陵水、新村等站则在15日上午第一次发警报，15日下午发布紧急警报，乐东站16日晨发布紧急警报。直到18日7时发布解除警报。发布过程中，预报各地的风力逐渐加大，区气象台风力的预报完全正确，降水预报除海口、琼山地区偏大一些、东方沿海偏小一些外，也是正确的，各县气象站的预报正确或基本正确。

这次台风前，区三防（防风、防汛、防旱指挥部的简称，下同）于14日召开了由海南有关部门参加的紧急会议进行部署，同时区党委、行署发出紧急通知要求各地做好防风防汛工作，各地均采取了有力措施设防。由于事先做好准备工作和注意组织抢救，减轻了损失。如澄迈县31189人投入抢救工作，在4天时间里抢修房屋2371间，抢救农作物3174.6公顷，抢修水利24宗，修复海堤5处。海南邮电局做好防风防汛部署，及时组织力量到主要线路协助抢修维护被损毁的电话线，仅一二天时间内就基本通话。同时各县派出工作组到受灾严重的灾区调查，帮助解决生产、生活困难。

【6311号台风】 1963年8月28日在太平洋生成的热带低压，9月1、2日先后发展成热带风暴、强热带风暴，3日加强成台风。5日西行进入南海，7日21～22时在海南岛文昌至海口沿海地区登陆，登陆时中心附近最大风力12级。穿过本岛北、西部的琼山、海口、澄迈、临高、儋县（今儋州）、昌江、白沙、东方等市县，8日近晚从东方八所出海进入北部湾海面，9日下午在越南海防以南沿海再次登陆，以后进入内陆减弱消失。

受其影响，全岛普降大暴雨至特大暴雨，其中5个市县降雨量300毫米以上。6日08时至9日08时，全岛各地累计降雨量均在100毫米以上，其中11个市县300毫米以上，文昌410毫米，通什（今五指山）468毫米，白沙506毫米，儋县（今儋州）588毫米，乐东612毫米（长茅水库635.7毫米），东方天安水库716毫米，昌江石碌水库586.9毫米，崖县（今三亚）宁远河水坝501毫米。10～12级大风出现于文昌、琼山、海口、澄迈、定安和屯昌北部以及儋县、昌江、东方等县沿海（其中定城、屯昌、八所3站达12级），中部山区6～7级或7～8级，其他地区8或9级，北部地区6级，大风维持40小时左右，海口8级大风维持近24小时。

这次强台风影响持续时间将近两天一夜，为解放以来所仅见。其特点是风力大，袭击范围广，维持时间长；暴雨面积大，雨量集中；洪水大、海潮高。特大暴雨致使江河水位急剧上涨，又适值海水盛潮时期，风吹潮涌，来势凶猛，海南区最大河流——南渡江沿岸地区及沿海地区遭到严重洪水淹浸。南渡江形成1958年以来的最大洪水，昌化江高水位破历史记录，北部和西北部沿海海潮也很严重，海口潮水位差1厘米就达到1948年的最高水位。南渡江龙塘站超警戒水位2.63米，昌化江水位最高，宝桥站水位26.57米，超警戒水位3.57米，水位变幅达12米，流量达19900立方米/秒。由于南渡江流域降暴雨出现洪水，海口市两次受淹。

全岛所有市县均在此次台风影响范围内，加上该强台风发生在第9号台风刚过去的20天后，灾上加灾，所造成的损失为解放以来最严重。全岛5个市县661个村庄城镇14万人受淹。海口、澄迈、临高、长坡等城镇低洼地带积水1米多深。因灾害死亡39人，失踪20人，伤70人，倒塌房屋71932间。农作物受灾129000公顷，占种植面积的36%，其中淹没晚稻73333.3多公顷，水稻损失7～8成的有10666.7公顷，全部损失的有21333.3公顷，损失4成以上的20000公顷，损失2成以上的有26666.7公顷。刮沉渔船192艘，损坏47艘，失踪22艘。水产方面损失约150～200万元。损失牲畜7.259万头，三鸟（鸡、鸭、鹅的总称，下同）5万多只。民房倒塌17000多间，损坏86800多间，群众口粮损失22万千克。水利工程垮堤215处，部分损坏150处，损失土方百万立方米以上。其他方面损失也相当严重。

澄迈县靠近南渡江两岸的8个公社43个村庄受淹，洪水毁坏渡槽12条，淹浸损失谷子122.5吨、杂粮1197.8公顷。文昌县淹浸村庄83个，公坡公社水浸2米深，淹浸晚稻11200公顷，花生433.3公顷。临高县城水深2米，淹浸52个村庄，6184.5公顷水稻失收。琼中县晚造淹浸15266.7公顷。

崖县（今三亚）降大暴雨，累计降雨量302毫米，崖城十字街水深1.5米，16个村庄1万多人被洪水围困，死2人，毁坏水坝、水库12宗，农作物受灾面积1733.3公顷，成灾646.7公顷，失收20公顷。乐东县洪水暴发，大安水库出险，水浸九所墟0.2～0.3米，利国墟1～1.4米，损失重大。

自治州多数地区山洪暴发，望楼河、宁远河、昌化江、感恩河、珠碧江等主要河流下游都发生较大水灾，淹没42个村庄。长茅、石碌、大安、天安、陈考、三益、航空、保国、太隆、打江、唐麻园等百万方以上水库水位都超过警戒水位，出现不同程度险情。全州冲垮水利工程80宗，土方量达36.68万立方米，石方21365立方米，砼1582立方米，损坏抽水站厂房5间，马达5台，以及水泥、木料、高压线等，直接经济损失257.6万元。

在这次台风过程前后，全区气象台站全力投入防御台风斗争，千方百计做好预报服务工作，提早发布警报，逐步补充订正，尽最大努力为党政领导部门和防风防汛等有关部门提供情报预报，取得一定成绩。但由于这次台风变化较为特殊，预报资料和指标不能提早反映，预报量级偏小，对于防风防汛有一定影响。

在遭到解放13年来最严重的强台风、暴雨和海潮袭击的情况下，海南全区各级党政领导紧急行动，采取了一系列的有效措施，发动和组织全民全力以赴进行抗风、抗洪和抢险。7日区党委接到台风将在海南登陆的警报后，立即召开常委会议，作出防风抢救紧急指示，带领工作组分赴遭受台风严重袭击的8个县，指挥防风防洪防潮和抢险斗争。琼山、澄迈、临高、文昌等县均立即向社、队发出防风、防潮的紧急通知，几次召开公社书记电话会议，把所有力量投入抢救工作中，组织抢救队伍积极做好防潮和抢救的准备工作。

灾情发生后，迅速抢救被洪水围困的灾民，突击抢修、加固尚未脱险的水利工程，尽一切力量抢救国家财产。受灾地区的广大群众在各级机关和工矿企业职工的大力支援下，继续抢救受淹禾苗、房屋和财物，积极做好恢复生产和善后安置工作。据澄迈、临高、文昌、琼山4县不完全统计，共出动16万多人投入恢复生产，受灾地区群众情绪稳定，生产秩序正常。民政、卫生等部门立即组织力量深入灾区，切实做好灾区人民的生活安排和医疗工作。交通、邮电部门也及时进行抢修公路和电话线，迅速全部恢复交通邮电功能。由于全区党政军民的奋力抗击，大大减轻了台风灾害带来的损失。

1964年 【6403号台风】 1964年6月25日在太平洋生成的热带低压，27日发展成热带风暴、强热带风暴，28日加强成台风。30日西行进入南海。7月2日10时在海南岛琼海潭门、长坡两公社之间沿海登陆，当时中心附近最大风力12级。穿过定安南部、屯昌北部、澄迈南部、临高南部，从儋县（今儋州）出海进入北部湾北部海面，3日清晨再次在越南东兴到海防之间登陆，下午减弱为热带低压。这次台风来得快，强度强、风力猛，受灾面广，持续时间长，从东到西横扫海南岛。

受其影响，全岛各地降暴雨至大暴雨，局部特大暴雨。30日08时至4日08时，14个市县累计降雨量在100毫米以上，其中11个市县在200毫米以上，雨量较大的通什（今五指山）为350毫米，东方362毫米，白沙390毫米。7月1日8时至2日14时的30个小时内，琼中县五指山公社降雨量甚至高达491毫米，万宁县兴隆公社降雨400毫米。7月1日上午起至3日，本岛自东向西，先后出现9～11级、阵风12级以上大风，其中台风中心经过的文昌、琼山、琼海、乐东、屯昌、定安、临高、儋县、东方等市县最大风力12级以上。

受狂风暴雨袭击，全岛死亡5人，伤71人，死亡牲畜59889头（只），倒塌房屋44333间，损坏22341间。损失农作物20848.7公顷，减产粮食38.33万吨，折断果树林木等435.78万株。沉船15艘，损坏45艘。毁坏水库105宗，渠道土方8862方，防潮堤31条。

海南自治州气象台6月29日向州各气象站和琼海县气象站发布了台风消息，区气象台对此次台风路径和登陆地点、时间以及登陆后穿过地区和进入北部湾时间，再次在东兴、海防登陆，都报得较准，给县站补充预报提供了良好基础，陵水、儋县、白沙等县站路径报得准。区气象台对此次台风预报发布较早，6月29日早晨开始发布台风情况，至7

月4日共发布9次，其中强台风紧急警报3次，强台风报告4次。

6月30日，海南区党委、海南行署接到台风预报后，立即发出紧急指示，要求各县干部和群众抓紧抗台。各地迅速组织十几万人抢收早稻，加固山塘、水库和防潮堤，并通知渔船返港。儋县各级领导干部下乡组织群众开展台风防御工作。崖县（今三亚）6宗主要水利工程，都调派干部驻守，组织群众星夜抢收1000公顷成熟早稻。经两天奋战，全区各地花生、芝麻、玉米、瓜菜等作物，大部分抢收完毕，10多宗病险水利工程也抢修加固。

海南行政区和海口市所属各机关、企业单位的干部积极投入防御台风，各单位普遍成立抢救队，星夜出动抢救一些露天堆放在码头或低洼地带的物资。海南区财贸部门有6000多吨化肥、水泥等物资堆放在秀英码头，经过连夜拖运，及时转移到安全地带。2日台风还未停息，海南区党委又召集有关部门布置救灾和生产工作。

1964年9月21日至10月7日的半个月内，海南连续遭到6417、6421、6422号热带气旋袭击。

【6417号台风】　1964年9月12日在太平洋生成的热带低压，14日发展成热带风暴、强热带风暴、台风。15日西行进入南海，16日减弱为强热带风暴，19日加强成台风，21—22日从海南岛南部海面掠过，台风中心附近最大风力12级。22日中午在越南沿海登陆，23日凌晨减弱为热带低压。

受其影响，海南岛大部分地区最大风力6～10级，阵风8～12级，通什（今五指山）、陵水、崖县（今三亚）、乐东阵风12级以上。全岛普降暴雨至大暴雨，其中东部地区及澄迈、琼中、通什雨量104～159毫米。19日08时至22日08时，10个市县累计降雨量在100毫米以上，其中较大的万宁210毫米，琼中252毫米，通什332毫米。万宁县、崖县损失较大。

【6421号强热带风暴】　1964年9月25日在太平洋生成的热带低压，28日发展成热带风暴，29日西行进入南海，30日发展成强热带风暴。9月30日至10月1日从海南岛南部海面掠过，风暴中心附近最大风力11级。1日中午在越南沿海登陆，下午减弱为热带低压。

受其影响，中部大部及万宁、儋县（今儋州）、乐东、通什（今五指山）降暴雨至大暴雨。30日08时至2日08时，7个市县累计降雨量在100毫米以上，其中较多的琼中172毫米，通什309毫米。琼山、莺歌海、东方最大风力6～7级，北、南部部分地区、东方阵风8级。

【6422号台风】　1964年10月1日在太平洋生成的热带低压，2日发展成热带风暴，4日发展成强热带风暴、台风。5日西行进入南海，7日下午从海南岛崖县（今三亚）南部海面掠过，台风中心附近最大风力12级。8日上午在越南沿海登陆。

受其影响，全岛大部分地区降暴雨至大暴雨，6日08时至8日08时，11个市县累计降雨量在100毫米以上，其中琼中228毫米，通什（今五指山）287毫米。全岛各地最大风力7～12级，大部分地区阵风8～12级。

3次热带气旋对海南岛影响较大的是第17号和第22号，加上冷空气南下共同影响，9月下旬各地连续降雨，对水稻生产影响较大。全岛处于抽穗扬花期的水稻66666.7多公顷，大部分分布在灾害较重的万宁、陵水、崖县（今三亚）、琼海、文昌、保亭、乐东等县，损失 2～3 成。24000 公顷水稻被水淹，损失 3 成以上，万宁县有 4000 多公顷水稻连浸 3 次。另有 2333.3 公顷被水冲、沙压或因水淹过久而全部失收。

据不完全统计，这 3 次热带气旋共造成 19 人死亡，63 人受伤，死亡牲畜 12820 头（只），倒塌房屋 17450 间。损失农作物 85666.7 公顷，其中水稻 8 万公顷，折断果树林木 37.1 万株。损坏渔船 167 艘，沉没 55 艘。1454 宗中小型水利，崩塌土方约 16000 立方米，护坡石方 2500 立方米。损坏公路、桥梁 172 处，海榆中线公路两旁山岭崩塌 10 余处。

保亭县保城镇 10 月 2—8 日分别被洪水包围 20 多个小时，毁坏小型水利工程 100 宗。万宁县塌崩防潮堤 10 多处，流失 2 万多立方米土方。定安县保山水库护坡损失约 800 到 1000 石方。财贸部门损失物资折款 140 万元。灾区大部分电话中断。

1965 年　【6514 号强热带风暴】　1965 年 8 月 14 日在南海生成的热带低压，16、17 日先后发展成热带风暴、强热带风暴。西行于 18 日 02 时在海南万宁县港北附近沿海登陆，登陆时中心附近最大风力 9～10 级。经过万宁县北部、琼中县南部、乐东县北部，18 日中午前在东方县南部出海进入北部湾，继续西行并于 19 日凌晨在越南宜安附近再次登陆，中午减弱为低气压。

17 日傍晚起该岛东半部海面开始出现大风，海面及陆地先后出现 6 级以上大风，西北部内陆 5～6 级，乐东及澄迈沿海、琼海 8 级，18 日下午全部地区逐渐减弱到 6 级以下。18 日东部及中、南部大部、乐东、定安降暴雨至大暴雨，其中较多的琼海 122.7 毫米，万宁 134.7 毫米。万宁县农作物受淹 3333.3 公顷。

广东省气象台 17 日 15 时发布热带低压警报，下午发布台风紧急警报，全区各台站都分别在 17 日上午发布警报，琼海、琼中等台站预报及时、基本正确，对防台救灾发挥了作用。

1966 年　【6608 号台风】　1966 年 7 月 22 日在南海生成的热带低压，23、24 日先后发展成热带风暴、强热带风暴、台风。其西北行从海南岛东北部海面掠过，于 26 日 08 时在广东省海康至徐闻之间沿海地区登陆，登陆时中心附近最大风力 12 级。穿过广东南部进入北部湾，26 日 17～18 时在广西北海再次登陆，当时中心附近最大风力 11 级。登陆后继续向西北方向移动，27 日上午减弱为热带低压，晚上在云南消失。

受其影响，全岛普降暴雨至大暴雨，26 日海口（283.0 毫米）、临高（251.0 毫米）、东方（362.7 毫米）降特大暴雨。25 日 20 时至 26 日 20 时，12 个市县累计降雨量在 100 毫米以上，其中较多的定安 201.1 毫米，临高 251.0 毫米，海口 312.4 毫米，东方 362.7 毫米。

灾情较重的有海口、文昌、琼山等地。海口因台风停工引起生活困难 635 人，倒塌房屋 15 间、草屋 100 平方米，损坏 220 间。死亡牲畜 164 头（只），失踪 3 头。损失农作物 698.3 公顷，果树林木 5454 株。失踪渔船 1 艘，毁坏 5 艘，损失鱼网 33 张，冲坏鱼塘 26.1 公顷。

文昌县铺山、翁田、东郊、文教、龙楼、迈号、重兴等 8 个公社受灾，倒塌瓦房、牛栏 66 间，损坏 28 间。1245.3 公顷农作物受淹，损失椰子等果树 12100 株。

琼山县死亡1人，受伤3人，损失牲畜27头，倒塌瓦房142间，损坏4790间，毁坏渔船4艘，农作物损失6369.9公顷，9275.3公顷水稻受浸。

灾情发生后，各级党政领导很重视，组织发动群众进行抢险救灾，做好善后工作，使灾区迅速恢复生产。

1970年 【7013号台风】 1970年10月9日在太平洋生成的热带低压，10日形成热带风暴，13日加强为台风，14日进入南海，17日6～7时在琼海至文昌一带沿海登陆，中心附近最大风力12级以上（最大风速50米/秒）。19日在粤西沿海消失。

全岛普降暴雨，14个市县过程雨量133～417毫米，9个市县达200毫米以上。16个市县日最大降水量72～407毫米，其中11个市县100毫米以上，7个市县达200毫米以上。五指山东西两侧300～400毫米，白沙县志道站723毫米。南渡江流域普遍降雨，龙塘站超过警戒水位，万泉河加积水文站水位11.9米，超警戒水位3.9米。10月18日友塘拦河大坝最高洪水位14.06米，坝下水位11.22米。

南渡江沿岸8个公社受淹耕地7533.3公顷，其中农田3286.7公顷，沿岸有50个大队、164个村庄不同程度受淹，受淹房屋3526间。琼海淹没农田6066.7公顷，损失粮食14835吨，淹没村庄495个，受淹时间3～5天。定安县7333.3公顷水稻受淹，完全失收的有280公顷。文昌淹浸水稻266.7公顷，2人死亡。屯昌22人溺死。万宁县273个村庄和5个墟镇受浸，溺死2人，水稻受淹7333.3公顷，占晚稻面积的55%，减产40%，损坏山塘水库6宗。农垦系统倒塌房屋0.34万间，橡胶受损190.13万株。

1971年 【7106号台风】 1971年5月25在太平洋生成热带低压并逐渐加强成热带风暴，26日达到台风强度，29日6～7时在万宁登陆，中心最大风力12级，31日在广西消失。

全岛普降暴雨，14个市县过程雨量106～544毫米，三亚和保亭分别为544和404毫米。15个市县日最大降水量52～519毫米，其中9个市县达100毫米以上，三亚、保亭、陵水200毫米以上。

崖城十字街洪水位7.13米。宁远河水淹崖城和保港11个大队165个生产队3万人，崖城、保港水深1.2米以上，死亡2人，伤3人，冲失谷子423斤，毁坏农作物800公顷，损失谷子1429.5吨。琼中太平河暴涨，高堤水坝被毁，上堂村被淹，水深盈米，30日乘坡河上涨5.4米，损坏农作物41.4公顷，损坏秧苗（折谷子）3.75吨，损失木材209立方米，毁房6间，溺死牛2头，猪1头。

【7125号台风】 1971年9月24日在太平洋生成热带低压，27日进入南海发展成热带风暴，28日形成台风，29日16～17时在万宁至琼海沿海地区登陆，中心附近最大风力12级，琼海、万宁极大风速12级以上，文昌南部、崖县（今三亚）北部、昌江南部、东方南部、白沙南部地区有8级以上阵风。台风登陆经过琼中南部、保亭中部、陵水北部、乐东中部，30日凌晨2时从莺歌海进入北部湾，减弱为低压继续西行。

由于台风和冷空气共同影响，全岛普降大雨到暴雨，13个市县过程雨量100～249毫米，琼海、琼中和屯昌达200毫米以上。13个市县日最大降水量53～183毫米，6个市县达100毫米以上，东南部局部400毫米，以鱼湾站465毫米为最大。

此次台风风力强、来势猛，造成损失较大。农作物受灾面积 11466.7 公顷。热带作物受灾 120.4 万株。全倒房屋 0.13 万间，损坏 1.02 万间。死亡 7 人，压伤 29 人。刮沉渔船 12 只，商品粮 4885 吨受水浸损坏。

1972 年　【7220 号台风】　1972 年 11 月 2 日在太平洋生成的热带低压，4 日发展成台风，6 日进入南海，8 日 11～12 时在文昌登陆，中心最大风力 12 级以上，东部和西沙群岛出现最大风力 9～12 级，阵风 10～12 级。后进入琼州海峡北移。

台风登陆后，风力加大，最大风速 54 米/秒，12 级以上阵风的半径 100 千米，6 级以上大风维持近 20 个小时，并伴随大暴雨，东北、北部和中部普降暴雨，过程雨量 136～255 毫米。

全岛因灾害死亡 51 人，受伤 535 人，牲畜损失 1489 头。倒塌房屋 3.39 万间，损坏房屋 26.48 万间。晚稻减产 37785 吨，糖蔗损失 35000 吨，刮倒、折断椰树 18.42 万株、橡胶 342.22 万株、胡椒 226.62 万株、林木 2518.72 万株；受淹番薯 6480 公顷、花生 1806.7 公顷；损坏船只 624 艘；损坏水库、水利工程 231 宗，损失土石方 73.42 万立方米。工业方面损失成品半成品 47734 件，特别是钛矿粉损失 200 万元。公路交通运输损失 17 万元，摧毁桥梁、涵洞 42 座，路基、隧道 33 处，电杆断裂、塌倒 4000 条，损失电线 67 吨。财贸方面经济损失 388 万元，其中针织品 16 万多件，棉布 21000 多米，浸湿大米 1466.5 吨、稻谷 10420 吨、面粉 346 吨、花生 737.5 吨。受灾严重的文昌、琼海、琼山、海口、万宁、定安等县和西沙群岛，损失较大。

文昌县房屋全倒 1.62 万间，半倒 11 万间，死亡 26 人，伤 262 人。晚造粮食损失 10260 吨，损失橡胶树 42.93 万株、胡椒 86.55 万株、林木 1657.11 万株；渔船损失 268 只。大米等粮、油被浸湿 4002 吨。文昌县东郊公社的经济损失相当于该社三年的总产值。

该台风影响季节晚，强度大，持续时间长，历史罕见。当时正处在秋收时节，广大气象工作者全力以赴，主动当好领导机关和首长防台抗灾斗争的气象参谋，向各级领导提供书面报告达 300 份，电话汇报约 250 人次，向各县站、兵团师级站发联防电报将近 900 份，电台和广播站广播 28 次。从而赢得防风抗台的主动权，大大减少损失，取得抗台斗争的胜利。

1973 年　【7311 号强热带风暴】　1973 年 8 月 20 日在太平洋生成的热带低压，23 日形成热带风暴后逐渐加强为强热带风暴，8 月 25 日 1 时在文昌东郊、龙楼公社沿海登陆，中心最大风力 11 级，阵风 12 级，经过琼山、定安县后，从澄迈、临高县之间出海进入北部湾。

风暴经过的地方，风力 10～11 级，阵风 12 级。24 日 10 个市县降暴雨，25 日 14 个市县降暴雨至大暴雨，其中，100～200 毫米的市县有海口、文昌、万宁、定安、澄迈、临高、儋县（今儋州）、东方、乐东、琼中、琼山等，大于 200 毫米的有琼海、屯昌、白沙、昌江等县，白沙福才 379 毫米，儋县海头达 420 毫米。由于暴雨范围广、强度大，使三大河流的海口站、龙塘站、加积站、宝桥站出现略超或接近警戒水位的情况。26 日下午 6 时南渡江下游海口站洪水位最高峰达 3.2 米。

受灾比较严重的文昌、琼山、儋州等 7 个市县，房屋倒塌 1310 间，因灾害死亡 4 人。

全岛受淹水稻21640公顷，被洪水冲刷泥沙压埋6046.7公顷。冲垮山塘、小水利工程64宗，损坏水轮泵31宗，水利工程损失土方12.8万立方米，石方1.3万立方米，水电站13座；损坏渔船248艘，损坏渔产品60吨，食盐1千多吨；橡胶受害7.13万株。

【7313号台风】 1973年8月30日在太平洋生成的热带低压，9月3日形成热带风暴继续西行，5日13时加强为台风，9月6日从本岛东部海面经过。

受台风外围影响，文昌、海口、澄迈、临高、东方沿海地区风力10级以上，阵风11级以上。全岛普遍降雨，暴雨中心出现在该岛北半部，过程雨量较大的是琼山县丁荣水库233毫米，文昌县湖山水库230毫米，临高193毫米，文昌、海口、定安、澄迈、临高日最大降水量为81～191毫米。暴雨强度最大的临高县，7日2时到4时两个小时降雨量为190毫米，造成灾害损失。

全岛被冲垮小山塘4宗，文昌县湖山水库护坡损坏60平方米（含第11号台风损失面积），死1人。在文昌县铺前港避风的木船，由于附近山塘垮坝，11只木船沉没。据文昌、琼山、海口、澄迈、临高、儋县（今儋州）统计，水稻受涝面积10666.7公顷。

【7314号台风】 1973年9月10日在太平洋生成的热带低压，12日进入南海逐步发展成热带风暴，13日02时后形成台风，14日凌晨4～5时在琼海博鳌登陆，台风中心附近最大风力12级以上。台风范围50千米左右，最大平均风速60米/秒左右，瞬间最大风速70～80米/秒。经过定安县南部、屯昌县、琼中县北部、白沙、昌江南部，于14日下午2时从东方县沿海进入北部湾西行。

这次强台风具有范围小（12级以上旋转风的范围约50千米），强度大，移动快，旋转力猛的特点。恰逢农历18日涨潮期登陆，伴有大海潮出现，为百年所罕见。全岛普降暴雨以上降水。

台风破坏极为严重，无数大树被拔掉或折断，房舍夷为平地，水塔顶的水箱被扫下，直径30多厘米的高压电杆半腰折断。被强风吹飞的瓦片插入椰果深达2厘米。

由于当时探测手段落后，对台风预报不准确，加之干部、群众思想麻痹，没有做好防风准备，因此损失相当严重。全岛受灾11.37万户，死亡926人，重伤1690人，轻伤4470人；房屋全倒12.6万间，半倒5.72万间，揭顶25.24万间，房屋全倒半倒的户数达7.32万户。农作物损失37333.3公顷，橡胶树损失699.85万株，胡椒损失423.59万株，损失稻谷43895吨，大米1900吨，面粉410吨，花生180吨，棉布20190米；水泥1610吨，化肥369吨，食盐82吨。水利工程损失174宗，沉没、损坏船只649艘。商业部门共损失709万元，卫生部门损失25万元，工业部门损失336万元。

灾情最严重的琼海，全县22个公社全部受灾，造成严重损失的有18个公社，占82%，死亡709人，重伤1531人，轻伤3825人，15万人无家可归，3.5万多户无锅做饭。全县房屋全倒8.2万间，半倒2.9万间，揭顶7.75万间。全县191个生产大队，灾情严重的有150个大队，占71.1%；全县2424个生产队中，灾情严重的有1781个，占80%；全县62224户中，灾情严重的有51000户。其次万宁县，全县死亡62人，重伤119人，轻伤327人，房屋全倒2.2间，半倒1.33万间，揭顶3.05万间。定安、屯昌等县也有不同程度的损失。直接经济损失10亿元。

9月16日海南区行署分别给琼海、万宁、定安、屯昌等受灾严重的地区拨出救济款共25万元，解决群众生活困难。

【7318号台风】　1973年10月11日在太平洋生成热带低压，进入南海后逐渐加强，16日形成台风，18日19～20时在崖县（今三亚）藤桥公社附近登陆，台风中心经过崖县、陵水、保亭、乐东、东方、昌江等县，19日3时40分从昌化江进入北部湾，减弱为热带风暴，20日凌晨减弱为热带低压后在广西消失。

崖县、陵水、保亭、乐东等县最大风力12级以上，东方、昌江等县平均风力9级，阵风11级，其他各县平均风力8级，阵风10级。大部分地区普降大到暴雨，12个市县过程雨量100毫米以上，其中最大的通什（今五指山）259毫米。16个市县的日最大降水量56～238毫米。

受台风影响，沿海各地海潮上涨。受灾死亡2人，伤46人。倒塌房屋6708间，半倒762间，揭顶20836间。牲畜死亡802头。渔船受损48艘。61873.3公顷水稻受淹，76133.3公顷倒伏，95333.3公顷扬花、灌浆、成熟的水稻受到严重影响。晚造产量损失约35000吨左右。经济作物损失209.4万株，甘蔗1153.3多公顷。损坏水电站13座、桥梁25座、山塘水库9座。

陵水县受灾较为严重，全县倒塌房屋2922间，揭顶5963间。农作物受灾5193.3公顷。受伤17人。牲畜死亡266头。碰坏渔船10艘；刮倒经济作物0.16万株。淋湿损失谷子99吨，大米10吨。

广东省委于11月17日拨下救济款50万元，帮助灾区群众加速恢复家园。

1974年　【7406号台风】　1974年6月6日在太平洋生成的热带低压，进入南海7日加强为热带风暴，12日形成台风，13日凌晨5时从文昌县南部沿海地区登陆，中心最大风力11级。经过定安、屯昌北部，穿过澄迈、临高，13日下午3时从儋县（今儋州）北部沿海地区进入北部湾。这个台风影响范围大，持续时间长，雨量大。

西南部的乐东、东方、昌江、白沙等地风雨较大，阵风8级以上。全岛普降暴雨，过程雨量除文昌为85毫米外，各地均在100毫米以上，9个市县200毫米以上，东方、昌江、白沙等地达300多毫米，东方县江边公社高达446毫米。17个市县日最大降水量70～248毫米。

水稻受淹面积20466.7公顷，损失稻谷18945吨，秧苗受灾折算损失种子585吨，损失花生39吨，芝麻525吨，吹倒、折断橡胶树64.4万株。儋县、琼山、临高、文昌等县受灾严重，稻谷损失2250吨以上，儋县4350多吨，琼山2400多吨，文昌2350吨，临高2250吨。

文昌县气象站在台风登陆前4天发布台风将从文昌登陆或擦过的预报，及时主动向县委汇报。时值早稻收割季节，县委10—13日动员13万人投入抢收，共抢收农作物33333.3公顷，减少了损失。

【7421号台风】　1974年10月8日在太平洋生成的热带低压，9日发展成热带风暴，10日加强为台风，11日进入南海，13日晚上7时从文昌县白延公社沿海登陆后，经定安县南部、屯昌县中部、儋县（今儋州）南部、白沙县中部、昌江县中部、东方县北部，14日早晨3点钟从八所港北部出海。

受台风影响，该岛东北部地区最大风力9级，阵风10级以上。全岛普遍降雨，万宁、文昌、海口过程雨量100～144毫米。陵水、崖县（今三亚）、万宁、文昌日最大降水量

50 毫米以上，海口 128 毫米。

这次台风使晚造水稻及甘蔗等农作物遭受损失。东北部及中部地区晚造水稻受淹 21246.7 公顷，倒伏 12200 公顷。损失稻谷 29985 吨。

有关公社气象哨收听到 21 号台风消息，预计对本地影响较大，就上街张贴台风路径图，对群众进行宣传。有关公社领导带领干部到公社气象哨和气象员一起讨论预报，召开防风会议，亲自广播防风通知。两天时间组织 3000 多人投入抗灾，抢收农作物 133.3 公顷，冒雨排涝抢收受浸的 66.7 多公顷农作物。

【7423 号台风】 1974 年 10 月 20 生成的热带气旋，21 日发展成热带风暴，22 日加强为台风，24 日进入南海，26 日 9～10 时从万宁港北登陆，中心附近最大风力 12 级。台风经过万宁、琼海、屯昌、琼中、儋县（今儋州）、白沙、昌江南部、东方北部等地，26 日下午 5 时 30 分从东方八所港附近进入北部湾海面。

该台风 12 级强风范围直径约 50 千米，移速每小时 25 千米，8 级大风范围覆盖琼海等 7 县，琼海、定安、屯昌、万宁、琼中阵风 12 级以上。全岛普遍有较大降雨，琼海、万宁、琼中、昌江、白沙过程降水量 100 毫米以上，8 个市县日最大降水量 66～131 毫米。

受台风影响，1 人死亡，21 人受伤，83 头牲畜死亡，倒塌房屋 6.3 万间，揭顶 7.35 万间。损失船只 18 艘。全岛水稻倒伏 77333.3 公顷，受淹 33733.3 多公顷，受灾成熟水稻 38000 多公顷，扬花灌浆水稻 15600 多公顷，估计损失粮食 52945 吨左右。损失水泥 254 吨，淋湿谷子 510 吨、大米 1.41 吨、面粉 1 吨。5866.7 公顷经济作物（橡胶、胡椒、甘蔗）受灾。

万宁、琼中和琼海等地受灾比较严重。万宁县一般风力 10 级，阵风 12 级以上，过程降水量 148 毫米，暴雨造成海潮上涨，10 人受伤，23 头牛死亡，倒塌房屋 2.4 万间，揭顶 2.46 万间。损失水泥 241 吨，淋湿谷子 67.25 吨。水稻受淹 3133.3 公顷，倒伏 3933.3 公顷，成熟水稻受灾约 1333.3 公顷，估计损失粮食 15000 吨以上。受灾番薯 4200 公顷、经济作物 286.7 公顷。琼中县一般风力 8～9 级，阵风 12 级以上。1 人死亡，4 人受伤，24 头牛死亡；倒塌房屋 0.3 万间，半倒 100 间，揭顶 0.34 万间。损失水泥 13 吨，淋湿谷子 405 吨，受灾水稻 5333.3 公顷，占 88%，估计损失粮食 2400 吨。受灾橡胶、槟榔树 21.6 万株、胡椒 3.3 公顷。冲垮小水电工程 5 宗，小山塘 1 宗，鱼塘 12 口。琼海县一般风力 10～11 级，阵风 12 级以上，受伤 7 人，死亡牛 11 头，倒塌房屋 2.2 万间，揭顶 2.13 万间，受灾水稻 16666.7 公顷，估计减产 7500 吨，刮倒甘蔗 933.3 公顷。

屯昌县气象站从 24 日起他们多次向县委汇报 23 号台风的发展情况，台风登陆前后每小时汇报一次台风中心位置和风雨实况，为指挥防灾抗灾及时提供预报情报，县委十分满意，表扬他们“这次台风报得早，报得准，使防风抗灾斗争很主动”。

1975 年 【7501 号台风】 1975 年 1 月 21 日在太平洋生成的热带低压，22 日加强为热带风暴，25 日进入南海发展成台风，27 日袭击西沙群岛。台风中心最大风力 10～11 级，阵风 12 级以上。

据统计：琼海、文昌两县往西沙附近海区作业的渔船，毁坏 44 艘，失踪 2 艘。522 人受灾，死亡 5 人，受伤 20 人，失踪 55 人。经济损失 90.1 万元。有些生产队损失特别严重，如文昌县东郊公社良山渔业队共有渔船12艘，损坏10艘；琼海县长坡公社青一队和下塘队各有渔船5艘，分别损坏3艘。

7501号台风25日下午刚进入南海，区气象台预报其海面有5～6级东北风。26日早晨发布台风和强风警报，并向有关部门（农办、水产局、军区）汇报，同时抓紧与文昌、琼海、万宁、陵水、崖县（今三亚）气象站会商，并向各有关县领导同志汇报台风情况，强调做好渔业服务工作。

【7510号台风】　1975年9月16日在太平洋生成热带低压，17日发展为强热带风暴，18日进入南海加强为台风。19日23～24时从琼海县博鳌公社至万宁县港北公社之间登陆，穿过屯昌南部、琼中、白沙南部、乐东北部，于20日上午10时从东方县八所港南部出海进入北部湾。

该台风具有范围大，移速快，路径比较稳定，等特点。中心附近最大风力8～9级，阵风10级，崖县（今三亚）、乐东、东方风力较大，阵风12级。东北部、西北部平均风力7～8级，阵风9级。

台风登陆时吹干风，降雨量少，回南后雨量大。南部至西南部地区普降暴雨至大暴雨，19、20、21日三天过程雨量通什（今五指山）331毫米，崖县120毫米，乐东238毫米，昌江178毫米，保亭172毫米，万宁、屯昌、琼中、白沙、昌江、东方100～150毫米，其余市县降水在100毫米以下。

狂风暴雨袭击造成33人死亡，113人受伤，873头牲畜死亡；受灾水稻90666.7公顷；推倒、折断橡胶、胡椒70万株；甘蔗倒伏6920公顷；房屋遭破坏1.9万间，揭顶1.53万间，损坏房屋单项经济损失100多万元。损失粮食54.5吨；冲垮水库堤坝5宗，自治州被冲垮的各种水利工程343宗，损坏渔船11艘。

这次台风预报服务工作基本做到准确及时。9月17日早上，区气象台开始发布台风消息，并向区党委领导和三防汇报；各市县气象台站17日下午开始发布台风消息；18日发布台风警报。屯昌、万宁、儋县（今儋州）、定安、乐东等县气象站十分注意天物象反应，访问老农，与公社气象哨密切会商，加强联防，及时向党委汇报台风情况。

各级党委对抗灾、救灾工作非常重视，区党委、自治州党委、各县委领导都亲自前往灾情较重的地区慰问受灾群众，并及时派出工作组协助各公社党委组织群众开展抗灾斗争，抢救各种受灾农作物，减少损失，重建家园，快速恢复生产。屯昌县委接到区党委通知后，立即召开公社党委书记会议，布置做好防风抗灾工作，要求各级领导亲自带领群众，积极开展抗灾斗争。崖县县委领导亲自前往受灾社队慰问，并及时派出工作组，组织抗灾队伍赴灾区，3天完成灾区重建家园，及时安置灾民，迅速恢复生产，及时抢救受灾晚稻。万宁县组织五万多人的抗灾队伍，及时排涝，抢救晚稻。全区拨救灾救济款6万元。

1976年　【7619号台风】　该热带气旋从发生、发展到消失历时20天，并分别在三个不同地点登陆。1976年9月13在南海生成热带低压，15日发展为热带风暴，17日加强成台风。20日9～10时在广东湛江登陆，中心最大风力12级，后进入北部湾减弱为热带风暴；22日21～22时在海南岛儋县（今儋州）第二次登陆，中心最大风力8级，穿过屯昌、琼中、昌江、白沙、通什（今五指山）、万宁，于23日下午15时左右从陵水南部出海逐渐减弱为热带低压继续南移，25 日上午该低压掉头北上，于 26 日上午 6～7 时在万宁县第三次登陆，中心最大风力 7 级；27 日从文昌和琼海之间东移出海，最终在南海消失。

受该热带气旋影响，全岛普遍降雨，局部地区下暴雨或大暴雨。10 个市县日最大降水量 100 毫米以上，其中儋县、昌江、白沙、琼中、万宁 200 毫米以上，最大的琼中 367 毫米。

暴雨使南渡江、万泉河、昌化江、太阳河沿岸地区遭受洪水威胁。南渡江发生大洪水，澄迈金江、定安龙塘站超过警戒水位 1.64～1.98 米。

全岛水稻受淹 50420 公顷。被洪水包围和淹没的村庄 220 个（南渡江流域受淹村庄 75 个）、413 个生产队。淹死 1 人，洪水冲卷损失牲畜 754 头及毁坏一批民房。位于南渡江下游的琼山县，沿江的 9 个公社 70 多个村庄受淹（其中 40 多个村庄被洪水包围），6 个大队受淹较深，南渡江出口处有 5 个村庄一片汪洋大海。全县受淹面积 2913.3 公顷。定安县水稻受淹 4200 公顷。屯昌县龙州河水暴涨，3 个乡的低田被洪水淹没。琼中县被山洪冲淹农作物 1000 公顷。

文昌县气象站对 7619 号台风，利用 120°E 度防线与剖面图结合预报方法，预报台风在湛江至台山登陆，结果在吴川登陆，风雨过程预报基本准确。陵水县气象站根据西风降压台风在本站以北登陆的指标，准确预报了 9 月 24—30 日低压的登陆地点。

1977 年　【7703 号台风】　1977 年 7 月 14 日在太平洋生成热带低压，西移中发展为热带风暴，18 日进入南海形成强热带风暴，22 加强为台风，于 19～20 时从琼海县潭门、卜敖公社附近沿海登陆，中心最大风力 12 级以上，经过定安、屯昌、琼中、儋县（今儋州），大部地区最大风力 8～9 级，阵风 9～11 级。21 日早晨 6 时从儋县白马井附近进入北部湾。这个台风风力大，持续时间长，影响范围广。

受其影响，全岛普降暴雨，西南部、中部山区普降大暴雨。19—23 日各县过程雨量 55～686 毫米，降雨主要集中在 20—21 日，12 个市县超过 100 毫米，8 个市县 200 毫米以上，其中白沙、东方、琼中、通什（今五指山）、乐东、昌江等地降雨 326～588 毫米，白沙最大（588 毫米）；通什 20—22 日连续 3 天降大暴雨。14 个市县日最大降水量 61～571 毫米，其中 9 个市县超过 100 毫米，8 个市县 200 毫米以上，白沙最大（571 毫米），20 日深夜至凌晨，白沙县城 3 个小时的降雨量达 282 毫米，河水 3 个小时暴涨 5～6 米。

暴雨造成白沙河、什运河洪水泛滥成灾。据白沙县牙叉水文站记录，白沙河最大流量达 1400 立方米/秒，比解放以来最高记录 780 立方米/秒几乎大一倍，是解放以来最大的洪峰。特别是 21 日凌晨的特大暴雨使洪水 1 小时内上涨 1.82 米，流速达 6 米/秒，为该河历史最高记录。

大范围长时间的狂风暴雨袭击，给各地人民生命财产和农作物带来较大损失。特别是台风中心经过引发山洪暴发，白沙、琼中、屯昌、昌江等县损失严重。据统计，全岛因灾害死亡 90 人，失踪 42 人，受伤 129 人；死亡和失踪牲畜 700 头；毁坏房屋 13.54 万间；损失粮食、种子 8861 吨；冲垮水库 11 宗（其中 10 万立方米以上的 4 宗，5 万立方米以上的 7 宗），各种水利设施、公路桥等 677 宗；损坏农田 1400 公顷、农作物和林木 27286.7 公顷，橡胶、胡椒、椰子等 472.13 万株。

在防风防汛抗灾过程中，全区各级领导干部都亲临第一线，领导和组织干部群众搞好防汛抢救工作。区党委还组织慰问团到受损失严重的白沙县调查了解灾情，发动群众抗灾救灾。各县委分别组织救灾工作组，深入灾情较重的社队，组织发动干群救灾，安置灾民。区党委于24日晚召开全区电话会议，号召各级党委，紧急动员集中力量，争时间抢速度，迅速恢复生产重建家园，完成或超额完成晚造插秧和其他各项生产任务。

1978年 【7817号强热带风暴】 1978年9月19日在太平洋生成热带低压，23日进入南海后发展成热带风暴、强热带风暴，25日傍晚从崖县（今三亚）15～20千米的海面上经过，并西行进入南海。受其影响，全岛大部分地区最大风力8～10级，阵风9～12级。

各地普降暴雨至大暴雨，24～26日过程雨量15个市县超过100毫米，其中通什（今五指山）400毫米，保亭262毫米，琼中260毫米，定安206毫米。日最大降水量17个市县88～206毫米，10个市县超过100毫米，其中通什206毫米。

【7818号台风】 1978年9月24日在太平洋生成热带低压，26日发展成热带风暴，27日进入南海后发展成台风，10月1日21时在文昌和琼海交界的烟墩、椰林沿海地区登陆，穿过文昌、定安、琼山、澄迈、海口等县市，10月2日凌晨进入琼州海峡。受影响地区最大风力9～10级，阵风11级。

这个台风的特点：一是台风过程时间长，台风持续时间达40小时之久；二是降雨大；三是范围广。

遭受台风袭击，各地普降大雨以上降水，过程雨量16个市县超过100毫米，其中14个市县雨量203～391毫米，白沙最大。降水日数1～4天，日最大降水量15个市县87～301毫米，其中儋县（今儋州）、屯昌、白沙达222～301毫米。

9月下旬至10月初受7817号强热带风暴和7818号台风共同影响，近20天阴雨不断，暴雨成灾。南渡江、万泉河洪水暴涨。澄迈金江站水位29.7米，定安县城水位16.98米，海口沿海地带潮水超过警戒水位，松涛水库排洪1300个流量达4天之久，使南渡江流域晚造水稻受淹17933.3公顷。

除南部的崖县（今三亚）、保亭、陵水、乐东等县的风力、雨量较小外，全岛各地都受到不同程度的影响。据10月7日统计，水稻受害179333.3公顷，占中、晚造水稻面积的80%。损失晚造粮食150000吨以上；番薯受淹8400公顷；损失甘蔗8013.3公顷、橡胶109.93万株、胡椒1.97万株；损坏房屋1.6万间；损坏水利、水电工程357宗，其中山塘101宗，防潮堤及江河堤围31宗，小水电站33宗，损失土石方93.4万多立方米。受灾死亡4人，受伤26人，死亡牲畜117头。

全区各级党委高度重视这次防灾抗灾工作，早准备，早动手，层层动员群众，依靠集体力量，开展抗灾斗争。全区投入抗灾斗争53.44万人，其中防洪抢险队伍17万人。台风后各级领导干部亲自带领2000多名干部深入灾区，发动和组织群众生产自救，迅速恢复生产，安排好灾区人民生活。由于领导得力，措施落实，大大减少了灾害损失。

1979年 【7914号热带风暴】 1979年9月17日在南海生成热带低压，19日发展成热带风暴，19日23时在万宁县登陆，中心附近最大风力8～11级。受影响地区最大风力6～7级，阵风8～10级。20日上午从陵水和崖县（今三亚）沿海之间进入南海消失。

热带风暴带来大量的降水，过程降水量16个市县超过100毫米，12个市县200毫米以上，主要分布在东半部，东南部的7个市县300毫米以上，琼中、屯昌、琼海、通什（今五指山）、保亭、万宁、陵水达443～632毫米，其中万宁、陵水500毫米以上。降水日数2～5天，主要集中在19—22日。日最大降水量除东方县外，全岛均在50毫米以上，其中11个市县超过100毫米，陵水、琼海分别为207和307毫米。

大暴雨造成严重水灾。沿南渡江、万泉河两侧的万宁、琼海、定安、琼山等县，江水暴涨，泛滥成灾，农作物损失很大。万宁县9个村庄被淹，损失房屋110间，死亡牲畜80只。被淹农作物6266.7公顷，损失粮食10000吨、经济作物126.7公顷。据白沙、乐东、崖县（今三亚）、陵水、保亭5个县统计，死亡3人，损坏房屋751间，淹浸农作物16333.3公顷，损坏经济作物面积333.3公顷，损失稻谷21800吨，死亡牲畜58头，沉船2艘。

1980年　【8005号强热带风暴】　1980年6月22日在太平洋生成热带低压，24日进入南海后逐步发展成为热带风暴、强热带风暴，27日凌晨3～4时从陵水至万宁县之间沿海地区登陆，经过琼中、屯昌，28日凌晨3时左右从儋县（今儋州）北部与临高县之间进入北部湾海面。中心附近最大风力9～10级，阵风11级。这次强热带风暴在岛上停留时间达28小时。

在其影响下，全岛普降大至暴雨，且比较集中。6月26～28日过程雨量，16个市县超过100毫米，其中澄迈、昌江、白沙、琼中、屯昌、陵水、万宁均在200毫米以上，白沙、昌江分别为329和309毫米，白沙县的青松公社和南开公社分别高达607毫米和430毫米。日最大降水量均在60毫米以上，其中11个市县超过100毫米，陵水最大为235毫米。对各地的水利工程、公路、桥梁、农作物等造成较大的损失。

据统计，全岛损坏房屋0.2万间；冲垮损坏水利工程、公路、桥梁等60宗；损失土方16.4万立方米、石方1.85万立方米，冲垮渔塘3个，损失鱼苗15万尾；刮沉渔船5艘，损失化肥25吨。损失农经作物10113.3公顷、2.54万株；损失秧苗（折算为谷子）谷子368.5吨，以及牲畜、家禽一批。

【8007号台风】　1980年7月16日在太平洋生成热带低压，在西移过程中逐步加强为热带风暴、强热带风暴，19日形成台风，21日进入南海，22日20时在广东徐闻登陆，同时正面袭击海南岛北部的文昌、琼山、海口、澄迈、临高、定安、屯昌、儋县（今儋州）、琼海等县。

这次台风强度强，范围广，移速快，并伴有大暴雨、大海潮。一般风力10～11级，阵风12级以上。2天累计降雨量普遍达200～300毫米；日最大降水量均在68毫米以上，其中16个市县超过100毫米，澄迈、乐东、昌江、儋州达227～318毫米，东方县天安水库最大雨量达472毫米。文昌、琼山、海口、澄迈、临高等县的沿海地区海潮暴涨，接近历史最高潮位。全岛电话线路中断。

这次台风受灾的有9个市县、175个公社、230.7万人，占全岛农村人口总数的60%。灾情较为严重的是文昌、琼山、海口、澄迈、临高、儋州等6个市县126个公社170.33万人，占全岛农村人口总数的45%。

全岛受灾损失达1.4亿元，其中农村社队和社员损失603.7万元，国家机关、企业、事业单位损失1464.3万元，农垦系统损失3918.3万元。

全岛受灾死亡21人，受伤118人，死亡牲畜5950头；损坏房屋11.77万间（其中，全倒4355幢，半倒10585幢），损失2093万元，其中中小学校舍损坏9705幢，经济损失约550万元，占全岛房屋损失总值的26.7%。损坏水库塘坝309宗，电灌站43宗，江河堤围34宗，灌溉渠道3930段，建筑物240座，江海堤1.92万米；损坏输电线路795.7千米，经济损失739.38万元。工业、交通运输、邮电及国家企、事业单位损失1588.3万元，其中毁坏桥梁28座，涵洞33个，路基挡土墙31897平方米，路面164千米，182个公社通讯中断，长途通讯电话被阻523小时。农作物和经济作物、林业等经济损失6304.75万元，其中粮食作物：损失稻谷5950吨，社员积存谷子淋坏6210吨，晚稻被淹25733.3公顷（久淹全部失收5313.3公顷），海潮淹没烂掉的2466.7公顷。甘蔗损失134871吨，915万元。热带作物：民营橡胶损失56.36万株，占橡胶总数的2.6%，折价297.65万元；胡椒损失25.06万株，折价350.8万元；椰子树折断6600株，各种果树损失10.5万株，折价72.3万元。林业：林木损失1167万株，折价4669万元。农垦系统橡胶树受灾377.6万株，损失干胶3000吨，价值1800万元，加上房屋及其他物资，农垦系统经济损失3918.3万元。

海南区党委、行政公署在台风来临前，认真部署防风抗风工作。台风登陆时，各级领导干部纷纷深入第一线指挥抗风战斗。区党委召集各有关部门领导干部参加的紧急会议，及时动员全民做好防御台风的准备工作。强台风登陆后的第二天，区党政领导及各职能部门领导同志带领9个工作组深入到重灾区进行慰问，了解灾情，组织群众恢复生产，修缮住房，安排群众生活，安定干部群众的情绪。海口市各部委办局和区领导，带领机关干部深入防风抗灾第一线，组织1.5万多人的抢险队、医疗救护队、抢险运输队，由市三防指挥部统一指挥，到严重灾区帮助群众开展抢险抗灾斗争。在最危急时刻，组织堤内2000多名群众迅速撤退，避免了一场严重的群体伤亡事故的发生。临高县灾后组织3.7多万名干部和群众抢修房屋1.63万多幢，对受淹的386.7公顷晚造稻苗进行排水洗苗。文昌县发动1200多名军民突击两天，把被冲垮的堤段修复，进行排水洗咸恢复生产。

【8014号台风】 1980年9月10在南海生成热带低压，在北移过程中逐步加强为热带风暴，14日形成强热带风暴，15日3时在文昌县清澜一带登陆，穿过定安、屯昌、澄迈，从临高南部与儋县（今儋州）北部之间进入北部湾。中心附近最大风力10级，阵风12级。

全岛普遍降雨，14—17日过程降水量10个市县超过100毫米，其中万宁、昌江、东方超过200毫米，局部地区达350毫米以上。日最大降水量13个市县超过50毫米，其中东方、临高、昌江、白沙、屯昌的日最大降雨量101～202毫米。

据统计，这次灾害造成经济损失2500万元，死亡6人；损坏房屋1.1万间，估算经济损失340.28万元。损失水稻40560公顷，估计减产52500吨。损坏水库、山塘、涵闸36宗，水库护坡12处，渠道126处，经济损失85.3万元。损坏渔船38艘、渔网74张，经济损失136.1万元。

1981年 【8105号台风】 1981年6月28日在太平洋生成热带低压，在西移过程中加强为热带风暴，7月2日进入南海加强成强热带风暴、台风，4日凌晨2～3时在陵水、崖县（今三亚）沿海地区登陆，登陆时台风中心附近最大风力11级以上，阵风12级以上。

受台风影响，全岛普遍降雨，7月3日08时至4日08时的最大过程降雨量主要集中在东南部和中部山区，其中陵水、崖县、保亭、通什（今五指山）、琼中均超过100毫米；日最大降雨量8个市县60毫米以上，其中陵水、崖县、琼中112～168毫米。

遭受此次台风袭击较严重的有陵水、崖县、保亭、乐东等县。受灾害死亡19人，受伤98人；损坏房屋4.13万间，其中全倒的3439间；损坏水力、水电、工程设施504宗；刮沉船只148艘，淹浸农作物20866.7公顷，损失稻谷25275吨，100多万株橡胶树被风摧倒或刮断，甘蔗、玉米等作物被推折。其中陵水县损失较为严重。

8105号台风形成时，正值海南岛晚稻备耕插秧时期，天气久旱，很需要用水。各气象台站积极做好预报和服务工作，比较准确地预报了这个台风情况，主动向领导机关和有关单位汇报，建议晚造备耕加紧进行，水库准备蓄水。结果北部各县普遍下了100多毫米的降水，基本解除了旱情。

1982年 【8217号台风】 1982年9月5日在太平洋生成热带低压，在西移过程中加强为热带风暴、强热带风暴，10日进入南海发展成台风，15日凌晨从文昌县东北部近海的铜鼓岭地区经过，15日上午6点在徐闻县登陆，台风中心附近最大风力12级以上，风速35米/秒。

受台风影响较大的琼山、文昌、澄迈、海口地区，平均风力8～9级，阵风12级，海口地区15日凌晨最大风力达12级。

全岛普降大到暴雨，局部大暴雨。14—15日过程降雨量12个市县超过100毫米，其中儋县（今儋州）达225毫米。日最大降雨量9个市县超过100毫米，其中儋县达206毫米。降雨主要集中在西北部和东北部沿海地区。

据不完全统计，台风造成较大灾害。死亡2人，受伤4人，死亡牛14头；损坏房屋2.48万间；损坏农作物和经济作物70740公顷，水稻成灾54366.7公顷，杂粮及其他作物16040公顷。农垦橡胶树折倒3万株，损失干胶1650吨、甘蔗6774吨。损坏水利工程70宗，损坏电灌站42处。据三防指挥部估计，仅农作物损失，产值就有2808.04万元。

省气象台、湛江气象台和徐闻、文昌等气象台站，均提前2～3天以上准确预报出8217号台风的登陆地段及其天气，为各级党政领导机关部署防台抗台斗争赢得了主动权，有效地保护了人民生命和国家财产的安全。

【8221号台风】 1982年10月10日在太平洋生成热带低压，在西移过程中逐步加强为热带风暴、强热带风暴，13日发展成台风，15日进入南海，16日深夜至17日凌晨从海南岛的陵水、崖县（今三亚）、乐东等县附近海面掠过。靠近强台风中心边缘的崖县沿海最大风力12级以上，阵风达40米/秒；陵水、通什（今五指山）、东方、乐东沿海平均风力8至9级。乐东、昌江、白沙、保亭、琼中、琼山、澄迈、屯昌、琼海、万宁、儋县（今儋州）等11个县最大风力6至7级。

全岛普遍降中雨至大雨、局部暴雨。16—18日过程降雨量41～183毫米，其中陵水、万宁、崖县、通什、琼海、屯昌、琼中均超过100毫米。日最大降雨量除昌江没达到暴雨外，其他市县在 60～138 毫米之间。

移速快，强度大，范围宽，持续时间长是这次台风的特点。台风使陵水、崖县、乐东、琼海、文昌等县的工农业生产造成较大损失。据统计，受灾死亡 4 人，受伤 44 人，其中琼海重伤 7 人，轻伤 24 人；损坏房屋 1.06 万间（其中全倒 2887 间）；损失牲畜一批；损失农作物 45880 公顷，估计减产 6.57 万吨；刮倒刮断橡胶树 149.03 万株，林木 7.1 万株；损坏数十宗水利、水电工程、公路等设施。西沙群岛石岛海堤公路和永兴岛防浪堤被冲断，西沙气象台两部雷达全部损坏。据自治州报告，州属各县损坏各种物资、商品、水电设施、房屋和建筑物等，估算经济损失 292.1 万元（不包括农作物损失）。琼海、文昌县估算经济损失 95.5 万元。全岛共损失 387.6 万元（不包括农作物及西沙群岛的物资等损失）。

1983 年 【8303 号台风】 1983 年 7 月 10 日在太平洋生成热带低压，在西移过程中逐步加强为热带风暴、强热带风暴，15 日进入南海发展成台风，17 日 15～16 时从文昌县清澜港附近沿海登陆，经过琼山、海口、定安、屯昌、澄迈、临高等市县，夜晚从儋县（今儋州）白马井进入北部湾海面。台风中心经过的地区，最大风力 10～11 级，阵风 12 级以上（风速达 38 米/秒），中心范围为 50～60 千米。

全岛普降大雨至暴雨，局部大暴雨至特大暴雨，16—19 日过程降雨量除偏北部地区的海口、临高、澄迈、定安、文昌在 64 毫米以下外，其他市县均超过 100 毫米，其中白沙、乐东、东方、昌江 242～517 毫米，昌江最大。日最大降雨量 14 个市县 86 毫米以上，9 个市县超过 100 毫米，其中乐东 218 毫米、东方 228 毫米、昌江 330 毫米。特大暴雨主要集中在偏西部。尖峰岭天池地区降雨量达 970 毫米。

这个台风风力大，影响范围广，持续时间长，海潮暴涨，破坏性大。据灾区 10 个市县统计，死亡 4 人，伤 34 人；损坏房屋 5.42 万间，其中倒塌 1.23 万间，中小学校舍倒塌 0.16 万间、2.55 万平方米；损坏水利、水电工程、公路等设施 74 宗。损坏农作物 25080 公顷、减产 9247.5 吨；刮断刮倒椰子树 0.83 万株，刮落椰果 340 万个，刮倒果树 17.7 万株；刮倒胡椒 27.7 公顷；损坏橡胶树、林木 740.59 万株。

受灾损失较严重的有文昌、澄迈、定安、屯昌、儋县等 5 个县。文昌县的东郊、清澜、白延、蓬莱、重兴、迈号等 12 个公社受灾严重，全县受伤 14 人，损坏房屋 6487 间，损失船只 15 艘，毁坏山塘 17 宗，刮倒刮断橡胶树 46 万株，刮倒折断椰子树 7 万多株。

定安县损坏房屋 3998 间，受浸秧苗折算损失种子 196.5 吨。

屯昌县损坏房屋 1061 间。

海南黎族苗族自治州死亡 1 人（陵水椰林公社），伤 6 人（陵水陵城镇 4 人），损失房屋 1.67 万间。

1983 年 3 号台风前后，海南行政区党委区公署发出做好防风救灾工作的紧急通知，及时召开有关部门领导干部会议，部署做好抗灾和灾后抢插、抢种，抢管工作。台风后的第二天，组织 12 个工作组分赴各县进行慰问。各县党政领导分别带领工作组下乡了解灾情和抓好抗灾救灾工作。

【8311 号强热带风暴】 1983 年 9 月 28 日在南海生成热带低压，在西移过程中逐步加强为热带风暴、强热带风暴，30 日 10 时从文昌县龙楼附近沿海地区登陆，经文昌、琼山、

海口、定安等县，从澄迈县进入北部湾。海南岛大部地区最大风力6～7级，阵风7～8级，其中北部地区最大风力8～9级，阵风9～11级，局部地区阵风12级。

强风伴有暴雨、局部大暴雨和大海潮，主要发生在北半部地区。9月29日8时至10月1日8时过程降雨量，10个市县超过100毫米，其中儋县（今儋州）203毫米，澄迈160毫米，琼海152毫米，屯昌151毫米，文昌123毫米，白沙113毫米，昌江106毫米，海口105毫米，其余的市县均在92毫米以下。日最大降雨量9个市县超过100毫米，其中儋县（今儋州）200毫米。

据各县统计，这次风暴造成2人死亡；损坏房屋1.22万间，其中倒塌0.21万间，损坏校舍14.92万平方米，价值697.22万元；损毁一批水利、水电、交通设施，价值24.5万元；7个市县晚稻受灾33506.7公顷，损失产量26500吨，甘蔗损失21986.7公顷，刮倒折断橡胶树41.12万株，林木损失110万株，船舶沉没和损坏34艘；工厂停产和产品损失45.5万元。

灾情较严重的有文昌、海口和澄迈等3个市县。海口市阵风12级以上，加上大海潮的袭击，海口最高潮水位达3.44米，超警戒水位0.64米。工农业损失11.35万元。

风暴前后，各地积极采取防风和救灾措施。区公署于10月1日发出紧急通知，要求各级政府加强对救灾工作的领导，深入灾区了解情况，做好灾后的善后工作，组织发动群众积极开展生产自救，减少和弥补灾害造成的损失。

【8316号强热带风暴】 1983年10月19日在太平洋生成热带低压，21日进入南海逐步加强为热带风暴、强热带风暴，25日晚从崖县（今三亚）正南方70千米的海面上掠过，26日早上进入北部湾。受其影响，22日，24～27日全岛大部地区最大风力6～7级，阵风7～8级，部分地区最大风力8～10级，阵风9～11级，崖县阵风12级以上。该岛局部地区连降暴雨，24日20时至27日20时，万泉河上游的琼中县降特大暴雨，过程雨量642毫米，南部地区普遍降雨200～300毫米，12个市县过程降雨量超过100毫米。日最大降雨量，东部、南部沿海地区和中部山区100～200毫米，其中崖县212毫米。自治州水库的总蓄水量由台风前的51874万立方米，增加到65697万立方米。

由于暴雨时间长，洪水大，使自治州遭受了较大的损失，淹死3人、4头耕牛，损坏房屋728间、14.78万平方米。刮沉渔船4艘（共56匹马力），损坏农作物和经济作物36333.3公顷，损坏橡胶、椰子等各种经济林木1.06万株。损坏水利水电工程一批，毁坏水库4宗、山塘2宗、渠道公路427处、渡槽6座，损失土石方33.46万立方米。冲垮鱼塘28口，损失鱼苗19.7万尾。

琼海县境内万泉河两岸普遍降雨200～300毫米，牛路岭水电站从27日6时～19时，先后开启七孔闸门连续排洪30个小时，最大流量达6400立米/秒，加积水文站27日16时水位9.1米，超过警戒水位，28日11时30分洪峰最高水位11.24米，超过警戒水位3.24米，最大流量8740立方米/秒。万泉河洪水泛滥31小时，是解放以来第二次大洪水。这次洪水来势猛，流量大，破坏力强。全县12个区、309个村庄、42539人受淹，占全县农村人口的15%；包围村庄176个、18070人，水淹深度2米以上的村庄有40个，被洪水冲塌房屋35间；损失牲畜150头，沿河两岸8666.7公顷农作物被淹。被洪水毁坏的水利水电工程100多宗。渔业经济损失24万元，供销、财贸部门及县副食厂损失3.6万元。

万宁县从10月23日至28日连续降雨，万城降雨410.3毫米，降雨量最大的黄山水库，3 天降雨量 525 毫米，造成山洪暴发、河水上涨，晚造水稻受淹。全县被淹村庄 54 个，受围困 2 万余人；损坏房屋 26 间，死亡 2 人；被淹水稻 6000 公顷。毁坏水利水电工程一百多宗，经济损失 100 万元。

1983 年 10 月 25 日晚第 16 号强热带风暴从海南岛南部近海掠过，在强风暴和冷空气的共同影响下，全岛风力普遍 6～7 级，万宁县阵风 10～11 级。全岛普遍降大至暴雨，局部特大暴雨。在抗风抗洪抢救工作中，各级党委和政府行动较快，措施较得力。有关县、区的主要领导干部亲自指挥防洪抗灾工作。琼海县在台风到来之前的 22—23 日先后发出紧急通知，要求各地做好防灾抢险的准备工作，组织群众抢收成熟的水稻和其他农作物。县委、县政府 27 日上午接到万泉河上游雨量很大，牛路岭水电工程开闸排洪的通知后，马上通知各地做好防洪抗灾准备，全县共组织干部 654 人、大小船舶 172 只，到受淹村庄组织干部群众进行抢救。洪水退后，这个县又从县机关抽调 50 名部委办局领导干部，分 10 个组深入灾情较重的区、村了解灾情，安排好灾后群众生活和恢复生产等抢救工作，千方百计减少受灾损失。

1984 年 【8404 号强热带风暴】 1984 年 7 月 5 日在太平洋生成热带低压，6 日进入南海逐步加强为热带风暴、强热带风暴，9 日 10～11 时在广东阳江登陆。受其影响，8—10 日，全岛普遍降雨，北部地区降暴雨至大暴雨，其中临高、澄迈和定安达 100～300 毫米。日最大降雨量，儋县（今儋州）、海口、文昌、临高、澄迈和定安 60～300 毫米。

暴雨造成洪涝灾害。死亡 6 人，伤 3 人，早造成熟水稻受淹损失 2 成以上的有 3533.3 公顷，估计损失稻谷 4000 多吨；损坏水利水电工程一批。

9 日下午 3～4 时，儋县的干冲区洋浦乡（今洋浦开发区）伴随强风，发生较大的龙卷风，与暴雨洪涝共同影响，造成人畜伤亡，早稻农田受淹，部分水利工程损坏，房屋倒塌。

8 日上午，狂风暴雨来临前，海南区三防指挥部向各县发出电报通知，要求各地认真做好防范工作。区、县各级党委和政府都很重视。9 日上午临高大暴雨成灾，县委，县政府主要领导立即赶往灾区了解灾情，指挥抗灾。10 日组织干部 423 人深入灾区，发动群众 2140 多人投入抗灾，抢收早稻 800 公顷，修复水利渠道 3 处，填土方 3500 多立方米。9 日下午儋县出现龙卷风，造成房屋倒塌，人畜伤亡，县委、县政府得悉情况后，立即由县长带队，组织救护小组，赶往现场抢救，做好善后工作。

【8410 号台风】 1984 年 8 月 27 日在太平洋生成热带低压，历时 12 天，跨过 20 多个纬度进入南海，经历了加强为热带风暴到台风、再减弱为热带风暴、再加强为台风的几个阶段。9 月 5 日 17～18 时从文昌县龙楼一带登陆，穿过文昌、琼山、海口等地，约 20 时进入琼州海峡。台风中心经过的东北部地区，出现 12 级以上的大风和大暴雨，西北部地区有 10 级大风，其他地区（除南部外）也有 5～6 级大风和暴雨。

9 月 4 日 20 时至 6 日 20 时台风经过的地区过程雨量 31～235 毫米，其中 8 个市县在 100 毫米以上，文昌县 200～300 毫米。日最大降雨量 14 个市县 50 毫米以上，其中海口、琼海、文昌、万宁 100 毫米以上。

这次台风风力强，破坏性大。受灾严重的有文昌、琼山、海口等市县。其次是定安、澄迈、临高等县，其余地区（除南部外）也遭暴雨袭击，造成不同程度的损失。全岛受伤14人，死伤牲畜101头，经济损失1.8万元。损坏房屋2.2万间，校舍损坏6.77万平方米，损失1118.8万元。损坏水利水电工程一批，冲垮水库、山塘、水闸等水利设施168宗，渠道、堤防496处，刮断输电线路693条183.8千米，损失220.24万元；刮断水库通讯线路28条96千米，损失12万元。其中海口地区断电21个小时，造成工厂停产损失产值250万元。电力系统经济损失7.2万元。水稻成灾面积46706.7公顷，估计损失产量35000吨，经济损失1260万元；甘蔗受灾面积30960公顷，估计损失产量18万吨，价值1224万元；旱粮、蔬菜严重损失7586.7公顷，橡胶树严重受灾111.79万株，刮倒椰子树2500株，胡椒4万株，林木374.3万株。估计共损失746万元。损失渔船3艘，网具102件，经济损失17万元。农业生产共计损失3247万元，其他损失12万元。据统计全岛受灾损失达4701万元。

在抵御强风和救灾中，海南行政区各级领导及时动员全民做好防御强风的准备工作，落实防风措施。强台风登陆后的第二天，区党委、区政府立即向各县发出认真做好救灾工作的五点指示，党政领导分别赶赴文昌、海口、琼山市县的部分重灾区进行慰问、了解灾情，组织防风救灾巡逻抢险队伍，逐家检查危房户，及时将体弱老人、小孩转移到安全房屋避风，对危险水库、堤防险段加强巡逻，观察水情，积极防范。设法帮助受灾群众恢复生产重建家园。

1985年 【8518号台风】 1985年9月26日在南海生成热带低压，西移过程中逐步加强为热带风暴、强热带风暴，29日加强为台风，30日凌晨1时在陵水沿海登陆。台风中心经过的地方最大风力10级，阵风12级，万宁风力最大，12级以上（38米/秒），位于台风中心近围的琼海、保亭等县风力9～10级，阵风11级。大部分地区最大风力6～8级、阵风8～9级。台风登陆后转向西南，经三亚出海。

这次台风带来暴雨至大暴雨，9月29日至10月1日文昌、万宁、琼中、保亭、通什（今五指山）、白沙等县过程降雨量300毫米以上，其中文昌579.2毫米，万宁的中平560多毫米。临高、琼海、陵水、三亚降雨量200～300毫米，其余县（市）100～200毫米。

这个台风强度强，雨量大，移速慢，在本岛陆地滞留时间达9个小时，破坏力大。特别是暴风骤雨、山洪暴发、江河水位和海潮上涨，加上大部分水库排洪，不少县出现大面积洪涝危害，造成严重损失。据各地不完全统计，全岛受灾农作物、水电工程，交通道路以及房屋等损失约12027.2万元，其中农业损失10876.5万元，水利水电工程共损失资金526.56万元，房屋损失580万元。死亡失踪16人，陵水受伤15人。全岛房屋损毁4.18万间，其中，万宁县房屋损毁较多，共1.0万间2.22万平方米，损失201.95万元；全岛农业受灾面积75333.3公顷，晚稻受灾面积63253.3公顷；甘蔗等坡地作物受灾22086.7公顷。橡胶树被刮倒刮断267.53万株，林木刮倒刮断654.86万株，胡椒损坏26.1万株。水库、山塘、水闸等水利工程设施损坏828宗、冲垮渠道、围堤1590处、6.74万米，刮断高低压线路232.7千米，全岛水利水电工程共损失526.56万元，损毁渔船23艘。

万宁县气象局在8518号台风预报服务中，提前两天准确作出预报。整个台风过程先后5次发布台风消息、警报、3次15份书面报告。向县委、三防及有关单位汇报30多人次，为县委指挥抗灾当好参谋。气象人员赶到水库进行现场服务，当时水库的排洪量为

720个流量，如果雨量继续维持，排洪量将达到1000个流量，则下游十万群众将遭淹没。县气象局根据天气分析，预报未来雨量不会超过100毫米，使县委取消了原来撤离群众的决定，避免了大量的人力和物力的浪费。县委领导同志对气象人员在最关键时刻，主动来到抗洪第一线提供及时准确的预报感到十分满意。

台风袭击前，区党委、区政府领导亲自组织和指挥防风抗灾斗争。29日，区政府和三防的负责人分别带领3个工作组赶到台风将要登陆和影响较大的万宁、琼海及牛路岭水电站，具体组织和指挥防风防洪工作。各县委、县政府开紧急会议，部署防风防洪准备工作。大部分县的主要领导亲自值班并带领干部深入区、乡和重点水利工程，认真抓好防风防洪工作。台风登陆后的30日早上，区党委领导同志立即分赴重灾县市，领导和协助组织做好受灾善后工作。万宁县是台风登陆的重灾区，县委、县政府组织500名干部奔赴防风防洪第一线，采取各种紧急措施，做好危险水利工程抢险和组织危房居民转移和抢收成熟水稻，抢修被洪水损坏的水利工程。县地方财政及时拨出救灾款进行救灾。

【8521号台风】 1985年10月11日在太平洋生成热带低压，在西移过程中加强为热带风暴、强热带风暴、台风，19日进入南海，21日08时在三亚沿海登陆，约14时进入南海西行。

受其影响，海南岛大部地区遭受最大风力8级以上，阵风10级以上大风的袭击。万宁、陵水、崖县（今三亚）、保亭、通什（今五指山）、东方等地阵风12级以上，其中陵水、崖县极大风速≥40米/秒。

全岛普降大至暴雨，局部大暴雨。20日20时至23日20时的过程降雨量11个市县超过100毫米，万宁的中平达256毫米，其他地区34～93毫米。日最大降雨量16个市县50毫米以上，其中通什、琼中、昌江113～139毫米。

这次台风风力强，破坏力大，给全岛造成较严重的损失。据10月23日不完全统计，全岛死亡13人，受伤150人；死亡耕牛309头；损坏房屋9.75万间，其中倒塌2.06万间；农业受灾面积99900公顷；损坏桥梁113座，损坏公路465.7千米；刮断电话线路105条1103千米，刮断高低压线路579条568.43千米；损毁水库、山塘、水闸等水利工程设施534宗，冲垮渠道、江海堤945处、5.94万米，水利工程损失折款360.86万元；损毁渔船196艘，渔业损失15万元；区燃化局直属厂矿损失30万元。文昌建华山沿海地区因台风发生历史上罕见的大海潮袭击，海潮高峰达4米以上。因海潮袭击，沿海陆地缩小了100多米，成片的林木，椰子树，部分在港避风的渔船及鱼具都被卷进大海。

海南区气象台在8521号强台风预报服务过程中，组织服务小组一方面对300多次公众电话咨询进行逐一登记服务；另一方面从18日开始先后派出27人次，深入到16个单位进行服务调查，及时掌握情况，开展针对性的服务。据海南三防反映，牛路岭水电站的水位在台风影响前为105.6米，根据海南台的雨量预报（150～250毫米），事前把水位降到104.6米。实况是库区雨量普遍达200毫米左右，水位又上升到105.8米。既保证了水库及下游地区的安全，又多蓄了1.2米高的水。琼海县气象局预报8521号台风对该县影响严重，多次向县领导汇报，使台风影响时没有发生人员伤亡，及时抢收水稻2000公顷，共计挽回损失近240万元。

由于气象部门对8521号台风预报及时、准确，18日上午，区党委、区三防向各市县发出防风准备工作的通知。19日晚区政府又发出紧急通知，要求各县、区、乡加强领导，落实各项防风防洪措施，保证人畜和水利工程安全，抓紧抢收已成熟的水稻。海南区领导同志带领救灾工作组，分赴受灾县区，帮助解决困难。文昌县委、县政府的主要领导带领机关各部门领导干部下区乡，组织干部1892人深入防风第一线，组织1018人的抢险队伍，18至20日，抢收成熟水稻1640公顷。保亭县组织1.25万个劳力，一方面对受灾农作物进行抢收抢管，一方面抓好冬种。

1986年 【8604热带风暴】 1986年5月16日在南海生成热带低压，19日11～12时在三亚沿海登陆，北移穿过东部沿海的陵水、万宁、琼海、文昌等市县，并发展为热带风暴，20日14时从文昌沿海北移出海。

海南岛大部地区降暴雨至大暴雨，19—21日过程降雨量73～424毫米，其中17个市县100毫米以上，8个市县200毫米以上，琼海、文昌、乐东、通什（今五指山）、三亚连续两天降暴雨到大暴雨，三亚雨量最大。日最大降雨量除白沙为39毫米外，其他市县在52～328毫米，其中9个市县在100毫米以上。

暴雨使局部地区出现严重洪涝灾害。据文昌、琼海、万宁、琼山、定安等县不完全统计，受洪涝灾害死亡2人，损坏倒塌房屋28间，农作物受淹23400公顷，损失粮食7750吨，损坏鱼塘约6.7公顷，农业经济损失376万元。损坏水利水电工程数百宗，修复需要资金83.5万元。琼海县16个区、1113个村庄遭受洪涝灾害。自治州各县、市19日至20日连降大雨至暴雨，两天总雨量达100毫米以上，三亚市达407毫米，连续24小时雨量328毫米。其次是乐东、昌江、琼中县和通什镇（今五指山），雨量均超过200毫米。受灾死亡1人，农业受灾面积2673.3公顷，农业损失110. 85万元，水利水电工程损失429万元，全州经济损失153.78万元。三亚市受灾损失较重，受灾死亡1人，农业受灾面积1980公顷，损坏水利水电工程数十宗，全市经济损失114.7万元，其中水利水电工程损失30. 4万元。

洪涝灾害发生后，文昌、琼海、万宁等县政府立即组织工作组奔赴灾区，组织群众抢收成熟水稻和修复溃决的渠道、堤围。20日，文昌县政府组织1090人赶到受灾严重的乡村，发动群众1.52万人抢救农作物和修复水利工程，抢收农作物533.3公顷，减少灾害的损失。

【8609号热带风暴】 1986年7月19日在南海生成热带低压，20日14时发展成热带风暴，21时从海南文昌县北部近海经过，22时在广东徐闻登陆，台风中心附近最大风力9级以上，其他地区7～8级。

受该风暴袭击，全岛普降大雨至暴雨，局部大暴雨。19日20时至21日20时过程雨量52～304毫米，其中13个市县超过100毫米，临高、万宁、定安、昌江、儋县（今儋州）达205～304毫米。其中定安、儋县连续两天降大暴雨。16个市县日最大降雨量为55～208毫米，临高、万宁、定安、昌江、儋县在100毫米以上，尤以昌江最大。

儋县出现20年一遇洪水，数十宗水利电力工程损坏。定安县南扶水库决口19处，冲毁农田8.7公顷。据统计，全区淹没水稻5800公顷，经济作物3666.7公顷；数百宗水利电力工程受损坏。

【8613号热带风暴】 1986年8月9日在南海生成热带低压，10日发展成热带风暴，20时分裂成热带低压和次低压，热带低压于当天24时在陵水至万宁一带登陆，全岛大部

地区最大风力 6～7 级，阵风 8～9 级。次低压于 11 日 3～4 时在三亚沿海登陆，中心附近最大风力 5 级。

受风暴影响，全区普降大雨至暴雨，局部大暴雨，8 日 20 时至 11 日 20 时全岛过程降雨量 59～239 毫米，其中 12 个市县超过 100 毫米，以屯昌县最大。琼海、屯昌、琼中、白沙连续两天降暴雨。日最大降雨量 34～109 毫米，其中 12 个市县 50 毫米以上。

据文昌、琼海、万宁、定安、屯昌、澄迈等 6 个市县统计，农作物受灾 17100 公顷。各种农作物和水利水电工程受灾损失约 431 万元。琼海县受灾比较严重，经济损失 329.7 万元。

【8616 号台风】　1986 年 8 月 16 在太平洋生成热带低压，进入南海发展成热带风暴、强热带风暴，在西北移动过程中加强为台风，20 日开始折向东北行，22 日 8 时在台湾的彰化—嘉义一带登陆，风力 12 级以上。台风横穿台湾岛继续东北行，23 日折回西南行。之后在北纬 25—18 度、东经 125—113 度之间呈倒 8 字形迂回，强度在不断减弱和加强过程中。9 月 5 日 10 时再次在海南岛文昌铺前区沿海一带登陆，穿过琼山、海口、澄迈、临高等市县，影响定安、琼海、屯昌和儋县（今儋州）北部。台风中心经过的地方，风力 10 至 11 级，阵风 12 级以上，最大的琼山极大风速达 40 米/秒以上，其余地区最大风力 6～8 级，阵风 8～11 级。5 日 12 时再次在广东徐闻登陆，强度 12 级以上。第一次和第二次登陆之间持续了 15 天，整个台风过程历时 22 天。

全岛普降暴雨到大暴雨，大暴雨多集中在偏北部地区。9 月 5 日 20 时至 7 日 20 时过程降雨量 80～331 毫米，其中 11 个市县在 100 毫米以上，文昌、澄迈分别为 260 毫米和 331 毫米。日最大降雨量 44～224 毫米，其中 10 个市县超过 100 毫米，澄迈、文昌分别为 213 毫米和 224 毫米。

这个台风的特点是风力强，范围广，雨量集中，破坏性大。台风登陆时，本岛北部沿海海潮暴涨，海口市、琼山县、文昌县、澄迈县江河堤围损坏严重，造成严重损失。全岛受灾较严重的有 5 县 1 市 96 个区，受灾人数 135 万，其中生活困难 20 万人；3 人死亡，2 人失踪，53 人受伤；耕牛死亡 59 头，损坏房屋 8.28 万间、32.78 万平方米，损失 1836.52 万元。全岛被刮倒折断的甘蔗 28000 公顷，占受灾市县种植面积的 80%；晚造水稻受淹面积达 32666.7 公顷，刮倒刮断林木 2273 万株、橡胶树 843 万株；损毁水库、山塘、涵闸等水电设施 929 宗，冲垮渠道 565 处 1.40 万米，溃决围堤 129 处；刮倒刮断高低压输电线路电杆 2188 条、高低压线路 2206 条 1012.4 千米，毁损其他工程 630 宗，经济损失 737.8 万元；全岛渔船损毁 369 艘，网具 334 张，防浪堤损坏 834 米，护岸堤损坏 330 米，海淡水养殖损失 5.2 万元。此次台风造成经济损失达 2.16 亿元。

海南区各级党政领导干部对 8616 号台风的防范和救灾工作十分重视，亲自了解和部署防风工作，在三防办公室值班。海南区组织 5 个工作组，分头深入文昌、琼山、海口、澄迈、临高等市县组织抗灾救灾，努力减小损失。受灾严重的文昌、琼山、海口、澄迈、临高、定安等县市组织 4009 人深入受灾严重的 96 个区，发动群众投入抗灾救灾。区政府从地方财政拨出专款 50 万元，调拨化肥 1000 吨、水泥 5000 吨、柴油 100 吨，支援灾区。

1987 年　【8708 号台风】　1987 年 8 月 9 日在太平洋生成热带低压，后来加强为热带风暴、强热带风暴，10 日形成台风，13 日进入南海西行，15 日夜间从三亚南部海面经过，西沙群岛和海南岛大部地区最大风力6～7级，阵风8级，三亚阵风达11级。

台风造成大部地区降水。15日20时至17日20时过程降雨量，大部分地区15～64毫米，南部地区的陵水、琼中、保亭、通什（今五指山）112～182毫米。

据琼中、三亚、保亭、陵水4县统计，农业受灾面积866.7公顷，其中水稻受灾73.3公顷，其他作物受灾793.3公顷；损坏房屋67间；倒断电话线125.2千米，低压线路23.05千米；损坏水库、山塘等水利电力设施64宗，冲垮渠道104处530米。经济损失453万元。

【8710号台风】 1987年8月13日在太平洋生成热带低压，逐步发展为热带风暴、强热带风暴，16日加强为台风，18日进入南海，22日2～3时在三亚登陆，海南大部分地区最大风力6～7级、阵风8级，部分地区最大风力9～10级，阵风10～11级，陵水县受12级以上大风袭击达5小时之久，三亚和通什（今五指山）极大风速达40米/秒。

受台风影响，20日20时至24日20时过程降雨量大部地区10～50毫米，中部山区降雨较大，其中保亭、琼中、通什达112～258毫米；日最大降雨量大部分地区在50毫米以下，保亭、乐东、琼中、通什在50毫米以上，其中通什达182毫米。

这个台风风力强、持续时间长、范围广，给南部的三亚、陵水、乐东、保亭、万宁、通什等地造成严重损失。据不完全统计，全岛受伤12人，损坏房屋0.94万间；受灾32533.3公顷作物；损失粮食2776吨。毁坏水库、山塘、涵闸等水利电力设施280宗，其他工程77宗，崩决渠道903处4.88万米，海潮冲断围堤8.11万米；被洪水损坏公路147千米，高低压线路459千米。总经济损失1.41亿元。其中据自治州的三亚、陵水、保亭、通什等市县的不完全统计，共计损失6010万元。万宁、琼海等市县损失1335.5万元。

台风登陆前，全区各级领导干部对防台工作十分重视，及时采取措施，向各地发出紧急通知，区政府负责人立即赶到万宁、琼海等县安排防台工作；自治州派出三个工作组分别到陵水、三亚、乐东组织领导防台工作。台风登陆后的当天早上，区党委领导立即带领工作组到万宁、陵水、三亚，州及各县领导干部也赶往灾情严重的县市了解灾情，民政部门也深入灾区，配合乡镇做好救灾等善后工作。

1988年 【8823号台风】 1988年10月16日在太平洋生成热带低压，在西移过程中加强为热带风暴、强热带风暴，21日进入南海逐渐加强为台风，22日15时在万宁沿海登陆，穿过保亭、琼中、通什（今五指山）、乐东、东方等县进入北部湾。全岛均出现最大风力6～8级，阵风8～10级，海口、儋县（今儋州）、屯昌阵风10～11级，万宁达12级。

受台风影响全岛大部分地区降大雨至暴雨，21日20时至23日20时过程降雨量除北部、三亚10～50毫米外，大部地区50～100毫米，暴雨中心在中部地区，牛路岭水电站120毫米，陵水小妹水库170毫米，琼中中平275毫米，新中131毫米，白沙南开230毫米。日最大降雨量有7个市县在50～100毫米之间。

由于台风与强冷空气共同影响出现暴雨，使全岛9个中型水库泄洪。据不完全统计，受灾死亡1人，失踪1人；损坏房屋2.46万间；各种作物受灾面积：晚稻38006.7公顷、甘蔗24833.3公顷、秋种作物4260公顷、橡胶13333.3公顷、其他热带作物4706.7公顷、林木果树6420公顷；损坏电话线路513.8千米；毁坏水库护坡28宗，江海围堤71处19.8千米，渠道552处36.1千米，鱼虾塘120.2公顷。全省经济损失8243.8万元。

【8824号台风】 10月21日在太平洋生成热带低压，在西北行过程中发展为热带风暴、强热带风暴，23日加强为台风，25日进入南海，28日11时在万宁沿海登陆。全岛最大风力9～10级，阵风10～12级。台风经过东南部沿海市县，29日约3时从三亚出海。

在台风和冷空气共同影响下，全岛降暴雨至大暴雨，暴雨中心在白沙、昌江一带，26日20时至30日20时过程降雨量50～100毫米，五指山西南侧降雨量较小，海口、万宁、屯昌、琼中200～250毫米，澄迈、定安、临高250～300毫米，儋县（今儋州）、昌江300～370毫米。仅10月28～29日两天，白沙元门雨量达466毫米，福才455毫米。日最大降雨量11个市县100毫米以上，昌江、白沙分别为224和251毫米。

大暴雨造成19个大中型水库泄洪。据不完全统计，全省有117个村庄4.2万人被洪水围浸，其中南渡江流域有49个村庄3.07万人被洪水包围，18926.7公顷农田被洪水淹没；澄迈27个村和县城9个单位共2万人、定安县5个村0.49万人、琼山17个村0.58万人被洪水围浸；琼海44个村0.75万人被洪水包围，1133.3公顷农田被洪水淹没；文昌县珠溪河流域低洼地区有24个村0.38万人被洪水围困，12666.7公顷农田被水淹；万宁县和乐、港北等乡镇近6666.7公顷农田被洪水淹没。淹死4人、伤27人，损坏房屋2.46万间；各种农作物受灾面积：水稻78873.3公顷、旱粮12280公顷、甘蔗21613.3公顷、橡胶12313.3公顷、热带经济作物27586.7公顷；林木倒伏断折3988.3万株；损毁渔船104艘，网具128张，损毁鱼虾塘433.3公顷、牲畜978头。损坏桥梁57座，公路402千米，农村输电线路380.5千米，损坏电话线路441.6千米。琼海、万宁等9个市县电话通讯中断。损毁水库护坡175宗，小水电站及其他工程312宗；损坏渠道建筑物718宗，江海围堤326处103千米，损毁渠道1769处91.5千米。各项损失总价值约2085.8万元。

1988年23号、24号台风影响期间，海南省气象台领导和预报人员思想重视，认真分析各种气象信息，较早做出台风登陆地段和影响本省程度的预报。并通过广播、电视、报纸、气象预警系统等多种服务手段广泛传播台风警报。省局省台分别10多次向省、市领导汇报，指出“24号台风将对海口市有较大影响”，市政府立即召开紧急会议，提出6条防台措施。由于加强防范，使损失减少到最低限度。8823、8824号台风对牛路岭水库威胁很大，10月27日牛路岭水库来电告急，省电力公司要求省气象台对未来降水作出预报，以便采取对策，保证水库安全。省气象台组织技术人员认真分析资料，集体会商，利用雷达跟踪、监测雨区变化，果断做出“午夜雨停”的预报结论。天气实况与预报相符，既保证了水库的安全，又蓄满了水。这两次台风预报服务得到省政府领导的表扬，《海南日报》专门作了报道。

这两次台风影响期间，通什（今五指山）市气象局思想重视，认真分析，做出准确预报。他们派员主动送预报上门，为畅好农场服务。该场接到预报后，决定在降雨前提前加割橡胶，两次共增收干胶28吨，增加经济收入16.8万元。该场领导登门感谢市气象台预报服务做得好。

万宁县气象局在台风预报服务中，全力以赴，预报准确，服务主动及时，书面、电话或当面口头汇报达70人次。当时该县正在召开县委扩大会议，县委领导收到县气象局关于台风将正面袭击本县的报告后决定休会，各级领导立即赶到抗灾第一线去组织群众抗灾，使损失减少到最低限度。

琼海县气象局对8823号和8824号台风预报准确，服务周到。在旬天气预报中预计：10月下旬有台风活动，有两次明显的降雨过程，分别出现在22—24日和28—29日。两个台风在海上生成后，他们又在做短期预报时提出较为准确的预报意见并主动开展服务，使该县避免经济损失约80万元，受到当地党政领导机关和人民群众的好评。

8823、8824号台风影响期间，保亭县气象局预报较准确，服务及时，电话服务45人次，上门汇报20多人次。领导机关及时组织人员防风抢险，抢收成熟晚稻1066.7公顷，水库增加蓄水500万方。

1988年10月上旬，陵水县连降几场暴雨，小妹水库蓄水已达警戒水位。下旬又遇上23、24号台风连续袭击，水库是“排洪放水”还是“小排蓄水”，是关系到水库安全度汛和次年用水的关键问题。陵水县气象局经过认真分析研究，作出23号台风降水量100～150毫米（实况是101.8毫米）、24号台风降水量不超过100毫米（实况是82.9毫米）的准确预报，建议采用“小排蓄水”方案。县委根据预报仅排水2小时共80万立方米。既保证了水库安全，又最大限度地蓄足了水。该局在做好公益服务的同时，主动及时把台风预报送到各用户单位，取得良好效益。如海威养殖公司，原定10月20日向香港运载一船石斑鱼，他们接到台风影响信息后，推迟赴港，并注意做好海上鱼排的防风加固工作，避免经济损失约20万元。又如黎安珍珠养殖场接到台风警报后，全场立即动员，采取有效措施，提前下海做好珍珠贝母的抗风防潮工作，在10级大风的袭击下，几万个珍珠贝母无一损失。该场经理说：“县气象局两次台风预报准确、及时，给我们帮了大忙。”

1989年 【8905号台风】 1989年6月4日在太平洋生成热带低压，6日加强为热带气旋、热带风暴，7日进入南海逐渐增强为台风，10日11～12时从陵水县沿海登陆，经过保亭县、乐东县，11日约5时从东方沿海进入北部湾。台风中心附近最大风力12级以上。海南大部分地区最大风力6～8级，阵风9～11级，陵水、保亭、乐东、三亚、东方最大风力9～11级，阵风12级以上（极大风速40米/秒）。

全省普降大雨至暴雨，8日20时至11日20时过程雨量北部30～70毫米，中部100～200毫米，东南部和西南部150～270毫米，陵水小妹水库降雨量达278.3毫米，三亚丰岭水库296毫米。日最大降雨量北部30～50毫米，万宁、陵水、通什（今五指山）、琼中、乐东、三亚、东方100～170毫米，其余地区50～100毫米。

这次台风来势猛，风力强，范围大，移速慢，持续时间长，暴雨造成山洪暴发，损失较大。据不完全统计，全省死亡18人、伤107人；损毁房屋10.85万间，简易工棚6.11万间；水稻受灾面积55333.3公顷，损失粮食2632.2吨；旱粮受灾面积22340公顷，甘蔗受灾面积32153.3公顷；刮倒折断橡胶36106.7公顷，林木3499.7万株；热带作物损失23800公顷；损毁水库、山塘、涵闸、水利水电设施1505宗，冲垮江海堤防25条9.56千米；崩坏水利渠道2630处，水利电力设施损失2043.9万元。损坏渔船133艘，网具0.31万张，鱼虾塘153.3公顷；损失牲畜11.44万头（只）。损坏桥梁50座，公路252.5千米，农村输电线路1051.5千米，农村电话线路2274.7千米。全省有9个市县电话中断。各项总计损失约 5.18 亿元。

文昌县气象局在 8905 号台风预报服务中，抓得早，服务主动、周到。县委、县政府采取有力防台措施，为抗灾赢得了时间，取得了主动权。全县抢收早稻 3333.3 公顷，无人员伤亡，8 个中型水库安然无恙并蓄满了水。

陵水县气象局积极主动开展台风预报服务。8 日发布消息、警报，9 日发布紧急警报，并多次书面报告有关单位。县委、县政府 9 日上午召开各乡镇书记紧急会议，部署防风。10 日台风在该县登陆，由于提早防范，全县减少经济损失 6600 万元。县海威养殖公司和外贸发展公司的经理说，多亏气象站的预报，我们及早做好防风工作，不然后果不堪设想。

省气象台提前 4 天发布 8905 号台风消息，提前 36～48 小时发布警报和紧急警报，通过广播电台、电视台、报纸以及内部书面报告开展服务宣传，做到家喻户晓。各级领导和群众采取有力的防风措施，抢收成熟早稻。仅文昌、琼海、琼山、白沙、屯昌等县的不完全统计，抢收水稻 4040 公顷。船只回港避风，转移危房群众。省三防领导说：这次台风预报及时，为全省组织抗风赢得了时间。据有关部门估计，避免经济损失达 2920 万元。

【8925 号台风】 1989 年 9 月 28 日在太平洋生成热带低压，向西北方向移动过程中逐渐发展为热带风暴、强热带风暴，10 月 2 日加强为台风，6 日进入南海，9 日晚至 10 日凌晨 4 时从本岛南部近海经过，台风中心距三亚市 80 千米，中心附近最大风力 12 级以上，风速 40 米/秒，7 级大风范围半径 300 千米。受其影响，海南大部分地区最大风力 6～7 级，阵风 8～9 级；南部地区最大风力 8 级，陵水、万宁、三亚阵风 10～11 级。

受台风和冷空气共同影响，全省普降大雨至暴雨，局部大暴雨，暴雨中心在陵水、琼中一带，10 月 8 日 20 时至 10 日 20 时过程雨量，除西南部、琼海、西沙、珊瑚为 10～50 毫米外，全省大部分地区 50～100 毫米，北部、东南、中部部分地区 100～200 毫米。陵水、乐东连续两天降暴雨。日最大降雨量大部分地区 10～50 毫米，海口、陵水、琼中日雨量最大，陵水吊罗山日雨量达 300 毫米，琼中乘坡日雨量 205 毫米，海口日雨量 191 毫米，其余地区 50～100 毫米。

全省有 25 个村庄 1.12 万人被洪水围困，淹死 22 人。损毁房屋 0.27 万间；晚稻受灾面积 22420 公顷，旱粮受灾面积 1513.3 公顷；刮倒折断橡胶树 10.62 万株，树木 57.02 万株；损毁水库、山塘、涵闸等水利设施 276 宗，损坏渡槽 21 座，围堤 63 处 363 千米，崩决渠道 507 处 9.36 万米；损坏公路 31 千米，桥梁 5 座；损坏输电线路 72.3 千米、通讯线路 19 千米。受损较严重的有海口、文昌、万宁、陵水、三亚、昌江等市县。陵水河洪水较大，陵城站水位达 5.23 米，超警戒水位 1.13 米，两岸 16 个村庄受淹。全省农业经济损失 7217.83 万元。

【8926 号台风】 1989 年 9 月 29 日在南海生成热带低压，9 月 30 至 10 月 2 日逐渐加强为热带风暴、强热带风暴、台风，10 月 2 日 23～24 时在三亚沿海登陆，3 日 3～4 时从乐东境内出海进入南海。全省受其影响，海南大部分地区、西沙岛最大风力 8～9 级、阵风 10～12 级，其中陵水、通什（今五指山）最大风力 12 级以上，陵水、保亭、万宁、三亚阵风 40 米/秒以上。

全省普降暴雨到大暴雨。9 月 30 日 20 时至 10 月 4 日 20 时过程雨量西沙岛、东方 30～50 毫米，大部分地区 60～150 毫米，文昌、定安、澄迈、陵水、保亭 150～250 毫米；琼海、屯昌、万宁、通什（今五指山）300～380毫米。日最大降雨量大部分地区为50～150毫米，东南部和中部大部分地区160～250毫米。暴雨中心在琼中乘坡一带，日雨量达426毫米，万宁365毫米，琼海344毫米，屯昌312毫米。

这个台风风力强，范围大，雨量集中，洪水暴涨，给全省造成重大损失。死亡48人，伤535人，全省有212个村庄、6.91万人被洪水围困，死亡牲畜32.76万头（只）；毁坏房屋29.36万间（全倒2.93万间）；农作物受灾面积：水稻131940公顷、旱粮19380公顷、甘蔗34700公顷、热带作物16200公顷；刮倒折断橡胶2845.26万株、各种林木3483.27万株；损毁渔船207艘，渔具605张，冲垮鱼塘189.5公顷；损坏水库、山塘、涵闸、水电设施1561宗，渡槽110座，崩决渠道5973处69.10万米，冲毁江海堤防168处53.81千米，计损失工程费1918.79万元；损坏公路545.4千米，桥梁198座，输电线路1390.1千米，通讯线路3977.6千米，13个市县通讯中断。8926号台风造成经济损失12.98亿元。

暴雨造成万泉河、太阳河、陵水河、南渡江流域发生较大洪水。牛路岭水库在15小时内水位上涨5.38米，增加水量1.59亿立方米，最大进库流量8660立方米/秒，泄洪流量3660立方米/秒；南渡江中下游水位超警戒水位0.4～0.6米；万泉河加积站水位达10.13米，超警戒水位1.13米，万泉河流域106个村庄1.08万人被洪水围困；万宁水库泄洪流量达1040立方米/秒，下游分洪工程的水位距堤顶仅30厘米，致使太阳河分洪排洪水位超过警戒水位0.7米，万宁境内68个村庄3万人被洪水包围，该县东澳镇灯龙坡等村最高水位达1.6米；陵水河陵城站水位达5.95米，超警戒水位1.85米，陵水河流域16个村庄2.35万人被洪水围困。三亚市12个村庄0.18万人被水围困。

琼海县气象局对路径比较复杂、预报难度大的8926号台风预报服务工作认真负责，加强会商，提前发布3次消息、1次警报、2次紧急警报，积极为县委、县政府、县三防等领导机关和有关单位提供服务。全县采取紧急防风措施。台风登陆后，由于降水集中，万泉河河水猛涨，超过警戒水位1米多，对沿岸15个乡镇村庄威胁很大。10月2日夜间县领导要求县气象局做出未来降水预报，以便决定是否转移沿岸村民。在这紧急关头，县气象局立即组织技术人员进行认真的分析研究，及时做出降雨基本结束，未来降雨量不超过30毫米的准确预报。县委决定不搬迁沿岸村民，避免了搬迁的经济损失，取得良好的社会经济效益。

【8928号台风】 1989年10月8日在太平洋生成热带低压，逐渐发展为热带风暴、强热带风暴，10日加强为台风，11日进入南海，13日清晨5时从海南岛南部近海经过，台风中心距三亚市和乐东县沿海约60千米，中心风力12级以上，风速40米/秒，8级大风范围半径300千米。受其影响，部分地区最大风力6～7级，阵风8级；东部、中部、北部最大风力8～9级，阵风9～11级；南半部的陵水、三亚、乐东、通什（今五指山）阵风12级以上（40米/秒）。

全省普降暴雨至大暴雨、局部特大暴雨。暴雨中心在通什、保亭、琼中一带。10月11日20时至14日20时过程雨量，北部和东方10～50毫米，大部分地区、永兴岛、珊瑚岛50～200毫米；中部和南部200～400毫米，琼中连续两天降100～150毫米的大暴雨。日最大降雨量北部、东部和东方10～50毫米，大部分地区50～150毫米，保亭363毫米，通什355毫米。

受暴雨影响，通什市、保亭县山洪暴发，南部的陵水河、藤桥河、昌化江上游和南圣河洪水暴涨。10月13日15时通什市水位超警戒水位3.1米，该市第二大桥洪水漫过桥面90多厘米，沿河南岸街道水深2.2米，原农垦大楼第一层全淹，直到14日凌晨，洪水才退至安全水位。这次洪水使通什市死亡4人，伤145人，沿河房屋和商店物资损失严重，通什市郊春雷电站大坝被冲坏，全市供电、通讯中断。保亭县城13日18时沿河两岸街道水深达3～6米，24人死亡，15人失踪。陵水河陵城站水位达6.05米，超警戒水位1.95米，16个村庄0.92万人被洪水包围。三亚市藤桥河洪水暴涨，3个村庄0.2万人被洪水围困，4人死亡，25人受伤。琼中县4个村庄8l户414人被洪水围困，6人死亡。乐东县、三亚市不少水利工程被毁坏，海榆东线公路273.4千米处的涵洞被冲毁，海榆中线公路147～209千米之间有10多处塌坡，毛阳至乐东、乐东至九所的公路被洪水冲坏，交通中断。

据不完全统计，全省被洪水围困村庄187个，计13.55万人，死亡40人，受伤180人，失踪15人；死亡牲畜2.71万头；损坏房屋6.01万间，简易工棚1.23万间；水稻受灾面积35906.7公顷，损失粮食50000吨；旱粮受灾面积11006.7公顷，甘蔗受灾面积30833.3公顷；刮倒折断橡胶树403.93万株，林木496.74万株；损毁水库、山塘、涵闸、水电设施2098宗，冲毁江海堤防252处23.43千米；损坏渡槽65座，崩决渠道2054处7.71万米，计损失工程费2043万元；损坏公路桥梁126座，公路403.45千米；损坏输电线路460.14千米，通讯线路1215.3千米；损坏渔船38艘、鱼虾塘613.3公顷，损失牛羊753头。8928号台风全省经济损失6.2亿元。

三亚市气象台认真做好8928号台风预报服务工作，10日上午发布台风消息，11日下午发布警报，12日上午发布紧急警报，多次向市党、政领导和三防指挥部汇报，通过书面和气象预警系统传给各有关单位和用户，预报台风有大、强、快的特点，将对三亚市有较大影响。市领导很重视，召开会议研究防风及深入各乡镇、水库检查落实防风工作。由于防御工作到位，市港务局价值200万元的船只、大吊车和仓库里几千万元的物资免遭损失。市粮食转运站3200吨粮食未受损失。气象服务受到各界好评。

通什市气象局在开展8928号台风预报服务过程中积极主动，11日发布消息，12日早上发布警报，受到社会各界的高度重视，取得良好的社会、经济效益。通什茶场12日接到台风警报后，立即部署防风抗灾，组织290人的抢险队伍，撤离危房人员，转移重要物资，加固危房6200平方米。尽管台风影响时最大风力12级（阵风大于40米/秒），日雨量达355毫米，但由于措施得力，将损失减少到最低限度，据统计减少经济损失在10万元以上。

【8929号台风】 1989年10月14日在太平洋生成热带低压，在西移过程中逐渐发展为热带风暴、强热带风暴、台风，19日进入南海，21日22～23时在三亚沿海登陆，22日凌晨出海。海南大部分地区最大风力6～7级，阵风8～9级；万宁、通什（今五指山）、珊瑚岛最大风力8～9级，阵风9～10级，陵水、三亚阵风12级以上。

受台风影响，全省普降暴雨至大暴雨，10月20日20时至23日20时过程雨量除陵水、乐东、东方、珊瑚岛10～50毫米以外，全省大部分地区50～200毫米；澄迈、琼中200毫米以上。日最大降雨量东部、西部、中部大部分地区10～50毫米，11个市县50～100毫米，澄迈165毫米。

台风对南部的8个市县影响严重，受灾人口207.96万，晚造水稻受灾57126.7公顷，其他农作物及民房等有一定的损失。

三亚市气象局在8929号台风预报服务中，作出“雨量不超过100毫米”的预报，市有关部门采纳了预报意见，决定水库不放水。实况与预报吻合，既保证了水源池工程的安全，又使各水库蓄满了水，有的水库蓄水创历史最高记录，为工农业生产和人民生活储备了足够的水源。

澄迈县气象局主动做好8929台风的预报服务工作。提前30小时发布台风警报，多次向县委、县政府、县三防及有关单位书面和口头汇报。县领导同志十分重视，及时组织800多名干部深入农村、水库检查落实防台抗洪工作，转移危房人员，渔船回港避风，抢收农作物1133.3公顷。

1989年海南省受台风、洪涝影响十分严重，特别是10月份，连续遭受4个台风袭击，损失惨重。全省共死亡105人，伤1156人，损坏房屋40.65万间；农作物受灾面积5228666.7公顷，成灾面积133400公顷，损失粮食16.15万吨；损失橡胶树、林木4亿多株。损坏水库105宗；冲坏江海堤防118条491处1179千米；冲垮山塘256宗，崩坏水陂1711座、渠道8036处958.5千米，损坏渡槽254座，塌坏涵闸1757座；损坏水电站50座装机16960千瓦，其他水利工程1025宗，交通、电讯等公共设施都受到很大的损坏。全省经济损失27.48亿元。晚造损失粮食10万吨，各项经济损失达19亿元。灾情发生后，海南省委、省政府立即派出两批慰问调查团深入灾区40多个乡镇、100多个村庄，为灾区人民排忧解难。省政府从地方财政中拨出200万元专款，重点维修险情最重的水利工程，并对中央支援海南的5000多吨化肥和钢材、水泥等物资以及救济款作出安排。省商业供销部门对灾区商品供应制定应急措施。社会各界也全力支援灾区，截至11月3日，全省已有760多单位4万余人慷慨解囊捐款448万元，衣物7600多件，还有大量药品、农药、建材等。在全省226666.67多公顷晚稻中及时组织收割近133333.3公顷。东南部地区增种番薯38000公顷，比上年同期增加2000多公顷。各地的交通、邮电很快得到基本恢复。台风灾害使中小学校舍损毁面积达27万平方米，学校在各方面支持下克服种种困难，较快恢复正常教学秩序。总之，灾后社会稳定，民心稳定。

1990年 【9004号强热带风暴】 1990年6月13日在太平洋生成的热带低压，15日西北行进入南海并发展成热带风暴，16日发展成强热带风暴，17日从海南岛东北部近海海面掠过，18日11时在广东省海康沿海登陆，登陆时中心附近最大风力10级。登陆后继续向西北方向移动，19日中午减弱为低气压。

受其影响，全省普降暴雨到大暴雨，16日08时至19日08时，全省各地降水量都在100毫米以上，其中文昌、海口、琼中、乐东、通什（今五指山）、东方、澄迈、万宁、三亚、屯昌等市县降雨量200～300毫米，较大的昌江为310毫米，白沙331毫米，白沙县的金波、南开达400毫米，其余市县100～200毫米。全省风力6～8级。

暴雨使各江河水位暴涨。南渡江流域金江站水位27. 47米，定安站水位14.97米，琼山龙塘站水位11.61米，接近或稍超警戒水位，万泉河加积站水位8.16米，昌化江大广坝流量达4892立方米/秒，水位96.3米。

全省有3个村庄2500人被洪水围困，36.2万人受灾，倒塌房屋44间，损坏房屋125间，农作物受灾14680公顷，成灾11326.7公顷，损失粮食3566吨，特别是早造未收割水稻和晚造秧苗受淹严重。主要受灾市县有海口、琼山、临高、白沙、定安、儋县（今儋州）等。琼山早稻受灾 4913.3 公顷，临高 1666.7 公顷，海口市蔬菜受灾 566.7 公顷。损坏山塘水库 24 宗，江海堤防 15 条，崩坏水陂 65 座，渠道 1361 处，损坏渡槽、闸坝、水电站、机（泵）站 265 座。损失较重的是白沙县，损坏小（一）型水库 2 宗，崩决渠道 115 处 448 米，冲坏渡槽 4 座，冲毁水陂 49 座，影响灌溉面积 866.7 公顷。这场洪水崩坏鱼虾塘 71.9 公顷，损坏桥梁 10 座，公路 7.4 千米，输电、通讯线路 227 杆 16.5 千米。全省直接经济损失 1672 万元。

17—18 日，琼山县气象局及时主动开展气象服务，先后向县领导口头汇报 5 次，书面报告 6 次，并用书面或电话通知各有关单位。虽然该县出现了大暴雨和 8 级大风，但是县委、县政府采取紧急措施，组织干部群众 18.2 万人次投入抢收工作，在风暴影响之前抢收成熟早稻 2800 公顷，避免经济损失 190 万元。

澄迈县气象局提前两天发布消息、警报共 7 次，多次派员或用电话向县委、县政府、县三防及用户单位服务。县委、县政府及有关部门采取有效防台抗灾措施，动员和组织干部群众抢收成熟早稻约 1333.3 公顷，避免了大暴雨的危害。

风暴来临前，儋县气象局及时组织研讨，并派出专人将强热带风暴警报书面报告送给用户，还多次电话询问防台抗灾准备情况。由于采取了紧急预防措施。使 6 5 万多块砖坯免遭强风暴雨的损坏，避免经济损失 6.55 万元。

风暴发生后，各级政府领导深入灾区了解灾情，及时组织干部群众，发动社会力量抢救未收割的水稻和抢修渠道做好排涝工作，抢种晚造作物，使灾区群众生活得到稳定。

【9016 号台风】 1990 年 8 月 24 日在太平洋生成的热带低压，25、26 日先后发展成热带风暴、强热带风暴，27 日西行进入南海并加强成台风，28 日下半夜从海南岛南部近海海面掠过，29 日傍晚在越南登陆。台风中心附近最大风力 12 级。30 日中午减弱为热带低压。

由于这次台风范围大，海南各地均受到严重影响。全省普降暴雨到大暴雨，28 日 08 时至 30 日 08 时，13 个市县累计降雨量在 100 毫米以上，通什（今五指山）、琼中、保亭、白沙、三亚等市县在 200 毫米以上，其中较大的琼中为 303 毫米，通什 304 毫米。全省均出现大风，保亭、通什、三亚、陵水、万宁、昌江、东方等市县 10～11 级，阵风均达 12 级（35～39 米/秒）；琼海、乐东、屯昌 9～10 级，阵风 11 级；海口、琼山、定安、白沙 7～8 级，阵风 9～10 级；其余市县风力 6～7 级。

受风暴、暴潮共同袭击，东部沿海出现较高潮位，文昌清澜、万宁沿海潮水超警戒水位 0.2 米。通什、保亭、白沙、琼中等市县山洪暴发，江河洪水泛滥，通什市街道一片汪洋。全省大中型水库普遍溢洪，三亚、陵水等 10 个市县电话中断，5 个市县断水断电。全省 19 个市县 439 万人受灾，成灾 27 万户，被洪水围困 36 个村庄 1.9 万人，死亡 1 人，13 人下落不明，伤 38 人。死亡牲畜 306 头，损失 20.59 万元。倒塌房屋 0.74 万间，损坏 1.97 万间，损坏简易工棚 0.65 万间，校舍 1.35 万间，损失 2316.19 万元。正值抽穗扬花期的晚稻损失最大，受灾 75633.3 公顷，占插植面积 34.6%，旱粮受灾面积 5760 公顷，农业损失 8424.2 万元。刮倒折断橡胶树 541.4 万株，林木 494.6 万株，果树 122.4 万株，损失 9351.8 万元。损坏山塘水库 95 宗，毁损江海堤防 22 条，水电站、机电泵站、涵闸、渡槽等 637 座，崩决渠道 2247 处，水利损失 733.85 万元。损坏鱼虾塘 120.6 公顷，沉没渔船 70 艘，损坏网具 521 张，水产渔业损失 144.30 万元。损坏桥梁 19 座，公路269.5千米，输电线路342.9千米、通讯线路935.1千米。输电、通讯、交通损失285.48万元。其他损失18.48万元。

受灾严重的有万宁、琼海、陵水、三亚、琼山等市县和农垦系统，受灾人口169.8万。损坏江海堤防21条，溃决3处，冲垮山塘53宗，崩坏小水陂200座，损坏涵闸378座、渡槽29座，崩决渠道2247处，损坏水电站11座；损坏机（泵）站19座。水利工程直接经济损失733.85万元。其中三亚市损坏水库护坡9宗、江海堤防1条，崩坏水陂15座，塌坏涵闸178座，损坏渡槽3座，崩坏渠道415处，水利工程损失152.2万元。

9016号台风全省总损失2.13亿元。

9016号台风给昌江县带来暴雨和12级阵风。县气象局提前2天发布台风消息、警报。共发布消息5次，警报3次，紧急警报7次。除了县广播站广播外，还多次打电话向各有关单位和专业用户报告50多次，同时派员登门服务15次。县委、县政府、石碌铁矿、叉河水泥厂、石碌钢铁厂等有关单位十分重视台风预报，动员干部群众全力抓好防台抗灾，使台风损失大大减少。

万宁县阵风12级并降暴雨，县气象局提前36小时发布公众预报警报，6次书面向县委、县政府及各机关、企业单位汇报，电话传报和答询乡镇、国营农场共计105次。该县委、县政府及时召开全县防台抗灾紧急动员会议，组织243名机关干部下乡镇配合领导发动群众抢收成熟水稻1466.7公顷，减少稻谷损失11000吨，其他损失也减少到最低限度。

文昌县气象局先后向县委、县政府、县三防、县农委及用户单位书面报告台风动向预报5次，派专人上门服务4次，电话服务5 0次，为本县防台抗灾工作争取了主动权和宝贵时间。28—29日尽管该县清澜港出现1973年以来未曾有过的大风暴潮，对当地600公顷鱼虾塘带来严重威胁，但由于事前做好防潮准备，保证鱼虾生产安全，仅此一项经济效益就达900万元。

儋县（今儋州）出现暴雨和10级阵风，县气象局提前两天向公众发布台风消息和警报，并派出专人到县交通局等重点用户作详细汇报，进行现场服务。县交通局领导采纳他们的意见和建议，立即用电话通知全县12个渡口做好防风工作，440艘客、货船及时回港避风，避免经济损失132万元。

通什市出现日雨量242.6毫米和39米/秒的阵风。市气象台及时多次发布台风警报，积极开展公益服务和专业服务。派专人到畅好农场作汇报、提建议，进行现场服务。该农场领导十分重视，当即组织了700多人的抢险抗灾队伍，同时组织工作组深入各作业区和连队，迅速抓好防台抗灾工作。提早转移危房人员1500多人。全场各连队在台风暴雨到来之前补割橡胶，共增收干胶6吨，增收5万元。避免了人员伤亡，经济损失大大减少。

白沙县气象局在4号风暴和16号台风的预报服务中，都提前1至2天作出较准确预报，及时开展服务，发布书面警报5次，并用电话向县领导机关及有关单位汇报。县委、县政府采取紧急防台抗洪措施，安全转移牙叉河沿岸的农户，组织力量抢收已熟水稻。县建材厂提前做好砖坯避雨准备，使两次热带气旋造成的损失减少到最低限度。

省委、省政府十分重视抗风防洪工作，从台风预报开始，就进行总部署，各市县根据省的指示积极落实任务。灾害发生后，省、市、县领导亲自带队深入灾区开展慰问活动。并及时抽调大批干部到农村查灾核灾报灾和安排灾民生活，帮助灾民恢复生产重建家园，组织灾民抢救各项种植作物，同时发动群众开展生产自救，大抓秋种作物生产。广大灾民在各级政府的关怀和帮助下，人心稳定，生产正常，总的情况良好。

【9019号台风】 1990年9月10日在太平洋生成的热带低压，11、12日先后发展成热带风暴、强热带风暴，14日加强成台风，15日西行进入南海，I8—19日从海南岛南部海面经过，19日中午在越南沿海登陆。台风中心附近最大风力12级。20日下午减弱为低气压。

受台风影响，白沙、琼中、万宁、保亭降暴雨，通什（今五指山）、陵水大暴雨，三亚18日降特大暴雨（258.7毫米）。16日08时至19日08时，6个市县降水100毫米以上，其中最大的三亚为270毫米，该市的水源池、半岭、汤他、福万等地降雨达300毫米；琼中217.3毫米，白沙151毫米，该县的南开达216.6毫米，元门206.9毫米，保亭113.9毫米，陵水192毫米。西、南部大部及临高、万宁最大风力6～8级，阵风8～11级。

全省19个市县都受到不同程度的影响，其中较为严重的是三亚、陵水、乐东、保亭等市县。全省64.67万人受灾，成灾35.7万人，死亡3人。全省有31个村庄1万多人被洪水围困，死1人，伤80人，倒塌房屋46间，损坏899间。农业受灾27553.3公顷，其中，受洪涝灾害18673.3公顷，崩坏鱼虾塘29.7公顷。损坏山塘、水库、水陂32宗，冲坏江海堤防2条，损坏涵闸、渡槽、水电站、机泵站49座，崩决渠道313处。损坏桥梁9座，沉没渔船4只。造成直接经济损失1970万元。

由于暴雨强度大，三亚市藤桥镇东西河洪水暴涨，海昌管区海浪村受洪水和海潮浸淹水深1米多，镇邮电所右侧受水淹60毫米，三亚至八所公路羊栏段水淹没1米多深，妙林、槟榔近5个村庄和藤桥海丰村1万多人被洪水围困，农田洪涝面积5333.3公顷。

海南省气象台准确预报了9019号台风的登陆地段及对本省的影响程度。当时正值水稻收割期，省三防指挥部根据省气象台预报，及时向全省发出抢收水稻的紧急通知，文昌、琼海、万宁、陵水、三亚、保亭、乐东、定安8市县组织19.8万人，抢收水稻11320公顷。当时省委、省政府正在召开各市县主要领导干部会议，若台风在本岛登陆，就决定暂时休会，省气象台果断作出19号台风将从海南岛南部海面经过，不会登陆直接袭击本岛的预报，使会议如期进行。省委、省政府领导同志对这次台风预报服务很满意。

台风给保亭县带来暴雨，9月15日早上，该县气象局局长到南茂农场向场长汇报台风动向，预报本县将有暴雨，建议农场利用台风影响前的晴好天气增加割胶，他们又8次用电话向农场通报台风动向及预报，该场立即通知各割胶队于16日补割，抢回干胶10吨，增收7.5万元，取得了良好的经济效益。

三亚市气象台在9016号和9019号台风的预报服务中，充分利用广播电台、气象警报系统等工具，积极主动向当地党政领导和各有关单位发布台风警报，还派出专人送警报上门开展服务。尽管这两次台风均给该市带来狂风暴雨，但由于预报及时准确，全市各单位预防得早，措施有力，使该市减少经济损失4850万元以上。480多条船只免遭损坏，海水养殖石斑鱼免遭损失1990万元，减少损失钛矿砂4000多吨、水泥2600多吨。尤其是使落基水库大坝下游的黎村10多户人家提早转移，保障了180人生命财产安全。

【9022号热带风暴】 1990年10月2日在南海生成的热带低压，当天发展成热带风暴，西行于3日在越南登陆，并减弱为热带低压。

受其影响，全省各市县普降暴雨至大暴雨，东部、南部大部及屯昌、琼中出现大暴雨，其中最大的屯昌5日的雨量为234.7毫米。3日20时至6日20时，有14个市县累计降水量在100毫米以上，其中较大的是万宁的南林582.2毫米，琼海323.2毫米，琼中330.6毫米，陵水340.5毫米，屯昌460.0毫米；琼中、定安、陵水、澄迈、白沙等市县200～300毫米。

由于暴雨范围广，强度大，汇流迅速，使江河、水库洪水陡涨，南渡江、万泉河流域洪水泛滥成灾。4日23时，南渡江上游松涛水库开闸泄洪，最大泄洪流量达2500立方米/秒，持续5个小时。洪峰与南渡江中、下游高洪水位相遇，使南渡江下游的金江站最高水位达28.49米（5日18时），超警戒水位0.99米，定安站水位达16.51米（6日6时），超警戒水位1.51米，龙塘站水位达12.92米（6日20时），超警戒水位1.42米，海口站最高水位2.85米（6日23时），超警戒水位0.5米；万泉河加积站最高水位达9.32米，超警戒水位0.32米。全省有15宗大中型水库排洪。

这次暴雨洪水灾害损失严重，全省有129个村庄3.88万人受洪水浸淹和围困，6人死亡，损失牲畜1360头，倒塌和损坏民房1002间。农业受灾31013.3公顷，损失粮食1.73万吨；崩坏鱼虾塘121.67公顷。损坏公路9.2千米，桥梁13座。损坏水库26宗，损坏江海堤防4条1.4千米，损坏水电站、涵闸、渡槽、水陂207座，崩决渠道665处。各项直接经济损失6338.7万元。

【9025号台风】 1990年11月6日在太平洋生成的热带低压，8日发展成热带风暴、强热带风暴，9日加强成台风，台风中心附近最大风速达75米/秒。13日西北行进入南海，17日3～4时在海南省三亚市沿海登陆，登陆时中心附近最大风力11级。穿过本岛西南角，17日08时前进入北部湾，继续向北方向移动，18日下午减弱为低气压。

受其影响，海南省各市县均降暴雨至大暴雨，16日雨量海口111.3毫米，澄迈118.7毫米，琼中119.8毫米，文昌108.4毫米。这次台风给海南特别是南半部地区造成了一定的经济损失。

1991年 【9106号台风】 1991年7月8日在太平洋生成的热带低压，10日西北行进入南海并发展成热带风暴，11日发展成强热带风暴，12日加强成台风，13日5～6时在海南省万宁市沿海登陆，登陆时中心附近最大风力12级（38米/秒）。穿过陵水、保亭、通什（今五指山）、白沙、昌江、儋县，当天下午6时从昌江进入北部湾，继续向西北方向移动，并在越南再次登陆，15日中午减弱为低气压。台风中心经过的地区风力9～10级，旋转风11～12级，其余地区风力8～9级，阵风11级。极大风速万宁38米/秒，陵水40米/秒。

受台风影响，全省普降暴雨以上降水，主要集中在南半部各市县。12日08时至14日08时，14个市县累计降雨量均在100毫米以上，其中较大的通什（今五指山）、陵水315毫米，昌江320毫米。13日，10个市县均有大暴雨至特大暴雨，13日早上至14日中午30个小时，乐东尖峰岭天池降雨达839毫米，万宁265.6毫米，东方210.6毫米，琼中、琼海、儋县（今儋州）、三亚、万昌、保亭、白沙等市县降雨100～180毫米，其余市县100毫米以下。

由于暴雨集中，造成昌化江、望楼河、陵水河、南圣河、宁远河等流域山洪暴发，洪水猛涨。昌化江出现解放以来第二次大洪水，乐东县城水位达145.6米，宝桥水文站水位

25.35 米，洪峰流量 16000 立方米/秒，县委、县政府大院被淹，最深达 3.5 米，县机关 34 个单位被洪水淹浸，机关宿舍水深 1.5～1.9 米。该县的长茅水库水位由 155.4 米猛涨到 160.9 米，近 20 年来第一次排洪，大安水库、南木水库水位分别上涨到 119.6 米、179.5 米，也都紧急排洪。石门水库过坝最高洪峰 5 米，泄洪量 1878 立方米/秒。东方县的陀兴、探贡水库溢洪，特别是高坡岭水库建库 20 多年很少蓄满水，这次也开闸排洪。昌江县石碌水库排洪 4000 多万立方米，昌化江下游的海尾、昌化、四更有 6 个村庄 1.3 万人被洪水围困。通什的南圣河 13 日下午 4 时水位超警戒水位 0.55 米，下游的合口水坝被冲垮。陵水河水位达 5.06 米，超警戒水位 0.96 米，下游 8 个村 5200 多人被水淹。三亚市的宁远河洪水泛滥，造成崖城镇 6 个村 3500 人被洪水围困，其中水南村水深 2.3 米。

这次台风的特点是结构紧密、风力强、来势猛、范围广、时间长，暴雨集中，加上大海潮，使海南省工农业生产和人民生命财产遭受严重损失。风灾最严重的是万宁、陵水县和农垦系统的国营农场。据不完全统计，全省 87 个村庄 7.03 万人受洪水围困，因灾害死亡 32 人，受伤 111 人，4 人下落不明。损失牲畜 3146 头，经济损失 202.64 万元。倒塌房屋 36594 间，损坏 88970 间，经济损失 9276.67 万元。最严重的陵水倒塌房屋 1834 间，损坏 13935 间。农业受灾面积 98780 公顷，其中，水稻 14366.7 公顷，旱粮 15380 公顷，甘蔗 39793.3 公顷，胡椒等 16820 公顷，农业直接经济损失 1.2 亿元。刮倒折断林木 1591.8 万株，椰子等 365.2 万株，橡胶 1395.1 万株，农垦系统平均受害率 7.3%，估计损失干胶 10682 吨。橡胶、林木等经济损失 3.17 亿元。损坏塘坝水库 538 宗，毁坏江海堤防 94 条 37.5 千米，渠道 187 千米，渡槽、涵闸、水电站等 1022 座，乐东县水利工程毁坏较严重。水利方面经济损失 2082.25 万元。损坏公路 976.1 千米、桥梁 216 座，刮倒折断输电线路电杆 6818 根，损失折价 2519.46 万元。损坏渔船 711 艘，网具 8447 张，崩坏鱼虾塘 918 公顷，损失价值 840 万元。特别是陵水县黎安镇损坏 270 艘，损失较大。

9106 号台风使全省直接经济损失 6.33 亿元，其中橡胶、林木、果树损失占 50%，其次为农业占 19%。损失较严重的万宁 1.25 亿元，陵水 0.8 亿元，农垦系统 1.5 亿元。

台风到来之前，省委、省政府根据气象部门的预报，发出做好防风防汛工作的紧急通知，各市、县立即召开紧急会议布置防风工作。台风登陆后，省四套班子领导干部分别带领工作组与灾区领导同志一起赶到灾区，组织群众抗灾救灾，发动群众开展生产自救。省民政厅分别组织 6 个工作组，分赴琼海、文昌、万宁、陵水、三亚、保亭、通什、乐东、东方、琼中等市县了解灾情，帮助群众排忧解难，安置灾民生活。据统计，全省投入抢险救灾人数 44 万人，抢救农作物，转移安置被困群众，把灾害损失减少到最低限度。

【9111 号台风】　1991 年 8 月 11 日在太平洋生成的热带低压，13 日西行进入南海后发展成热带风暴，14 日发展成强热带风暴，15 日加强成台风，16 日凌晨 3 时，移到海南省东北部海面，8 时在广东省徐闻县南部沿海登陆，而后折向西南移动，从文昌、海口北部沿海擦过，12 时再次在临高县登陆，登陆时中心附近最大风力 12 级。穿过儋县（今儋州）、昌江，从东方县进入北部湾海面，17 日在越南再次登陆，下午减弱为热带低压。

受台风影响，全省大部分地区降大暴雨至特大暴雨，15 日 08 时至 18 日 08 时，15 个市县累计降雨量在 100 毫米以上，其中 6 个市县在 200 毫米以上，较大的文昌为 234 毫米，乐东 242 毫米，白沙达 331 毫米。全省绝大部分地区最大风力 6～9 级，阵风 8～12 级，其中北部地区的海口、文昌、琼山、临高、儋县及东方风力 12 级（极大风速 33～38

米/秒），定安、澄迈、昌江 10～11 级。

由于暴雨集中，造成江河水位猛涨，全省有长茅、石碌、珠碧江、红洋等 4 个水库排洪，东部和北部沿海海潮暴涨，11 个村庄受淹。16 日 8 时 40 分海口市潮位 3.6 米，超警戒水位 0.8 米。万宁县港北地区潮水暴涨，浸淹农田 230.3 公顷。文昌、琼山沿海的潮位高于往年，造成较大灾害。琼山县北港岛（1.4 平方千米，3 个村，250 户）几乎全部淹没，房子进水普遍高达 0.5～1 米，最深 1.8 米。位于宁远河下游的崖城、保港镇 8 个村庄 6000 多人被洪水围困，崖城门受淹水深 2 米。儋县 3 个村庄 1249 人受淹。临高 5333.3 公顷水稻受涝，成灾 2466.7 公顷。海口市损失较大，16 日大面积长时间停电、停水，许多通讯线路阻断，7 条街道受淹水深 0.7～1.1 米之间。

这次台风风力强，来势猛，范围广，暴雨集中且有大海潮顶托，造成洪水泛滥，使海南省工农业生产和人民生命财产遭受严重损失。全省 29 个村庄 3.34 万人被洪水围困，因灾害死亡 14 人，受伤 24 人；损失牲畜 1150 头，价值 184.73 万元；倒塌房屋 14899 间，损坏 88845 间，校舍倒塌 10064 平方米，损坏 48119 平方米，价值 7066.87 万元；农业受灾 128460 公顷，其中，水稻受灾面积 56673.3 公顷，旱粮 6046.7 公顷，甘蔗 49353.3 公顷，热带作物 5426.7 公顷，农业经济损失 1.6 亿元；刮倒折断橡胶树 1483.9 万株，果树 370.8 万株，林木 3251.5 万株，经济损失 2.99 亿元；损坏水库 26 宗，江海堤围损坏 56 条 21.2 千米，冲垮水陂、塘坝 156 宗，损坏水电站、渡槽、涵闸等 993 座，冲毁渠道 6673 处 77.34 千米，损失 1729.77 万元；损坏公路桥梁 86 座，刮倒折断通讯、输电电杆 7746 根，损失价值 1667.69 万元；损坏渔船 650 艘，网具 3455 张，鱼虾塘 591.1 公顷，价值 1793.61 万元。全省直接经济损失 5.94 亿元，其中橡胶、果树、林木等损失 2.99 亿元，占总损失的 50.2%。

当台风形成的消息发布后，省委、省政府十分重视，14 日召开全省电话会议部署防风工作，要求各部门、各市县认真落实防风措施，确保人民生命财产安全。15 日省政府领导干部亲自赶赴文昌县落实防风工作，省三防总指挥部在台风到来之前发出紧急通知，要求各市县做好防风防汛工作，16 日省政府又发出明传电报，要求北部沿海市县紧急行动起来，切实做好防风防汛防潮抗灾工作，并从机关抽调人员下乡组织群众防风。台风登陆后，省委、省政府领导同志顶风冒雨到受灾严重的海口、琼山、临高、澄迈等市县了解灾情，组织群众抗灾、救灾。省有关部门的领导也带队深入灾区组织救灾，安排群众生活、生产。17 日上午省委、省政府领导又召开紧急会议进一步研究部署救灾工作，全省上下联动、干群团结，努力进行生产自救，重建家园。

1992 年　【9204 号台风】　1992 年 6 月 24 日在南海生成的热带低压，25 日发展成热带风暴、强热带风暴，27 日加强成台风，西北行于 28 日 6～7 时在海南省陵水县沿海地区登陆，登陆时中心附近最大风力 12 级。穿过三亚、保亭、通什（今五指山）、乐东、东方等市县，下午 3 时从乐东县进入北部湾海面。29 日在越南再次登陆，7 月 1 日夜减弱为低气压。

台风经过海南岛时，陵水、三亚、万宁、保亭、通什、乐东、东方等 7 个市县最大风力 8～11 级，阵风 12 级以上，东方、保亭极大风速达 40 米/秒，其余绝大部分地区风力也有 6～7 级，阵风 8～11 级。8 级大风维持 25～28 个小时。全省普降暴雨，局部大暴雨，26 日 20 时至 29 日 20 时累计降雨量 100 毫米以上的有 10 个市县，其中通什和保亭 230 毫米，乐东和三亚 228 毫米。

由于这次台风影响范围广，强度大，风雨维持时间长。使海南省 12 个市县、31 个国营农场的工农业生产和人民生命财产遭受严重损失，三亚、陵水、保亭、万宁等市县和国营农场受灾较严重。因灾害死亡 2 人，伤 19 人；损失牲畜 1372 头，价值 69. 85 万元；损坏房屋 5. 37 万间，简易工棚 0. 94 万间，价值 6381. 37 万元；农业受灾面积 65973. 3 公顷，其中水稻 14366. 7 公顷，旱粮 25446. 7 公顷，甘蔗 10480 公顷，胡椒等热带经济作物 7440 公顷，粮食损失 1662 吨，农业损失 5174. 66 万元；损坏渔船 89 只，网具 266 张，崩坏鱼虾塘 109. 3 公顷，经济损失 566. 78 万元；刮倒折断橡胶树 664. 5 万株，果树 238. 8 万株，林木 467. 4 万株，经济损失 2. 3 亿元；冲毁公路桥梁 30 座，毁坏公路 708 千米，损坏通讯、输电线路 7551 条 1471. 3 千米，经济损失 2496. 76 万元；损坏水库 42 宗，崩决江海堤防 30. 8 千米，冲毁塘坝、渡槽、机电泵站 255 座，经济损失 1374. 62 万元。受 9204 号台风灾害全省直接经济损失 3. 93 亿元。

陵水县气象局提前作出预报并及时提供气象信息，以各种形式多次向县粮管所通报有关情况。该所根据预报及时组织干部职工做好防风工作，将粮食转移到安全库房，使 7 个粮库 1500 多吨粮食免遭台风袭击，避免经济损失 100 多万元。

省气象台发布台风消息后，省政府立即布置防风抗灾工作。省三防指挥部先后三次发出紧急通知，强调各市县要贯彻省府的部署，切实搞好防风抗灾。省民政厅、农业厅、水利局、三防办等部门在台风登陆的当天上午就组织工作组赶到灾区了解灾情，并协助当地政府指导工作。各市县在台风发生期间，一方面布置各乡镇、各机关单位和农场组织防风抗灾，一方面动员机关干部下乡，发动群众共 77. 4 万人投入救灾抢险行动。据 6 月 30 统计，仅两天时间 7 个重灾市县抢救各种作物 126000 公顷，保护危险工程 132 宗（座），抢修、抢救住房 6361 间和各类财产一大批。

【9205 号台风】 1992 年 7 月 8 日在太平洋生成的热带低压，10 日上午、下午先后发展成热带风暴、强热带风暴，11 日加强为台风，西北行进入南海，13 日 8～9 时在海南省琼海县北部（长坡镇附近）沿海登陆，登陆时中心附近最大风力 12 级。经定安、屯昌、澄迈、临高等县，下午从儋县（今儋州）洋浦港附近进入北部湾，并在越南再次登陆，14 日中午减弱为低气压。

台风 7 级大风范围半径 250 千米，10 级大风范围半径 100 千米。受台风影响，海南省各地最大风力 6～10 级，阵风 9～12 级，海口极大风速达 34 米/秒。全省普降暴雨至大暴雨。12 日 20 时到 14 日 20 时，昌江、东方、乐东、万宁、白沙、通什（今五指山）过程降雨量 100 毫米以上，其中降雨量最大的昌江 242 毫米，其余地区 100 毫米以下。

受台风影响，全省受灾人口 134. 34 万人，被洪水围困村庄 31 个，计 2. 79 万人，受伤 6 人；损失牲畜 500 头，经济损失 27. 20 万元；倒塌房屋 0. 68 万间，损坏 4. 7 万间，经济损失 529. 09 万元；农业受灾面积 77513. 3 公顷，其中水稻 14633. 3 公顷，旱粮 7100 公顷，甘蔗 39926. 7 公顷，热带经济作物 7580 公顷，粮食损失 225 吨，农业损失 7299. 51 万元；损坏橡胶树 248. 9 万株，果树 58. 6 万株，林木 847. 3 万株，损失 1. 08 亿元；损坏鱼虾塘 1306. 67 公顷，渔船 84 只，网具 298 张，损失 1265. 26 万元；损坏山塘水库 165 宗，毁坏江海堤围 178 处 23. 49 千米，渠道 925 处 40. 15 千米，损坏渡槽、涵闸、电站、抽水泵站257座，水利方面损失887.3万元；损坏通讯、输电线路1587.8千米，公路197.8千米，桥梁34座，交通电力通信损失995.76万元；其他工矿企业损失0.11亿元。全省直接经济损失2.45亿元。

海南省气象局在9204、9205号台风预报服务中，全力以赴，两次台风均提前48小时发布消息，提前36小时发布警报和紧急警报，两次台风共发出内部报告11次，广播电台增播10次，预警台增播22次，答复电话咨询700多人（次），并采取多种手段，积极主动开展服务。省三防先后6次发出防台紧急通知，由于预报准确及时，服务积极主动，取得较好的服务效益。据不完全统计，2600条船回港避风，抢收已成熟水稻66666.7多公顷，水库增加蓄水1亿多立方米。

【9207号台风】 1992年7月17日在太平洋生成的热带低压，20日西北行进入南海并发展成热带风暴，21日发展成强热带风暴，22日加强成台风，23日2～3时在广东省湛江市沿海登陆，登陆时中心附近最大风力10级。登陆后继续向西移动，24日上午减弱为低气压。

受台风影响，海南省北半部各市县普遍降暴雨，局部大暴雨。22日08时至24日08时，10个市县累计降雨量100毫米以上，其中海口、琼山、文昌、琼海、澄迈、儋县（今儋州）200毫米以上，较大的文昌湖山水库449.9毫米，东路水库423.3毫米，八角水库265.7毫米；琼山龙塘333.7毫米，凤潭水库254.2毫米；海口290.9毫米；琼海官墓水库333毫米，文岭水库267毫米；澄迈309毫米。东方最大风力6级，海口、琼山阵风9级。

由于暴雨集中，部分河流出现洪涝灾害。文昌县珠溪河流域发生较大洪水，水位比1972年最大洪水位仅差0.6米，锦山、冯坡镇沿河51个村庄1.12万人被洪水围困，其中锦山镇5个管理区25个村829户3059人被洪水包围，全部受淹的有洪坡、后坑坡二村56户228人，受淹室内水深1.8米多。文昌县城部分街道因文昌河洪水暴涨受淹深达1.2米。琼海县九曲江流域8个村庄1371人被洪水围困。南渡江、万泉河下游也出现洪水。

据文昌、海口、琼海、澄迈、儋县、陵水6个市县统计，受灾人口29.7万（其中，64个村庄1.35万人被洪水围困），倒塌民房132间，损坏民房71间，毁坏鱼虾塘300公顷，刮沉渔船22只，损坏公路桥梁22座。农作物受灾19533.3公顷，成灾7533.3公顷。毁坏江海堤防10条，毁损山塘水库21宗，涵闸、渡槽95座，崩决渠道679处。直接经济损失4147.2万元。

琼山县气象局提前36小时发布暴雨警报，并向县委、县政府、县三防、县农委以及有关单位汇报，对联系不上的单位派专人前往现场服务。由于预报准确及时，有关部门及早采取防范措施，全县400多条渔船及时回港避风，水库增加了1772万方蓄水，满足了晚稻生产用水。

澄迈县气象局7月18日预报下旬将有大到暴雨降水。台风形成后，21日发布紧急警报，同时向县领导同志和有关单位汇报，特别强调这次台风过程本县将有暴雨以上降水。由于台风过程趋势预报准确，服务积极主动，使损失减少到最低限度。

1993年 【9303号强热带风暴】 1993年7月7日在太平洋生成的热带低压，9日发展成热带风暴，西北行进入南海后，继续加强为强热带风暴，11日1～2时在海南省陵水县沿海地区登陆，是时中心附近最大风力 11 级。风暴中心向西经三亚、保亭，从乐东、东方出海进入北部湾，继续西北行在越南再次登陆，12 日下午减弱为热带低压。

这次风暴对本岛影响面积虽小，但局部风力强，降水强度较大。西、南部大部风力 7～9级，阵风 8～12 级，陵水极大风速达 34 米/秒。琼中、保亭、三亚降暴雨至大暴雨，10 日 08 时至 12 日 08 时，南部地区及琼中累计降雨量 63～170 毫米。

大风和暴雨给风暴中心经过的地区带来较大灾害，全省 30 个村庄 2.9 万人被洪水围困，因灾害死亡 2 人，损坏房屋 8469 间，倒塌 366 间。农作物受灾面积 18000 公顷，成灾 13000 公顷，绝收 4807.5 公顷。冲毁公路 51.1 千米，桥涵 5 座，渠道 1621 千米，损坏中小型水库 40 座，水闸 250 座，渡槽 9 座，水电站 25 座，堤防 12 处长 0.62 千米。直接经济损失 2.49 亿元。受影响最重的陵水县、三亚市，直接经济损失 4260 万元。

【9309 号台风】　1993 年 8 月 14 日在太平洋生成的热带低压，17、18 日先后发展成热带风暴、强热带风暴，西北行进入南海后，20 日继续加强成台风。21 日 4～5 时在广东省阳江登陆，是时中心附近最大风力 12 级。登陆后继续向西北方向移动，22 日下午减弱为低气压。

受台风影响，本岛北部、中部大部及文昌出现大暴雨至特大暴雨，临高 21 日降水量达 346 毫米，20 日 08 时至 22 日 08 时，7 个市县累计降雨量超过 200 毫米，其中白沙 308 毫米，临高 399 毫米，定安 285 毫米，儋州 262.4 毫米。临高最大风力 6 级，阵风 10 级。

由于暴雨强度大，澄迈、琼山、定安、临高、儋州等市县出现洪涝灾害，特别是南渡江、文澜江流域暴雨成灾。南渡江水位猛涨，21 日 15 时，澄迈金江站洪峰水位达 28.65 米，超警戒水位 1.15 米，22 日零时定安站洪峰水位达 16.48 米，超警戒水位 1.48 米，22 日 8 时琼山县龙塘站洪峰水位 12.6 米，超警戒水位 1.1 米，南渡江下游沿岸 22 个村庄全部被淹。临高县文澜江也出现较大洪水，县城沿江街道被淹水深 2.5 米，42 个行政、事业单位被水浸淹，沿岸受淹村庄 53 个，是当地解放以来最大的一次洪水。

这次洪水来势猛，受淹范围广，加上龙卷风袭击，给海南省人民生命财产造成较大损失。全省 38 个村庄 5.04 万人被洪水围困，因灾害死亡 12 人，损坏房屋 7531 间，倒塌 1934 间。农作物受灾面积 490667 公顷，成灾 20266.7 公顷，绝收 4866.7 公顷，淹浸农田 27800 公顷，损失粮食 3850 吨，死亡牲畜 14184 头（只）；冲毁公路 303.5 千米，桥涵 492 座，渠道 133.8 千米，损坏小型水库 29 座，护岸 127 处，水闸 236 座，渡槽 36 座，水电站 18 座 4990 千瓦，堤防 71 处 3.56 千米。9309 号台风造成全省直接经济损失 1.48 亿元。

海南省气象台及时发布台风预报，为防风抗洪指挥工作提供信息。省三防指挥部连续发出两次紧急通知，要求各地认真做好防风防汛工作。省政府、三防领导同志在台风来临之前深入南渡江沿岸检查部署防汛工作，各有关部门组织工作组奔赴各市县指导防风防洪。台风洪水过后，又带工作组去临高、儋州、澄迈、定安调查灾情，慰问灾民，组织群众开展生产自救。各市县全力以赴，积极发动群众抗洪抢险、救灾。全省共有 9.2 万人参加抗洪救灾工作。

1994 年　【9403 号强热带风暴】　1994 年 6 月 3 日在南海生成的热带低压，逐步发展成热带风暴，4 日发展成强热带风暴，西行经过本岛北部沿海并穿过琼州海峡，8 日

11～12时在广东省徐闻县登陆，登陆时中心附近最大风力10级。风暴登陆后继续向北方向移动，9日上午减弱为热带低压。

受其影响，全省普降中到大雨，局部大暴雨，7日08时至9日08时，14个市县累计降雨量大于100毫米，其中文昌达255毫米。东部、北部部分地区及东方最大风力6～7级，阵风8～9级。

降雨使全省的旱情基本解除，但也给东部、北部市县造成一定损失，文昌、琼海、屯昌、澄迈、儋州、定安、琼山等7个市县85个乡镇40.4万人受灾，被洪水围困4500人，紧急转移2000人，死亡1人。损坏房屋572间，倒塌40间，农作物受灾面积39000公顷，成灾16000公顷，绝收3973公顷，粮食减产1484.36吨，损失80.2吨，死亡牲畜115头，淡水养殖损失面积3020公顷985.5吨。农林牧渔业直接经济损失1.127亿元；工业、交通运输业直接经济损失0.023亿元；水利设施直接经济损失0.049亿元。9403号强热带风暴造成全省经济损失2.41亿元。

琼山市气象局先后发布消息、警报、紧急警报5次，准确预报风力、登陆地点，提前22小时预报登陆时间，及时提供准确的预报，积极开展服务。市委、市政府紧急抽调干部组成5个工作组奔赴各乡镇，组织群众抢收成熟早稻约3000公顷、香蕉70公顷，400多艘渔船安全返港避风。

【9411号热带风暴】 1994年7月26日在南海生成的热带低压，29日发展成热带风暴，30日上半夜在越南北部登陆，中心附近最大风力8级。风暴登陆后继续向西方向移动，于31日凌晨减弱为热带低压。

受其影响，本省西南部大部降暴雨到大暴雨，28日20时至30日20时，通什（今五指山）、乐东、东方累计降水量109～188毫米，东方最大风力6级，阵风9级。

全省有25宗大中型水库蓄满排洪。乐东县1个村庄被淹，损坏房屋76间；损坏农作物2430公顷；渔船翻沉12只，损坏36只，冲走渔网33张；部分公交、水利设施受损，直接经济损失1612万元。

乐东县气象局预报服务积极主动，发布消息、警报3次。7月31日县政府、农委及三防发出《关于认真做好抗灾工作的紧急通知》，各级领导分工负责，确保了水库和人畜安全。

【9419号台风】 1994年8月24日在太平洋生成的热带低压进入南海后，25、26日先后发展成热带风暴、强热带风暴，西北行于27日22时在广东省徐闻登陆后出海，登陆时中心附近最大风力10级。28日继续加强为台风，22时在越南北部再次登陆。29日中午减弱为热带低压。

由于台风范围大，特别是进入北部湾后，风暴中心距临高县仅40千米，对海南省各地特别是儋州、澄迈影响极大。各地普降暴雨，部分市县降大暴雨或特大暴雨，27日08时至29日08时，14个市县过程降水量100毫米以上，其中降水量较大的儋州326毫米，澄迈320毫米。北部大部及文昌最大风力6～8级，阵风8～9级。

暴雨中心主要在本岛北半部地区，全省有31宗大中型水库泄洪。南渡江、文澜江、北门江等流域出现较大洪水，南渡江澄迈金江站、定安定安站出现7年一遇的洪水。28日16时，金江站洪峰水位28.6米，超警戒水位1.1米；29日1时，定安站洪峰水位16.02米，超警戒水位1.02米；29日10～12时，琼山市龙塘站洪峰水位12.27米，超警戒水位 0.77 米；临高境内的文澜江发生了 10 年一遇的洪水，县城红卫街、汽车站被淹水深达 1.8 米和 1.1 米，交通中断。

临高、儋州、澄迈、定安、琼山等 5 个市县 96 个村庄 4.8 万人被洪水围困，洪水进入 4 个城镇，给农作物、水利工程、输电、通讯线路等造成较大损失。全省损坏房屋 5500 间，倒塌 174 间，农作物受灾面积 43000 公顷，成灾 18000 公顷，毁坏耕地 658 公顷，损坏水库 13 宗、水电站、机电泵站 23 座，损坏输电线路电杆 509 根。直接经济损失 1.33 亿元。

儋州气象台在 25 日台风生成初期便向市三防办通报信息；26 日 08 时发布警报并分别口头向市领导同志与市三防办汇报，还通过电台、电话和预警系统通知各单位及用户。市领导当天率领机关干部奔赴各自负责的乡镇和水利工地，亲临第一线组织指挥防灾抗灾工作。各级气象部门坚持行政首长负责制，主要领导同志坐镇第一线指挥，预报准确，服务及时主动。各级党政领导非常重视，部署及时，行动迅速，灾前能做好较充分的准备，使全省在防灾抗灾中没有出现人员伤亡，财产损失也大为减少。

【9422 号强热带风暴】　1994 年 9 月 2 日在南海生成的热带低压，3 日发展为热带风暴，西北行于 6 日 12～13 时在三亚市沿海地区登陆，登陆时中心附近最大风力 8 级。经通什（今五指山）、乐东、东方等市县进入北部湾。7 日继续发展成强热带风暴，18 时在越南北部再次登陆，8 日上午减弱为热带低压。

全省多数地区出现暴雨到大暴雨，4 日 08 时至 7 日 08 时，9 个市县过程降水量 100 毫米以上，最大的陵水 216 毫米；陵水、通什、东方最大风力 6～8 级，阵风 8～10 级。全省有 48 宗大中型水库泄洪。

据统计，倒塌房屋 2 间，损坏 91 间，受淹农田 3306 公顷，道路、桥梁、堤防及水利设施损坏多处，小水库损坏 9 座，直接经济损失 1236 万元。

【9424 号强热带风暴】　1994 年 9 月 6 日在太平洋生成的热带低压，8 日发展为热带风暴，9 日减弱为低压，10 日又加强为热带风暴，西行于 11 日进入南海，12 日继续发展成强热带风暴，12 日 23 时在万宁县山根镇登陆，登陆时中心附近最大风力 10 级。风暴中心穿过琼中、白沙、东方等县，13 日 10 时从东方南部出海进入北部湾，14 日中午减弱为低气压。

风暴经过海南，全省大部分地区最大风力 6～8 级，阵风 8～11 级；普降暴雨至大暴雨，暴雨中心在琼海、万宁、琼山、定安一带，11 日 08 时至 14 日 08 时，有 13 个市县过程降水量达 100 毫米以上，较大的琼海为 210 毫米，万宁 197 毫米。

除松涛水库外，绝大部分水库蓄满水，70%排洪，其中大中型水库 50 宗，石碌水库泄洪流量达 1528 立方米/秒。全省 14 个市县 80.8 万人受灾，损坏倒塌房屋近 4 万间，农作物受灾 45000 公顷，成灾 23000 公顷，绝收 519 公顷，粮食损失 1.6 万吨；死亡牲畜 1354 头；毁坏公路 556 千米，冲毁桥涵 99 座，水利设施 574 处。直接经济损失 1.15 亿元。

风暴登陆地的万宁县气象局先后发布消息、警报、紧急警报 7 次，书面报告、电话答询、电话传递信息近百次，并开展跟踪服务。由于预报服务工作做到早准备、早汇报，县委、县政府采取得力的防灾抗灾措施，组织干部深入 18 个乡镇发动群众抗灾救灾，全县没有人员伤亡，经济损失减少到最低限度。共抢收水稻 233 公顷、稻谷 1140 吨，还保护了大批热带作物以及交通、邮电、水利工程设施，使出海生产的600多条船只及时回港避风。避免经济损失220万元。

琼山市气象局预报服务及时准确，提前30小时预报登陆时间，准确预报登陆地点，先后发布消息、警报、紧急警报7次。琼山市政府11日12时发出防汛防风通知，大力组织防灾抗灾，减少经济损失400万元。琼海市气象局提前作出准确的预报，积极开展服务，通过书面、电话与预警系统等多种形式，主动向市领导同志和政府有关部门及其用户通报信息，提出建议，市委市政府组织抗灾工作组赶赴21个乡镇发动10万人次，突击抢收成熟水稻2333公顷、1万多吨，全市出海生产的船只及时返港避风，养殖网箱全部安全转移，还及时组织抢险队伍，保障水利设施的安全，未发生任何伤亡事故，取得了较好的社会与经济效益，受到省政府和市三防办的赞扬。

1995年 【9508号强热带风暴】 1995年8月24日在南海生成的热带低压，25日、27日先后发展成热带风暴、强热带风暴，28日10时在海南省万宁县沿海登陆，登陆时中心附近最大风力11级。穿过保亭、三亚、乐东等市县，28日20时左右从东方市出海进入北部湾，29日晚在越南再次登陆。

风暴经过时，全省大部分地区最大风力6级以上，其中陵水、万宁、琼中、保亭8～12级，8级以上大风持续12～18小时。南部、中部大部及东方、万宁阵风10～12级。半数地区降暴雨至大暴雨，26日20时至30日20时累计雨量，除临高、海口、儋州外，其余地区100毫米以上，其中8个市县200毫米以上，较多的乐东286.2毫米，三亚297.9毫米，通什（今五指山）328.3毫米。

由于暴雨集中，强度大，造成山洪暴发。三亚市宁远河出现1949年以来第3次大洪水；乐东县望楼河出现相当1991年的大洪水；陵水县陵水河洪峰水位5.48米，超过警戒水位1.38米。风暴经过的万宁、陵水、保亭、乐东等县损失严重。全省15个市县、169个乡镇176.2万人受灾，因灾害死亡11人，9人受伤，6人失踪，倒塌房屋0.45万间，直接经济损失7.24亿元。其中：农林牧渔业损失4.24亿元，工业交通运输业损失1.37亿元，水利设施损失0.48亿元，其他损失1.15亿元。

三亚市气象局提前26个小时对08号强热带风暴的登陆地段、时间和强度准确作出预报，为市领导组织指挥防台抗灾提供了及时准确的决策服务，获得显著的社会经济效益。仅据三亚港务局、榆亚盐场和中科院海南热带海洋生物实验站等3个单位的不完全统计，就挽回经济损失450万元，崖城、保港两个镇及时转移低洼地带被洪水淹没的100多人。

风暴登陆当天，省委、省政府领导带领各部门干部赶到万宁、陵水、三亚等市县指导抗洪救灾，各市县行动快、措施得力，减轻了灾害损失。如屯昌县新兴镇一宗小（一）型水库输水涵洞漏水出险，抢险队伍顶风冒雨，用近20个小时堵住了漏洞，保证了大坝的安全。

【9516号强热带风暴】 1995年10月8日在南海生成的热带低压，10日、12日先后发展成热带风暴、强热带风暴，11—13日在海南岛南部、西部近海掠过，13日15时在广西合浦沿海登陆，登陆时风暴中心附近最大风力9级，14日凌晨减弱为低气压。

受其影响，全省普降暴雨至大暴雨，局部特大暴雨。9日20时至13日20时，除儋州外，其余地区累计降雨量100毫米以上，其中10个市县超过200毫米，较大的万宁

293.2毫米，陵水338.6毫米，通什（今五指山）381.9毫米。陵水、东方最大风力6～8级，海口、陵水、东方阵风7～11级。

暴雨使昌化江、陵水河、宁远河、望楼河、南圣河、文教河水位猛涨，造成多处洪水泛滥，全省有10个市县遭受不同程度的损失。乐东县因灾害死亡4人，失踪2人，直接经济损失2000多万元。

1996年 【9606号强热带风暴】 1996年7月20日在南海生成的热带低压，21日、22日先后发展成热带风暴、强热带风暴，西北行于22日20时在海南岛万宁市龙滚镇登陆，登陆时中心附近最大风力10级。穿过屯昌、琼中、儋州、白沙、昌江等市县，23日08时从东方市出海进入北部湾，24日03时在越南北部再次登陆，下午减弱为热带低压。

受其影响，海南岛东部、西部、中部大部及临高、儋州、通什（今五指山）最大风力6～10级，中、东部大部及东方阵风10～12级。全省大部分地区降暴雨到大暴雨。20日20时至24日20时，13个市县累计降水量100毫米以上，其中7市县在200毫米以上，较大的乐东266.1毫米，通什263.9毫米，昌江283.0毫米，西沙珊瑚岛310.5毫米。

风暴造成直接经济损失2.711亿元，其中农垦系统损失1.635亿元。风暴带来的降水，使全省水库蓄水量增加1.94亿立方米，基本缓解了全省夏旱，许多地区抓紧抢插晚造水稻和进行田间管理。

【9612号台风】 1996年8月18日在太平洋生成的热带低压，19日发展成热带风暴，20日西行进入南海并发展成强热带风暴，21日加强成台风。22日凌晨4时在海南省陵水县沿海登陆，登陆时中心附近最大风力12级，登陆后减弱为强热带风暴，经过保亭南部、三亚北部、乐东、东方等市县，22日12时从东方出海进入北部湾海面，23日02时前在越南北部再次登陆。

台风经过时，除海口、琼山外，全省最大风力6～11级，8级大风持续14个小时。海南岛西部、南部地区及琼中、万宁阵风12级。普遍出现暴雨以上降水，其中22日有12个市县降大暴雨，20日20时至23日20时有14个市县累计降雨量100毫米以上，较大的琼海223.8毫米，琼中240.7毫米，通什（今五指山）256.6毫米。

强降水致使陵水河、南圣河、宁远河水位猛涨。22日12时30分南圣河水位超警戒水位0.7米；13时陵水河水位超警戒水位1米；三亚市宁远河水漫过抱古石坝，水深4.8米，崖城镇沿河街道受淹，水深0.6米。

这次台风风力强、范围广、降水集中。全省所有19个市县299个乡镇208.5万人受灾，因灾害死亡9人，受伤18人，倒塌房屋0.88万间，直接经济损失13.91亿元。其中：农林牧渔业损失7.05亿元，工业交通运输业损失0.466亿元，水利设施损失0.409亿元，农垦系统损失5.2亿元，其他损失0.785亿元。

台风带来降水，使全省水库蓄水量增加26816万立方米，除临高、儋州的部分乡镇外，大部分市县解除了旱情。

海南省气象台提前41小时预报台风将严重影响该省，提前30小时准确预报登陆时间和地点，为全省防灾抗灾争取了主动，取得显著的社会经济效益，受到各级领导干部和群众的高度评价。三亚市气象局24小时和48小时预报准确率达到100%。他们不但通过广播电台、电视台、电话和专业预警台积极开展公众专业服务，而且每3小时主动地向市领导和市“三防”汇报情况，提出建议。虽然受台风袭击时，当地出现了9～10级大风、12级阵风，并伴有大暴雨，部分地区发生洪水泛滥，但由于预报服务准确及时，减少灾害损失3000多万元。陵水县气象局提前36小时准确地作出登陆地段和风雨情况预报，为县政府组织指挥防灾抗灾赢得了宝贵时间，取得显著的社会经济效益，全县未出现人员伤亡事故。尤其台风登陆地点的新村港，由于及时采取有力的措施，140多条渔船和全部海水养殖鱼排未遭损失，受到领导和群众的称赞。

【9618号台风】 1996年9月16日在海南岛生成的热带低压，17日20时前自南部出岛进入南海，18日发展成热带风暴，19日发展成强热带风暴、台风，18—21日自东—北—西沿着海南岛海岸线移动，于20日08时在广东省徐闻沿海登陆，登陆时台风中心附近最大风力10级。下午从徐闻出海进入北部湾并西行，23日02时在越南北部再次登陆后减弱为低气压。

受其影响，海南岛北部大部及东方、琼中最大风力6～8级，琼山、澄迈、东方、临高阵风11～12级。全岛普降大暴雨，局部特大暴雨，其中21日昌江达353.8毫米，东方423.1毫米。16日20时至21日20时，全省各地累计降雨量均在100毫米以上，其中西、北部地区及中、东部大部在300毫米以上，较大的儋州高达528.9毫米，东方586.7毫米，昌江710.5毫米。北部的海口、澄迈、定安及西部的东方累计降雨量和日最大降雨量均创有记录以来的最大值。

海南岛的南渡江、昌化江、珠碧江、文澜江、珠溪河、文教河、文昌河、北门江、罗带河等江河流域洪水泛滥成灾。南渡江出现30多年来的大洪水，澄迈县城、定安县城、琼山市龙塘站超警戒水位2米多。昌化江流域发生解放以来第3次大洪水，大广坝电站排洪流量6980立方米/秒，石碌水库排洪1300立方米/秒，使昌化江下游宝桥站最高水位25.19米，超警戒水位2.19米。珠碧江出现1949年以来特大洪水，冲垮昌江新港防洪防潮天然堤坝，冲走昌江新港和儋州海头镇的渔船64只，一些村庄被淹。临高文澜江出现1949年以来最大洪水。文昌城区出现1957年以来的大洪水，市区水深2米。

这次台风路径曲折，风力大，暴雨集中，洪水泛滥成灾，全省遭受重大损失。海口、儋州、琼山、文昌、东方、昌江、澄迈等14个市县224个乡镇298.08万人受灾，洪水围困41.5万人，进水县城6个，进水城镇29个，因灾害死亡100人，78人失踪，损坏房屋5.52万间，倒塌房屋1.60万间；农作物成灾面积12.23万公顷，沉船221只，损失水产品4.66万吨；冲断公路174处，公路桥涵565座；损坏输电线路542.5千米；965个工矿企业停产；损坏水库、山塘、涵闸997座，水电泵站65座；损坏堤防91.27千米。9618号台风造成全省直接经济损失达43亿元。其中：农林牧渔业损失17.6亿元，工业交通运输业损失15.3亿元，水利设施损失2.2亿元，农垦系统损失3.1亿元，其他损失4.8亿元。

经济损失最大的海口市，洪潮水位达3.65米，超警戒水位0.75米，市内绝大部分街道被淹，水深0.7～3米，全市停电断水达34个小时。交通中断、工厂停工、商店停业、学校停课，直接经济损失10.9亿元。儋州市损失8.8亿元，琼山市5.6亿元，文昌市4.8亿元，东方县3亿元，昌江、澄迈各2.3亿元。

海南省各级党政部门对这次防台风工作十分重视，18日省三防总指挥部接到省气象台紧急天气报告后，立即发出防风紧急通知，要求各市县、各部门做好各项防范工作。省领导强调各部门、各市县要认真做好防风抗洪工作，避免或减轻灾害损失，并顶风冒雨奔赴灾区指挥抢险救灾。19日省领导召集办公厅、三防办、水利局、气象局等有关部门负责人进一步落实防风防汛措施，并带领工作组分头到市县指导救灾工作。22日中午，省领导又召开紧急会议研究部署救灾工作，并抽人组成8个工作组赶赴重点灾区了解灾情，慰问灾民，协助市县做好救灾工作。海南军区、南航部队、海军、武警、公安干警动用兵力8240人，车辆110台次，船艇12艘次投入抢险救灾。省直有关部门也派出工作组，对口指导防灾救灾，各市县以抢险救灾为中心，全力以赴抓好抗灾救灾工作。这次防灾救灾的突出表现一是领导重视，决策果断，措施得力；二是部署早，行动快，减轻了灾害损失；三是部队、武警、公安发挥了抢险救灾主力军的作用；四是基层党组织发挥了战斗堡垒的作用；五是开展群众性的自救活动，互帮互助，解决了受灾群众的当前困难。

1997年 【9713号强热带风暴】 1997年8月20日在南海生成的热带低压，21日发展成热带风暴、强热带风暴。西行于22日13～14时在广东省雷州市东部沿海地区登陆，登陆时风暴中心附近最大风力11级。穿过雷州半岛，22日16时从海康县出海进入北部湾，23日04时在越南北部再次登陆，下午减弱为低气压。

受其影响，海南岛北部、中、西部大部及文昌、西沙永兴降暴雨至大暴雨，20日20时至23日20时，北部地区及文昌、白沙等7个市县累计降水量100毫米以上，其中较大的文昌162.3毫米，海口232.1毫米。临高最大风力6级，琼山阵风8级。

全省28.87万人受灾，16.03万人成灾，损坏房屋0.12万间；农作物受灾面积17364公顷，6718公顷成灾；部分水利设施、林木、渔具等受损，直接经济损失0.73亿元。22日海口机场104个航班受阻，海口至香港4个班次被取消。

省委、省政府根据台风走向及发展趋势及时提出防御的重点和措施，组织工作组分赴受灾地区督促检查并协助搞好防风防汛、救灾工作。由于各级党委、政府的重视，措施得力，灾区生产恢复快，群众生活和生产秩序良好。

【9718号强热带风暴】 1997年9月22日在南海生成的热带低压，23、24日先后发展成热带风暴、强热带风暴，从海南岛南部海面掠过，25日08时后在越南中部登陆，26日上午减弱为低气压。风暴中心附近最大风力10级。

受风暴和冷空气共同影响，海南省除西部地区外都降大到暴雨，局部大暴雨。22日20时至26日20时，15个市县累计降雨量100毫米以上，其中较大的儋州314.5毫米，琼中332.6毫米，文昌415.2毫米。20日20时至24日20时，永兴231.9毫米，珊瑚273.1毫米。万宁、西沙岛最大风力6级，琼海、西沙岛阵风7～8级。

由于连日降雨，澄迈金江、三滩、定安、琼山龙塘等水文站洪水超警戒水位1.18～1.93米。这次洪水来势猛，消退慢，持续时间长，使南渡江、万泉河、文昌河、文教河、石壁河、文澜江等河流水位猛涨，江河沿岸地区遭受洪涝灾害。全省9个市县120个乡镇178.5万人受灾，因灾死亡10人，受淹县城3个，损坏房屋1.37万间，倒塌0.08万间；死亡大牲畜0.28万头；农作物受灾面积10.86万公顷，海淡水养殖受灾面积2400公顷；冲毁水库、山塘、涵闸480宗，损坏堤防15千米，渠道决口78千米；损坏公路桥涵、桥梁297座；冲毁公路路基57千米；损坏输电线路3千米，通讯线路1千米。直接经济损失8.61亿元，其中农业直接经济损失6.97亿元。

全省各级党政领导对这次防洪救灾工作极为重视，要求各地加强对防洪救灾工作的领导，确保人民生命财产的安全。灾情发生后，省领导又分头带领省直有关部门领导干部到文昌、琼山、琼海、定安、澄迈等重灾区了解灾情，组织和指导当地群众做好防洪救灾工作，帮助灾民解决实际困难。各市县及时组织机关干部群众、驻军部队官兵投入抗洪救灾工作，及时转移安置被困人员，安排好灾民的生活。据统计，全省投入抗洪救灾工作的人数达22.6万人，其中，四套班子领导成员118人，机关干部3264人，驻军部队1000多人，及时转移安置被困群众2.3万人，把灾害减少到最低程度。

1998年 【9803号强热带风暴】 1998年8月6日在太平洋生成的热带低压，8日西北行进入南海，9日发展成热带风暴，10日发展成强热带风暴，11日7～8时在广东省阳江沿海登陆，登陆时中心附近最大风力10级。11日下午减弱为低气压。

受其影响，海南岛东、北部大部及乐东、西沙永兴降大雨或大暴雨，9日20时至11日20时累计降雨量，文昌132.0毫米，永兴155.7毫米，海口161.1毫米。文昌阵风9级。

海口市秀英区荣山乡25.63万人受灾，2654公顷水稻、706公顷蔬菜、90公顷鱼塘、305间房屋受损，决堤562米，直接经济损失1284.2万元。这次降水一定程度上缓解了海南省严重的旱情。

【热带低压】 1998年10月2日在南海生成的热带低压，西北行于4—5日从海南岛南部海面掠过，6日凌晨减弱为低气压。低压中心附近最大风力7级。

受热带低压和冷空气共同影响，4日全省大部分地区降大暴雨，2日20时至6日20时，15个市县累计降雨量100毫米以上，其中8个市县200毫米以上，较大的琼中242.7毫米，通什（今五指山）244.5毫米，琼海278.8毫米。

通什、琼中山洪暴发，洪水成灾，琼中635个村庄受灾，5个村庄被洪水围困；保亭12个乡镇普遍受灾；陵水河水位暴涨，超过警戒水位1.1米，造成两岸5个乡镇遭受洪灾，10个村庄被洪水围困。4日海口府城地区降大暴雨，海口机场有104个班次被迫取消或返航，5000多名旅客被滞留。

全省共23.7万人受灾，5.8万人成灾，15个村庄1868人被洪水围困，紧急转移安置1280人，倒塌民房38间，损坏262间。农作物受灾面积13700公顷，成灾8500公顷，冲毁部分交通、水利设施。直接经济损失2190万元，其中农业损失2062万元。

2000年 【热带低压】 2000年7月11日在太平洋生成的热带低压，14日西北行进入南海，16日从海南岛东北部近海掠过，17日14时在广东省台山市沿海登陆，登陆后经广东、广西进入越南，18日20时在河内附近折向东移动，20日中午减弱为低气压。低压中心附近最大风力7级。

海南省普降暴雨至大暴雨，14日20时至17日20时，18个市县累计降雨量100毫米以上，其中文昌215.1毫米，三亚282.3毫米。东方最大风力6级。

强降水引起江河水位上涨，洪水泛滥成灾。全省8个市县71个乡镇79.8万人受灾，成灾44.7万人，3人死亡。倒塌民房54间，损坏312间。农作物受灾面积33000公顷，成灾17000公顷，部分交通、水利设施受到破坏，直接经济损失1.43亿元，其中农业损失 1.19 亿元。

灾后，全省投入抗洪救灾的群众和部队官兵近 2 万人次，及时帮助当地群众做好抗洪救灾工作，转移和安置好被困的群众，把灾害损失减少到最低程度。

【0016 号台风（悟空）】 2000 年 9 月 6 日在南海生成的热带低压，当天迅速发展成热带风暴、强热带风暴，7 日加强成台风。西行于 9 日 11～12 时在海南岛陵水县黎安镇沿海登陆，登陆时台风中心附近最大风力 12 级（40 米/秒）。17 时从三亚出海进入北部湾，10 日 12 时在越南北部再次登陆。海南岛南半部陆地普遍有 11～12 级大风，北半部普遍有 8～10 级大风。

受其影响，除临高、东方、乐东外，海南岛普降暴雨到大暴雨，8 日 20 时至 10 日 20 时，南部、东中部大部及定安等共 9 个市县累计降雨量 100 毫米以上，其中保亭 221.3 毫米，通什（今五指山）230.4 毫米。全岛大部分地区最大风力 6～9 级，南部大部及万宁、东方阵风 11～12 级。

受“悟空”台风降水影响，陵水河、南圣河水位猛涨，分别超警戒水位 1.3 米和 0.45 米，造成洪涝灾害。重灾市县依次为陵水、保亭、万宁、三亚、乐东。全省 16 个市县 223 个乡镇受灾，成灾人口 238.1 万，死亡 6 人，牲畜死亡 0.34 万头，损坏房屋 6.5 万间；35.44 万公顷农作物受灾，10.21 万公顷成灾；农垦系统橡胶损失严重，开割胶树受害率达 15%，未开割胶树受害率达 16.2%，影响当年减产干胶 2.12 万吨。水产养殖受损面积 1527 公顷，水产品损失 0.94 万吨；停产工矿企业 87 家；中断公路 631 条，毁坏公路路基 603.3 千米；损坏输电线路 661.3 千米、通信线路 474.8 千米；损坏水库、山塘、涵闸 422 座，堤防 47 处。

0016 号台风造成全省直接经济损失 13.86 亿元。其中：农林牧渔业损失 11.75 亿元，工业交通运输业损失 0.98 亿元，水利设施损失 0.8 亿元，其他损失 0.33 亿元。

海南省各级党委、政府对这次抗洪救灾工作高度重视，9 月 6 日省领导召集有关部门，研究部署防风救灾工作。省委、省政府联合发出《关于做好防风抗灾工作的紧急通知》，省直各部门根据各自职能制定了防风救灾紧急预案，并积极投入抗灾救灾工作。各市县主要领导亲自抓防风救灾工作，冒着强风暴雨，现场指挥群众抗风抢险，紧急转移灾民，排除险情。台风过后，省领导立即冒着风雨，奔赴文昌、琼海、万宁、陵水、三亚等重灾区，指导抗风救灾工作。省政府及时发出开展救灾恢复生产的通知，并从地方财政中拨出 1150 万元投入救灾工作。由于抗洪救灾工作做到了早准备、早部署、早行动，防范措施落实得力，将损失减少到最低限度。

【热带风暴（序号 23 号）】 2000 年 10 月 7 日在南海生成热带低压，8 日发展成热带风暴，12 日下午减弱为低气压。风暴中心附近最大风力 8 级。

受热带风暴和冷空气共同影响，10 月中旬海南省普降暴雨到大暴雨，局部特大暴雨，14 日琼海雨量 402.4 毫米，屯昌 578.7 毫米。主要雨区位于海南岛中、北部内陆至东部沿海，局部地区出现多日 24 小时不间断降水天气。11—20 日，18 个测站出现 34 站次暴雨、24 站次大暴雨、6 站次特大暴雨降水过程。13—16 日，8 个测站出现连续 3～4 天暴雨天气过程，文昌、琼中分别出现连续 3 天和 4 天大暴雨天气过程。雨量集中，屯昌三天降雨 831.6 毫米，琼海 686 毫米，定安 664.7 毫米，万宁 605.2 毫米，海口 591.3 毫米，文昌 528.3 毫米，临高 441.4 毫米，琼中 432 毫米，儋州 420.7 毫米。10 日 20 时至 20 日

20时，海南省所有市县雨量均在100毫米以上，其中北、东、中部11个市县在400毫米以上，较大的市县定安904.5毫米，琼海937.8毫米，屯昌1138.5毫米。东、北部地区及屯昌、琼中、三亚中旬雨量超历史同期最大降雨量。这是海南省几十年不遇的特大暴雨。

由于长时间大范围的强降水，造成水库溢洪，江河水位暴涨，海南省出现罕见特大暴雨洪涝灾害。其中万泉河下游出现近十年来最大洪水，加积站14日20时最高水位10.4米，超警戒水位1.4米，洪水在警戒水位以上历时16小时。南渡江下游及其支流龙洲河出现特大洪水，尤其下游龙塘站达到百年一遇大洪水。15日3时南渡江金江站最高水位29.6米，超警戒水位2.1米，洪水在警戒水位以上历时37小时；三滩站最高水位31.47米，超警戒3.97米；23时定安站最高水位18.56米，超警戒水位3.56米，比1928年历史最高水位还高出0.87米，为百年罕见的洪水，洪水在警戒水位以上历时80小时；16日5时龙塘站最高水位15.98米，超警戒水位4.48米，洪水在警戒水位以上历时92小时，海口站15日23时最高水位3.08米，超警戒水位0.18米。与此同时，文澜江、文昌河、九曲江、太阳河、龙滚河也发生洪水灾害。全省有44个大中型水库被迫泄洪，其中北部的水库几乎全部泄洪。

这次洪水对海南省中部、东北部的屯昌、澄迈、定安县、琼山、琼海、万宁、文昌和海口市造成重大损失，尤其是南渡江下游的定安县和琼山市更为严重。全省15个市县230个乡镇296.5万人受灾，有742个村庄21.6万人被洪水围困。倒塌房屋4.09万间，因灾害死亡10人，5.68万头（只）大牲畜死亡。全省农作物受灾面积30.39万公顷；水产养殖损失14650公顷、8.26万吨；公路中断655条次，毁坏路基1139.9千米，公路边坡塌方26.6万平方米，冲毁桥梁2座，涵洞17道，环岛高速公路被水淹没3处，水位高出路面1～3米，交通中断。因灾停产工矿企业76个；损坏输电线路289千米、通讯线路381.5千米；全省损坏水库、山塘、涵闸602座，机电泵站189座，灌溉设施7951座；损坏堤防388处57.7千米。

这次热带风暴造成全省直接经济损失约39.14亿元。其中农林牧渔业损失26.47亿元，工业、交通运输业损失4.69亿元，水利设施损失4.06亿元，其他损失3.92亿元。

这次暴雨过程持续时间之长、降雨强度之大、影响范围之广、造成灾害之重，为海南气象记录上少有。省委、省政府对这次防汛抗洪工作非常重视。当热带低压在南海形成并有可能影响海南省时，省三防办两次下发关于做好防风防汛工作的紧急通知。灾情发生后，省委领导从北京打电话，要求各级党委、政府以高度的政治责任感，切实抓好当前的抗洪救灾工作。省政府领导分赴受灾严重的万宁、琼海、文昌、屯昌、琼山、定安等市县检查和指导防汛救灾，及时派出工作组分赴灾区，督促指导防汛抗灾工作。市县党政第一把手亲临抗灾第一线，组织指挥抗灾救灾，及时组织群众转移，把灾害损失降低到最低限度。面对严重的洪涝灾害，全省人民在省委、省政府的领导下，共投入26.8万人抗洪救灾，其中，县级领导干部229人，科级领导干部2703人，部队武警12060人，动用编织袋23.8万只，救生衣、救生圈2782件，汽车919辆，渔船快艇341艘，有组织地展开了抢险救灾：集中力量紧急救援和转移被洪水围困的群众，避免了群体死亡事件的发生；切实抓好灾民安置和疫病的防治；抢救国家和群众财产，抢修被毁坏的水利、交通、通讯等设施，发动群众开展生产自救，帮助灾区恢复生产重建家园。

第二章　暴雨洪涝

第一节　概　　述

海南省是全国著名的暴雨中心之一，其暴雨几率高、强度强。海南省暴雨主要的产生季节在4～10月，主要的天气系统是冷空气、低压槽、热带辐合带和热带气旋影响。其中以热带气旋暴雨次数最多，强度最强。暴雨是海南省降水的重要形式和来源，暴雨日总雨量一般占当地雨量的20%左右。暴雨既是海南省主要的自然灾害，又是当地水库蓄水的主要来源，暴雨少的年份该省往往会发生不同程度的干旱。暴雨产生灾害主要是由暴雨引起的洪涝、山洪暴发、泥石流灾害等，暴雨洪涝灾害严重危及国民经济建设和人民生命财产安全，造成的损失是多方面的。洪水可以冲毁农作物或使农作物受淹受浸，致使粮食减产甚至绝收；洪水带来的泥沙可以覆盖作物和田地，使大片土地改变土质，无法耕种，造成不可估量的永远的损失；洪水可以冲毁房屋，吞没群众生命财产，使灾民无家可归；洪水可以淹没损毁国家财产和设备，使各行各业停产停业停工，造成经济损失；洪水可以冲毁铁路、公路、输电线路，造成设施破坏；洪水可以冲毁渠道、桥梁、涵闸，使大坝和堤坝溃决，对水利工程造成极大的破坏。

海南省暴雨洪涝极其频繁，损失惨重。如：1995年8月3—4日，受局地强对流天气影响，通什（今五指山）、保亭降大暴雨至特大暴雨，3日23时至4日20时保亭降水量达394.8毫米，4日一小时最大雨量124.4毫米。由于暴雨、洪水发生突然，强度大，来势猛，又是夜间，保亭、陵水、三亚、通什等市县遭受较大洪涝灾害。因灾害死亡11人，失踪2人，倒塌房屋290间，损坏360间，直接经济损失1.52亿元。

灾情最重的保亭县，遭受了历史上罕见的突发性特大暴雨的袭击，造成山洪暴发，县城在9小时内连续两次遭到洪峰袭击，最大洪峰流量1700立方米/秒，最高洪水位达46.9米。县城沿河两岸200米内地区全被洪水淹没，占整个县城的1/2，最大水深7.5米。全县9个乡镇217个村庄4.53万人受灾，死亡10人；农作物受灾面积845.2公顷，成灾面积625.4公顷，交通、水利、输电、通信线路等设施受损，县城一度出现“四断”（断水、断电、断讯、断路），直接经济损失1.34亿元。

一、暴雨的标准

1. 暴雨日统计标准

日雨量≥50毫米（1990年代以前海南的暴雨标准为：日雨量≥80毫米）称为一个暴

雨日（20 时为日界）。

2. 暴雨的强度标准

24 小时降水量≥50 毫米：暴雨；

24 小时降水量≥100 毫米：大暴雨；

24 小时降水量≥200 毫米：特大暴雨。

3. 暴雨的范围标准

局部暴雨：同一天全省有 1～3 个市县出现暴雨；

小范围暴雨：同一天全省有 4～6 个市县出现暴雨；

大范围暴雨：同一天全省有 7～9 个市县出现暴雨；

全省性暴雨：同一天全省有 10 个或 10 个以上市县出现暴雨。

二、暴雨日数及季节变化

省内只要有 1 个或 1 个以上台站出现暴雨，即作为 1 个暴雨日统计。

海南省年平均暴雨日一般 6～9 天，暴雨中心区的琼中、万宁最多，达 11 天，其次为文昌、琼海、保亭、屯昌、白沙、陵水、儋州 8～9 天，西部沿海的东方最少，仅有 4 天。

表 2.1　海南省累年各月大雨（≥25 毫米）

站名＼月份	1	2	3	4	5	6	7	8	9	10	11	12
海口	0	0	1	1	2	3	3	3	3	3	1	0
定安	0	0	0	2	4	3	3	4	4	3	1	0
澄迈	0	0	0	1	3	3	3	4	4	3	1	0
临高	0	0	0	1	1	2	3	3	3	3	1	0
儋州	0	0	0	1	3	2	3	3	4	3	1	0
琼海	0	0	1	1	3	2	2	4	5	4	2	1
文昌	0	0	1	1	3	2	2	4	4	3	1	0
万宁	0	0	1	2	2	2	2	3	5	4	2	1
屯昌	0	0	0	1	3	3	3	3	4	4	1	0
白沙	0	0	0	2	3	3	3	4	3	4	1	0
琼中	0	0	0	2	3	3	3	4	5	5	2	0
昌江	0	0	0	1	2	3	3	4	3	3	0	0
东方	0	0	0	0	1	2	1	2	2	2	0	0
乐东	0	0	0	1	2	3	3	4	3	2	1	0
五指山	0	0	0	1	3	3	3	3	3	3	1	0
保亭	0	0	0	1	4	4	4	5	5	4	1	0
陵水	0	0	0	1	2	3	3	3	4	3	1	0
三亚	0	0	0	0	2	2	2	2	3	3	1	0
西沙	0	0	0	1	1	2	2	3	3	4	1	0

表 2.2 海南省累年各月暴雨日数（≥50 毫米）

站名 \ 月份	1	2	3	4	5	6	7	8	9	10	11	12
海口	0	0	0	0	1	1	1	1	1	1	0	0
定安	0	0	0	1	1	1	1	2	2	1	0	0
澄迈	0	0	0	0	1	1	1	1	2	1	0	0
临高	0	0	0	0	0	1	1	1	1	1	0	0
儋州	0	0	0	0	1	1	1	1	2	2	0	0
琼海	0	0	0	1	1	1	1	1	2	2	1	0
文昌	0	0	0	0	1	1	1	1	2	2	0	0
万宁	0	0	0	1	1	1	1	1	2	2	1	0
屯昌	0	0	0	0	1	1	1	1	2	2	1	0
白沙	0	0	0	0	1	1	1	1	1	2	0	0
琼中	0	0	0	1	1	1	1	2	2	3	1	0
昌江	0	0	0	0	1	1	1	2	1	1	0	0
东方	0	0	0	0	0	1	1	1	1	1	0	0
乐东	0	0	0	0	1	1	1	1	1	1	0	0
五指山	0	0	0	0	1	1	1	1	1	1	0	0
保亭	0	0	0	0	1	1	1	1	2	1	0	0
陵水	0	0	0	0	1	1	1	1	2	2	0	0
三亚	0	0	0	0	1	1	1	1	1	1	0	0
西沙	0	0	0	0	0	1	1	2	1	2	1	0

暴雨日的年际变化比较复杂，如琼中最多年份暴雨日数达到 19 天（1978 年），最少年份的暴雨日数却仅有 4 天（1969、1977 年），东方最多年份 8 天（1978、1980 年），有 3 年没有出现暴雨。一年中的 1 月、2 月，除万宁外全省均没有暴雨出现，12 月份澄迈、白沙、琼中、东方、昌江、乐东、五指山、保亭、三亚等 9 市县没有暴雨出现，其余月份各地均有暴雨产生。暴雨主要集中在 5—10 月，占全年的 99%，为海南省的暴雨多发季节；8—10 月则为海南省暴雨的集中期，占 69%。

表 2.3　海南省累年各月降水量（0.1 毫米）

站名＼月份	1	2	3	4	5	6	7	8	9	10	11	12
海口	195	350	506	1002	1814	2270	2181	2356	2441	2244	813	349
定安	201	356	453	1446	2721	2637	2311	3066	3215	2497	905	347
澄迈	193	296	402	1060	2245	2376	2473	2774	3002	2016	712	304
临高	177	258	345	618	1286	1843	2121	2565	2465	1973	554	279
儋州	178	220	310	863	2328	2122	2678	2872	3256	2505	835	333
琼海	314	435	475	1254	2154	1965	1788	2804	3676	3457	1596	682
文昌	294	528	583	1084	2268	2106	1765	2892	3550	2677	1032	503
万宁	458	380	609	1341	1914	1870	1890	1999	3827	4158	2259	818
屯昌	305	370	423	1222	2582	2175	2215	2711	3652	3485	1268	518
白沙	167	188	347	1250	2670	2399	2345	3091	2831	2958	824	306
琼中	372	351	381	1283	2627	2181	2427	3145	3882	5112	2027	600
昌江	69	124	279	746	1929	2351	2558	3235	2885	2192	338	118
东方	76	142	174	300	883	1468	1402	1762	1709	1293	265	139
乐东	109	180	184	897	1730	2439	2482	3097	2311	1765	493	161
五指山	132	183	262	925	2233	2207	2648	2858	3069	2756	608	169
保亭	186	260	248	1044	2861	2833	2910	3449	3733	2706	809	196
陵水	134	102	245	735	1786	2226	2106	2195	3171	3113	936	250
三亚	80	128	192	433	1423	1975	1926	2215	2514	2345	582	107
西沙	318	105	105	518	885	1942	1840	2542	2918	2861	1250	446

暴雨的初、终期相差悬殊，多年平均初期为 4 月中旬，最早的初期出现在 2 月下旬（万宁，1965 年），最晚的初期出现在 6 月上旬（东方，1963 年）；平均终期为 11 月中旬，最早终期出现在 9 月中旬（乐东，1977 年），最晚的终期在 12 月下旬（文昌，1964 年）。

三、暴雨的范围及强度

海南省的暴雨以局部、小范围暴雨居多，占总暴雨日的 93%，大范围和全省性暴雨不多，仅占 7%；热带气旋暴雨占总暴雨日的 33%，非热带气旋暴雨占 67%；全省性暴雨、大范围暴雨基本上为热带气旋暴雨，占 85%；非热带气旋暴雨以局部暴雨为主，占 93%，小范围暴雨占 7%，非热带气旋暴雨一般不会形成大范围和全省性暴雨。

海南省暴雨的最大日雨量，按省气象局所属气象台站的记录为 490.3 毫米（白沙县，1977 年 7 月 21 日）；各等级雨量中，以 100～200 毫米最多占 49%，100 毫米以下的次之占38%，200毫米以上的占13%，300毫米以上的仅占3%。而且，59%的大暴雨属于热带气旋暴雨。若考虑非省气象局系统的气象记录，则海南省暴雨的最大日雨量高达965.3毫米（尖峰岭天池气象站，1983年7月17日），这在全国是名列前茅的。

暴雨的持续时间也是暴雨强度的一个指标。海南省暴雨持续时间绝大多数只有1～2天，3天以上的很少，其中，1天者占52%，2天者占30%，3天以上者仅占18%。持续3天以上的暴雨有50%属于热带气旋暴雨。一般来说，单站1次连续有2天以上暴雨的情况极少，但也有例外，如五指山1964年曾经出现过4次，均由热带气旋影响所造成。

四、暴雨的天气系统

产生暴雨的原因较为复杂，天气系统也是多样化的。除了热带气旋是主要系统外，非热带气旋暴雨的天气系统可分为3类：冷空气（含变暖的高压脊）、低压槽、副热带高压脊。过渡季节的暴雨往往不是单一天气系统造成的。

产生暴雨的天气系统有着明显的季节变化：2—4月、10—12月冷空气影响产生的暴雨占绝对多数（几率达86%～100%）；5月份仍然以冷空气暴雨占优（几率49%），低压槽次之（几率33%），热带气旋仅占11%，本月应视为过渡季节；6月则以低压槽暴雨占优（几率41%），热带气旋次之（几率34%），冷空气较少（几率24%）；7—9月以热带气旋暴雨为主（几率分别为62%、48%、38%）；副热带高压形成暴雨的机率很少，月几率均不超过8%，且仅在5—10月偶有出现，其余月份均无副高暴雨产生；7月份无冷空气暴雨，12月至次年4月份无热带气旋暴雨，10月至次年1月无低压槽暴雨。

显而易见，就全年而言，该省以冷空气暴雨较多，占37%；热带气旋暴雨次之，占33%；低压槽暴雨占26%；副高暴雨很少，仅占4%。

就暴雨强度而言，以热带气旋暴雨最强，大多数的大暴雨均是由热带气旋引发的。

就季节而言，冷空气暴雨在暴雨季节的前期（2—4月）及汛期后期（10—12月）占绝对优势。暴雨的主要季节（6—9月）以热带气旋暴雨及低压槽暴雨占优势，其中，7—9月以热带气旋暴雨较多。

就各种暴雨的地理分布而言，海南省东南部以冷空气暴雨日较多，西北部以台风暴雨日较多。热带气旋暴雨日发生几率西北部66%～79%、东南部32%～35%，呈西北向东南递减。冷空气暴雨日地理分布正好相反，自东南向西北递减，冷空气暴雨日发生几率东南部50%左右，其余地区在30%以下；低压槽暴雨日一般南部多于北部、沿海多于内陆；副高暴雨基本都是局部的。对于单个市县而言，基本上仍然是热带气旋暴雨多于非热带气旋暴雨。

五、暴雨洪涝灾害的防御

（1）重视暴雨预报警报，及时做好暴雨洪涝灾害防御的各项准备和采取切实可行的防御措施。暴雨预报警报为全社会抗洪抢险提供了重要信息和决策依据。暴雨预警信号分为蓝色、黄色、橙色、红色预警信号4个等级，其中，橙色暴雨预警信号表示3小时内，本地降雨量达50毫米以上并可能持续。红色暴雨预警信号表示3小时内，本地降雨量达100毫米以上并可能持续。各级政府、各部门、各单位应当注意收听暴雨预警信号，及时做好防范。

(2) 加强绿化造林，保护植被，搞好水土保持工作。减轻暴雨对地面的直接冲刷，减少泥石流、山体滑坡等地质灾害发生的机会，同时，也避免水土流失，造成下游河道淤积，确保泄洪能力，减少或避免暴雨成灾。

(3) 建设能抗百年一遇洪水的水利工程设施，沿江河修筑堤防，保护沿岸地区不受洪水淹没；建设江河分洪工程，确保保护对象的安全；有江河流经的市镇要重点防护，修建城市防洪工程，提高城镇沿河沿江堤防的防洪标准，加固加高堤防以百年一遇为标准，保护城市的经济建设和人民生命财产安全。

(4) 政府及相关职能部门按照职责做好防御暴雨洪涝的应急抢险工作；交通管理部门应当根据路况在强降雨路段采取交通管制措施，在积水等危险路段，实行交通疏导；切断有危险的室外电源，暂停户外作业，转移危险地带人员和危房居民到安全场所躲避暴雨洪涝；检查城市、村庄、农田、江河、鱼塘等排水系统，采取必要措施做好排涝工作，注意暴雨引发的山洪、滑坡、泥石流等次生灾害的防御和抢险救灾工作；处于危险地带的单位，根据实际情况，应当停课、停业，采取措施保护学生和上班人员的安全。

第二节　古代（公元1840年以前）暴雨洪涝灾害

元　大德元年（公元1297年）　临高：淫雨，经岁不息。

元　大德九年（公元1305年）　琼山：霖雨不息，是年寇盗充斥。六月以琼州屡经叛寇，给粮一月。

〔琼州，六月甲午（十九日，7月11日）琼州屡经叛寇，霖雨为灾。〕

元　（后）至元三年（公元1337年）　琼山：义丰、遵化、丰好等处民田往因洪水冲决，陵谷变迁，难于稼穑，诸田老以实闻于郡，郡檄委前雷庠学正张宜举董其役，有田之民不期而至，堤桥东闸，制备有方，七年始效，获水利者一十八处，成熟田者千余顷。

明　永乐十八年（公元1420年）　崖州（今三亚）：山水暴泛，冲决田稼。漂人民，坏庐舍。朝廷遣官踏视，蠲免租税。

〔春三月，蠲崖州宁远租税，山水暴泛，冲决田稼，漂人民，坏庐舍。〕

明　成化二年（公元1466年）　定安：七月，淫雨江涨，漂没民舍，田禾殆尽。

明　弘治十三年（公元1500年）　临高：春大旱，秋大涝，漂没民庐舍。五月飓风，八月复作，更兼暴雨，潮水泛涨，田禾尽淹。次年饥。

〔秋大涝，漂没民庐舍，八月，淋雨经月不息，潮水泛涨，田禾殆尽。次年饥。〕

琼山：春，大旱。秋，大潦，漂流民屋。〔夏，琼州大雨。〕

儋州：春大旱，秋大潦，飘流民屋。

明　弘治十四年（公元1501年）　昌化（今昌江）：全县遭水灾，乌泥港冲埋壅塞，三家村堤岸决口，冲毁田地一千九百九十六亩，农户绝粮四百四十八户，逃荒二十九户。

琼山：夏，淫雨大作，洪水暴至，荡屋坏城。

定安：夏，淫雨，洪水涨，民舍漂。

明　弘治十五年（公元1502年）　临高：九月十九日，洪水暴涨，人畜被淹死，房屋倒塌。

明　弘治十七年（公元1504年）　琼山：八月淫雨，水涨伤稼。

定安：八月霖雨，洪水荡禾。

明　正德十年（公元1515年）　临高：九月，淫雨连月，江水泛滥，房屋漂荡，牲畜淹死。

〔秋九月，淫雨匝月，江水泛滥，漂民居、牲畜，城东门不开通。〕

明　正德十四年（公元1519年）　琼山：二月十二早，天大雨，霾黑不辨人面，经寅卯二时。

明　正德十五年（公元1520年）　琼州：八月，淫雨连日；九月，洪水泛涨，房屋漂荡，人畜溺死者千计，环城民舍墙垣倾圮殆尽。

淫雨连月。九月十九夜，洪水非常涨溢，数日乃消，自琼、临、澄、定数县，房屋、畜俱为漂荡，人溺死者几千，一城公宇民居墙为积雨淫倾殆尽，争觅治馒，经年污未及者。

定安：八月淫雨连月，九月淫雨，十八夜，大涨，滨江民舍漂荡殆尽。死数百人。

〔九月，大水，淫雨，十八夜，大涨，滨江民舍漂荡殆尽，死数百人。〕

澄迈：澄迈西隅都民，八九月间，洪水涨溢，房屋漂荡，人畜溺死者众，民舍墙垣倾圮。〔秋间，淫雨连月，至九月十九夜大水涨溢，数日乃消，房屋畜产漂荡，人溺死者几千，公宇民居倾坏殆尽。〕

明　嘉靖四年（公元1525年）　会同（今琼海）：会同大水，申请蠲免田租。

明　嘉靖七年（公元1528年）　会同（今琼海）：会同淫雨连月，伤禾，蠲免租税十之四。

明　嘉靖八年（公元1529年）　临高：夏六月，积雨二十日，漂民居舍，伤禾稼。

儋州：六月初三日，儋州大雨，初四巳时，水涨，城没七尺，军民房屋财富尽为漂流，死者无算。

万州（今万宁）：秋淫雨，且有蝗虫，农业失收，次年又旱。

明　嘉靖九年（公元1530年）　万州（今万宁）：秋，万州淫雨。

明　嘉靖十一年（公元1532年）　定安：秋八月大霖雨，连二十五日，损伤田禾，公私房屋尽坏。

明　嘉靖十三年（公元1534年）　定安：秋八月，大雨连月，禾秕，民饥。

屯昌：农历九月中旬，淫雨半月，山崩岭裂，作物损坏，百姓饥饿。

明　嘉靖十五年（公元1536年）　昌化（今昌江）：知县王臣调查农田被水冲埋情况，减免粮税，民得安乐。

明　嘉靖十九年（公元1540年）　会同（今琼海）：八月会同淫雨浃旬为涝，死者数百人。

万州（今万宁）：大水，溺死者数百人。

明　嘉靖三十一年（公元1552年）　乐会（今琼海）：乐会，十月四日（10月21日），大雨逾旬，海啸若雷，洪涨入邑门者再，民依丘陵以居，海口冲射南徙，深五丈余，失旧险隘。

明　嘉靖四十六年（公元1567年）　琼山：是年秋七月，平黎，分哨抵剿，屯兵搜捕，再逾月，贼食竭，多死者，时霖潦汛溢，我军亦疾疫，乃下抚令。

明　万历元年（公元1573年）　定安：二月异常，大鸟集县衙，霖雨随至，城崩三百六十丈。万历四年修复。

明　万历十一年（公元1583年）　文昌：水骤涨数丈，海滨人畜多淹溺。

明　万历十二年（公元1584年）　会同（今琼海）：会同县大水，崩陷城池。

明　万历十三年（公元1585年）　琼山：九月大雨连旬，水势如海，漂流人畜以万计。翌年饥，发粟赈之。

临高：九月，淫雨累月，水势如翻海，人畜漂没，死者以千百计。

文昌：九月，淫雨十日，水至城堞，漂荡民舍，溺死者众，铜鼓岭山崩一角。地方大饥，请于当地道得尽发义仓谷三百余石，内捐赈者三之一。

澄迈：八、九、十月连雨，大水涨溢，自澄瀑布潭抵琼博冲居民近河者，房屋畜产漂荡，人溺死者无算，田埋没数顷。

定安：闰九月大水灾，淫雨半月，水涨滔天，山崩岸裂，淹木伤屋，沿江居民死者无数，中街作桴行，东江水中猪犬浮者万计。

会同、乐会（今琼海）：会同淫雨，西城门颓崩。乐会，秋淫潦，屋上游鲤，扶大水，漂庐舍。

万州（今万宁）：秋，加道岭崩，民田数十亩陷成塘。

明　万历二十三年（公元 1595 年）　儋州：六月二十三日（7 月 29 日）大雨，水涨入城，漂荡民舍田禾。

明　万历四十六年（公元 1618 年）　儋州：淫雨数月，禾尽浸伤。

明　万历四十八年（公元 1620 年）　定安：秋大水，蝗虫，冬大饥。旧年大熟失收，米贵，幸本年小熟得收及将收大熟，一月之内又连作大水七次，飞蝗满地，禾稼一空，陌上草根均被食尽，各图皆然。

明　天启元年（公元 1621 年）　定安：八月，大水，水淫江涨，较乙酉年（公元 1585 年）只差一尺。

屯昌：秋大水，一月之内连作大水七次，田稻失收。（编者注：与定安 1620 年记载同，疑年误）

明　天启四年（公元 1624 年）　文昌：秋九月淫雨，水溢伤稼，人畜多有淹死者。

清　顺治五年（公元 1648 年）　崖州（今三亚）：夏五月，大水。南山岭崩，自顶至麓，溃决成渠。

清　顺治八年（公元 1651 年）　定安：八、九月淫雨，田禾多没。

万州（今万宁）：冬十月，淫雨，河溢。

清　顺治十年（公元 1653 年）　昌化（今昌江）：秋月，雹雨连月，流涨雍城，田地被冲毁，五成民房倒塌，水灾较乙酉（顺治二年，公元 1645 年）为甚。

定安：七月，水灾。风雨三昼夜，河水陡涨，城内浸至大门照墙，沿江村乡民舍淹流十之八九，漂死者数百，禾稼一空。

清　顺治十一年（公元 1654 年）　澄迈：七月十六日大雨至十九，河水高涨横溢，俗唤海翻，自澄打铁地方（今金江镇）抵琼，近河居民房屋漂流，田禾畜产浸没，男女溺死无算。

清　顺治十二年（公元 1655 年）　崖州（今三亚）：八月晦（三十日），大水。三亚街至海岸数里冲决成川入于海。侵宇、长坡、抱壁、南丁、鹿回、临川诸岭，皆崩。是年秋，抱壁黎作乱。

陵水：大饥。时霖雨不止，田中水深三四尺，籽种尽绝，升米百钱，百姓死亡枕藉，壮者散于四方，户口倒废，田皆荒芜，县治一空。

琼山：学道林嗣环、知府朱之光、推官何澄、知县孟信捐修郡城，增高雉堞一尺厚五寸，旋坏。

乐会（今琼海）：乐会大荒乱。

清　顺治十五年（公元 1658 年）　万州（今万宁）：冬，淫雨伤禾。

清　顺治十七年（公元 1660 年）　临高：河水洪涨，东南城垛崩塌无存。

澄迈：七月十六大雨至十九日，河水高涨，近河居民房屋漂流，田禾畜产浸没，男女溺死无数。

清　康熙元年（公元 1662 年）　文昌：秋八月，淫雨不止，槟榔被鼠耗三分之二，逾月雨止，鼠亦绝。十一月又雨，余榔尽落，榔树亦枯。

澄迈：是年立秋后，淫雨数月，十雨一晴，田稻浸朽失收。二年，斗米（银）二钱有奇，赖通粜于海北。

定安：淫雨连月，自八月至于十月，禾稼淹没。

清　康熙二年（公元 1663 年）　文昌：大水，城中水深三尺，岁大饥，斗米银五钱，民多就食万、崖（万州、崖州）。其自万、崖粜者，中途被劫，道殣相望，道镇府县散粥赈之。

清　康熙二年（公元 1664 年）　澄迈：八月，洪水横溢，南渡江在旧溪河段改道，流到村头村就东折，经打铁市后流入原道。

清　康熙六年（公元 1667 年）　澄迈：立秋，连月漂雨，二年米价斗米二钱。

清　康熙十一年（公元 1672 年）　澄迈：九月十六日（11 月 5 日），复大雨，昼夜倾溢，远近低深田稻，漂浸朽烂。

文昌：大水淹民舍数十间。

清　康熙二十四年（公元 1685 年）　儋州：淫雨，城上四角楼倾塌。

清　康熙二十五年（公元 1686 年）　澄迈：六月大雨，至七月初五日（8 月 23 日）方息，水溢浩荡，庙宇城楼外桥尽倾，田禾俱没。

琼山：十月，暴雨连日不止，溺商民船只无数，居民房屋多被淹倒。

清　康熙三十二年（公元 1693 年）　临高：十月，积雨连日，江水入城，深数尺，坏祠宇民居三日乃退。

清　康熙三十六年（公元 1697 年）　万州（今万宁）：夏四月，大水三次，城坏屋圮，禾尽淹没，岁大饥。

清 康熙四十二年（公元1703年） 临高：江水暴涨，圮东城门郭垛口。

清 康熙五十五年（公元1716年） 文昌：淫雨旬日，南门外溪水骤涨，大水冲坏新安桥、便民桥，漂流桥上石栏杆，坏两岸民房，有淹毙者，邑令马日丙捐廉赈恤，为施棺给米，修造民房。

清 康熙六十年（公元1721年） 澄迈：六月大雨，溪水泛涨。金江溪居近水边者，田稻淹没，多伤民房。

清 雍正七年（公元1729年） 崖州（今三亚）：九月二十三日（11月13日），大雨。南山岭、抱腊岭、天子岭俱崩成渠，抱腊岭崩，冲黎屋一间，伤黎妇一口。

清 雍正八年（公元1730年） 定安：三、四月河水涨漫，淹没田禾民舍，米价贵。八月大水，五谷不登。

清 雍正十二年（公元1734年） 万州（今万宁）：夏大雨连绵，禾稼浸伤。

清 雍正十三年（公元1735年） 万州（今万宁）：春大雨，夏大水。

清 乾隆五年（公元1740年） 琼山：水涨冲圮迎恩桥，募金重修。

清 乾隆九年（公元1744年） 琼山：四月辛酉（十四日），……除广东广州、肇庆、高州、琼州四府属水冲砂压民屯山田水田三百六十顷额赋。

万州（今万宁）：十一月初七，地震、洪水、霖雨不息，地方苦之。

清 乾隆十四年（公元1749年） 万州（今万宁）：夏秋大水，禾苗漂流，米价高昂。

清 乾隆十八年（公元1753年） 定安：秋冬大水，相连七次，年谷不登。

清 乾隆三十年（公元1765年） 万州（今万宁）：立春前一日（正月十五日，2月4日），雷声大振，并连大水，从前所无。

清 乾隆三十六年（公元1771年） 琼山：淫雨，自五月至九月，雨乃止，禾尽淹。

澄迈：夏五月雨，秋七月雨至九月乃止，晚禾无收。

清 乾隆三十七年（公元1772年） 琼山：冬十月初六日（10月31日）大水。

会同（今琼海）：十月初六、初七两日，淫雨大作，黎水冲决民居，附近嘉积大淫圮者，人畜飘流几尽。

澄迈：十月大水，田被淹没，近溪居民，房屋倒塌，溺死无数。

陵水：十月，大水，然岁熟不为灾。

定安：冬大水，淹没村庄。

万州（今万宁）：冬大水，各处漂流，民不安息。冬至（12月22日）虫食秧苗。

清　乾隆四十年（公元1775年）　万州（今万宁）：秋大水，坏民田屋。

清　乾隆四十五年（公元1780年）　万州（今万宁）：大河水冲沙埋乐颈坝沟，众田败旱。

清　乾隆四十六年（公元1781年）　万州（今万宁）：秋大水伤民人坏房屋。〔秋洪水，伤禾、损屋。〕

清　乾隆四十八年（公元1783年）　万州（今万宁）：秋九月，大雨淋漓，港水涨溢，东南一角淹毙者多。

清　乾隆五十三年（公元1788年）　琼山：秋大水。

临高：淫雨，大水。

万州（今万宁）：秋大水，冬米价高腾。

清　乾隆五十九年（公元1794年）　琼山：沙水桥毁坏，片石无存。

清　乾隆六十年（公元1795年）　澄迈：六月大雨，河水涨溢，金江、瑞溪近河岸居民，房屋崩倒，禽畜漂流，水田浸没。

昌化（今昌江）：夏六月，大水，冲决东西北岸两都田地，青石岭崩，民众饥荒。

琼山：淫雨河溢，玉夏、马坡二村（今东山镇境）水暴涨。黄翔雁备舟拯溺，全活者众。

清　嘉庆四年（公元1799年）　琼山：夏四月，郡城大水。

澄迈：秋大雨，溪水泛涨，近溪居民溺死无算。

清　嘉庆五年（公元1800年）　万州（今万宁）：冬淫雨，禾稼大伤。

清　嘉庆八年（公元1803年）　万州（今万宁）：秋大水，漂流民房。

清　嘉庆十三年（公元1808年）　万州（今万宁）：秋，大水。

清　嘉庆十五年（公元1810年）　会同（今琼海）：四月，会同县大雨淋漓，连日不止。平地水深数尺自双发岭至县西门一派波涛，倒流入县厅堂，浸塌土墩房无数，田洋沙涨成坡，几不可耕，民甚苦之。

清　嘉庆二十一年（公元 1816 年）　万州（今万宁）：秋七月雨，冬十一月喜雨。

清　道光二年（公元 1822 年）　万州（今万宁）：冬十月十七、十八日大水。

清　道光五年（公元 1825 年）　万州（今万宁）：元旦，大雨雷鸣。

清　道光八年（公元 1828 年）　万州（今万宁）：九月二十三、二十四日（10 月 31 日，11 月 1 日），大雨。

清　道光十一年（公元 1831 年）　文昌：九月廿六日（10 月 31 日），大水，那廓都三加洋有田数亩忽陷成潭。

第三节　近代（公元 1840—1949 年）暴雨洪涝灾害

清　道光二十六年（公元 1846 年）　定安：九月淫雨伤稼，禾实甚丰，未及收成，尽被漂荡，大熟失收。

清　道光二十七年（公元 1847 年）　定安：六月初九（7 月 20 日）夜，暴雨，水浸至城，沟渠冲决，山崩岸裂，漂沙淹田。

清　道光三十年（公元 1850 年）　定安：十月淫雨荡禾，禾实甚丰，将及收成，尽被漂没，内图为甚。

清　咸丰元年（公元 1851 年）　屯昌：十月，晚稻将要收割，连降暴雨半个月，水稻大多数被浸发芽，失收。

（编者注：此记录出自陈寒松本，屯昌地势较高，如屯昌水稻被浸，则下游洪水将很大。但这年下游县无洪水记载，且定安十月记载“无雨”，该记录存疑。）

清　咸丰三年（公元 1853 年）　崖州（今三亚）：六月，有星陨于孔汶村前，大如牛。其声如雷，光射里许，片时方晦。后，连雨三旬余，山水进城村三日，冲坏田园庐舍甚多。溺死黎民数名。

定安：冬淫雨。伤稼，长年升米钱四十余文。

琼山：水冲圮迎龙桥，捐修。

清　咸丰十一年（公元 1861 年）　琼山：九月，大水灾。

清　同治三年（公元1864年）　昌化（今昌江）：水灾连续三年（前三年），洪水冲毁田地无数，农民逃荒，农村凋落，一斤米价百文。

清　光绪三年（公元1877年）　琼山：七月二十七日（9月4日），大水灾。

定安：七月下旬（9月上旬）作一大水。十一月廿九日（1月2日）午后，雷大振，大雨如注，系小寒前三日。

昌化（今昌江）：十月，大水，北黎市水深三市尺，江水冲没东西图附近昌化江北岸田地二十余丘。

清　光绪四年（公元1878年）　定安：秋九月二十一日连日雨如注，大水，五谷失收，米价腾贵，大饥。

清　光绪十五年（公元1889年）　儋州：五月初五日大雨。

清　光绪十七年（公元1891年）　定安：十一月初三大风雨，自午刻起大雨如注，平地水深数尺，向来冬季如此大风雨人所罕见也。

清　光绪二十年（公元1894年）　万州（今万宁）：十月，大雨。

乐会（今琼海）：八月连遭淫雨，涨满一切，高低田业仅收二成，此年大荒。

清　光绪二十一年（公元1895年）　琼山：九月中旬，大水灾。

清　光绪二十三年（公元1897年）　澄迈：十一月十六日，发生洪水（据南渡江加烈水文站调查，水位35.89米，流量7670立方米/秒）。

清　光绪二十四年（公元1898年）　儋州：六月初十、十一、十二日（7月28—29日）大雨，水入州城，敷过大街，间有溺死者。

清　光绪二十五年（公元1899年）　定安：六月大水。

清　光绪三十年（公元1904年）　琼山：秋八月廿旬，霖雨数日，郡城西门右边城崩一角，压倒覃家民屋一间，压死一男二女，官奖银恤之。

清　光绪三十一年（公元1905年）　乐会（今琼海）：乐会，复遭淫雨为灾，米价腾贵，民多菜食。

万州（今万宁）：淫雨成灾。

清　光绪三十二年（公元1906年）　澄迈：三月十六日（4月16日）午未时，雷雨大作。

清　光绪三十四年（公元 1908 年）　崖州（今三亚）：十月，淫雨，蝗虫食禾。是年，抱扛黎乱。

清　宣统二年（公元 1910 年）　定安：八月廿旬至九月初旬大水三次，五谷多失收，米笼价一千百文。

文昌：八月大雨淋漓，池崩四五丈，其水流通溪入海。

万州（今万宁）：秋水灾，农民苦甚。

会同（今琼海）：夏季亢旱过甚，秋复遭淫雨涨溢，水旱交灾，高低（攸）田仅收三成，米价极贵数月，每升米竟涨价至七十文左右。

民国　四年（公元 1915 年）　万宁：七月十五日，狂风忽起，暴雨连日，山洪暴发。大奶、大太、南门、保定四大田洋似海，太阳河下流北侧一带村庄顿成泽国。

10 月 17 日，北坡地区洪水淹没大芒、流溪等村庄 8 个。

民国　十三年（公元 1924 年）　临高：农历六月十九日，起大风，发大水，海边一带村庄水深一尺多。

民国　十八年（公元 1929 年）　陵水：2 月 9 日（除夕），大水，陵水街受淹，群众上街办年货半途而返。

民国　二十二年（公元 1933 年）　万宁：秋大雨成灾，沿海和平原地区晚稻损失七成。11 月 1—4 日，大雨滂沱，至 5 日晨忽吹飓风，兼之暴雨。

民国　二十三年（公元 1934 年）　澄迈：十月十七日，作小雪水，稻谷全被打光。

民国　二十六年（公元 1937 年）　琼东、乐会（今琼海）：8 月 22 日，琼东、乐会县（今琼海境内）连日暴雨。万泉河水位从 3. 23 米上升到 11. 99 米，洪峰流量 11700 立方米/秒，沿岸农田房舍浸没，人畜伤亡甚多。

民国　二十七年（公元 1938 年）　昌江：8 月 23 日大暴雨，山洪暴发，昌化江水位升高到 27. 78 米，流量 23200 立方米/秒。

万宁：秋，普降三天暴雨，洪水泛滥成灾，农作物几乎全部失收。

民国　三十二年（公元 1943 年）　琼山：大旱，粮食歉收。加之下半年大水，水稻失收，饿死、逃荒者众。其中东山乡饿死 300 多人，逃荒 2800 人，因生活所迫自杀 89 人，卖儿女 144 户；灵山、大林饿死 620 多人，逃荒 410 人，卖儿女 151 户。

民国　三十三年（公元 1944 年）　文昌：10 月大雨倾盆，山洪暴发，文昌江文城北支流域洪水暴涨，下市堆村地处低洼，全村受淹 2 米。

民国　三十五年（公元1946年）　琼岛：10月11日（九月十七日），大雨滂沱，酿成数十年未有大水，全年失收。

定安：10月13日大水，淹没七日，靠近南渡江边的定城镇仙沟、龙州等和龙州河沿岸的龙门、龙塘、富文等乡洪水泛滥成灾。

屯昌：8月，东鲁乡（今南吕镇）一带，连降暴雨7天，田稻及杂粮受浸。

陵水：暴雨大作，水势猛涨，被淹面积较广，受灾面积大，被洪水冲走数人，冲走群众东西较多。

民国　三十六年（公元1947年）　临高：5月14日，连降7天暴雨，几千亩农田受淹。6月（四五月）水灾，33510人受灾，淹耕地424.73公顷，损坏房屋1171间，堤围决口135米。

文昌：5月〔6月，四五月〕，大水灾，受灾15万人，耕地7333.33公顷。

澄迈：6月水灾，5000人受灾，受灾耕地1666.67公顷，房屋毁坏113间，堤围崩决55处。

琼东（今琼海）：琼东6月水灾，受灾耕地1000公顷。八月二十二日，大雨，山洪暴发，万泉河水位从3.23米上升到11. 99米，沿岸人畜死亡无数。

万宁：6月水灾，15869人受灾，淹耕地4666.67公顷，堤围崩决140处。

儋县（今儋州）：6月水灾，受灾耕地3634.67公顷。房屋毁坏783间，堤围崩决18622米。

昌感（今昌江）：6月水灾，9730人受灾，淹耕地266.67公顷，房屋毁坏36间。

东方：6月水灾，2480人受灾，淹耕地30.53公顷，房屋毁坏93间。

崖县（今三亚）：6月水灾，18622人受灾，淹耕地3616.67公顷，房屋毁坏783间。

琼山：本县发生60年一遇的大水，农田淹没，收获甚微。

民国　三十七年（公元1948年）　定安：10月21—22日，万泉河中流山洪暴发，两岸屋宇被毁者十之八九，望石乡居民靠岸而居，瞬间遂遭没顶，石壁市之铺屋数百间均成平地（时台风在西沙）。

民国　三十八年（公元1949年）　琼中：秋，暴雨，上安乡招咱河猛涨，浸招咱村，水深盈尺，洪水冲走和平镇堑对村20余人。

第四节　现代（公元1950—2000年）暴雨洪涝灾害

1953年　6月底至7月初，海南岛普降暴雨至大暴雨，局部特大暴雨。29日20时至1日20时，琼东（今琼海）县累计降雨量182.6毫米，海口218.6毫米，儋县（今儋州）291.8毫米，东方512.0毫米。

沿江沿海地区水涨成灾，农作物损失甚重。据昌感（今昌江）、万宁、崖县（今三亚）、琼山、临高、定安、琼东（今琼海）、乐会（今琼海）、东方等 9 个县（约有 16 个区、79 个乡）的不完全统计，被水沙冲埋和水浸的禾苗 39627 公顷，其他杂粮作物如番薯、高粱、玉米、豆类、冬瓜、西瓜、花生等损失 4708.3 公顷、1445 吨。倒塌房屋 569 间，死亡牲畜 196 头（只），损失渔船 4 艘。

受灾最严重的是昌感（今昌江）、万宁，其次是崖县（今三亚）、琼山、临高等县，定安、琼东（今琼海）、乐会（今琼海）、文昌、澄迈、海口、东方等部分地区也受灾。昌感（今昌江）县 38 个乡的 206.1 公顷农田被洪水淹没，损失稻谷 2430 吨。

9 月下旬，海南岛部分地区降雨连续不断，并出现暴雨至大暴雨，局部特大暴雨。19 日 20 时至 30 日 20 时，儋县（今儋州）累计降雨量 270.3 毫米，海口 300.3 毫米，琼东（今琼海）771.2 毫米。28 日、29 日，沿海一带又受东北风影响，海水、河水同时上涨，造成山洪暴发，酿成水灾。

遭受水灾的有万宁、琼东、乐会（今琼海）、文昌、琼山、定安等 6 个县。琼东、乐会、琼山、文昌 187 个乡受灾。据统计，6 个县倒塌瓦房 2959 间，淹死 16 人，压伤 22 人，失踪 1 人。27080.1 公顷农田受灾，毁坏水利、堤坝 173 处，桥梁 8 座。家畜、农具、种子、肥料损失无法计算。其余各县虽未发生严重灾害，但因降雨时间长，农作物也遭受一定损失。

受灾最严重的万宁县，全县 8000 公顷水田 90%以上被淹，低洼水田即将成熟的水稻，被淹 6～8 天，最长达 15 天，除部分白壳种生芽损失较严重外，一般的损失产量 3～4 成；正值扬花抽穗的晚稻，受灾面积占全县耕地面积 80%以上，损失较重，少数全部失收，一般的减收 3 成左右。其中该县 18 个重灾乡，286.3 公顷晚稻全部失收，受灾较重的一、四、五 3 个区，28.2 公顷农作物被淹，轻的损失 50%，重的损失 80%。损坏房屋 307 间，淹死 4 人，牲畜 1395 头（只）。冲坏桥梁 5 座，堤坝 32 处，损失渔船 15 艘，盐池 35 个，食盐 22.5 吨，一区 175 吨公粮被浸湿。文昌毁坏中小型水利 123 处、田畦 5419 处。

发生水灾的地区，交通严重受阻，县、区、乡电话线大多数折断，不能通话；公路、桥梁被浸或毁坏，车辆不能通行，万宁至琼东段公路，十余天不能恢复通车；村与村、乡与乡之间，田中驶船，以舟代步，水最深处达 3 米多。文昌县城除县政府位置较高未进水外，全城机关、店铺均被浸，街道水深 3 米多。万宁、乐会等县低地村庄房屋没顶。

1956 年　9 月 27 日至 10 月 1 日，受冷空气影响，海南岛大部分地区连续降雨，并出现暴雨至大暴雨，局部特大暴雨。9 月 26 日 20 时至 10 月 1 日 20 时，琼海累计降雨量 264.0 毫米，海口 562.7 毫米，陵水 328.5 毫米。

文昌县铺前、翁田、锦山等 3 个区 23 个乡出现水灾。损坏房屋 118 间，损失牲畜 181 头（只）。损失水稻 2971.9 公顷，番薯、蔬菜 561.9 公顷，经济作物 18.3 公顷。损坏水利设施 1 处，水坝 391 宗（其中大型 50 宗，中型 158 宗，小型 183 宗）。

1959 年　5 月下旬初，由于受冷空气影响，海南岛普降大雨至暴雨，东南部雨量较大。一天较大降水量榆林 113 毫米，陵水 89.6 毫米，加积（今琼海）95.9 毫米，琼中 73.0 毫米，海口 52.3 毫米，乐会（今琼海）121.5 毫米。由于连日降雨影响，东南部分地区出现洪水，如崖县（今三亚）藤桥、琼海的部分地区。

冷空气到来之前，21日海南气象部门负责人就此次冷空气情况向区党委作了详细的汇报。当天下午区党委电话通知各县乡委，召开全区电话会议，发出关于“立即做好防风防汛工作”的指示。全岛各地立即行动，县、公社、大队均成立了防风防汛指挥部（所）小组，还专门成立了突击、抢建小组。与此同时，区气象部门电话电报通知各地气象台站，做好补充预报，密切配合区党委战胜自然灾害。据全区10个县市的不完全统计，全区组织461912人的抢救队伍，抢救水稻11330公顷。

1961年 3月上旬末中旬初，受冷空气影响，海南岛东、北、中部部分地区降暴雨至大暴雨，8日20时至11日20时，琼中累计降雨量126.1毫米，万宁153.1毫米，琼海170.5毫米。14日20时至16日20时，万宁累计降雨量117.9毫米。

万宁县暴雨成灾，多数处于打苞期的水稻受淹800公顷，对产量造成影响，番薯被淹733.3公顷，损失50%左右。以太阳河下游东澳、北坡两公社受害较大，低田的秧、花生等也有一定损失。

4月中旬中后期，先后受冷空气和西南低压槽影响，万宁县连续降雨，16日降特大暴雨（303.5毫米），20日降大暴雨（137.3毫米），14日20时至20日20时，万宁累计降雨量501.6毫米。

强降水引起万宁县山洪暴发，水位高涨，农作物损失很大。全县受淹农作物5646.8公顷，占总面积42.5%，其中早造水稻损失3成以下的1370.4公顷，损失产量594.1吨；损失3～5成的687.4公顷，损失产量510.1吨；损失6成以上的524.4公顷，损失产量659.4吨。受淹冬春种番薯1698.2公顷，损失产量（折谷）1123.3吨；中造播种20.9公顷，损失产量15.6吨。损失其他农作物377.7公顷。

太阳河上下游5个公社（北坡、车院、长安、礼纪、万城）受灾较重，68个村庄被淹，水深约1米，7003人受灾，倒塌、损坏房屋10间，损失牲畜20头，淹没农作物3790.9公顷，占全县13个公社受淹面积的67%，毁坏水利设施11设施处。

1967年 10月11日至14日，海南岛连续3天3夜降大雨至暴雨，降雨量300～722毫米，致使山洪暴发，万泉河、南渡江、陵水河、太阳河等江河水猛涨，11个市县受灾。其中较重的是文昌、琼东（今琼海）、万宁、定安、琼山、海口、琼中等8个市县33个乡191个自然村，淹死11人，22512.9公顷农作物受淹浸。

1978年 5月初，文昌县连续降雨，4月30日20时至5月6日20时，累计降雨量55.6毫米。

文昌县部分公社出现水灾，早稻和其他农作物被淹受损。龙楼公社全建、全美、吉水3个大队受灾比较严重，全社损坏民房2间，138.3公顷花生、番薯，213公顷水稻被淹。

1981年 9月中旬中后期，海南岛东部、南部地区及琼中降暴雨至大暴雨，15—17日琼海、万宁、琼中连续3天降暴雨至大暴雨。14日20时至19日20时，8个市县累计降雨量100毫米以上，其中最多的琼海372.2毫米，万宁479.8毫米。

由于雨量集中，汛情急，排涝工程多年欠修，河水上涨造成水灾，受淹面广。据统计，琼海、万宁25个公社受淹，琼海部分村庄被洪水围困2天，淹没民房最深达1.8米。两县被洪水冲失三鸟（指鸡、鸭、鹅的总称，下同）400余只，冲垮人行桥11座，中小水库、渠道损失土石方50000立方米，包括各种物资损失折价，合计经济损失39多万元（不含水稻）。晚造水稻正在抽穗扬花，损失比较严重。

琼海县倒塌房屋20间，淹死耕牛1头。受淹水稻8000公顷，其中受淹一天的4000公顷，损失20%；受淹2天的1666.7公顷，损失60%；受淹3天的2333.3公顷，损失80%。其他农作物受淹75.2公顷。损失社员口粮谷子12.5吨，番薯干3吨。万宁县因灾害死亡3人，翻沉渔船1只。万宁受淹水稻6200公顷，占晚稻插秧面积的49.4%，被淹3天以上的3866.7公顷。

琼海县乐会、九曲江、朝阳、泮水和万宁县龙谈、和乐、港北、山根、南桥等9个公社受灾较重，水稻受淹面积均达50%以上，如琼海九曲江公社晚稻实播面积1289公顷，受淹996公顷，占77%。部分大队晚稻基本失收，如万宁县和乐公社流川、西坡大队受淹面积达90%，淹浸达5天。

水灾给琼海和万宁县特别是粮食作物带来严重损失。两县当年晚造估计比上年同期减产20000吨，下半年群众口粮安排困难，出现秋、春荒。灾情发生后，琼海和万宁县分别于9月23日、25日向区行署和民政局报告灾情。区民政局27日派出调查组，深入到灾情比较严重的琼海县乐会、九曲江和万宁龙滚、和乐等4个公社7个大队进行慰问。两县县委、县政府召开专门会议研究部署救灾工作，县领导干部带领工作组，深入灾区组织群众搞好生产自救，妥善安排灾区群众生活，琼海县拨出救灾款15000元，安排当前群众生活。同时加强晚造管理，做好排水、追肥工作，主粮损失杂粮补，大大减少灾害带来的损失。

1982年 11月下旬中后期，受冷空气偏东环流和南海热带气旋相互影响，海南岛出现历史上“小雪”过后罕见的非台风大暴雨。全岛多半地区降暴雨至大暴雨，24日20时至28日20时，10个市县累计降雨量100毫米以上，其中8个市县200毫米以上，如屯昌263.8毫米，琼海269.4毫米，陵水337.2毫米，万宁365.6毫米。

暴雨量大而且集中，引发洪水，致使万宁、琼海、屯昌、定安等县遭受严重损失。损坏水库92宗、小水电站32座，直接经济损失147.9万元。

万宁县119个村庄39800人被洪水围困，倒塌房屋268间。损失番薯3533.3公顷，播下的早稻种子损失950吨。沉没机船1艘，2人失踪。毁坏水库山塘31宗，水陂10座，冲垮水库灌区渠道116处3.25千米，堤围9段2950米，损坏渠道附属建筑物129宗，小水电站13座，桥梁32座，损失土石方39.36万立方米，直接经济损失126.77万元。

琼海县551户受淹，倒塌房屋9间，毁坏水电站7座，经济损失4.8万元。

定安县毁坏水电工程12宗，损失浆砌石方434立方米，经济损失12.41万元。

1984年 5月下旬，定安县23日及26日降大暴雨，雨量分别为113.1毫米和109.2毫米。万宁县20日20时至25日20时，累计降雨量235.7毫米（水文站352毫米）。

定安县水冲沙压水稻0.5公顷，龙州河水坝渠道被冲坏8处50米，其中浆砌石护堤1段28米，滑坡6处；损坏公路桥和人行桥各1座，斗门1个，淤沙堵塞渠道120米，损失土方1880方，浆砌石35方。

万宁县山根区华明等乡46.7公顷早稻受淹浸，损坏水闸2宗，渡槽3座，冲垮山塘2宗，渠道3段，分洪堤坝2条6处，总长856米，损失土方25700立方米，石方330立方米。

1985年 8月23—27日，昌江县沿海一带的昌城、海尾、南罗、乌烈等区连降大雨至暴雨，总雨量350毫米以上，其中昌城达450毫米以上。

暴雨加上海潮顶托，河水入海被阻，昌江县大片农田被水冲淹，造成较大损失。据统计，淹没农田384.7公顷，水冲沙埋农田79.9公顷，损坏水利渠道17条，决口27处，损失土方2150立方米，石方400立方米；损坏涵洞1个，冲走斗门2个；冲垮鱼塘1口，桥涵1座；损坏电动机1台、变压器1台，损失经济5万元以上。

9月上旬末中旬初，文昌县连续降雨，10日降暴雨，8日20时至11日20时累计降雨量163.2毫米，最大雨量220毫米。

暴雨造成8666.6公顷晚稻受淹，占实插面积的33%，其中抽穗扬花水稻受淹损失较为严重。降雨最大的文教区，有28个田坑493.3公顷晚稻受淹，其中抽穗扬花的20公顷，开始成熟的40公顷，坡柳水闸出口处被大水冲塌17米。铺前区晚稻1733.3公顷，受涝666.7公顷，其中200～266.7公顷受淹达4天之久。

10月21日，文昌县降暴雨89.0毫米。淹没晚稻5133.3公顷，东郊区、清澜区淹浸10个村庄、286间房屋，243户2299人受淹。

1986年 4月中旬中期，文昌县连日降雨，16日降暴雨，14日20时至16日20时累计降雨量110.3毫米。

全县6个区的570公顷农作物受淹。龙楼区青光、金星、山海等乡受浸较严重，60.7公顷早稻被淹，估计损失15%；75.7公顷番薯被淹，损失15%，87公顷花生全部失收。

1990年 10月上旬前中期，受南海低压槽影响，海南岛普降暴雨至大暴雨。屯昌最大日降水量234.7毫米（5日），9月30日20时至10月6日20时，全岛除东方外，累计降雨量均在100毫米以上，其中降雨量较大的澄迈232.8毫米、定安334.0毫米、文昌311.9毫米、琼海363.4毫米、白沙214.1毫米、屯昌482.5毫米、琼中351.4毫米、陵水346.1毫米。

海南省较大的洪涝一般都与台风降水有直接联系。这次非台风暴雨产生的特大洪涝，在该省尚属罕见。强烈的降水造成江河水位猛涨，山洪暴发，加上松涛和牛路岭两个水库开闸泄洪，使南渡江下游和万泉河沿岸均超过警戒水位，洪水泛滥成灾，是当年海南省损失最大的一次自然灾害。

全岛有129个村庄3.88万人被洪水包围，因灾害死亡6人，损失牲畜1360头，倒塌房屋140间，损坏1052间。21886.7公顷水稻受灾，失收4466.7公顷，损失粮食18806吨。损坏水库26宗，水电站、泵站、桥梁58座，冲垮江河堤防4条36处1.4千米，毁坏输电线路3.1千米。

1993 年 10 月 15—19 日，受热带云团影响，海南省除海南岛西部、南部大部分地区外，各地降暴雨至大暴雨，临高降特大暴雨（16 日 264.5 毫米）。14 日 20 时至 19 日 20 时，14 个市县累计降雨量 100 毫米以上，其中降雨量较大的海口 233.7 毫米、临高 385.5 毫米、儋州 355.7 毫米、琼海 466.3 毫米、万宁 456.0 毫米、西沙珊瑚 238.7 毫米、屯昌 472.1 毫米、白沙 260.6 毫米、琼中 537.3 毫米。

由于暴雨强度大，山洪暴发，南渡江、万泉河、太阳河等江河水位猛涨，超过警戒水位，发生较大的洪涝灾害。全省 47 个村庄 4.4 万人被洪水围困，紧急转移安置 2.2 万人，因灾害死亡 4 人，倒塌民房 45 间，损坏 1688 间。农作物受灾面积 27100 公顷，成灾 16700 公顷，绝收 7533.3 公顷，损失粮食 16211 吨，淡水养殖损失 1820 公顷。冲毁公路 38.9 千米，损坏水库、水电站 52 座。直接经济损失 1.16 亿元。

1995 年 8 月 3—4 日，受局地强对流天气影响，海南岛东部、南部大部及琼中、乐东降大雨至暴雨，通什（今五指山）、保亭降大暴雨至特大暴雨，3 日 23 时至 4 日 20 时保亭降水量达 394.8 毫米，4 日一小时最大雨量 124.4 毫米。

由于暴雨、洪水发生突然，强度大，来势猛，又是夜间，保亭、陵水、三亚、通什等市县遭受较大洪涝灾害。因灾害死亡 11 人，失踪 2 人，倒塌房屋 290 间，损坏 360 间，直接经济损失 1.52 亿元。

灾情最重的保亭县，遭受了历史上罕见的突发性特大暴雨的袭击，造成山洪暴发，县城在 9 小时内连续两次遭到洪峰袭击，最大洪峰流量 1700 立方米/秒，最高洪水位达 46.9 米。县城沿河两岸 200 米内地区全被洪水淹没，占整个县城的 1/2，最大水深 7.5 米。全县 9 个乡镇 217 个村庄、4.53 万人受灾，死亡 10 人；农作物受灾面积 845.2 公顷，成灾面积 625.4 公顷，交通、水利、输电、通信线路等设施受损，县城一度出现“四断”（断水、断电、断讯、断路），直接经济损失 1.34 亿元。

4 日 19 时，陵水县城洪水位 5.37 米，超警戒水位 1.27 米，沿陵水河 4 个乡镇 9 个村庄 2400 人被洪水围困。

在第一场特大洪灾即将发生前，保亭县气象局向县领导同志汇报，建议迅速组织抗洪抢险工作。在第一次洪峰过后，当人们都忙于处理灾后事项时，他们仍然保持着高度警惕，广泛收集深入分析各种资料，严密监视着天气变化，在省气象台的指导和三亚气象局雷达站的帮助下，果断预报该县还会出现 80～100 毫米的暴雨，并及时报告县委县政府，建议做好大洪峰再次袭击的准备。县委县政府随即采取紧急措施，组织人员到防汛责任点进行防洪，公安武警鸣枪报警，撤走低洼地带人员，转移重要物资。4 日中午时分，比首次更加凶猛的第二次洪峰如期而至，但由于该局预报准确、服务主动，为组织抗洪抢险赢得了宝贵的时间，避免了重大人员伤亡和财产损失，使洪灾造成的损失减少到最低限度，因而受到各级领导干部与广大群众的一致称赞。

4 日省政府召开防洪紧急会议，省领导同志率有关单位人员赶到保亭指导抗洪救灾工作，妥善安置灾民，生产、生活秩序逐步恢复。

1997 年 3 月中、下旬及 4 月，由于西南暖湿气流与南下冷空气频繁交汇，全省出现大范围降雨，局部暴雨到大暴雨。其中，3 月暴雨出现在海口、文昌、万宁、白沙、昌江、三亚等地，4月大部分地区降暴雨至大暴雨。春季降水有利缓解旱情、水库蓄水、发电和农业生产，但也造成一定的灾害。

4月8日至月末，琼海市连降大到暴雨，其中8、12、23、24日降暴雨，雨量54.8～67.4毫米。万宁降水主要集中于下旬，25日降大暴雨（171.8毫米）。22日20时至27日20时，琼中累计降水量98.8毫米、临高112.1毫米、儋州116.1毫米、琼海174.0毫米、万宁336.2毫米。

暴雨引发洪涝灾害。琼中县山洪暴发，太平镇、乘坡农场3人因灾死亡。琼海12个乡镇13.6万人受灾，6980公顷正值抽穗扬花期的水稻被淹，其中成灾1886.7公顷，绝收533.3公顷；瓜菜受淹333.3公顷，20个面积10.9公顷的鱼塘决口，损失鱼苗32.4万尾，死亡“三鸟”近千只，耕牛4头。损坏渠道1300米。直接经济损失1000万元。受灾最重的九曲江乡水稻受浸473.3公顷，其中373.3公顷被淹24小时，瓜菜受淹116.7公顷，鱼塘决口9个8.8公顷，直接经济损失360万元。

万宁受淹水稻1435.7公顷、番薯413.3公顷，花生1333.3公顷，黄豆等其他农作物也不同程度受损，其中约133.3公顷受淹。

灾后，各级领导干部、广大干部群众积极抗洪救灾，挖渠排水，恢复生产，使灾害损失减少到最低限度。

5月上旬前中期，文昌市遭暴雨袭击（3日52.5毫米，6日65.7毫米）。大部分乡镇受灾，北部和东部的锦山、冯坡等10个乡镇较为严重，29.5万人受灾，46个村庄、8350人被洪水围困；农作物受灾面积16723公顷，成灾7800公顷，绝收2000公顷，瓜菜被淹1222公顷，直接经济损失3806万元，其中农业损失3685万元。

5月下旬中后期，通什（今五指山）市连降暴雨，26日20时至30日20时累计降雨量204.5毫米。27日冲山山洪暴发，死亡2人，水稻、鱼塘、桥梁、渠道等损失严重，直接经济损失188万元。

1998年　7月初，受越南低压槽影响，海南岛南部地区及万宁、乐东连降暴雨至大暴雨，局部特大暴雨（陵水4日381.2毫米）。6月30日20时至7月4日20时，琼海累计降雨量107.5毫米、万宁330.3毫米、乐东301.4毫米、三亚246.4毫米、通什（今五指山）407.7毫米、保亭548.8毫米、陵水606.5毫米。

1日18时55分，三亚赤田水库排洪，流量1600立方米/秒，造成藤桥河洪水泛滥成灾；3日5时，万宁新梅乡山洪暴发；3日12时陵水河超过警戒水位，18时出现洪峰水位4.86米，超警戒水位0.76米；3日12时万宁水库排洪流量220立方米/秒，全市1/3的水稻被水淹没。

由于降雨量大、持续时间长，引起江河水位猛涨，洪水泛滥成灾，以陵水、保亭灾情较为严重。12.46万人受灾，6万多人成灾，5个乡镇1.2万人被困，紧急转移安置0.47万人，死亡1人，受伤4人，死亡大牲畜0.47万头。受淹县城3个，倒塌民房180间，损坏1971间。农作物受灾1.13万公顷，成灾0.17万公顷，绝收25公顷，减产粮食942吨，损失淡水养殖76公顷209吨，鱼塘336公顷，瓜菜1812公顷。一水文观测站受损。损毁水库7宗，堤防0.4千米，护岸5处，水闸、桥涵、塘坝、渡槽88座，崩塌渠道8.4千米。沉没损坏渔船4只，网具一批。公路中断3条（次），损坏公路桥涵17座。直接经济损失4100万元，其中农业经济损失3161万元。

灾情发生后，省领导同志带领有关部门干部冒雨赶到受灾较严重的陵水、保亭县了解灾情，指导当地群众开展抗洪救灾工作，帮助灾民解决实际困难。各市县组织工作组，进驻受灾乡镇，组织开展抗洪救灾，抢救受淹物资。全省共投入抗洪救灾的群众和部队官兵近3万多人次，及时帮助当地群众抢险救灾，转移和安置被困群众，把灾害损失减少到最低限度。

1999年 11月上半月，受冷空气和南海热带云团影响，海南岛出现长时间大范围的降水天气，东、中部大部分地区连续10～13天降水。除东部及海口、澄迈、东方外，各地出现暴雨，局部大暴雨至特大暴雨。4日20时至13日20时，12个市县累计降雨量100毫米以上，其中较大的儋州391.7毫米、白沙279.2毫米、琼中472.6毫米、乐东223.1毫米、通什（今五指山）379.0毫米、保亭291.2毫米、陵水214.4毫米、三亚234.2毫米。降水量主要集中在6—7日，其中琼中、白沙、通什、保亭、陵水、三亚降大暴雨112.1～204.5毫米，儋州特大暴雨251.3毫米。

5—7日，儋州、白沙、琼中、通什、保亭、三亚、陵水等7个市县发生不同程度的洪涝灾害。6日12时25分，通什南圣河水位暴涨，超警戒水位1.45米，沿河街道受淹水深0.7米。保亭山洪暴发，境内四大河流水位猛涨，团结桥附近洪水深度4.6米、文明桥附近5.0米，沿河部分地段被淹。保城河最高水位46.16米，超警戒水位0.56米。14时，牙叉河最高水位达194.5米，超警戒水位0.34米，沿河两岸低洼地被淹。20时陵水河最高水位4.47米，超警戒水位0.37米。6—7日，琼中连降大暴雨，部分水利设施、公路桥涵、35.3公顷水田被冲毁，453.3公顷晚稻被水淹，800公顷经济作物受损。6—8日三亚降暴雨至大暴雨，赤田水库蓄满排洪造成17个村庄被洪水围困，8450人被困20个小时之久。6—7日儋州1600公顷水稻、冬种瓜菜、香蕉、虾蟹池受淹或被冲毁，76间房屋倒塌，部分水利设施和公路损坏。

全省7个市县76个乡镇73.5万人受灾，40.1万人成灾，55个村庄2.98万人被洪水围困，紧急转移安置1.45万人，11人死亡，385人受伤，0.69万头大牲畜死亡。倒塌民房834间，损坏4581间。农作物受灾面积1.76万公顷，成灾1.02万公顷，绝收0.46万公顷，毁坏耕地340公顷，减产粮食14000吨。洪水冲走群众存粮627吨，损失水产养殖790公顷1280吨。中断公路145条次，毁坏路基342.23千米；损坏输电、通讯线路196.55千米。冲毁塘坝195座，损坏水库、水闸、机电泵站、水电站249座，堤防、护岸、灌溉设施1687处。直接经济损失4.9亿元，其中农业直接经济损失3.4亿元。

此次降水造成灾害的同时，也增加了水库蓄水量，缓解了前期的旱情，有利于冬春生产用水。灾情发生前，省领导同志指示省三防办严密监视洪水动态，要求做好抗洪救灾的一切准备工作。灾后各级党政领导机关组织水利、三防、民政、农业、交通等部门组成工作组，分赴受灾严重市县指导做好抗灾救灾工作。据统计，参加抗洪救灾的干部群众和部队官兵共30.71万人次，他们抢收成熟水稻和经济作物，安置受灾群众，抢救国家和群众财产，抢修被毁坏的水利、交通、通讯等设施，发动群众开展生产自救，帮助灾区恢复生产，重建家园。由于救灾措施得力，灾民的生活得到很好安置。

2000 年　5 月受冷空气和低压槽影响，海南省除海口、临高、三亚外，各市县共出现 30 站次暴雨至大暴雨降水过程，琼海达 4 次。

局部地区出现灾情。5 月 3 日、6 日文昌降暴雨，雨量分别为 63.0 毫米、59.7 毫米。因排洪不畅洪涝成灾，该市 25 个乡镇 1950 个村庄 25 万人口受灾，其中重灾 4.5 万人。19 间房屋倒塌，666.7 多公顷水稻、花生、瓜菜等被淹，毁坏道路 30 处、水闸 10 宗，损失土石方 315 立方米，直接经济损失 1432 万元。

5 月 9 日陵水降大暴雨（191.6 毫米），部分农作物被淹。10 日 20 时至 12 日 20 时，海口累计降雨量 90.1 毫米，海府地区部分排水不畅路段出现积水，主要路段交通受阻，少数店铺、居民小区被淹。22—23 日万宁连降大暴雨，累计降雨量 332.6 毫米，市内低洼街道被水浸。

受冷空气影响，6 月 13 日全省出现大范围降水过程，屯昌（58.1 毫米）、三亚（133.8 毫米）降暴雨至大暴雨，海府地区发生交通事故 8 起。

第三章　旱　灾

第一节　概　述

干旱灾害是因为久晴无雨或少雨、土壤缺水、空气干燥而造成农作物枯死、人畜饮水困难等现象。少雨或无雨，若再加上干热风、高温、热浪的共同作用，旱情将更加严重。干热风气温高、湿度小、风速大，将使植物加速蒸腾，植株内水份失调，农作物秕粒增多，甚至枯死；高温加上缺水，容易引起人体疾病、灼伤，作物逼熟。干旱缺水，将导致工业生产和生活用水不足，给工业生产和居民生活造成严重影响。干旱缺水，将导致生态环境恶化，水质变化，制约国民经济发展，危及社会稳定。干旱缺水，导致土地沙化、盐碱化和火灾多发。干旱是海南省出现较多，影响范围最广、持续时间最长的灾害性天气，对工农业生产和人民生命财产有严重危害。每年 11 月至次年 4 月为海南的旱季，属气候性干旱；即使是雨季，由于降水的时空分布不均，也时常发生夏旱或秋旱，一些年份甚至全年干旱。海南省的干旱一般分为春旱（2—5 月）、夏旱（6—8 月）、秋旱（9—11 月）、冬旱（12 月至次年 1 月）和连年旱。

近 50 年来，影响海南省最严重、波及范围最广、持续时间最长的干旱，出现在 1976 年 11 月至 1978 年 4 月的连年旱，连续干旱时间长达一年半，比历史上旱灾最严重的 1943 年还长 6 个多月，旱情十分严重，各地雨量普遍偏少 6 成或 6 成以上，全省有 9 成的江河断流，最大的南渡江、万泉河、昌化江出现历史上最低水位和最小流量，8 成以上（2024 宗）的山塘水库干涸，全省水库总蓄水量 14.4 亿多万方，有效蓄水量 7.7 亿万方，120 万农村人口及牲畜饮水相当困难，部分社队组织汽车、拖拉机、手扶拖拉机、牛车等交通运输工具到边远的地方运水，按人口定量配给。全年农作物受旱 329333.3 公顷（占种植面积的 43%），其中损失 5 成以上的有 110666.7 公顷（占种植面积的 15%）。全年水稻受旱面积达 146666.7 公顷（占 30%），其中损失 5 成以上的有 54666.7 公顷。南渡江、万泉河、昌化江流量比上年同期少 7～8 成；严重的干旱，造成水电站发电量下降，严重地影响工农业用电。

一、干旱的标准

1. 旱期统计标准

（1）冬春（12 月至次年 5 月）旱期开始日：连续 7 天日雨量≤1 毫米的终日或者 7 天的总雨量≤5 毫米的终日。

冬春（12 月至次年 5 月）旱期结束日：日雨量≥15 毫米的当天或者过程雨量≥20 毫

米的第一天。

(2) 夏秋（6—11 月）旱期开始日：连续 7 天日雨量≤2 毫米的终日或者 7 天总雨量≤15 毫米的终日。

夏秋（6—11 月）旱期结束日：日雨量≥30 毫米的当天或者 2 天雨量≥35 毫米的第一天，或者 3 天雨量≥45 毫米的第一天。

(3) 冬连春旱：若一次旱期出现在 1 月 15 日以前、并且维持到 3 月 15 日或者以后，则作为一次冬连春旱过程。

2. 干旱程度标准

(1) 春旱程度标准：旱日 40～69 天为小旱；
旱日 70～89 天为中旱；
旱日≥90 天为大旱。

(2) 夏、秋旱程度标准：旱日 20～34 天为小旱；
旱日 35～54 天为中旱；
旱日≥55 天为大旱。

(3) 冬旱程度标准：旱日 25～39 天为小旱；
旱日 40～54 天为中旱；
旱日≥55 天为大旱。

二、冬旱

1. 冬旱概况

海南省各地冬季的平均旱日，西部、南部沿海地区为 55～61 天，以东方市最多，其余地区 40～54 天，以琼中最少。一次最长旱期平均天数，西部、南部沿海地区为 95～102 天，以东方市最长（102.2 天）；其他地区 65～94 天，琼中、琼海、万宁等地较短，约 34～46 天。

中、大冬旱出现频率中部、东部为 60%，西部、南部沿海地区在 90%以上，东方市高达 100%，其他地区 70%～90%。

典型的冬旱年有：1958—1959 年、1967—1968 年、1969—1970 年、1973—1974 年、1977—1978 年、1979—1980 年、1981—1982 年等年度。

2. 冬旱的成因

冬季由于该省盛行偏北季风，空气干燥，不易形成降水（冬季降水仅占全年的 6%以下），所以冬旱是经常性的。冬旱的程度，同影响当地的冷空气路径密切相关。冷空气从西路（指东经 110 度以西地区）南下影响，海南盛行偏西北气流，空气干燥，降水机会很少，冬旱明显；冷空气从东路（指东经 110 度以东地区）南下影响，当地多吹东北风或者偏东风，比较潮湿，容易造成东部、中部出现降水过程，但雨量较小，旱情仍会发生，程度略轻。

三、春旱

1. 春旱概况

海南省各地春旱平均日数南部多于北部，西部多于东部。西部、南部为 97～102 天，以东方最多；中部、东北部 64～68 天，琼海市最少；其他地区为 73～90 天，海口市最少。一次最长春旱期平均天数，从东向西、从北向南递增，西部、南部 105～110 天，以东方最长；其他地区 60～100 天，琼海最少。

中、大春旱出现频率，西部、南部 90%～100%，以东方市最高；北部、东部、中部为 30%～50%，以琼海市最低；其他地区为 60%～80%。

典型春旱年份有：1955 年、1963 年、1977 年、1980 年等年份。

2. 春旱的成因

海南省春旱发生的主要因素是冷空气活动偏少及西南低压槽的活跃。由于当地春季以冷空气降水为主，降水本来就不多（占年雨量的 10%～20%），若冷空气活动偏少，降水必然随之减少，加之春季该省常处于西南低压槽的前部，气温高、南风大、蒸发大，旱情更容易发展，如果上年有冬旱出现，常会形成冬连春旱，则旱情将更加严重；反之，如果冷空气活动频繁，并与西南低压槽形成冷空气低槽天气形势，则容易出现较大的降水，春旱产生的几率不高，旱情较轻。

四、冬连春旱

海南省冬春连旱非常频繁，为历史性气候干旱。冬春连旱平均旱日，西部、南部沿海地区长达 155 天以上，以东方市最长；其他地区 108～150 天，以琼海市最短。一次最长连旱日数，西部、南部沿海地区在 200 天以上，以东方市最长；其他地区为 125～190 天，以琼海市最短。冬春连旱出现频率，多数地区为 25%～60%，以东方市的 68%最高，琼海市的 21%最低。

典型的冬春连旱年份有：1954—1955 年、1969—1970 年、1976—1977 年、1979—1980 年等年度。

五、夏旱

1. 夏旱概况

海南省夏旱平均日数多数地区为 30～50 天，南部地区 50～60 天，以西部（东方市）的 60 天最多，琼中县的 24 天最少。一次最长夏旱平均日数，多数地区 23～35 天，以西部（东方市）50 天最多，中部（琼中县）21 天最少。

中旱或其以上夏旱的出现频率：西南部沿海地区 91%～100%，南部沿海地区 55%～65%，中部山区 10%～20%，其余地区 30%～45%。总之，夏旱的地理分布是沿海重于内陆、南部重于北部、西部重于东部，以西部的东方市最重。

典型的夏旱年有：1959 年、1961 年、1970 年、1977 年、1980 年、1985 年等年份。

2. 夏旱的成因

夏季是海南省的高温多雨季节，季雨量占年雨量的 30%～50%，以热带气旋降水为主；从理论上说，夏旱发生的机会应该不大，但是，由于夏季该省降水变率较大、降水分布不均匀，在少雨的年份和少雨的地区仍然会出现不同程度的干旱。

海南省夏旱的根本原因是影响当地的热带气旋偏少和降水分布的不均匀性。夏旱重的年份，热带气旋影响不超 3 个。另外，西南低压槽和副热带高压控制的日数偏多，其他槽类活动偏少也是造成夏旱的另一方面原因。

六、秋旱

1. 秋旱概况

海南省秋旱平均总日数大多数地区35～50天，以西部（东方市）54天为最多，以琼中县的31天最少；一次最长秋旱平均天数，大多数地区25～40天，以西部（东方市）的46天最多，琼中县的23天最少。

中旱或其以上秋旱的出现频率：西、南、北部沿海地区为66%～79%，以东方市最长；中、东部为19%～33%，以琼中县最短；其他地区为40%～60%。

典型的秋旱的年份有：1959年、1968年、1969年、1977年等年份。

2. 秋旱的成因

秋季是海南省雨季的后期，一般说来，10月份以后随着冬季风的建立，海南省各地逐渐进入干季，但是，9、10两月仍然是当地的热带气旋活动盛季，不少年份热带气旋还很活跃，中部、东南部属于全年最多雨时期，占年雨量的43%～49%，其他地区比夏季略少，约占年雨量的30%～40%。然而，秋季的降水变率比夏季大，大多数地区季雨量大小差值达4～6倍，降水分布的不均匀性非常明显，降水变率大的年份产生秋旱当属自然。

因此，秋旱形成的根本原因同夏旱一样，是由于热带气旋活动少和终台偏早所致。

总而言之，海南省的各类干旱除与降水量多寡有关外，还与同期的蒸发量密切相关。海南省终年气温较高，蒸发旺盛，沿海地区风速较大，更加大了蒸发量。冬春季节本来降水就不多，蒸发量的增大，更加重了旱情，因此，冬春季节就出现气候原因的经常性干旱。进入汛期后，由于前汛期海南省的降水还不充足，而此时气温高，蒸发量不断增大，因此，常常产生夏旱。

另外，干旱程度还与雨季的迟早密切关联，雨季开始较早的年份和地区，旱情一般较不明显或较轻，相反，若雨季开始较晚，旱情较重，多数时候会形成冬春连旱的局面。就逐月而言，降水变率也是鉴别旱情的一个重要的判据，降水变率是指当月（季、年）降水量与同期蒸发量之比。海南省年平均降水变率在16%～24%，西部最大，中部、北部较小。旱季各月降水变率较大，多数月份在60%或60%以上，雨季各月降水变率较小，多数在50%以下。一般地说，降水变率越大的月份，越容易出现旱情。降水变率的分布，与海南省的旱情的地理分布和年际分布是基本一致的。

七、干旱灾害的防御

1. 高度重视干旱灾害的预报。气象部门历来把干旱和各种气象灾害作为监测和预报的主要内容，气象部门将根据气象变化的情况，适时作出干旱的趋势预报警报，发布干旱预警信号。干旱预警信号分为橙色干旱预警信号和红色干旱预警信号两类。橙色干旱预警信号表示未来一周气象干旱指数达到重旱（25～50年一遇）或某一县市有40%以上的农作物受旱；红色干旱预警信号表示未来一周气象干旱指数达到特旱（50年以上一遇）或某一县市有60%以上的农作物受旱。各级政府、各地区、各部门要重视干旱预警信号，充分利用干旱预报信息，做好抗旱的决策和部署，及时采取措施减轻灾情。

2. 高质量地兴修水利设施，科学地利用水资源。海南省农业总体上还是靠天农业，而且相当多的地区水利条件不是很好，遇到干旱年份，相当多的市县仍然只能是望天兴叹。海南省作为气候性干旱的省份，必须加大水利工程建设的力度，加强对现有水利工程设施的维护和升级。兴修水利，修建水库，既有利于蓄水抗旱，也有利于蓄洪防洪。同时利用水库推广节水灌溉技术，发展灌溉农业，对容易出现干旱的海南省来说，也是干旱防御的有效措施。

3. 各级政府及相关部门必须按照职责做好干旱防御的应急救灾工作，启动应急水源，调度辖区内一切可用水源，采取提外水、打深井、车载运水等多种手段，确保城乡居民生活和牲畜用水；限时或限量供应城镇居民生活用水，缩小或者阶段性停止农业灌溉供水；限制或严禁非生产性高耗水及服务业用水，暂停排放工业污水。

4. 适时实施人工增雨作业。人工增雨是抗旱减灾的主动措施，就是在有形成降雨条件的云层中，用飞机或高炮或车载火箭等方式，向云层中撒播干冰、碘化银、盐粉、尿素等催化剂，促进云滴加速凝华成冰晶或凝结成大云滴从而形成降水。海南省气象部门多年来实施的人工增雨抗旱减灾的实践证明，人工增雨是海南省抗旱减灾的行之有效的办法。

5. 推广耐旱品种。要推广应用农业气候区划成果，在干旱地区和干旱季节，推广节水耐旱的作物品种，减少干旱的危害，争取做到旱涝保收。

第二节　古代（公元 1840 年前）干旱灾害

唐　永贞元年（公元 805 年）　琼山：辜玑拨迁琼州，任军民指挥，因田禾伤旱，劝民凿井导泉灌溉，至今东河人赖之。

宋　绍兴十九年（公元 1149 年）　临高：大旱，井泉尽枯，斗米钱千。

宋　嘉定九年（公元 1216 年）　临高：夏旱。

元　元贞二年（公元 1296 年）　琼山：六月，琼州饥荒，发粟赈之。

元　延祐元年（公元 1314 年）　临高：大旱。

元　延祐二年（公元 1315 年）　临高：夏旱。

元　泰定元年（公元 1324 年）　琼山：是年饥。

元　泰定二年（公元 1325 年）　琼山：八月饥，赈粮一月，九月诸路饥，赈粮钞有差。

明　永乐元年（公元 1403 年）　临高：六月蝗灾，夏七月大旱，八月又蝗灾，全县捕蝗。

琼山：大旱。

明　永乐二年（公元1404年）　琼山：六月，蝗虫成灾，是年大旱。

明　永乐七年（公元1409年）　琼山：大旱，八月蝗虫成灾，官府令民捕捉。

明　宣德九年（公元1434年）　琼山：郡大饥，白骨遍野。

文昌：年荒。

临高：发生严重饥荒，邑人流离失所，饿殍载道。

明　正统三年（公元1438年）　昌化（今昌江）：陈献任昌化知县，本县田地浮沙薄土，苦于干旱，于是教民筑堤蓄水，引以灌田，自是无亢旱之患，民甚便之。

明　成化五年（公元1469年）　临高：是年发生大饥荒，斗米钱千。

定安：大饥。

明　弘治十三年（公元1500年）　琼山：春，大旱。

临高：春大旱，

儋州：春大旱。

明　正德七年（公元1512年）　琼海：乐会大旱，大饥。

明　嘉靖元年（公元1522年）　文昌：大荒。

明　嘉靖五年至七年（公元1526—1528年）　会同（今琼海）：会同大旱，民多死亡。

明　嘉靖七年（公元1528年）　乐会（今琼海）：旱，大饥。

崖州（今三亚）：十月，旱，民大饥。

明　嘉靖八年（公元1529年）　万州（今万宁）：大旱，自春历夏，田禾枯焦。

昌化（今昌江）：夏旱。

明　嘉靖九年（公元1530年）　万州（今万宁）：又旱。

昌化（今昌江）：春旱历夏，田禾枯焦，民采竹实草木之根以食。指挥使崔瀛率军民自城南五里开扩昌化江水，饶城至乌泥港出海，解决昌化城居民用水。民众称此河为崔公河。

明 嘉靖二十年（公元 1541 年） 临高：大旱，蝗，民有饿殍。

明 嘉靖二十二年（公元 1543 年） 临高：大旱，蝗伤稼，民饥。

明 嘉靖三十四年（公元 1555 年） 会同（今琼海）：大旱，自九月不雨至次年秋乃雨。

明 万历二年（公元 1574 年） 文昌：大旱。

明 万历六年（公元 1578 年） 文昌：大旱，潮溢，溪井尽咸，汲者苦之。

明 万历十五年（公元 1587 年） 文昌：蝗虫食禾殆尽。

明 万历十七年（公元 1589 年） 文昌：岁又饥，兵民俱困，是冬荔枝结子红熟遍野。

万州（今万宁）：大饥荒。

明 万历二十三年（公元 1595 年） 儋州：旱饥。

明 万历二十四年（公元 1596 年） 琼山：秋冬大旱，斗米银一两八分，民多饥死。巡按刘会在县衙建义仓。次年春，饥疫大作。

明 万历二十六年（公元 1598 年） 文昌：大旱。翌年春饥，以状请出义仓陈粮济饥，报可，于是括二仓见存之谷共三百余石，减价而粜，人不过五斗，次以二三斗为差，远近之民颇赖焉。

明 万历三十五年（公元 1607 年） 澄迈：是年十月至次年无雨，二熟俱失收，斗米价高一钱有奇，皆仰济于高雷二处之米。

明 万历三十六年（公元 1608 年） 定安：大旱，自八月至已酉（1609）年八月止，田禾俱失收，斗米银一钱有奇，民多流离饿死，幸有海北米接济。

琼山：岁大饥，民多流离。

万州（今万宁）：旱，岁饥，斗米值银一两，民半饥死半流离。知州辜志会捐俸济饥民，并劝富室施粥共济之。

屯昌：大旱，田稻失收，大批饥民逃荒，饿死。

明 万历三十八年（公元 1610 年） 文昌：旱。自四月至八月始雨。

明 万历四十六年（公元 1618 年） 琼山：春旱，三月初四，祷雨，未时有云自西南至雨皆雹。当年粮少米贵。

明　崇祯六年（公元 1633 年）　会同（今琼海）：会同县大旱，民多采山中果子充饥。

明　崇祯十年（公元 1637 年）　乐会（今琼海）：乐会山中，熊出无算，奔突各乡，捕获者百余。以熊火为旱征，自是频年大旱。

明　崇祯十一年（公元 1638 年）　会同、乐会（今琼海）：十一年九月至十三年夏，会同连年大旱。乐会大旱，县前塘水尽涸，河溪断流，民多以野菜为食。

明　崇祯十二年（公元 1639 年）　临高：正月至七月不雨，大旱，禾苗枯死，斗米价一千五百文。

明　崇祯十三年（公元 1640 年）　文昌：大旱至次年，斗米二两银，乞籴海北，风涛时阻，人多采食异物，如甜粮、山豆、蔚莨之类，有致肿死者（按蔚莨制得法方可食）。

明　崇祯十七年（公元 1644 年）　定安：亢旱，次年春斗米银一钱。

清　顺治三年（公元 1646 年）　临高：大旱，斗米金至三星。

清　顺治八年（公元 1651 年）　崖州、儋州、临高大旱，饥，自四月不雨至明年三月。

崖州（今三亚）：夏四月，不雨。逾年三月乃雨。是时陈武妻蒋氏据城，斗米一金，民多饿死。

临高：大旱，自四月不雨至次年三月，大饥，斗米银二两半，居民十存二三，井里萧条。〔大饥，斗米金至一两五钱，凶札并作，居民十存二三。〕

清　顺治九年（公元 1652 年）　琼州：大饥，斗米银三两，死者不计其数，时遭寇盗蹂躏。田地民耗前所未有。

文昌：清顺治九年至十年，连续大饥荒，每斗米二两银，饿殍载道。赖海艘贩米济活。

澄迈：二三月，岁大饥，斗米价腾三两，草根木实无不掘尽，竹实每斤一钱六分，饿殍遍野，积尸堆骨。

清　顺治十年（公元 1653 年）　会同（今琼海）：正月，大旱，会同斗米银三两，篓心和槟榔心砍食殆尽，民多流亡。至十二年七月，境内饥殍盈道，存者十仅一二。乐会饥馑荒乱。

琼山：饥，斗米银三两。

万州（今万宁）：大饥。

文昌：大饥荒。

清 顺治十一年（公元1654年） 万州（今万宁）：大饥荒。时连岁灾，复被黎贼劫掠，田地荒芜，十室九空，米价银二两，男女行乞于市，僵尸相属于路。

清 顺治十四年（公元1657年） 崖州（今三亚）：是年旱，大饥。

清 顺治十八年（公元1661年） 文昌：大旱，至次年7月始有雨。

昌化（今昌江）：昌化境内连续两年大旱，竹林生花结实，民众逃荒。

清 康熙七年（公元1668年） 文昌：大旱，五月，县令沈丽祷雨，作《谢雨文》，以羊易牛为牺。

清 康熙十九年至二十二年（公元1680—1683年） 临高：亢旱连岁，复并瘟疫，耕者皆废，死徙流离，荒残日甚，难乎其为邑矣。

清 康熙二十年至二十二年（公元1681—1683年） 文昌：连年大旱，溪涧井泉尽涸，牛马多渴死，年饥，斗米银二两，民采木实草根食之。各州县亦旱，巡道程遣官赴雷粜米以济。

清 康熙二十年（公元1681年） 琼、澄、文、儋、临、感各州县旱、饥、疫。自五月不雨至明年二月，斗米银二两。

琼山：旱饥，自五月不雨至明年二月，斗米银二两。

澄迈：旱魃为虐，五谷不登，米价什倍，民间掘草为食，鸠形菜色，饿殍载途。次年又荒，瘟疫复。〔旱半年，斗米银二两，明年饥疫并作。〕

昌化（今昌江）：连年大旱，五谷失收，昌化米价腾贵，民食茹草，饮清水，赖以生存。

感恩（今东方）：旱饥，自五月不雨至明二月。

清 康熙二十一年（公元1682年） 琼山：春二月，饥，大疫作。琼山、文昌、儋州、感恩（今东方）各州县饥疫并行，死者载道。巡道程宪、知府佟湘年详请粜赈。

澄迈：上年至今年，旱。今年，疫并作。

儋州：春二月，饥，大疫作。

感恩（今东方）：饥疫并行。

清 康熙二十三年（公元1684年） 昌化（今昌江）：昌化县遭兵祸，贼兵焚烧户口、田亩册等，加之大旱，官府征收虚粮重，民众逃荒。初任知县陶元淳探查民情，丈量土地，编造户册，减少百余顷田虚粮，免除苛税，解除民众困苦，灾民逐渐返乡。

清　康熙二十五年（公元 1686 年）　澄迈：旱半年，斗米银二两。

清　康熙三十一年（公元 1692 年）　临高：富罗一乡，秋冬大旱，井泉皆涸，伤禾稼。

清　康熙三十八年（公元 1699 年）　琼山：夏三月，旱饥。冬十一月，黎人王振邦作乱。

陵水：旱饥。黎民王振邦叛。

清　康熙三十九年（公元 1700 年）　琼山：大旱，

临高：大旱，民多苦饥。

清　康熙四十年（公元 1701 年）　琼山：大旱，岁饥。副使黄国材详请赈之。

清　康熙四十一年（公元 1702 年）　定安：旱。

文昌：大旱至次年、大饥荒。

清　康熙四十二年（公元 1703 年）　定安：旱，连旱二年，斗米银三钱。

万州（今万宁）：春大旱，米价昂贵。

会同（今琼海）：会同县（今琼海北半部）大旱，县前塘尽涸，莲藕挖食几尽。河川断流，米价腾贵。

清　康熙四十七年至四十八年（公元 1708—1709 年）　琼山：琼告饥。分巡雷琼兵备道详请督抚告籴雷郡，得谷数十万石，所活无算。

清　康熙四十八年至五十一年（公元 1709—1712 年）　文昌：刺竹生籽，连年大饥。

清　康熙五十一年（公元 1712 年）　文昌：夏六月旱，邑令马日炳至玉阳山神坛祷雨，不旋踵而阴云，风雨交加，随肩舆而沛。秋冬大旱，岁饥。

琼山：饥荒，斗米银四钱有奇。

崖州（今三亚）：旱。米贵。是年遇恩赦，蠲免钱粮。

清　康熙五十三年（公元 1714 年）　琼山：大旱。

清　雍正四年至五年（公元 1726—1727 年）　万州（今万宁）：春大旱。夏旱。次年春又旱，夏再旱。

崖州（今三亚）：旱，至七月始雨。次年米贵。知州程哲详请开仓平粜，民得聊生。

清　乾隆五年（公元 1740 年）　万州（今万宁）：夏大旱，瘟疫流行，伤人无数。

清　乾隆六年（公元1741年）　崖州（今三亚）：旱。米价腾贵。知州张埕、参将高华嵩，请由海船运谷平粜。

〔四月二十九日广东总兵武进升奏报琼南各州县地方雨水情形。得旨：所奏俱悉，其被旱地方，所有地方官赈恤。〕

〔九月己巳，赈广东……、崖州（今三亚）、感恩（今东方）等二十六州县厅水旱虫饥民。〕

清　乾隆七年（公元1742年）　崖州（今三亚）：旱，蝗。米价愈贵。

清　乾隆八年（公元1743年）　万州（今万宁）：春夏大旱，米价昂贵。

清　乾隆九年（公元1744年）　万州（今万宁）：春大旱，禾稻无收。

清　乾隆十一年（公元1746年）　万州（今万宁）：春夏大旱。

崖州（今三亚）：通州牛只瘟疫，死者甚众。知州杨枝华请项借给牛本。秋旱，米贵。详请赈济。

清　乾隆十二年（公元1747年）　万州（今万宁）：春大旱。

清　乾隆十五年（公元1750年）　万州（今万宁）：春大旱，夏虫食禾苗，遍地皆然，米价昂贵。

清　乾隆十六年（公元1751年）　万州（今万宁）：春夏大旱，瘟疫流行，伤人无数。

清　乾隆十七年（公元1752年）　万州（今万宁）：春大旱。

清　乾隆十八年（公元1753年）　万州（今万宁）：春夏大旱。

清　乾隆十九年（公元1754年）　万州（今万宁）：春大旱，米价高腾。

清　乾隆二十年（公元1755年）　万州（今万宁）：春旱、虫食禾苗，米价高腾。

清　乾隆二十九年（公元1764年）　万州（今万宁）：春丰熟，夏旱。

清　乾隆三十年（公元1765年）　万州（今万宁）：春旱，高禾半伤，夏旱。

清　乾隆三十四年（公元1769年）　万州（今万宁）：二月大旱，夏五月大旱。夏，天虫食稻。

琼、儋、临各县岁歉，米价昂贵。

清　乾隆三十五年（公元1770年）　万州（今万宁）：秋旱，虫食秧苗，遍地皆然。

清　乾隆三十八年（公元1773年）　万州（今万宁）：春，大旱。

清　乾隆四十三年（公元1778年）　琼郡岁歉。

澄迈：是年春旱，五谷失收，都民饥饿，米价腾贵，斗米值铜钱四百文，知县开仓粜赈。〔春旱，饥太甚。〕

会同（今琼海）：春，会同大旱，米价腾贵，民多采树叶野菜充饥，县主欧阳嶙开仓赈贷，仓米每升钱三十文，民颇得活。

清　乾隆四十五年（公元1780年）　万州（今万宁）：大河水冲沙埋乐颈坝沟，众田败旱。

清　乾隆五十三年（公元1788年）　夏，琼、定、会（乐同）、乐（乐会）、崖（州）大旱。次年琼、澄、定、万、崖五州县百姓大饥，升米值铜钱一百文，饿殍遍野。

会同（今琼海）：五月会同亢旱，蝗虫食秧，有田无种而荒者甚多。及秋收后，天时又旱，小熟少耕，米价日腾，至次年三月，每升米价七十余文；鸡猪肉卖至一百二十文一斤。民争啖草木根子，苦楚难胜，饥殍盈野，抛妻弃子者甚多，幸得秋熟，民方得生存。

琼山：夏大旱，秋大水。次年大饥。定安：大旱。

崖州（今三亚）：大旱。次年大饥。知州刘钦和开仓平粜，详奉免征。

清　嘉庆二十年（公元1815年）　万州（今万宁）：冬，旱、严寒，树木枯死其半。

清　嘉庆二十一年（公元1816年）　会同（今琼海）：二至四月，会同大旱，溪水断流，县前塘水尽涸，小熟无收，米价腾贵，民多拾海粉菜以疗饥。至次年又旱，小熟无收，岁又大饥。

万州（今万宁）：春夏大旱，米谷腾贵，民人不靖。

清　嘉庆二十二年（公元1817年）　万州（今万宁）：春大旱，年饥。

会同（今琼海）：春大旱，小熟无收，岁又大饥。

清　道光三年至四年（公元1823—1824年）　琼山：四年夏四月，郡属旱虫大饥。自三年九月至四年八月，郡属久旱，蝗虫遍野，所过禾麦一空，饿殍载道，鬻男女渡海者以万计。斗米钱八百。巡道周鸣鸾给照令商民各处籴米来济，知县王学质开仓平粜，九月后米价渐平。

〔年间十三属，岁均大（饥），道（殣）相望。雷琼道招商往各属采买，又通详两院，

所有米船关税陋规一概裁免。〕

澄迈：是年（公元 1824 年）郡属大旱。从去年九月至今年八月未雨，旱魃为虐，蝗虫满天遍野，所到田园稻麦一空，饿殍载道，男女逃荒，渡海谋生，数以万计。

定安：大饥，自去年癸未至本年（公元 1824 年）七月亢旱，小熟失收，杂粮亦绝，自四月初八日起至闰七月，斗米钱八百文，民多流亡，鬻男女渡海者万计。

〔秋，蝗，群飞蔽天，落地盈寸，所至之野，禾稼一空。〕

万州（今万宁）：三年春二月大旱，早熟十分收获二三，夏，瘟疫，人病吐泻，伤人甚多。秋八月雨颇透地，晚熟不能耕种者甚多。九月风雨淋漓，损伤禾苗。冬间米价高昂，冬十月旱。四年，春二月大旱，早熟十分收获二三，大饥，米价每斗八九百文不等。

屯昌：连续十七个月大旱，水稻连年失收，杂粮继绝，斗米钱八百文，民多流乞、死亡。

清 道光四年（公元 1824 年） 文昌：灾害频繁，蝗灾（飞蝗入境）、大旱、七月飓风，米价腾贵。知县郭象升详请开仓赈灾。

清 道光十年（公元 1830 年） 定安：春旱。

清 道光十三年（公元 1833 年） 儋州：七月，儋州黎亚义等乱。是年大旱，贫黎向四方求食，汉人把钱米借给他们，索要酷利，秋收无望，黎人要求通融，再度借钱借米，而汉人严辞拒绝，结果引发黎乱。八月间，大举焚掠田头市、王五市，其后官军围困黎界，十月黎亚义死，黎地内因缺粮，互相杀夺，势力顿趋衰弱，官军乘势进入黎地，诸黎投降。

清 道光十九至二十一年（公元 1839—1841 年） 定安：自此至二十一年大熟，水旱频仍，五谷不登，历来饥馑，无如此之久者。

第三节 近代（公元 1840—1949 年）干旱灾害

清 道光二十三年（公元 1843 年） 昌化（今昌江）：大旱，农家田地丢荒，一斤米价五十七文。

感恩（今东方）：北区连年大饥，饿殍载道，或卖子女以自腾。

清 道光二十八年（公元 1848 年） 定安：春旱。八月旱，自是秋米贵至辛亥年（公元 1851 年）。

万州（今万宁）：大旱，杂粮尽绝。

清 道光二十九年（公元 1849 年） 定安：亢旱，冬干，杂粮尽绝。

万州（今万宁）：大旱。

清　道光三十年（公元 1850 年）　定安：十一月不雨，至次年四月乃雨。大疫。

清　咸丰元年（公元 1851 年）　定安：小熟失收，旧冬至此俱旱故也，十月无雨，至于二年（公元 1852 年）四月，米价腾贵，花生不实，自此年并壬子癸丑连三年油贵。

清　咸丰二年（公元 1852 年）　定安：秋，螽。自七月至九月，禾生虫，或如蚕，或如蚊，有吃心者，有吃叶者，有吃根者。虫而且旱，十月不雨至三年（公元 1853 年）四月乃雨，冬禾失收，米价腾昂。

清　咸丰三年（公元 1853 年）　定安：饥。春旱，夏虫，秋飓，冬淫雨。伤稼，长年升米钱四十余文。

清　咸丰五年（公元 1855 年）　昌化（今昌江）：连续五年（前五年）（公元 1851—1855 年）少降雨，田地丢荒，一斤米价六十文。

清　咸丰六年（公元 1856 年）　文昌：勒竹结实如麦，禾变如葱（稻瘿蚊危害），有花无实，岁饥。

万州（今万宁）：大旱，农民半饿。

清　咸丰八年（公元 1858 年）　琼山：天旱，泉涸，郡城禁止越坊汲水。

清　咸丰十年（公元 1860 年）　定安：春初不雨至三月初六始雨已而复旱，小春又歉收，加以上年飓风大水损禾，大饥，春夏之交米一斗价至五百余钱，琼属十三州县俱饥。

琼山：岁大饥。

万州（今万宁）：大旱，农民半饿。

清　同治四年（公元 1865 年）　崖县（今三亚）：六月，大旱。八月，升米百钱，黎汉饥死甚多。

感恩（今东方）：荒旱，斤米百钱，前所未有，流离相属。

清　同治八年（公元 1869 年）　定安：小熟杂子禾被旱不结谷而枯。

清　同治九年（公元 1870 年）　定安：小熟杂子禾俱被旱枯死。

清　光绪九年（公元 1883 年）　文昌：大旱，土裂井涸，赤地千里。知县杨荫廷冒热徒行，亲到玉阳岭祷雨，甘霖时降，人以为精诚感天。

清　光绪十二年（公元 1886 年）　定安：夏大旱，秋八月又旱。

清　光绪十四年（公元 1888 年）　临高：七八月大旱，九月起大风，庄稼被破坏，民饥，继而瘟疫，路断行人。

定安：大旱。

儋州：九月，瘟疫流行。

清　光绪十六年（公元 1890 年）　感恩（今东方）：自春及秋不雨，室家相弃，散而求生者，道途相望。

昌化（今昌江）：自春及秋无雨，逃荒求生者众，道途相望。

清　光绪十七年（公元 1891 年）　昌化（今昌江）：年大旱，田地荒芜，一斤米价五十文。

清　光绪十九年（公元 1893 年）　琼山：春，大旱数月，年大凶荒。雷琼道杨文骏捐银五千两设平粜局于府城、海口，并拨公款派轮往各港买米，视市价减半以济贫民，全活无算。

万州（今万宁）：大旱。

清　光绪二十一年（公元 1895 年）　定安：旱。

清　光绪二十三年（公元 1897 年）　琼山：夏大旱，荒歉，全县饥荒。琼道冯光适捐廉银千元，并拨借库款二万元运米济饥。

定安：夏大旱，米价贵。

澄迈：久旱无雨，五谷失收，百姓大饥，米价腾贵，斗米值千文。

清　光绪二十四年（公元 1898 年）　澄迈：二十三、二十四年，连旱太久，大饥，人民困苦，米价腾贵，斗米价千文，新吴无米上市。

清　光绪二十五年（公元 1899 年）　定安：春、夏旱。

清　光绪二十七年（公元 1901 年）　澄迈：旱魃为灾，二十七、二十八年（公元 1901、1902 年）又连旱，低田水地变成干土，耕种停工，老城地方米一斗价钱一千，幸有五善堂放来洋米，方可度活。

清　光绪二十八年（公元 1902 年）　琼山：夏秋大旱，年大凶荒。

澄迈：是年连旱，颗粒无收，米贵民饥。桥头马袅地方，屡行疫症，多不能救。

儋州：大旱，米价高涨，斗米一千六百文。

临高：连续两年大旱，禾苗尽枯，有“壬寅癸卯火烧稻”之说。

清　光绪二十九年（公元 1903 年）　定安：夏大旱，春季旱至夏尤甚，秋仅有小雨，长年米贵，斗米价钱九百文。

儋州：荒旱，全县竹林结实（俗名生竹米）。

清　光绪三十年（公元 1904 年）　儋州：饥荒尤甚，二三月间各处均采竹米贩卖，购者亦众。

清　光绪三十一年（公元 1905 年）　乐会（今琼海）：乐会，旱魃为虐，地几无毛，复遭淫雨为灾，米价腾贵，民多菜食。

万州（今万宁）：大旱，淫雨成灾。

清　光绪三十二年（公元 1906 年）　澄迈：六七月大旱，大熟失收，十二月米价每斗钱一千文。

琼山：夏秋大旱，年大凶荒。

崖县（今三亚）：大旱，民田失收。

清　光绪三十三年（公元 1907 年）　崖县（今三亚）：升米百钱，民间艰食。有南洋及陵水商船运至谷米与番薯干屑转售，得以接济，民赖生安。

清　宣统二年（公元 1910 年）　定安：夏大旱。

乐会（今琼海）：乐会，夏季亢旱过甚，秋复遭淫雨涨溢，水旱交灾，高低（攸）田仅收三成，米价极贵数月，每升米价竞涨至七十文左右。

万州（今万宁）：春夏连旱，秋水灾，农民甚苦。

清　宣统三年（公元 1911 年）　琼山：四月，蝗食禾。大旱，粮食歉收。

定安：春大旱，米价腾贵，斗米钱千文，秋大旱，禾苗尽枯，西风。

乐会（今琼海）：乐会，两月余不雨，禾苗枯槁。

民国　元年（公元 1912 年）　琼山：是年大旱如火，全无稻割。

民国　四年（公元 1915 年）　陵水：天旱，有半年以上没有下雨，农民无法耕种，请道公祷雨，无应。

民国　五年（公元 1916 年）　昌江：年初久旱无雨，农民请道公求雨，与盐工发生冲突，农民几千人（其中黎民约千人）到新街盐场烧盐房，抢盐，政府无法制止，事态延续半月余。

民国　十一年（公元 1922 年）　昌江：本县大旱，田地丢荒，农民上山摘野果充饥，上千人饿死。

民国　十二年（公元 1923 年）　儋州：七八月旱，禾苗尽枯，除水田少收成外，余田均未登稼。

陵水：从上年十月到当年八月，有十月之久没有下过透土雨，作物不能播种，种下的作物干旱枯死，遍地荒芜，粮食失收，农民饥饿。

民国　十三年（公元 1924 年）　乐东：大旱至次年夏。次年八月大米价高涨，在黄流市搭台卖米，凭户证购买，五人以上的大户，三天准买三升；五人以下的小户，只准买三升以下。四百钱一升。

民国　十四年（公元 1925 年）　定安：早造大旱。从二月至四月未下过一点雨（温村水断流），农作物大多数枯死。

琼东（今琼海）：大旱、虫灾、失收。

民国　十六年（公元 1927 年）　万宁：春夏大旱。

琼中：湾头地方早造大旱，全不能插秧，升米一元（光洋），约十人饿死一人。

民国　十八年（公元 1929 年）　陵水；天大旱，七个月不下雨，农民无法耕种。

民国　二十年（公元 1931 年）　万宁：春夏大旱，农田龟裂达 3 厘米宽，人畜饮水困难，农作物失收七成。

乐东：秋旱，农田失收，米贵，贫民多饥。

民国　二十一年（公元 1932 年）　琼山：2—9 月，全县大旱，滴雨未下。是年，谭文、甲子鼠疫流行。

琼东、乐会（今琼海）：大旱，作物失收，民四出逃荒。

民国　二十三年（公元 1934 年）　文昌：7 月并无半点滴雨水，旱象已成，不特禾稻歉收，杂粮各项亦受损失。

万宁：5—7 月大旱，民大饥。

民国　二十六年（公元 1937 年）　全岛：春秋旱。

民国　三十年（公元 1941 年）　北黎（今东方）：海南岛枯水年，北黎年总雨量七百二十三毫米，是本省（广东）境内历年最少年雨量。

民国　三十一年（公元 1942 年）　文昌：春旱至八月始雨，土干地裂，风沙滚滚，人畜饮水苦之，农作物失收，年荒。

万宁：春夏大旱，河水干涸，农作物损失惨重。

民国　三十二年（公元 1943 年）　琼山：大旱，粮食歉收。全县四个月无雨，田洋枯裂，田园荒芜，五谷失收，米贵如珠，民吃糠、野菜、木瓜树、香蕉树、板薯度日。更兼下半年，大水，水稻失收，饿死、逃荒者众。其中东山乡饿死三百多人，逃荒二千八百人，因生活所迫自杀八十九人，卖儿女一百四十四户；灵山、大林饿死六百二十多人，逃荒四百一十人，卖儿女一百五十一户。

昌感（今昌江）：1—4 月降雨七十八点七毫米，禾苗全枯死，农作物几乎失收。

屯昌：全县大旱，加上日本侵略者强迫百姓做苦工，八成稻田插不上秧，插上秧的大都枯死失收，因而发生大饥荒，全县饿死病死六千多人。

琼中：旱荒，食物昂贵，一个光洋仅买一斤大米。红毛王国兴起义。

乐会（今琼海）：大旱，大部分水禾和坡地作物失收，饿殍遍野，灾民四出逃荒。

崖县：干旱，赤地千里，饿殍载道，粮价飞涨，米贵如珠，人们四处逃荒，到处求乞，妻离子散，家破人亡。

民国　三十三年（公元 1944 年）　屯昌：大旱，1—7 月未落一场透雨，河水断流，人畜饮水困难，农作物全部失收。致使大米涨到每升光洋一元二角，食盐每市斤光洋四元。因缺粮缺盐，上万人患水肿病。

万宁：春夏发生历史上罕见的大旱，受旱八万多亩，稼如火烧，加之秋季三次台风，两造全失收。乞讨四起，饿死四万多人。较严重的是保定村二千多人，三十户绝了后代；新潭村三千多人饿死一千多人。

定安：严重干旱。

文昌：春旱至立秋始雨，年荒。米价腾贵，黎民采野菜，吃粗糠，患水肿和疟症病，体质孱弱如柴，饿乞载道，政府赈灾济大米乳粉。

民国　三十四年至三十五年（公元 1945—1946 年）　昌感（今昌江）：三月至次年五月，连续十四个月发生大旱，灾情遍及全县。山塘河溪干涸，农作物成片旱死，粮食涨价，升米光洋一元，十家九户断炊，贫人携儿带女逃荒讨饭。

乐东：秋旱延至次年春夏大旱。次年八九月间，大旱之后大涝，冲坡、黄流一带饿死三千九百多人，卖妻女三十六人，逃荒四千九百多人。年底瘟疫流行，沿海一带病死二千多人。

崖县（今三亚）：大旱，晚造及翌年早造失收，米价贵，群众以木瓜树、剪刀菜、芭蕉芯、野菜野果充饥，不少贫民出卖子女。

民国　三十五年（公元 1946 年）　全岛旱。

文昌：大旱，年荒。

临高：春季数月不降雨，发生严重旱灾，农作物枯死，农业歉收，米贵如珠，一块光洋一筒米（一市斤多）。

定安：春夏干旱，早造全县歉收，大部分地区仅收得二三成，晚造因旱有部分迟种，有部分丢荒。

澄迈：是年全县受旱，连续六个月未下过透土雨，水田龟裂，稻苗枯死，早造失收，米价昂贵。全县饿死五百七十二人，逃荒四千七百三十人，卖儿卖女七十九人。

民国 三十六年（公元 1947 年） 定安：全年雨量仅一千二百七十二毫米，比多年平均少三成，春夏秋连旱。

屯昌：十一月至翌年四月，卜文乡六个月无雨，全乡七成稻田不能插秧。农民外出逃荒。

民国 三十七年（公元 1948 年） 定安：全年雨量一千二百四十七点二毫米，比多年平均少三成多，夏秋大旱，而秋季比夏季更旱。

陵水：因天旱，农作物歉收。

民国 三十八年（公元 1949 年） 定安：天久旱不雨，旱虐为灾。早造稻谷及杂粮仅收获四成，晚造无水未播种插秧。

第四节 现代（公元 1950—2000 年）干旱灾害

1952 年 年内海南全岛旱情严重，据资料记录，1 月 6 日至 4 月 1 日，北部地区冬春连旱，海口连续旱日 87 天，1—4 月各月降雨量比常年偏少 20%～50%。3—6 月，全岛 19 个县市 70 个乡春旱严重，受旱面积 5186.7 公顷，主粮损失 819 吨，杂粮损失 1610 吨。旱灾最严重的琼东（今琼海）县，有 3333.3 公顷禾稻被旱死，主粮损失 750 吨，杂粮损失 1610 吨。澄迈、临高、昌感（今东方）3 个县副业只有 2 成收成，乐东、保亭、白沙、昌感（今东方）等县的一部分农作物枯死失收。由于灾情严重，新民（今屯昌）、崖县（今三亚）、文昌、澄迈、琼东、陵水、琼山、儋县（今儋州）、保亭、东方、白沙、乐东、琼中 13 个县发生饥荒，计有饥民 7.9 万人，占全岛总人口 7%左右。

1952—1953 年 1952 年 11 月 7 日至 1953 年 3 月 6 日，儋县（今儋州）秋冬春连旱，连续旱日 120 天，琼海、海口冬春连旱，旱日达 42～45 天；东方夏旱明显，旱日达 36 天。1953 年 4 月儋县、琼东（今琼海）、东方降雨量比常年偏少 20%～60%，5 月海口、儋县、东方偏少 20%～80%。1953 年大部分地区冬春旱严重，西部夏旱明显。澄迈县共有 5 个区 23 个乡受旱，损失稻苗 19.24%，其中五区福来乡枯死秧苗 3～4 成，长安乡 1066.7 余公顷农田受旱。昌感（今东方）县连续 3 个月无雨，保丰乡春耕下种玉蜀黍 64 公顷，旱死 80%，6.7 公顷高粱全部枯死。西瓜 100 公顷，枯死 50%；花生 33.3 公顷，枯死 50%；晚稻田下种 66.7 公顷，枯死 80%。6 月 30 日飓风过后，崖县（今三亚）三区有 20%～30%的农田无水犁耙，二区有 53.9 公顷农田无水灌溉。琼山县七区元新乡因旱影响春耕下种，种下的稻苗也生长不好。

3 月 26 日区公署组织工作队到重灾区白沙县调查灾情，4 月 2 日成立海南生产救灾办公室。4 月 11 日在海南区县长会议上讨论研究灾荒情况及其应急措施，四五月间先后派出工作组赴崖县、儋县、新民（今屯昌）、白沙、琼中、保亭、昌感、乐东等县检查推动生产救灾工作。工商处于 5 月 25 日组成 3 个春荒收购检查小组，分赴白沙等 9 个县督促与检查当地贸易部门执行春荒收购情况。对夏收后灾情仍较严重的东方县、昌感县增发救灾款，7月下旬又派出一小组往昌感县了解灾情及协助推动工作。

1954年 6—8月海南全岛降雨普遍偏少。北部、东部夏旱明显，海口、琼东（今琼海）连续旱日31～48天。特别是西部地区4月中旬至8月下旬持续干旱，东方连续旱日131天，过程累积雨量仅50毫米左右。6月大部分地区降雨量比常年偏少30%～97%，7月北部、东部、西部偏少70%～92%。许多地区山塘干涸，田地龟裂，秧苗、作物萎黄枯死。全岛受旱面积47046.7公顷，其中水稻受旱1860公顷，其他作物受旱1366.7公顷。儋县（今儋州）、定安、屯昌、东方、乐东等县受旱较为严重。儋县受旱18946.7公顷，占总面积90%，其中旱死秧苗3900公顷。定安县受旱20466.7公顷，占总面积60%以上。临高县57个乡受旱2946.7公顷，占总面积的10.4%，其中枯死473.3公顷，占总面积的2.1%；严重萎黄的606.7公顷，占总面积的2.7%；一般受旱的1820公顷，占总面积的8.3%。昌感（今东方）县受旱面积1480公顷，旱死秧苗1100公顷，占受旱面积的74%；崖县（今三亚）、陵水秧苗受旱1513.3公顷。

1954—1955年 1954年10月至1955年4月，全岛各地旱情严重。东方、海口、儋县（今儋州）、琼东（今琼海）连续旱日长达120～220天，过程累积雨量65～82毫米。1955年1月全岛各地降雨量比常年偏少40%～99%，2月偏少70%～90%；3月除西部部分地区外，大部分地区偏少60%～94%；4月除西北部分地区外，大部分地区偏少40%～93%；5月除西部部分地区外，大部分地区偏少30%～70%。据1954年10月中旬至1955年6月统计，全岛早造水稻受旱面积达93333.3公顷，占春耕面积65%，其中无水插秧的40000公顷，失收16666.7公顷，旱伤53333.3公顷，因旱减产60000公顷，损失粮食6550吨；全岛早造主粮减产21.3%，杂粮减产2.9%。损失最严重的琼海县受旱稻田达30%～80%的有24个乡，总共受旱面积2033.3公顷，其中枯死11.6公顷，主粮减产69%。

1955—1956年 1955年11月至1956年4月间，全岛大部分地区持续4～5个月干旱少雨，其中西北部的儋县（今儋州）、西部的东方、东部的琼东（今琼海）、东南部的陵水秋冬春或冬春连旱，连续旱日130～150天，过程累积雨量10～75毫米；琼东冬春连旱，连续旱日92天。1956年1月西部、中部和南部地区降雨量比常年偏少20%～97%；2月除东北部地区外，各地降雨量偏少20%～80%；3月各地偏少80%～100%；4月东南部偏少40%～60%。由于干旱少雨，全岛坡地112666.7公顷、水田46666.7公顷受旱，枯死800余公顷，13333.3公顷无法插秧。全岛共有灾民7.92万户23.71万人，93人因生活困难或贫病交加而自杀，273人逃荒、卖子女2人。春荒期间，建立各级生产救灾机构，专职抓生产救灾工作。全区组织40余万人投入抗旱，生产自救，开展多种经营副业生产。安排好灾民生活。

1957年 7月11日至8月15日，东部和西部大部分地区夏旱明显，其中琼东（今琼海）、东方连续旱日33～36天。7月海口、东方、琼东降雨量比常年偏少50%～60%。8

月上旬，据海南自治州（今五指山）和乐会（今琼海）、琼东、定安、澄迈、临高等县统计，农作物受旱面积51933.3多公顷。定安县12个乡全部受旱，面积达6666.7多公顷；东方县自6月初至8月旱情持续两个多月，田甲等5个乡饮水困难；插下禾苗2866.7公顷，受旱1866.7公顷，占65%，其中460公顷枯死；坡稻4866.7公顷，有70%受旱，其中有773.3公顷枯死。文昌县铺前区受旱面积占60%，其中266.7多公顷枯黄，40公顷枯死。昌感（今东方）县8666.7公顷禾苗受旱的占70%，其中2000多公顷枯黄。

1958年 年内全岛各地春旱明显，2月12日至5月23日，海口、琼中、琼海、陵水、儋县（今儋州）、东方连续旱日31～42天，过程累积雨量1～45毫米；西部地区的东方从2月上旬至5月中旬旱日达93天，过程累积雨量仅2毫米。3月海口、琼海、东方降雨量比常年偏少30%～98%；4月全岛各地偏少40%～100%；5月各地偏少40%～100%。受旱较重的有定安、澄迈、临高、儋县、东方等5县，水稻受旱25280公顷，其中枯黄6733.3公顷，枯死1886.7公顷。番薯受旱3400公顷。定安县委书记带领检查组到各乡协助指挥抗旱，抢救水稻1033.3公顷、番薯30.7公顷。澄迈县3.2万人参加抗旱，占全县总人口的35%，共抢救水稻2186.7公顷，番薯213.3公顷。儋县发动群众抗旱，抢救水稻1053.3公顷。

1958—1959年 1958年9月19日至1959年4月22日，全岛各地旱情严重，其中海口、陵水、儋县（今儋州）、琼海、琼中、东方秋冬春连旱和春旱明显，连续旱日分别为90～153天和31～46天；过程累积雨量分别为45～127毫米、5～36毫米。西部、西北地区和屯昌夏旱明显，连续旱日32～59天，过程累积雨量70～114毫米。1959年5月全岛大部分地区降雨量比常年偏少20%～50%；6月全岛各地降雨量偏少20%～50%；7月澄迈、儋县、白沙、琼中、东方、自治州（今五指山）偏少20%～50%。1959年2月至8月，全岛有10个县市受旱（儋县、东方、澄迈、乐东、琼海、文昌、琼中、海口、定安、崖县等），受旱面积共67486.7公顷，减产71500吨。其中早造受旱21600公顷，减产29315吨；中造受旱6946.7公顷，减产1120多吨；春种番薯成灾19846.7公顷，减产40930吨；晚造受旱11926.7公顷，较严重者6813.3公顷，枯死3660公顷。东方县晚造水稻受旱9233.3公顷，其中5280公顷旱情严重，枯死晚稻3853.3公顷，番薯2666.7公顷；乐东县晚稻受旱5766.7公顷，其中213.3公顷严重受旱，枯死500公顷，番薯受旱433.3公顷；澄迈县受旱晚稻7040公顷，严重受旱的有1620公顷，160公顷枯死，番薯受旱1806.7公顷，1093.3公顷受旱严重。10月上旬至12月，全岛各地出现轻到中度秋冬旱，连续旱日30～70天。据11月下旬统计，除琼海、定安县外，8个县市受旱水稻达39786.7公顷，其中严重的有20713.3公顷，枯死9720公顷。番薯受旱面积24740公顷，其中严重的3806.7公顷，枯死593.3公顷。最严重的是儋县、东方、乐东、澄迈等四县，儋县受旱粮食作物达11926.7公顷，枯死4993.3公顷。

海南区党委根据区气象局提供的1959年6月中旬预报及旱情持续发展状况，6月16日发出“迅速组织群众抗旱保苗”的紧急通知，全区投入抗旱人数每天20多万人，共抢救水稻、番薯粮食作物14000多公顷。9月至10月上中旬，全岛再度受重旱威胁，区党委根据气象预报再次发出抗旱指示。全区抗旱及时挽救水稻12286.7公顷、番薯2900

公顷。

1959—1960 年 1959 年 10 月 8 日至 1960 年 5 月 9 日，东方、白沙、自治州（今五指山）秋冬春连旱，连续旱日 171～179 天，过程累积雨量 24～92 毫米；陵水、澄迈、屯昌、儋县（今儋州）冬春连旱，连续旱日 86～132 天，过程累积雨量 24～61 毫米；琼中、琼海、万宁春旱严重，连续旱日 72～81 天，雨量 41～44 毫米。1960 年 2 月 11 个市县降雨量比常年偏少 50%～99%；3 月 9 个市县降雨量偏少 30%～96%；4 月各市县偏少 20%～99%，其中 10 个市县偏少 50%以上；5 月 9 个市县偏少 20%～70%。1960 年全岛早造水稻插种面积 168693.3 公顷，严重受旱 61473.3 公顷（占 36%），全部失收 18000 多公顷；冬种春收番薯 110826.7 公顷；严重受旱 39453.3 公顷（占总面积的 36%），其中全部失收的 20986.7 公顷，春种杂粮作物 216026.7 公顷，严重受旱 3100 公顷，枯死失收 2166.7 公顷。儋县早造插秧面积 13660 公顷，受旱达 70%左右，因旱枯死的 6993.3 公顷，占总面积的 51%。东方县早造水稻插种面积 6693.3 公顷，受旱损失的有 3140 公顷，占 61%。乐东县因旱减产面积占 58%。

1961 年 6 月中旬至 8 月中旬，崖县（今三亚）、东方、海口、琼海、自治州（今五指山）、万宁夏旱明显，连续旱日 41～70 天。7 月全岛各地降雨量比常年偏少 40%～92%，8 月大部地区降雨量偏少 20%～60%。北部地区夏季降雨量比常年偏少 20%～80%；各地都出现了不同程度的夏旱。由于天气干燥闷热，高温少雨，蒸发量大，水稻旱后抽穗，稻叶干枯卷缩。据统计，7 月 13 日全岛受旱面积 86666.7 公顷，占种植面积的 35.5%；7 月 25 日受旱 93333.3 公顷，占 38%；8 月 8 日受旱 80666.7 公顷，占 32%；8 月 25 日受旱 83333.3 公顷，占 33%。干旱较严重的有儋县（今儋州）、东方、昌江、乐东、崖县、陵水、文昌等县。

旱情发生以后，全区各级党委及时发动群众抗旱，一方面充分利用地面、地下水源，进行封江堵河，挖塘打井，戽水灌田；另一方面，实行合理用水，节约用水，充分发挥原有水利设施的灌溉效能。全区投入抗旱劳动力 57 万多人。到 7 月 27 日止，定安县抢插晚稻 53333.3 公顷，占晚造计划种植面积的 82%。文昌县半个月抗旱抢插晚稻 5133.3 公顷。

1961—1962 年 1961 年 10 月至 1962 年 5 月，东方旱日 243 天，长达 8 个月之久，其中绝大多数月份降雨量比常年偏少 30%～90%；1961 年 10 月～1962 年 4 月，白沙、崖县（今三亚）、澄迈、陵水旱日达 120～175 天；1961 年 11 月～1962 年 2 月定安冬旱严重，连续旱日 96 天。1962 年 1 月除琼中外，各地降雨量比常年偏少 20%～100%，其中 10 个市县偏少 50%以上；2 月 7 个市县偏少 20%～50%；3 月除琼海外，各地降雨量比常年偏少 30%～97%，其中 14 个市县偏少 50%以上；4 月 11 个市县偏少 20%～97%；5 月 10 个市县偏少 30%～60%。各月降雨量比常年偏少，1～4 月陵水偏少 40%～95%，澄迈偏少 50%～60%；1～5 月临高偏少 40%～80%，琼海偏少 20%～70%，东方偏少 30%～90%；1～8 月，白沙偏少 20%～90%。据统计，1962 年上半年海南岛受旱面积 52713.3 公顷，水稻受旱 46733.3 公顷，其中无水插秧

25466.7 公顷，插下受旱 21266.7 公顷，严重受旱 6000 公顷，失收 3466.7 公顷。1962 年早造粮食总产量 217000 吨，比上年同期减产 57000 吨，减少 20.8%。干旱较严重的是儋县（今儋州）、东方、文昌、昌江、崖县、乐东等县。

1962—1963 年 1962 年 10 月下旬至 1963 年 6 月初，全岛绝大部分地区秋冬春连旱，连续旱日 141～225 天，其中东方、白沙、临高达 200 天以上；万宁冬春连旱，连续旱日 85 天；琼中、崖县（今三亚）春旱明显，旱日 63～87 天，过程累积雨量 7～92 毫米；陵水、琼海、文昌、万宁春夏连旱，连续旱日 61～68 天，过程累积雨量 34～67 毫米。1963 年 1 月，全岛降水量偏少，绝大部分地区偏少 60%～97%；2 月绝大部分地区偏少 30%～90%，其中 13 个市县偏少 50%以上；3 月临高、儋州、白沙、琼中、东方、崖县偏少 20%～70%；4 月绝大部分地区偏少 50%～100%；5 月绝大部分地区偏少 20%～100%，其中 9 个市县偏少 50%以上。4—5 月东方、5 月陵水无雨。1963 年全岛春旱明显，多数市县比 1955 年春旱严重。43.1 万人因春荒缺粮，占总农业人口 18%，4 月旱情发展到最高峰，缺粮人口上升到 80.18 万人，占总农业人口 33.3%。45 万人没钱买粮，占总人口 17.3%，占缺粮人口 56%。旱情严重的社队，缺粮面达到 91.5%（如澄迈县桥头公社等），救济面达到 75%（如万宁县山根公社等）。4—5 月的旱情对农业生产影响很大。据 5 月 27 日统计，全岛受旱农田面积 116666.7 公顷，其中早造水稻受旱面积 55860 公顷，严重受旱 24946.7 公顷，枯死 6433.3 公顷。春种受旱面积 36273.3 公顷，其中粮食作物 17980 公顷，严重受旱 3653.3 公顷，枯死 2606.7 公顷。又据 6 月 16 日统计，全岛晚造受旱面积 70846.7 公顷，其中不能犁田的 34133.3 公顷，犁后不能插种的 18820 公顷，插下受旱的 2286.7 公顷，不能播种的 1560 公顷，枯死秧苗 1166.7 公顷，损失种子 13850 吨。文昌县水稻受旱面积 3333.3 公顷，其中严重的 800 公顷，枯死的 666.7 公顷，其他作物受旱也很严重。

海南区党委、行署很重视生产度荒工作。春夏旱期间，行署先后发出 5 次关于做好生产度荒的指示，派出工作组深入文昌、琼山、儋县（今儋州）、澄迈、定安、东方、昌江、崖县等灾区了解灾情，采取一系列有效措施和依靠有关部门的大力支持，调动群众的生产自救积极性，克服困难，战胜春夏荒。

1963—1964 年 1963 年 9 月至 1964 年 5 月，崖县（今三亚）、临高、东方连续旱日 190～230 天；1963 年 10 月中旬至 1964 年 3 月、4 月，白沙、陵水、乐东连续旱日 170～200 天；1963 年 11 月下旬、12 月中旬至 1964 年 3 月底、5 月初，海口、儋县（今儋州）、自治州（今五指山）、文昌连续旱日 100～165 天；1964 年 1—4 月，澄迈、屯昌、定安、琼海连续旱日 60～115 天。1964 年 2—4 月全岛大部分地区降雨量比常年偏少 30%～99%，1964 年，全岛普遍出现冬春旱象，部分地区旱情较严重。据 14 个市县（缺儋县、临高、白沙、崖县）的不完全统计，早造受旱面积达 25656.7 公顷，其中因旱无法种植 4251.7 公顷，种后受旱 21406.7 公顷。琼海县 4 月 15 日报告，全县受旱水稻 5460 公顷，占总面积的 34%，春种作物几乎全部受旱。屯昌县受旱 2906.7 公顷，占总面积的 44%。琼山县受旱 5200 公顷，其中无水源受旱的有 1620 公顷，严重的有 1206.7 公顷。该县大致坡和十字路公社的部分地方，因水井水位下降，社员要半夜排队挑水或到数里路以外的地方去挑水，有的地方田土龟裂。文昌县枯死农作物 12.6 公顷。海口市郊甘蔗出芽率只有 60%～70%。

1964—1965 年 1964 年 10 月底至 1965 年 4 月初，东方、通什（今五指山）、乐东、白沙等地连续旱日达 156 天；1965 年 1 月初至 2 月、3 月，儋县（今儋州）、文昌连续旱日 53～83 天；1965 年 1 月初至 9 月上旬，昌江连续旱日 245 天左右。1965 年 1 月全岛降雨量比常年偏少 40%～97%；2 月东方、乐东、通什偏少 50%～60%；3 月除海口以外，各地偏少 30%～94%，崖县（今三亚）全月无雨；8 月除万宁以外，各地偏少 20%～80%；9 月绝大部分地区偏少 20%～70%；10 月大部分地区偏少 50%～90%。1965 年海南岛受旱面积 23333.3 公顷，其中通什 12733.3 公顷。旱灾比较严重的是东方、儋县、昌江。东方受旱面积 5533.3 余公顷，占晚造种植面积 55%，其中枯死 513.3 公顷；昌江县受旱面积 1000 公顷，枯死 240 公顷；儋县受旱面积 6533.3 公顷，其中失收 2460 公顷，三都、干冲、峨蔓、木棠等公社尤其严重，受旱面积达 90%以上。

1966 年 5—6 月、7 月全岛大部分地区出现旱情，8 个市县旱日 30～60 天，9～10 月 14 个市县秋旱明显，旱日达 30～45 天；海口 9 月初～12 月中旬，连续旱日 103 天。4 月、6 月全岛绝大部分地区降水量比常年偏少 20%～93%；8 月、10 月大部分地区偏少 20%～60%；9 月全岛各地偏少 60%～80%。1966 年 5—10 月，由于降雨量少，全岛水库蓄水量仅有 3 亿 2 千万立方米，一些水库因水位低不能排灌。全岛库容 100 立方米以上的水库有 123 个，干涸的 68 个，占 55%。据 10 月 8 日统计，全岛水稻受旱 104666.7 公顷，占种植面积 43%，其中受旱严重的 38000 公顷，枯死 6533.3 公顷；旱粮（玉米、高粱等）受旱 8000 公顷，其中 3666.7 公顷严重受旱。受旱比较严重的文昌、琼海、定安、屯昌等县，受旱面积占种植面积的 50%～60%；东方县占 77%；文昌东郊、文教，定安龙塘等公社受旱面积 80%。

海南区党委多次发出紧急通知，部署各行各业投入抗旱救灾。各级领导干部深入抗旱前线，各县农村投入 50%以上的劳动力抗旱。据 10 月 8 日统计，全区已抢救水稻 29333.3 公顷。

1966—1967 年 1966 年 10 月底至 1967 年 4 月中旬，西南部、东南部和崖县（今三亚）冬春连旱，连续旱日 100～170 天；1967 年 2 月中旬至 4 月中旬，北部、东部和中部大部出现重度春旱，连续旱日 60～70 天；琼中 1 月上旬至 4 月中旬，连续旱日 96 天。1967 年 2 月全岛绝大部分地区降雨量比常年偏少 30%～90%，其中陵水全月无雨；3 月全岛各地偏少 30%～98%；5 月大部分地区偏少 20%～80%；6 月南部、中部大部和琼海偏少 30%～60%；7 月大部分地区偏少 20%～98%。据 1967 年 4 月 8 日统计，全岛受旱稻田 66666.7 公顷，已插秧受旱 40666.7 公顷，缺水办田 23333.3 公顷。其中琼山受旱稻田 10266.7 公顷，琼海 8000 公顷，文昌 9333.3 公顷，万宁 5466.7 公顷，屯昌 5000 公顷，澄迈 4466.7 公顷，儋县（今儋州）3800 公顷，临高 3600 公顷，定安 6333.3 公顷，海口 333.3 公顷，通什（今五指山）10533.3 公顷。7 月旱情仍然继续发展，全岛受旱面积 74666.7 公顷，其中因旱不能犁田的 30000 公顷，插秧后受旱的 14000 公顷，旱死

666.7 公顷，秧苗受旱 6000 多公顷，旱死 2000 公顷。

1968 年 5 月下旬至 8 月中旬，海南岛 12 个市县相继发生春夏旱或夏旱，连续旱日 30～76 天。5—6 月全岛大部分地区降雨量比常年偏少 20%～96%；7 月全岛偏少 20%～80%。据统计，7 月初以来，全岛受旱面积约 60000 公顷。旱情比较严重的有万宁、琼海、屯昌、文昌、陵水、崖县（今三亚）、乐东、东方、白沙、澄迈等县。万宁县插秧 8000 公顷，受旱 3333.3 公顷，无水插秧 6000 公顷左右；屯昌县受旱的秧苗占 70%，其中损失 20%左右；白沙县晚造受旱 2000 公顷，秧苗受旱 8666.7 公顷，其中枯黄 4533.3 公顷，枯死 1333.3 公顷。封溪公社受旱面积约 666.7 公顷。

1969 年 海南岛自 1968 年入冬以来降雨较少，特别是南部地区基本无雨。1969 年 2 月上旬至 4、5 月上旬，乐东、琼中、白沙、昌江、崖县（今三亚）、陵水等县出现重度春旱，连续旱日 66～89 天，过程累积雨量 8～55 毫米；东方 2 月上旬至 6 月中旬春夏连旱，连续旱日 131 天，过程累积雨量仅 38 毫米；万宁 3 月中旬至 7 月初春夏连旱，连续旱日 112 天。2 月绝大部分地区降雨量比常年偏少 30%～94%；3 月偏南部地区偏少 20%～93%；4 月绝大部分地区偏少 30%～93%；5 月全岛偏少 20%～100%。5 月 7 日统计，全岛受旱面积 60000 公顷，其中严重的 20000 公顷，稻苗枯死 1333.3 公顷。坡地作物普遍受旱，有少数枯死。琼山县早造受旱面积 8000 公顷，占插秧面积的 42%；定安县受旱 4000 多公顷，占 38%。文昌县各种农作物受旱面积达 8666.7 公顷。

1970—1971 年 1970 年 10 月至 1971 年 5 月，全岛绝大部分地区冬春连旱，15 个市县连续旱日 92～209 天，其中 12 个市县旱日 100 天以上。1971 年 1 月大部分地区降雨量比常年偏少 40%～90%；2 月绝大部分地区偏少 20%～96%；3 月全岛偏少 50%～99%，崖县（今三亚）全月无雨；4 月 15 个市县偏少 30%～93%，1971 年全岛农作物受旱面积 52800 公顷，其中水稻 43466.7 公顷，经济作物 9333.3 公顷。

1971—1972 年 1971 年 11 月初至 1972 年 5 月，全岛大部分地区冬春连旱，8 个市县连续旱日 116～186 天，6 个市县 85～95 天。1972 年 1 月 12 个市县降雨量比常年偏少 40%～90%；2 月绝大部分地区偏少 20%～96%；3 月全岛偏少 50%～99%；4 月 15 个市县偏少 30%～93%。1972 年海南岛受旱面积 34266.7 公顷，其中无水插秧 17666.7 公顷，插后受旱 16600 公顷，严重受旱 533.3 公顷，损失产量 645 吨。

1972—1973 年 1972 年 10 月下旬至 1973 年 5 月上旬，全岛普遍冬春连旱，12 个市县连续旱日 111～181 天；万宁、定安、文昌、崖县（今三亚）、保亭等地连续旱日 74～92 天。1973 年 2 月绝大部分地区降雨量比常年偏少 22%～99%；3 月 15 个市县偏少 30%～97%。1973 年海南岛受旱面积 71200 公顷，其中水稻受旱 46800 公顷，损失产量 2075 吨；经济作物受旱 24400 公顷，其中甘蔗受旱 12866.7 公顷。

1973—1974 年 1973 年 12 月初至 1974 年 4 月上旬，全岛各地冬春连旱，连续旱日

97～128天，过程累积雨量12～97毫米；1973年10月26日至1974年5月21日，东方县连续旱日208天，过程累积雨量65毫米。1973年12月全岛降雨量比常年偏少70%～100%；1974年1月15个市县偏少20%～97%；2月全岛偏少50%～93%。东方县连续3个月无雨。1974年海南岛水稻受旱41733.3公顷，其中无水办田33466.7公顷，插后受旱8200公顷。

1974—1975年 1974年11月上旬至1975年3月下旬，澄迈、昌江、保亭、临高、陵水等地冬春连旱，连续旱日80～139天；1974年12月中旬至1975年1月底，定安、儋州、白沙等地冬旱明显，连续旱日53～64天。1975年4月全岛降雨量比常年偏少20%～99%，除海口市以外，其他市县偏少50%以上，其中6个市县偏少90%以上。1975年从入春至4月底，海南岛降雨量普遍偏少。南渡江流量比上年同期减少80%，万泉河减少一半，昌化江减少37%。全岛18个水库，其中14个蓄水量比上年同期减少。万宁县万宁水库、临高县尧龙水库均减少60%，琼山县风潭水库减少45%，松涛水库减少2.3亿立方米。全岛受旱面积86800公顷，其中水稻受旱51733.3公顷，严重受旱16333.3公顷，失收466.7公顷；经济作物受旱35066.7公顷，其中甘蔗16466.7公顷。

1975—1976年 1975年10下旬至1976年5月下旬，海南岛大部分地区冬春连旱，连续旱日90～209天，其中11个市县111天以上；1976年1—3月大部分地区降雨量比常年偏少20%～99%；4—5月12个市县偏少20%～80%。1976年全岛农作物受旱面积155000公顷，其中水稻受旱118466.7公顷，无水办田43400公顷，严重受旱22000公顷，失收1400公顷，损失产量2115吨；经济作物受旱36533.3公顷。

1976—1977年 1976年11月上旬至1977年5月下旬，海南岛12个市县秋冬春连旱，连续旱日141～255天；6～7个月之内，除保亭累积过程雨量173毫米外，其余11个市县都在100毫米以下，其中昌江、通什（今五指山）、陵水、东方、崖县（今三亚）等市县不足35毫米；1977年1月中旬至5月下旬，海口、屯昌、定安、文昌、琼海、万宁等市县冬春连旱，连续旱日79～131天，累积过程雨量12～58毫米；1977年4月下旬至7月中旬，东方、万宁等地连续旱日75～85天。1977年1月、2月、10月、11月全岛降雨量比常年偏少30%～99%，4—6月、9—10月、12月全岛有13～17个市县降雨量偏少20%～99%。1977年海南岛年降雨量比常年偏少20%～50%，出现历史上罕见的大旱，从上年11月起，持续大旱的时间达1年多，比历史上旱灾最严重的1943年还长6个多月，是历史上持续大旱时间最长、受旱面积最大最严重的一年。

1977年7月21日，海南岛受7703号台风影响之前，旱情十分严重，全区有9成的江河断流，最大的南渡江、万泉河、昌化江出现历史上最低水位和最小流量，8成以上（2024个）的山塘水库干涸。三分之一生产队的120万农村人口及牲畜饮水相当困难，部分社队组织汽车、拖拉机、手扶拖拉机、牛车等交通运输工具到边远的地方运水，按人口定量配给。3号台风虽给海南部分地区带来降雨，但由于较大降水集中在西南部，大部分地区雨小而不平衡。台风过后，气温高，蒸发量大，旱情仍在继续发展，给农业生产造成很大困难。据不完全统计，海南区全年农作物播种面积764000公顷，受旱329333.3公顷

（占种植面积的 43%），其中损失 5 成以上的有 110666.7 公顷（占种植面积的 15%），56000 公顷旱死，59333.3 公顷因旱不能种植。全年水稻插植面积 471333.3 公顷，受旱面积达 146666.7 公顷（占 30%），其中严重枯黄、龟裂，损失 5 成以上的有 54666.7 公顷，旱死 20000 公顷。到 11 月份，旱情还在继续发展。据 11 月 30 日统计，全区最大的南渡江、万泉河、昌化江流量比上年同期少 7～8 成；全区有 1900 多个水井干涸，2135 个生产队饮水困难；大、中、小山塘水库总蓄水量仅有 22.9 亿立方米，比上年同期减少 18.2 亿立方米，有效蓄水量只有 16.1 亿立方米。全区秋薯种植 120000 公顷，受旱 74000 公顷，其中旱死 6666.7 公顷；冬种番薯计划 86666.7 公顷，仅种 31333.3 公顷，受旱 19066.7 公顷；计划种植坡薯 33333.3 公顷，因旱仅种 5466.7 公顷。严重的干旱，造成水电站发电量下降，严重地影响工农业用电。全区水电站发电量 11 月份仅有 2.2 万千瓦，比 10 月份减少 2 万千瓦。

1977 年海南区遭受历史上罕见的干旱，各级党委对救灾救济工作十分重视，切实加强领导，层层成立生产自救和生活安排领导小组。区党委及时召开常委扩大会，专题研究农村群众生活困难问题，全区抽调 1100 多名干部，组织工作组深入困难社队，帮助发动群众开展封江堵河等抗旱斗争，搞好生产自救，安排好受灾群众的生活。基本上做到大灾之年不出大问题。

1977—1978 年　1977 年 9 月中旬至 1978 年 3 月中旬，白沙、澄迈、昌江、海口等市县连续旱日 166～178 天；1977 年 10 月上旬至 1978 年 4 月下旬，10 个市县连续旱日 129～190天，累积过程雨量 33～98 毫米；1978 年 1 月上旬至 3 月中旬，文昌、琼中、万宁等市县连续旱日 61～66 天。1978 年 1 月，海南岛 13 个市县降雨量比常年偏少 20%～96%，其中 8 个市县偏少 50%以上；2 月 15 个市县偏少 30%～95%；4 月琼海、屯昌、白沙、琼中、东方、保亭、崖县（今三亚）等市县偏少 20%～80%。3、4 月，海南 313 个公社，仅有 116 个公社降雨 50 毫米以上，其余的 50 毫米以下，特别是屯昌、琼海、文昌、崖县、白沙、保亭、乐东、东方等县降雨量普遍偏少。据 1978 年 4 月 13 日统计，全岛水库总蓄水量 14.4 亿多立方米，有效蓄水量 7.7 亿立方米，占计划蓄水的 31.3%，比上年同期减少 10.7 亿立方米；1014 宗山塘水库干涸或水位在死库容以下，占山塘水库总数的 32%；2096 眼水井干涸，29 万农村人口饮水发生困难；受旱农作物面积 60000 公顷，其中早造水稻 35266.7 公顷（占 19.2%，其中严重受旱 12666.7 公顷），花生 8000 公顷（占已种面积 30.9%），芝麻 1126.7 公顷，糖蔗 11400 公顷（占已种面积 28.2%），旱粮作物 4200 公顷。

1977—1978 年，海南岛持续干旱 1 年多。全岛 85%的河溪断流，境内最大的南渡江、万泉河、昌化江流量比上年同期偏少 8 成；山塘水库的蓄水量减少一半。从 1977 年秋收开始，区党委先后召开 3 次电话会议，部署抗旱夺丰收，打好农业翻身仗。春耕备耕开始后，全区 2100 多名各级干部深入抗旱第一线，一方面组织群众落实党的政策，搞好年终分配；另一方面深入调查研究，依靠群众制定抗旱措施，搞好春耕生产。

1978—1979 年　1978 年 10 月中旬至 1979 年 5 月下旬，通什（今五指山）、乐东、定安、海口、崖县（今三亚）、文昌、澄迈、东方等市县连续旱日 137～187 天，过程累积雨量 47～130 毫米；1979 年 1 月中旬至 4 月上旬，昌江、临高、白沙、保亭等市县连续旱日 72～84 天，过程累积雨量 15～39 毫米。1979 年 1 月，海口、文昌、万宁、屯昌、陵水、崖县等市县降雨量比常年偏少 30%～85%；2 月 12 个市县偏少 30%～94%；3 月 14 个市县偏少 20%～95%，其中 13 个市县偏少 50%以上；7 月 16 个市县偏少 40%～92%；10 月全岛各地偏少 80%～99%，其中海口、澄迈、临高等市县全月无雨；崖县 9 个月偏少 50%～95%。

1979 年海南岛普遍出现旱情，特别是西南部和南部旱情发展迅速，严重影响农业生产和群众生活。截至 10 月 25 日止，全岛晚造受旱 33600 公顷，其中严重的 22800 公顷，旱死 5566.7 公顷；夏秋种番薯 62000 公顷，受旱 48000 公顷；坡地甘蔗 24666.7 公顷，受旱 17333.3 公顷。旱灾严重的有东方、昌江、乐东、崖县（今三亚）、儋县（今儋州）、定安等县。东方县 2—12 月各月降雨量比常年偏少 30%～100%，全县 5 个中型水库除陀兴水库外，其他 4 个蓄水均为死库容。晚造插秧 10266.7 公顷，其中受旱 5466.7 公顷（严重受旱的 3066.7 公顷），枯死 2333.3 公顷；抢种秋番薯 1666.7 公顷，旱死 13600 公顷；山兰（坡稻）旱死 420 公顷，占播种面积的 90%。大田公社 28 个生产队 3700 多人饮水困难，吃饭成问题，不安心生产，劳力外流。昌江县 3 月、7—12 月各月降雨量比常年偏少 30%～98%，秋旱严重属罕见，全县 25 条河溪断流，18 个山塘和小型水库干涸，特别是沿海的昌城、昌化、海尾、南罗、乌烈公社和山区的红卫公社，4 个多月没有下过透土雨，一直刮干热风，造成 2 个大队 18 个生产队 3100 多人饮水困难。乐东县全年有 9 个月各月降雨量比常年偏少 30%～97%，旱情严重，3266.7 公顷晚造水稻受旱严重，枯死 1446.7 公顷。该县的尖峰岭公社插秧 600 公顷，受旱 506.7 公顷，枯死 280 公顷。黑眉大队插秧 53.3 公顷，枯死 40.6 公顷，岭头大队插秧 54.7 公顷，枯死 41 公顷。

1979—1980 年　1979 年 9 月 29 日至 1980 年 5 月中旬，海南岛 14 个市县连续旱日 137～229 天，过程累积雨量除定安、屯昌分别为 115、121 毫米以外，其余的 12 个市县为 24～86 毫米。1980 年 1 月 28 日至 5 月 7 日，文昌、万宁、东方等市县连续旱日 65～100 天，过程累积雨量 23～48 毫米。1980 年 1 月 17 个市县月降雨量比常年偏少，其中 14 个市县偏少 50%以上；2 月 15 个市县偏少 30%～99%，其中 13 个市县偏少 50%以上；3 月全岛各地偏少 60%～99%，其中儋州、昌江全月无雨；4 月全岛各地偏少 30%～99%，其中 16 个市县偏少 50%以上；5 月 10 个市县偏少 20%～60%。1979 年 10 月至 1980 年 5 月，海南岛遭受持续 8 个月的大旱，造成 492 条河流断流，2468 个山塘水库干涸，48 个公社 764 个大队 4039 个生产队 40 万群众饮水困难，601 个生产队早造崖因旱不能插秧。全岛早造插秧 170400 公顷，其中受旱 68066.7 公顷，占实插面积的 39.95%；枯死 17333.3 公顷，占实插面积 10.2%，损失稻谷 103950 吨，占总产量的 20%。其他作物受旱 4.2 万公顷，其中花生种植 21800 公顷，受重旱 16666.7 公顷，造成大减产，其他作物受损也十分严重。各级党委很重视抗旱工作，抓紧组织抗旱队伍，至 4 月 9 日，共组织劳力 30.79 万人，抢插水稻 19426.7 公顷，抢管水稻 40300 公顷，抢种甘蔗 6673.3 公顷，抢种花生 6320 公顷。

1980—1981 年　1980 年 11 月上旬至 1981 年 4 月下旬，陵水、通什（今五指山）、定安、临高、澄迈、东方、乐东、昌江、崖县（今三亚）等市县连续旱日146～169天，过程累积雨量除澄迈为106毫米外，以上其他市县为38～69毫米；1981年1月上旬至4月中旬，琼中、儋县（今儋州）、万宁、屯昌、保亭等市县连续旱日74～97天，过程累积雨量为11～55毫米。1981年1月12个市县月降雨量比常年偏少40%～97%；2月17个市县偏少30%～98%，其中崖县全月无雨；3月全岛各地偏少50%～95%，其中东方、崖县等市县全月无雨；5月13个市县偏少20%～70%；7月定安、澄迈、临高、琼海、文昌、白沙、昌江等市县偏少50%～80%；8月有14个市县、9月有10个市县偏少20%～70%。

1981年海南岛受旱面积84400公顷，其中早造26400公顷（播插后受旱10573.3公顷，受旱不能插秧15580公顷），占生产计划的14.6%；糖蔗种后受旱10000公顷，因旱不能种植12266.7公顷；花生种后受旱1760公顷，因旱不能种植10000多公顷；冬种番薯受旱13333.3公顷左右，计划春种番薯等旱粮23333.3公顷，因旱大部分无法种植，胡椒等坡地作物也普遍受旱。受旱比较严重的是琼海、文昌、琼山、定安、乐东、崖县、保亭、陵水等县。晚造水稻受旱58000公顷（其中无水办田8000公顷）；80个山塘、165个水井干涸，81个生产队2210户9400多人饮水发生困难。

1981—1982年　1981年11月29日至1982年4月中旬，海南岛普遍冬春连旱，14个市县连续旱日92～158天，其中12个市县100天以上，过程累积雨量除定安113毫米外，其余市县为8～70毫米。1982年1月全岛有15个市县月降水量比常年偏少40%～97%，其中12个市县偏少50%以上，文昌、昌江、东方等全月无雨；2月11个市县偏少20%～90%；3月12个市县偏少20%～94%；5月16个市县偏少20%～90%，其中14个市县偏少50%以上；8月17个市县偏少20%～95%，其中8个市县偏少50%以上。1982年入冬以后，海南岛3个多月没有下过透雨，春旱迅速发展，严重影响早造及春种作物生产。据2月5日统计，汉区受旱面积79800公顷，其中早造插秧后受旱10533.3公顷，因旱无水插秧20200公顷；甘蔗种植后受旱7246.7公顷，因旱不能种植10020公顷；花生种植后受旱6446.7公顷，因旱不能种植10866.7公顷；番薯、胡椒等作物受旱14533.3公顷。琼山、文昌、琼海、定安、屯昌等县旱情较为严重。琼山县早造插秧1666.7公顷，受旱1040公顷，有5800公顷无水插秧；文昌县早造插秧6266.7公顷，受旱2000公顷，3333.3公顷无水插秧；琼海县早造插秧9200公顷，受旱3000公顷，2666.7公顷无水插秧。

1982—1983年　1982年10月28日至1983年3月16日，东方、昌江县秋冬春连旱；连续旱日分别为140和134天；1982年12月10日至1983年4月29日，琼中、乐东、儋县（今儋州）、白沙、万宁、保亭、陵水等市县冬春连旱，连续旱日78～141天，过程累积雨量39～65毫米；1982年12月10日至1983年6月5日，崖县（今三亚）冬春夏连旱，连续旱日178天，过程累积雨量36毫米；1983年3月24日至5月22日，东方县春旱严重，连续旱日60天。1983年4月全岛有16个市县降雨量比常年偏少20%～99%，其中14个市县偏少50%以上；5月16个市县偏少20%～90%，其中10个市县偏少50%以上；6月全岛各地偏少20%～90%，其中11个市县偏少50%以上。据1983年6月28

日统计，海南岛晚造受旱面积 51486.7 公顷，其中插秧后受旱 6100 公顷，秧苗超期无水插植 14666.7 公顷，无水犁田 30220 公顷。晚造秧苗播种后受旱 779333.3 公顷。万宁、琼海、文昌、定安等县旱情较重。万宁县晚造水稻 2666.7 公顷受旱，5333.3 公顷无水插秧。琼海县受旱面积 6666.7 公顷。

1983—1984 年 1983 年 11 月初至 1984 年 4 月下旬，海南岛绝大部分地区冬春连旱，连续旱日 136～172 天，屯昌、琼中、三亚过程累积雨量 108～123 毫米，另外的 15 个市县 8～70 毫米；万宁 1984 年 1 月 5 日至 3 月 21 日连续旱日 77 天；东方 4 月 29 日至 6 月 19 日连续旱日 52 天。1984 年 1 月全岛有 16 个市县降雨量比常年偏少 30%～100%，其中 9 个市县偏少 50%以上，陵水、三亚全月无雨；2 月 16 个市县偏少 20%～99%，其中 10 个市县偏少 50%以上；3 月 10 个市县偏少 30%～91%；6 月 10 个市县偏少 20%～60%；7 月 13 个市县偏少 20%～70%。1983 年 11 月至 1984 年 8 月，全岛 19 个市县普遍发生旱灾。据 4 月 15 日统计，全岛早造受旱面积 65533.3 公顷，其中水稻 32200 公顷，甘蔗 21466.7 公顷，油料、旱粮 11800 公顷。其中自治州（今五指山）早造生产受旱面积 12000 公顷，水稻失收 78.7 公顷，其他春夏种作物受旱面积 3220 公顷。又据 8 月 2 日统计，全岛晚造受旱面积 56966.7 公顷，其中无水犁田插秧 12733.3 公顷，插后受旱 44233.3 公顷（其中严重枯黄 9733.3 公顷）；旱地作物普遍严重受旱。

1985 年 1985 年 5 月 29 日至 8 月 31 日，海南岛 12 个市县出现夏旱，连续旱日 30～65 天。5 至 8 月间，全岛各地降月雨量普遍比常年偏少，5 月 13 个市县偏少 20%～90%，6 月 11 个市县偏少 20%～70%，7 月偏少 20%～90%，8 月有万宁、琼海、白沙、自治州、陵水、三亚等市县偏少 20%～70%。8 月初全岛水库蓄水量仅有 14.59 亿立方米，比上年同期减少 7.31 亿立方米，其中松涛水库减少 3.74 亿立方米，牛路岭水电站水位降到死水位以下。全岛有 3315 口水井干涸，567 个村庄 5.57 万人饮水困难。全岛山塘水库干涸或水位降至死水位以下的有 496 个，占 23.5%。据 8 月初统计，全岛晚造受旱面积 65066.7 公顷，其中插秧后受旱 32333.3 公顷，严重受旱 11066.7 公顷，枯死 1600 公顷，无水犁田插秧 32733.3 公顷；甘蔗、旱粮等坡地作物受旱 13866.7 公顷。万宁县受旱较重，全县有 21 条河溪断流，123 宗小（二）型以下的山塘水库全部干涸；469 口水井干涸，333 个村庄 4.5 万人饮水困难；水稻受旱 14066.7 公顷，其中 2866.7 公顷无水插秧，插秧后受旱 6333.3 公顷，成灾 3666.7 公顷，枯死 1200 公顷；其他坡地作物受旱 4333.3 公顷。

6 月中旬到 8 月中旬，海南区党委、区政府先后 5 次召开紧急会议，部署抗旱措施，全区投入抗旱人数最多时达 25 万人，抗旱抢插晚稻 61200 公顷，抗旱保苗 25133.3 公顷。

1985—1986 年 1985 年 10 月 29 日至 1986 年 5 月中旬，白沙、昌江、通什（今五指山）、乐东、东方、儋州等市县秋冬春连旱，连续旱日 153～190 天，过程累积雨量 28～67 毫米；1986 年 2 月 26 日至 5 月 1 日，陵水连续旱日 65 天。1986 年 1 月全岛各地月降雨量比常年偏少 70%～90%，其中昌江、东方、通什全月无雨；3 月全岛各地偏少 40%～99%，其中 17 个市县偏少 50%以上；9 月 13 个市县偏少 20%～60%，其中旬全岛各地偏少 80%～100%，下旬各地偏少 20%～100%，其中 14 个市县偏少 50%以上；10 月 13 个市县偏少 20%～80%。1986 年 3 月，全岛有 398 口水井干涸，11.09 万人饮水困难，春旱持续达 1 个多月。全岛受旱面积 57213.3 公顷，其中早造水稻受旱 29613.3 公顷（其中 5393.3 公顷无水插秧，插秧后受旱 25066.7 公顷），成灾 7086.7 公顷，失收 2.7 公顷；坡地作物受旱 27113.3 公顷。9 月中旬至 10 月，全岛出现历史上少见的秋旱，晚造受旱 8320 公顷，坡地作物受旱 21933.3 公顷。据统计，春秋两次干旱受旱面积共计 87000 公顷，其中早、晚造水稻受旱 37933.3 公顷，成灾 7086.7 公顷；花生、番薯等坡地作物受旱 49066.7 公顷，成灾 31066.7 公顷。

1986—1987 年　1986 年 10 月 31 日至 1987 年 5 月底，10 个市县连续旱日 103～200 天，过程累积雨量除昌江为 100 毫米以外，其他 9 个市县为 16～99 毫米；1986 年 12 月 14 日至 1987 年 5 月底，白沙、澄迈、海口、东方、文昌、琼中等市县连续旱日 86～99 天，过程累积雨量 16～66 毫米。1 月除东方外，全岛各地降雨量比常年偏少 20%～95%；2 月全岛各地偏少 60%～100%，其中乐东、通什（今五指山）、保亭等市县全月无雨；3 月 12 个市县偏少 20%～90%；8 月和 9 月有 14 个市县、10 月有 16 个市县偏少 20%～80%。1987 年海南岛出现春、秋两次干旱。据 3 月 11 日统计，全岛受旱面积 93326.7 公顷，其中水稻受旱 51473.3 公顷（其中无水办田 13780 公顷，插下受旱 33040 公顷），成灾 5560 公顷，失收 456.7 公顷；其他作物受旱 41913.3 公顷，成灾 3913.3 公顷，失收 323.3 公顷。全岛有 530 条河溪断流，910 眼水井、563 个山塘水库干涸，114 个村庄 17.5 万人饮水困难。到 7 月底，旱情又趋发展，全岛 4 个大型水库水量大部分在有效水位以下，最大的松涛水库蓄水量只相当于常年的 25.7%；25 宗大中型水库的蓄水都在死水位以下，占大中型水库总数的 51%；356 宗小型水库、7796 眼水井干涸，4247 个村庄 55.28 万人饮水困难。晚造计划插秧面积 144333.3 公顷，当时已插秧 105200 公顷，受旱面积达 45466.7 公顷，无水插秧 17800 公顷，插后受旱 31600 公顷；其他作物受旱 78866.7 公顷。由于连续干旱，河溪断流，水源枯竭，土地龟裂的现象十分严重。琼山县旧州镇红卫村 66.7 公顷田全部龟裂，裂度达 30 厘米深。昌江昌城乡白耐村地表出现 200 米长的裂痕，部分民房出现不同程度裂变，为当地群众所罕见。旱情较严重的有万宁、琼海、文昌和儋州北部乡镇。

1987 年春旱露头，区党委和区政府及时向各级领导部门发出抗旱指示，布置抢插抢种任务，组织干部到重灾县了解灾情，同基层干部共商抗灾对策。全区共投入 82.7 万人参加冬种抗旱。

1987—1988 年　1987 年 10 月上旬至 1988 年 5 月中旬，全岛 15 个市县连续旱日 81（临高）～200（东方）天，其中 11 个市县秋冬春连旱，8 个市县连续旱日超过 150 天；过程累积雨量 25～141 毫米，其中 8 个市县 100 毫米以下。1988 年 1 月全岛 11 个市县月降水量比常年偏少 20%～80%，2 月 10 个市县偏少 20%～80%（主要集中在西部和南部），3 月全岛各地偏少 20%～80%，6 月 14 个市县偏少 20%～80%，7 月 14 个市县偏少 20%～90%，8 月 13 个市县偏少 20%～70%，9 月全岛各地偏少 20%～94%。1988 年 1 至 10 月，海南出现全省性的干旱。全省有 905 条河溪断流，7869 眼水井干涸，721 个小型水库干涸，14 个中型水库水位降到死水位以下，最大的松涛水库也接近死水位，5481 个村庄 101.64 万人饮水困难。全省早、晚造水稻受旱面积 192013.3 公顷，其中早造受旱 87146.7 公顷，晚造受旱 104866.7 公顷；成灾面积 57066.7 公顷，其中早造 36666.7 公顷，晚造 20400 公顷；失收面积 16746.7 公顷，其中早造 12453.3 公顷，晚造 4293.3 公顷。全省上半年其他作物受旱 69466.7 公顷，其中糖蔗 29733.3 公顷，春花生 13333.3 公顷，番薯、旱粮 21066.7 公顷，热带经济作物 5733.3 公顷。下半年其他作物受旱 19066.7 公顷，其中糖蔗 3933.3 公顷。

1988—1989 年 1988 年 11 月初至 1989 年 4 月底，昌江、三亚、乐东、通什（今五指山）、陵水、白沙等市县秋冬春连旱，连续旱日 91～155 天，过程累积雨量 35～82 毫米。1989 年 1 月中旬至 3 月中旬，儋州、万宁、临高、保亭等市县冬春连旱，连续旱日 60～67 天，过程累积雨量 13～56 毫米。1989 年 2 月 17 个市县月降雨量比常年偏少 30%～97%，4 月 14 个市县偏少 20%～92%。1988 年 11 月至 1989 年 5 月，全省发生干旱，共有 100 条河溪断流，416 眼水井、125 个水库干涸；52 个村庄 4.31 万人饮水困难。全省受旱面积 53393.3 公顷，其中水稻 27313.3 公顷，坡地作物 26080 公顷。乐东、东方、三亚等市县旱灾较严重。

1989—1990 年 1989 年 10 月 30 日至 1990 年 5 月 4 日，通什（今五指山）、昌江、陵水等市县连续旱日 116～176 天，过程累积雨量 46～139 毫米；白沙冬春连旱，连续旱日 99 天，过程累积雨量 105 毫米；三亚春旱，连续旱日 63 天，累积过程雨量 35 毫米。1990 年 3 月全省有 13 个市县降雨量比常年偏少 30%～80%；4 月，海口、定安、澄迈、文昌、通什、陵水、三亚等市县偏少 30%～90%。1990 年 3、4 月间，海南出现春旱，全省有 69 条河溪断流，246 眼水井、83 个小型水库干涸，492 个村庄 12.14 万人饮水发生困难。据 5 月 4 日统计，全省受旱面积 65386.7 公顷，其中早造水稻 28333.3 公顷，占早造插秧面积 16.3%，旱地作物 37000 公顷。旱情较重的东方县，早稻受旱 2686.7 公顷，占实际插秧面积的 35.7%；定安县早稻受旱 3333.3 公顷，占实插面积的 32.3%；临高县受旱 3533.3 公顷，占早造插秧面积 30.8%；澄迈、儋县（今儋州）、文昌、琼山早稻受旱面积占实插面积的 20%左右。

1990—1991 年 1990 年 10 月 26 日至 1991 年 6 月 7 日，全省有 10 个市县秋冬春连旱，连续旱日 114～178 天，过程累积雨量 17～93 毫米；白沙、保亭、三亚等市县连续旱日 64～75 天，累积过程雨量 13～63 毫米。1991 年 1、2 月全省有 14 个市县降雨量比常年偏少 30%～100%，其中昌江县连续两个月无雨；3 月有 9 个市县偏少 20%～40%，主要集中在东部和中部；4 月全省各地偏少 20%～99%，其中 15 个市县偏少 50%以上；5 月有 14 个市县偏少 20%～92%，其中 6 个市县偏少 50%以上。据 4 月 21 日统计，全省有 199 条河溪断流，238 宗中小型水库、1944 眼水井干涸，2179 个村庄 34.43 万人饮水困难。全省受旱面积 136393.3 公顷，其中水稻受旱面积 67626.7 公顷（其中无水犁田 6060 公顷，插秧后受旱 61566.7 公顷，成灾面积 9040 公顷，失收 913.3 公顷）；旱地作物受旱面积 68766.7 公顷（其中甘蔗 34420 公顷，旱粮 17513.3 公顷）。

1991年3月8日，省政府召开抗旱救灾工作会议；3月11日，省政府发出紧急通知，要求全省各地抓好抗旱救灾；4月2日，省委省政府召开全省电话会议，全党动员抗旱，大力组织抢种抢插抢管。省委、省政府领导同志深入旱灾严重的市县检查抗旱救灾工作。全省投入抗旱81.65万人，抢插34400公顷，保苗36973.3公顷，种植甘蔗、旱粮47826.7公顷。

1992—1993年 1992年2月19日至4月12日，全省各地春旱明显，连续旱日30～55天，过程累积雨量0～36毫米，其中12个市县降水量在5毫米以下。1992年3月，海口、琼海、定安、琼中、昌江等市县月降雨量在20毫以下，屯昌、澄迈、临高、儋州、白沙等市县不足10毫米，13个市县降雨量比常年偏少30%～91%；4月有12个市县比常年偏少20%～70%。1992年5月前，全省受旱面积84000公顷，其中早造水稻受旱49246.7公顷，其他作物受旱34733.3公顷；244条河溪断流，390个小型水库、1727眼水井干涸，1124个村庄20.43万人饮水困难。全省水库蓄水量22.65亿立方米，占正常蓄水量的46%，其中有效水量只有15.21亿立方米，比上年同期减少4.74亿立方米，琼海、白沙等10个县的蓄水量只有正常蓄水量的2～3成。受旱比较重的有琼海、万宁、琼山、白沙、琼中、澄迈、定安、屯昌、儋州、陵水等县。澄迈县有4666.7公顷水稻受旱，占插秧面积的36%，该县的加乐镇插秧面积533.3公顷，有400公顷受旱。由于干旱的影响，造成部分市县的早造水稻粮食减产和其他方面的严重损失。

1992年9月26日至1993年5月21日，东方、昌江、通什（今五指山）、保亭等市县秋冬春或冬春连旱，连续旱日128～192天，过程累积雨量38～88毫米；陵水、屯昌、定安、万宁、三亚等10个市县冬春连旱，连续旱日70～96天，过程累积雨量8～69毫米。1993年6月2日至8月15日，东方、文昌、乐东、陵水夏旱较重，连续旱日36～74天，过程累积雨量18～85毫米。1992年10月，除陵水县外，各地降雨量比常年偏少20%～97%，其中14个市县偏少50%以上；11月全省各地偏少50%～100%；1993年1月，全省各地偏少20%～99%，其中11个市县偏少50%以上；2月各地偏少30%～100%，其中16个市县偏少70%以上；3月有14个市县降雨量偏少20%～80%；6月、7月有14个市县降雨量偏少20%～99%，6月有8个市县偏少50%以上。到1992年8月中旬，全省水库蓄水量仅有10.9亿立方米，占常年蓄水量的22%。1992年雨季结束时，全省水库蓄水量32.75亿立方米，只有常年蓄水量的66%。1993年全省春旱和部分地区夏旱明显，是解放以来旱情较严重的年份之一。至6月份，全省早稻受旱55160公顷，占计划种植面积的31.6%，失收1533.3公顷。受旱较重的定安、屯昌、陵水、澄迈、白沙、保亭、东方、琼山、琼海、文昌等市县的111个乡镇，受旱面积均占计划种植面积的40%以上。全省有281条河溪断流，1857个山塘水库水位降至死水位（其中中型水库10个，小型水库434个），占蓄水工程的77%。1791眼水井枯竭，2069个村庄34万人饮水困难。造成全省工业损失0.52亿元，农业损失2.2581亿元。6月以后，全省仍然少雨，尽管人工增雨取得了一定的成效，但旱情并没有明显减轻。晚造受旱面积93706.7公顷，占计划面积的44%，42666.7公顷无水犁田，插秧后受旱50846.7公顷，枯死546.7公顷，其他作物受旱51800公顷。2726个村庄50万人饮水发生困难。受旱严重的东方、三亚、文昌、琼海、万宁、陵水、琼中、海口等市县受旱面积均超过计划种植面积的50%。

1993—1994 年 1993 年 10 月 25 日至 1994 年 5 月 18 日，临高、东方、昌江、定安、海口、澄迈、文昌等市县连续旱日 141～184 天，过程累积雨量 18～114 毫米；三亚、通什（今五指山）、乐东、陵水、保亭、儋州等市县连续旱日 107～119 天，过程累积雨量 5～65 毫米；白沙、琼中、屯昌、琼海等市县冬春连旱，连续旱日 78～98 天，过程累积雨量 22～74 毫米；万宁春旱较重，连续旱日 58 天。1994 年 1 月全省各地降雨量比常年偏少 60%～100%，其中昌江、东方全月无雨；2 月有 16 个市县偏少 30%～99%，其中 14 个市县偏少 50%以上；4 月有 17 个市县偏少 20%～100%，其中 13 个市县偏少 50%以上，东方全月无雨。1994 年 1—4 月，海口、澄迈、临高、东方、三亚、昌江、陵水、保亭等市县降雨量不足 100 毫米，其中东方、三亚、临高、陵水在 50 毫米以下。此次冬春全省各地旱情较 1977 年更为严重，1993 年汛期结束后，水库蓄水量 27 亿立方米，仅有正常蓄水量的 55%，比常年减少 14.08 亿立方米。1994 年 4 月底 5 月初全省大部分地区出现高温天气，蒸发量大，江河和水库水位下降，旱情迅猛发展。至 5 月中旬，全省水库蓄水量 14.28 亿立方米，仅占常年蓄水量的 29%。全省共有 211 条河溪断流，548 宗中小型水库、4392 眼水井干涸，2898 个村庄 51.5 万人饮水困难。全省农作物播种面积比计划面积减少 9460 公顷，因旱改种、少种 24090 公顷；全年农作物受旱面积 140240 公顷，成灾 30880 公顷，其中早造水稻受旱 73730 公顷，因旱少插 16090 公顷，其他作物受旱 66510 公顷。全年度因旱减收粮食 81280 吨，造成工农业直接经济损失 1.761 亿元，其中农业损失 1.6353 亿元。

受旱严重的东方、三亚、乐东、昌江、白沙、陵水、儋州等市县，受旱面积占种植计划的 4 成以上。东方县 8470 公顷农作物受旱，15 条河溪断流，25 个中小型水库和所有山塘、43 眼水井干涸，2.64 万人饮水困难。三亚市早造插秧占计划面积的 6 成，改种、少种 1800 公顷。该市梅山镇自上年早造到 1994 年 4 月持续 15 个月未下过一场透雨，早造仅插秧 16 公顷，32 眼水井干涸，2500 人饮水困难。

面对严重旱情，省委、省政府十分重视，组织干部深入基层大抓抗旱；加强用水管理，充分发挥水利工程在抗旱中的作用；发动群众，封江堵河，充分利用水源，全力抗旱；在三亚、乐东、东方、昌江、白沙 5 个市县进行高炮人工增雨，增雨有效率达 98%，解决抗旱用水；社会支援，部门协作，加大投入，支持抗旱；建立健全抗旱服务体系，将抗旱资金转变成长期的抗旱灌溉效益。全省共投入抗旱人数 81.95 万，抢插抢管作物面积 8.771 万公顷，解决 6.6 万人的饮水困难，减少损失粮食 55210 吨，避免经济损失 9640.9 万元。

1994—1995 年 1994 年 9 月 23 日至 1995 年 5 月 26 日，海口、保亭、儋州、昌江、白沙秋冬春连旱，连续旱日 131～215 天，过程累积雨量 62～145 毫米；澄迈、通什（今五指山）、临高、三亚、定安、东方、陵水、琼中、文昌、万宁冬春连旱，连续旱日 100～164天，过程累积雨量 16～124 毫米；乐东春旱严重，连续旱日 73 天，过程累积雨量仅 8 毫米。1995 年 1 月，昌江、乐东、东方、通什、保亭降雨量比常年偏少 20%～60%；2 月有 16 个市县降雨量偏少 20%～90%，其中海口、定安、澄迈、万宁、昌江、东方偏少 50%以上；3 月有 14 个市县偏少 20%～90%，其中 10 个市县偏少 50%以上；4 月全省各地偏少 60%～100%，其中 9 个市县月降雨量 5 毫米以下，乐东、三亚全月无雨。1—4 月有 11 个市县降雨量不足 100 毫米，其中 7 个市县在 50 毫米以下。

1994 年冬至 1995 年春，全省各地出现旱情，且持续时间长，影响范围大，特别是 4 月中旬至 5 月下旬，持续出现≥35.0℃以上的高温天气，蒸发量大，江河、水库水位迅速下降，旱情发展迅猛。据截至 5 月 2 日的统计，全省农作物受旱面积达 157473.3 公顷，其中早造受旱 57600 公顷，占计划种植的 34%；成灾 48200 公顷，失收 3466.7 公顷，因旱少种改种 13200 公顷，减收粮食 195000 吨；246 条河溪断流，2289 眼水井、316 宗水库干涸；全省水库蓄水量 17.6 亿立方米，仅为常年蓄水量的 36%；1625 个村庄 31.2 万人饮水困难。旱情较严重的有东方、白沙、陵水、保亭、乐东、三亚、昌江、儋州、琼中等市县。178 个乡镇严重受旱。

省委、省政府充分估计到旱情的严重性和危害性，1995 年 4 月 21 日向各市县发出动员群众抗旱的紧急通知，省农业厅 5 月 2 日又向各市县农委发出紧急电传，要求农业部门全力组织人力、物力、财力支援抗旱救灾，深入灾区了解旱情，组织群众抗旱，解决具体问题。5 月在旱情严重的西部、中部和南部地区的 10 个市县开展人工增雨抗旱，成效明显，加之各地从 5 月开始，先后进入汛期，旱情得以缓解。全省投入抗旱人数最多时有 74.23 万人，抢种抢管农作物 104666.7 公顷，解决 18.8 万人的饮水困难，减少损失粮食 160000 吨。

1995—1996 年　1995 年 11 月 13 日至 1996 年 6 月 15 日，昌江、三亚、东方、保亭、儋州、临高秋冬春连旱，连续旱日 91～195 天，其中昌江、三亚、东方、保亭达 140 天以上，过程累积雨量 26～65 毫米；乐东、通什（今五指山）、琼中、屯昌、白沙、陵水冬春连旱，连续旱日 100～126 天，过程累积雨量 8～93 毫米；临高、陵水春夏连旱，连续旱日 43～50 天。1996 年 1 月有 16 个市县降水量比常年偏少 50%～99%；2 月有 10 个市县降水量偏少 20%～95%；3 月有 16 个市县偏少 20%～92%，其中 12 个市县偏少 50%以上；4 月有 14 个市县偏少 20%～95%，其中儋州、白沙、昌江、澄迈偏少 50%以上；5 月有 14 个市县偏少 20%～70%，其中海口、临高、儋州、万宁、陵水、三亚偏少 50%以上；6 月有 17 个市县偏少 20%～80%，其中 11 个市县偏少 50%以上。1996 年冬春连旱，夏旱明显。冬春全省受旱农作物 56126.7 公顷，其中水稻 27666.7 公顷，重旱 6200 公顷，枯死 266.7 公顷；367 个山塘水库干涸，5 万多人饮水困难。昌江受旱农作物 3666.7 公顷，5 条河溪断流，19 宗山塘水库干涸，400 公顷西瓜地因旱无法种植，933.3 公顷甘蔗受旱枯黄。受旱严重的还有陵水、临高、白沙、儋州等市县。入夏以后，持续高温少雨，全省 19 个市县出现不同程度的夏旱。全省受旱农作物 64740 公顷，其中晚造 17933.3 公顷；698 个山塘干涸，13.35 万人饮水困难。全省因旱少种农作物 4000 公顷，农作物因旱受灾 120866.7 公顷，成灾 45666.7 公顷，绝收 3666.7 公顷，因旱减产粮食 57000 吨，农业直接经济损失 3.89 亿元。

1997 年　2 月 21 日至 5 月 3 日，东方春旱严重，连续旱日 72 天；昌江、儋州、乐东、临高、陵水、三亚连续旱日 32～47 天；海口、通什（今五指山）夏旱明显，连续旱日 32～47 天。1997 年旱情较轻，但仍有影响，全省因旱粮食减产 33500 吨，3.06 万头大牲畜饮水困难，造成直接经济损失 1.40 亿元，其中农业损失 1.19 亿元。

1997—1998年　1997年10月22日至1998年5月16日，白沙、东方、乐东秋冬春连旱，连续旱日159～207天，过程累积雨量64～94毫米；有11个市县冬春连旱，连续旱日63～110天，其中昌江、儋州、临高、海口、陵水、定安、三亚超过100天，过程累积雨量20～105毫米，其中昌江、儋州、临高、琼中、澄迈、陵水、三亚不足50毫米。1998年6月13日至9月1日，昌江、儋州、定安、琼中、屯昌、东方、琼海、文昌夏旱严重，连续旱日32～50天。6月有12个市县降雨量比常年偏少20%～70%，7月有10个市县偏少20%～95%，8月有12个市县偏少20%～60%。6—8月降雨量偏少地区主要分布在北部、西部和中部，其中昌江3—9月降雨量逐月连续偏少20%～100%，儋州1～8月偏少20%～70%。1998年全省冬春旱明显，截至5月5日止，全省工程蓄水总量比上年同期减少2成；228.7万人受灾，115.9万人成灾，24万人、3.6万头大牲畜饮水困难。全省农作物受旱面积19.46万公顷，成灾6.43万公顷，绝收1.4万公顷，其中早稻受旱4.29万公顷，成灾0.88万公顷，干枯0.16万公顷。早造粮食减产40200吨。108座小型水库、369个山塘干涸，10%的村庄水井干涸，50%的小溪断流。农业直接经济损失4.3亿元。1998年夏季（6—7月），多受副热带高压和西南低压槽影响，高温少雨，旱象明显。截止7月底，全省受旱人口131万，成灾82万；23.7万人、11.5万头牲畜饮水困难。1816眼水井、77座小型水库、263个山塘干涸；大部分小溪断流，许多大型水库蓄水量明显减少，无法放水灌溉。全省农作物受旱面积12.14万公顷，成灾6.82万公顷，干枯1.18万公顷。晚造水稻播种面积12.93万公顷，仅占计划播种的58%。晚稻插秧后受旱面积3.04万公顷，成灾1.04万公顷，干枯死亡0.13万公顷。全省直接经济损失1.58亿元，其中农业损失1.49亿元。

1998年7月下旬至8月下旬，儋州等6个市县实施为期一个月的人工增雨，在一定程度上缓解了旱情，6市县共挽救受旱农作物3.27万公顷，其中晚稻0.57万公顷；抢种抢插各类农作物1.45万公顷，其中晚稻1.03万公顷。

1998—1999年　1998年10月16日至1999年5月6日，通什（今五指山）、陵水、乐东秋冬春连旱，连续旱日155～178天；有13个市县冬春连旱，连续旱日60～105天。1999年2月有17个市县降雨量比常年偏少20%～100%，3月有12个市县降雨量偏少30%～100%，4月定安、澄迈、临高、东方、乐东、通什（今五指山）、三亚偏少20%～90%。1998年秋冬至1999年春夏，全省各地旱情严重。至1998年12月底，全省水库有效蓄水量19.37亿立方米，仅为正常蓄水量的40%，为近30年来的最低点。至1999年3月下旬，全省受旱面积达到最大。水库有效库容19.85亿立方米，比常年同期偏少近3成；151座中小型水库、444处山塘、1091眼水井干涸；受旱人口304.8万，成灾142.9万；25.2万人、2.95万头牲畜饮水困难；农作物受旱面积11.57万公顷，其中轻旱8.23万公顷，重旱3.01万公顷，干枯死亡0.33万公顷；早稻受旱面积3.91万公顷，其中轻旱2.45万公顷，重旱1.28万公顷，干枯死亡0.18万公顷，因旱无法插秧3.33万公顷，占计划插秧面积的20%。因灾减产粮食95000吨。受旱较严重的有东方、乐东、昌江、澄迈、琼山、文昌、琼海、白沙、定安、儋州、临高等11个市县。直接经济损失5.8亿元。

面对旱情，省政府发出通知，要求各地采取措施，积极组织力量投入抗旱保苗，确保农作物的生产和生长。全省共投入 50.91 万人抗旱。省政府派出工作组深入旱情严重市县指导抗旱救灾，并于 3 月底至 5 月初，在全省 11 个市县开展人工增雨抗旱，缓解了当地部分农田用水困难。

1999—2000 年 1999 年 11 月 15 日至 2000 年 5 月 9 日，东方秋冬春连旱，连续旱日 177 天，过程累积雨量 79 毫米，2000 年 1—4 月各月降雨量比常年偏少 20%～70%；1999 年 12 月 25 日至 2000 年 4 月 10 日，通什（今五指山）、三亚、乐东、陵水、保亭冬春连旱，连续旱日 108～112 天，过程累积雨量 20～41 毫米；1999 年 12 月 25 日至 2000 年 2 月 29 日，定安、海口、临高、澄迈、昌江冬春连旱，连续旱日 67 天，过程累积雨量 9～55 毫米。2000 年 2 月全省有 16 个市县降雨量比常年偏少 20%～70%，其中 8 个市县偏少 50%以上；3 月有 11 个市县偏少 20%～93%，其中万宁、乐东、通什、保亭、陵水、三亚偏少 50%以上。儋州入春以来，其各地降水普遍偏少，致使部分河溪断流，山塘、水库和水井干涸，加上病虫害等影响，造成 25.32 万人受灾，15.87 万人成灾，265 个村庄、7.2 万人饮水困难；7949.3 公顷早造水稻受灾，成灾 4613.3 公顷，绝收 1153.3 公顷，因灾减产 6200 吨；番薯、花生、瓜菜、鱼虾塘等也不同程度受灾。直接经济损失 6352 万元。琼中县 42 个村庄的 45 眼水井干涸，8129 人饮水困难；早造水稻受旱 266.7 公顷，枯死 28.4 公顷，受旱水果 913.3 公顷，经济作物 666.7 公顷，旱粮 766.7 公顷。全县投入抗旱救灾 2.32 万人。东方市 5 月水库蓄水量比上年同期减少 4300 万立方米，5 个小型水库、13 个山塘、25 眼水井干涸，10 个村庄 0.7 万人次饮水困难。早造农作物受灾 15000 公顷，约占种植总面积的 60%，5666.7 公顷成灾，2733.3 公顷绝收，农业直接经济损失 1100 万元。全市共发动群众 7.2 万人次抗旱保苗，完成封堵江河 80 处，打田头井 810 眼，挖水渠 13 条，抗旱保苗 533.3 公顷。

第四章 低温冷害

第一节 概 述

海南省虽然地处热带，属于热带海洋岛屿型气候，但由于受冬季风的影响，北方冷空气有时仍可影响海南省，低温冷害的现象也有可能发生，有时还比较明显，其低温冷害大致可以分为三类：一是低温阴雨（含干冷），二是清明风，三是寒露风，对早稻、晚稻生产及热带作物的安全越冬有较大影响。因为海南省作为中国橡胶和热带作物的重要生产基地，而这些作物都是畏寒的，极容易受到低温冻害影响，特别是幼树和幼苗，如1973—1974年冬春受低温影响，全省冻死橡胶树66.8万株，白沙、琼中、保亭三县占30%。低温对水稻的主要生育期，如播种期、插秧期、分蘖期、孕穗期、抽穗期、灌浆期等均可以构成冷害，影响水稻的收成。因为，动植物的生存和生长都与气温有关，在适当的温度范围内，动植物能正常成长，当遭遇冷空气侵袭，出现的温度超过动植物所能承受的极限，动植物对环境温度不适应时，就会出现冻伤、冻病，以至冻死。一般地说，水稻只有在12℃或其以上时，才能正常播种，在15℃或以上时才能正常移植，在20℃或其以上时，才能正常孕穗，在22℃以上时，才能正常抽穗，如果温度低于其临界温度，都会对其各个生育期的生长发育造成危害，如：早稻烂种烂秧、死苗、空秕粒增加等灾害，影响水稻的产量。一般说来，达到各生育期临界温度的80%保证率的日期，才是该生育期的相对安全期。

同时，低温对人体也会造成较大的影响，如：使某些人出现气象敏感症状，乏力、失眠、头疼、激动、感冒等，容易使脑部血压急剧变化，甚至发生脑溢血。虽然，海南省真正意义上的寒潮和低温极少，但是，低于10℃，甚至低于5℃的低温出现的机会还是比较多的，少数地区甚至还会出现霜冻现象，对动植物和机器设备造成重大影响。因此，加强对低温冷害的防御，是海南省趋利避害、加快经济建设步伐的必要举措。

现在，随着各级政府重视气象灾害的防御，采取了一系列防范措施，特别是各级气象部门在政府的领导下，开展了气候资源开发利用工作，加强农业气候资源调查，推进农业气候区划成果的应用，根据趋利避害、扬长避短的原则，大力实行农业种植制度改革，最大限度地发挥海南省优越的气候资源优势，最大限度地减少或避免不利气候资源的危害，改变了传统的农业种植方式，安排作物生长的主要生育期尽可能避过灾害性天气的高发期影响，低温冷害的危害逐年有所缓和。但是，遇上较强的冷空气或倒春寒天气，低温冷害仍然会发生，在实际工作中还必须根据当年的气候预测和实际气候变化情况来决定当年的种植制度的安排。

第二节 低温阴雨

一、概述

低温阴雨主要是指12月至次年2月出现的冷害天气，凡省内有一个市县发生低温阴雨天气，即作为本省有一次低温阴雨天气过程统计；低温阴雨的年景趋势，是依据当年最重的一次低温阴雨过程所属的等级来划分的。

1. 低温阴雨统计标准

(1) 温度、强度标准（表4.1）

项目 \ 强度	重	中	轻
日平均温度≤15℃ 每天日照≤2小时	≥10天	7～9天	4～6天
日平均气温≤13℃	≥7天	5～6天	3～4天
日最低温度≤8℃	≥6天	4～5天	4～5天
日最低温度≤6℃	≥4天	2～3天	3天
日最低温度≤5℃	≥3天	2天	1天
日最低温度≤3℃	≥1天		

(2) 范围标准

局部低温阴雨：1～3个市县出现低温阴雨；

小范围低温阴雨：4～9个市县出现低温阴雨；

大范围低温阴雨：10个或10个以上市县出现低温阴雨。

2. 低温阴雨的影响次数及天数

海南省低温阴雨平均每年出现2.8次，12月、1月、2月各月的次数基本差不多，在一次左右，一月份稍多些。年度间次数差异小、日数差异大。低温阴雨的日数与次数，该省以西北部、中部山区最多，年均次数，多数地区1.0～1.8次，南部沿海地区基本没有低温阴雨出现。出现低温阴雨的年数占总年数的比率：西北部、中部80%，北部70%，多数地区50%左右，南部地区极少；出现最多的儋州市，46年共出现了98次低温阴雨，而陵水县、三亚市40年来均仅仅出现过一次。

低温阴雨过程的维持天数，历年平均为7.4天。3～7天的占65%，8～14天的占23%，15天以上的仅占13%，最长的低温阴雨过程达26天（1968年2月2～27日），一般来说，暖年低温阴雨日数少，反之，冷年低温阴雨日数多。

3. 低温阴雨的类型

根据降温情况和阴雨特点，低温阴雨可分为干冷、湿冷和干湿冷交替等三种类型，它与冷空气南下路径及地区密切相关。西路南下的冷空气多形成干冷天气过程，东路南下的冷空气多形成湿冷天气过程，干湿冷交替型出现的机会不是很多。海南省北部、东部、东南部、西部沿海地区以湿冷为主，南部和西部内陆以干冷为主。干冷型主要出现在12月下旬至次年1月，遇到较强冷空气从西路南下，造成明显的辐射降温，甚至造成局部地区出现低温霜冻。

2月低温阴雨过程，绝大多数地区以湿冷为主，12月至次年1月西部、东部、北部以湿冷为主，西南部、南部以干冷为主。

4. 低温阴雨的范围及强度

海南省出现各种低温阴雨的几率：局部低温阴雨为31%、小范围低温阴雨29%、大范围低温阴雨40%。大范围低温阴雨过程是2次或2次以上强冷空气连续影响的结果，主要出现在1月和2月，分别占44%、52%。

低温阴雨过程的轻、中、重三级所占比例分别为：55%、16%、29%，而且在轻、中、重三种强度的低温阴雨过程中，由于强冷空气引起的比例随着冷空气强度的增强而增大，依次为32%、70%、89%。中等强度的冷空气若维持时间长，也会形成较严重的低温阴雨过程（如1972—1973年度）。

重低温阴雨过程以西北部出现较多，大约两年一遇，而南部沿海地区没有发生过重低温阴雨过程。

海南省出现严重干冷（霜冻）的年份有：1954—1955、1960—1961、1962—1963、1973—1974、1975—1976等年度；出现严重低温阴雨的有：1966—1967、1967—1968、1970—1971、1976—1977、1983—1984等年度。

5. 低温阴雨的成因

低温阴雨的直接成因是冷空气入侵并达到一定强度、维持一段时间。据统计，12月至次年2月间，平均每三次入侵海南省的冷空气中有一次会造成低温阴雨天气过程；而在导致低温阴雨的冷空气中，达到中等强度的占86%；维持较长时间的低温阴雨过程往往是冷空气连续入侵的结果。当冷空气到达五指山时，势力减弱，不易越过五指山，容易形成五指山静止锋，该省中部、北部处于静止锋后部，低层为较冷的东北季风，而上层却为从南海上吹来的暖湿气流，由于冷、暖气流的交互作用，往往阴雨绵绵；南部地区处于静止锋前部，天气较好。

总而言之，海南省的低温阴雨虽然比大陆地区轻，但是，对海南省的农业生产，特别是南繁育种也将会造成重大的冷害和重大损失，海南省的西北部、东北部和中部地区是低温阴雨发生几率比较高的地区，更应当引起高度重视。

二、古代（公元1840年以前）低温阴雨灾害

明　正德元年（公元1506年）　万州（今万宁）：冬，雨雪。

明　正德七年（公元1512年）　万州（今万宁）：是年冬，全州降雪。

明　嘉靖十一年（公元1532年）　定安：冬十一月大寒鱼多浮死。

明 万历三十四年（公元 1606 年） 琼山：冬大寒，百物凋落，六畜冻死。

明 崇祯九年（公元 1636 年） 临高：十二月十五日（公元 1637 年 1 月 10 日），下雪三日夜，树木尽枯。

清 顺治十三年（公元 1656 年） 乐会（今琼海）：正月，乐会寒霜大作，岁荒民饥，遇冻多死，兽畜鱼鸟多殒烈，椰榔凋落，草木枯萎败。

清 康熙二十二年（公元 1683 年） 文昌：冬大寒，雨雪，海鱼冻死，椰槟尽枯。

清 康熙二十三年（公元 1684 年） 临高：冬霜冻。
琼山：冬十一月，雨雪，卉木陨落，椰榔枯死过半。

清 康熙二十九年（公元 1690 年） 临高：冬十二月，霜萎椰榔殆尽。

清 康熙四十年（公元 1701 年） 澄迈：冬，阴雨连绵，伤禾失收。四十年，斗米（银）一钱七分。

清 康熙四十二年（公元 1703 年） 琼山：冬，天雨雾如霜，著树皆萎，槟榔死者过半。

清 康熙五十年（公元 1711 年） 定安：正月，淫雨浃旬，飞霜陨草，牛羊冻死，斗米银三钱。

清 雍正七年（公元 1729 年） 定安：秋淫雨连旬，连冬及春。

清 乾隆二年（公元 1737 年） 万州（今万宁）：冬，大寒，陨霜遍地，椰子尽崩。

清 嘉庆十年（公元 1805 年） 万州（今万宁）：冬多寒。

清 嘉庆二十年（公元 1815 年） 澄迈：冬十一月，天降大雪，椰榔树木多伤。
定安：冬寒雨连旬，陨霜杀秧，草木椰榔多枯。
万州（今万宁）：冬，旱、严寒，树木枯死其半。

三、近代（公元 1840—1949 年）低温阴雨灾害

清 道光二十六年（公元 1846 年） 定安：十二月淫雨连旬，严寒陨霜，黎明茅房尽白，用盆盛之凝结如盐。

清 咸丰二年（公元 1852 年） 定安：十一月干霜，番薯尽伤。

清　咸丰六年（公元1856年）　文昌：正月廿旬，寒有霜，着物多枯。

清　同治元年（公元1862年）　定安：正月初旬，天冻灯油凝成白脂，夏荔枝大盛。

清　光绪二年（公元1876年）　文昌：十一月二十八日，阴霾布满，寒雨延至次年二月二十日始晴，海棠树尽枯，海鱼多死。

清　光绪四年（公元1878年）　定安：春正月，寒雨连旬，知县蔡凌霄设坛求晴天，自此雨水调匀，由春接夏，四月小熟丰登，荔枝大盛。

清　光绪十八年（公元1892年）　琼山、屯昌：十一月，大雨霜，寒风凛冽，前所未有，有贫者冻死，溪鱼多死浮水面，刺竹尽枯。屯昌一带更寒冷。

定安：十一月廿旬严霜，自廿七至三十寒雨连日，兼之飞霜，其气极冷，老人及牛畜被寒气侵死者甚众，琼地向来未有如此之寒。

民国　二十八年（公元1939年）　澄迈：隆冬，白霜冻坏番薯。

民国　二十九年（公元1940年）　澄迈：冬，湿冷四个月不见阳光。

民国　三十二年（公元1943年）　文昌：冬，大寒，海鱼冻死，海棠树叶尽落。

民国　三十三年（公元1944年）　澄迈：阴雨天气从十月维持到次年正月十六才开日。

民国　三十六年（公元1947年）　澄迈：隆冬，白霜冻坏农作物。

四、现代（公元1950—2000年）低温阴雨灾害

1955年　1月上、中旬，受冷空气影响，海南岛北、东、西部部分地区气温比常年同期偏低3.6～5.2℃，海口、儋县（今儋州）、琼东（今琼海）、东方等地出现不同程度的低温阴雨天气，其中儋县自1954年12月31日至1955年1月18日出现的低温阴雨长达19天，且1月11—12日出现霜冻。过程最低平均气温5.9～9.8℃，极端最低气温0.4～5.0℃。

此次低温对冬种、春耕影响很大，一些地区春耕无法下种，种下的部分农作物被冻死或冻伤（特别是番薯），生长不良。琼山、澄迈、屯昌、定安等市县冻死耕牛372头，其中最多的琼山冻死74头，澄迈63头、屯昌50头、定安24头。澄迈冻死、瘟死猪533头。自治区（即海南黎族苗族自治区，参见附表）7个县冻死耕牛300头，猪887只，其中乐东、东方县冻死牛117头，占38%，冻死猪519只，占59%。琼山、乐会等县被霜冻死秧苗133.7公顷，屯昌县秧苗冻死3成以上，自治区各县冻伤秧苗8891公顷，其中冻死484公顷。琼山云龙乡11.9公顷番薯全部冻死，儋县五区11个乡种番薯407.7公顷，冻死261.7公顷（占64%），严重的西照、春历两乡冻死率高达80%。海口市郊城东

乡冻死番薯7.4公顷，澄迈三区卜罗、三多、蕃丁、罗浮、潭烈、新吴、龙楼、瑞溪等11个乡冻死番薯313.3多公顷，自治区各县冻伤番薯4348.7公顷，其中冻死659.8公顷，琼东县冻死花生8公顷。

1956年 1月上旬后期至中旬初期、中旬中期、下旬中期，由于受冷空气影响，海南岛除南部外，其余大部分地区如海口、儋县（今儋州）、琼东（今琼海）、琼中、东方等地分别出现1～3次轻度低温阴雨天气，儋县7—11日5天达中度。中、下旬气温比常年同期偏低1.4～3.0℃，过程最低平均气温7.7～10.5℃，极端最低气温6.4～9.0℃。

这次低温造成的主要损失是耕牛，14个市县冻死牛422头，最多的澄迈县损失140多头耕牛，白沙100头，其他各县少的死亡几头小牛，多的数十头。屯昌县部分橡胶幼苗受到损害，定安县少数刚种植的番薯枯死，澄迈县的剑麻受损较重。

1957年 1月中旬受冷空气影响，海南岛各地降温6.7～9.6℃，18日或19日出现最低平均气温12.5～16.9℃，极端最低气温7.9～12.5℃。临高、澄迈、屯昌、文昌有个别耕牛受冻死亡。

海口气象台1月13日07时40分开始发布寒潮警报，17日18时30分解除。警报发布时除通知经常的服务单位外，还通知海南生产指挥部、海南防风指挥部、海口防风指挥部等有关领导机关注意组织防寒。这次警报发布正确及时，只是风力预报略大一些，温度偏低一些。此次寒潮对本警报区影响不大，加之预报及时正确，避免了较大损失。

1959年 1月中旬，受冷空气影响，海南岛各地气温比常年同期偏低1.7～2.7℃，10—13日北、东、中部地区的澄迈、琼海、琼中等地出现轻度低温阴雨天气，过程最低平均气温10.4～12.1℃，极端最低气温8.8～9.8℃。乐东、琼海、澄迈、东方（原白沙地区）冻死牛52头，猪38头。

海南气象台1月8日傍晚提前发布冷空气消息，当晚又书面报告区党委及各有关部门，以电话指示有关县气象站做好预报发布工作，并继续报告寒潮变化情况。区党委生产指挥部用长途电话和电报通知各县作好防寒工作，并在干部扩大会议上作了布置。由于各级党委的重视，各地群众积极投入防寒工作，抢救秧苗、水稻2134.9公顷，橡胶苗27公顷，避免了较大损失。

1961年 1月中旬，受不断补充的较强冷空气影响，海南岛各地气温比常年同期偏低2.5～4.6℃，中部、北部大部及东方、通什（今五指山）等地出现不同程度的低温阴雨天气，过程最低平均气温8.1～12.6℃，过程极端最低气温0.5～8.3℃。17日白沙出现霜冻，18日澄迈、儋县（今儋州）、白沙、琼中、五指山出现霜冻。

早稻不同程度受害，稻叶变黄，叶尾变白，受害较重的稻叶尖变白。县委统一布置，各公社、大队、生产队进行了积极的防御工作。

短期预报均在强风出现前的1天开始发布警报，除15日下午预报西沙群岛附近海面强风开始时间报迟约半天外，强风预报均较正确，16日前的低温预报基本正确，局部轻霜未报出。这次寒潮共发布强风和低温警报26次，24小时预报准确率强风97%，低温 67%。

1962 年 1961 年入冬后，海南岛受 20 年来较强的冷空气影响，气温较低，持续时间长，对农作物影响范围较广，影响程度严重。1962 年 1 月 16 日至 2 月 3 日，受冷空气影响时间达 17 天之久，冷空气入侵后的前 3 天为湿冷天气，19 日起从寒冷阴雨转为寒冷干燥天气。

1962 年 1 月海南岛大部分地区平均气温比常年同期偏低 2.0～2.8℃，上、下旬分别偏低 1.7～2.6℃，2.5～4.8℃；2 月中旬偏低 1.6～2.6℃。1961 年 12 月 31 日至 1962 年 1 月 4 日，中、东、北部大部及东方出现轻至中度低温阴雨天气；1 月 18 日至 2 月 3 日，中部、北部及琼海、乐东、通什（今五指山）等地出现不同程度的低温阴雨天气，其中琼中、白沙持续时间长达 15 天之久；2 月 16—21 日，澄迈、白沙、琼中再次出现 3～6 天低温阴雨天气过程。过程最低平均气温 8.9～13.2℃，极端最低气温 1.3～8.0℃。琼中 1 月 27 日、白沙 27—28 日出现霜冻。

澄迈 1962 年 1 月受冷害影响，秧苗叶片尖端枯焦、叶片黄缘，未进行防寒的稻田，秧苗 10%～30%植株干枯死亡；种植在沙土土壤的番薯叶片结霜，有 90%枯黄似火烧一般，植株 100%受害。

陵水 1 月 20—29 日受冷空气影响，降温较大，造成水稻叶尖叶边普遍变黄，生长缓慢，出现浅水田严重枯黄、无水田严重死亡现象。

保亭 1 月 23—29 日受冷空气影响，秧苗第二、三片尖叶全部变白，受害率 70%；本地种番薯茎叶干枯死亡率 96%，马来西亚种叶子干枯脱落，生长点干死率达 90%。

琼中 1 月 18—28 日日最低气温 2.6～11.9℃，27 日出现轻霜，影响水稻播种，长安公社总播种量 5.5 吨，有 4 吨不出苗。大田中已出 2～3 片叶子的秧苗因冻害叶色普遍变白，冷空气过后气温回升，叶片由白色逐渐变为黄色，渐渐干枯。在冷空气影响前 15 日植入本田的秧苗，生长缓慢，长势较差，局部出现枯苗现象。

白沙县 1 月 16 日起受冷空气影响，27 日、28 日最低温度达 1.3℃、2.0℃，出现霜冻，个别秧田水面开始结冰。16—21 日阴雨潮湿寒冷，为湿冷天气，22—28 日转为干冷天气。寒冷天气维持时间长，日平均气温 15.0℃以下持续 15 天以上，日最低温度 10℃以下持续 6 天以上。由于受较长时间的低温阴雨、霜冻天气影响，全县 10 个公社的农作物和牲畜均遭到不同程度的损失。全县冷空气影响期间播种 100 多吨，受冻害损失种子 17.5 吨，占播种的 30%，出苗率低，长势普遍差、弱。其间播插秧苗 600 多公顷，秧苗长势差，尚未转浓绿色，其中插秧后死苗较严重的 25.3 公顷（占插秧面积的 5%），全部死苗的 1.2 公顷；40 多公顷冬种番薯不同程度受害，其中受冻枯死 32 公顷。冻死耕牛 20 多头。

1963 年 1 月 6—20 日，陵水受冷空气影响，天气干燥寒冷，日平均气温低于 17℃；13—20 日，日最低气温低于 12℃；15—17 日出现轻度低温阴雨天气，过程最低日平均气温 13.6℃，日极端最低气温 7.0℃。

冷空气影响过程持续时间长，是当年最冷、最不利于早稻生产的时段，农作物不同程度受害，其中早稻受影响较为明显。播种期：寒冷期间播种种芽不萌动，部分萌动的芽长不到1毫米且成钩状，这种休眠状态在寒冷期间一直保持12天之久。秧苗期：寒冷影响下叶尖普遍枯萎，叶片普遍发黄，正在生长的秧苗受害后生长停滞，植株矮小。移植期：寒冷期间移栽的秧苗，叶片普遍枯黄，整地不平，得不到水保温的植株死亡，拔秧后不及时浸秧和插秧而被干风吹干而死，寒冷期间移栽的秧苗返青缓慢。黎盘大队有0.1公顷番薯在寒冷期间死苗80%，其他农作物也有零星死苗现象。崖县（今三亚）明显降温并刮强烈而干燥的偏北风，秧苗叶子变黄、变白。

1975年 12月，受不断补充的强冷空气影响，儋县（今儋州）中、下旬平均气温比常年同期分别偏低8.6℃、4.9℃，12月10—24日出现长达15天的重度低温阴雨天气过程，28—30日再次出现低温阴雨。过程最低日平均气温6.3℃，过程日极端最低气温3.4℃。下旬出现3天霜冻天气。受寒害影响，儋县6400公顷冬种番薯，冻死4000公顷，冻伤666.7公顷。

1989年 年初受冷空气影响，海南除南部地区及乐东外，1月中旬平均气温比常年同期偏低0.7～1.9℃，下旬偏低1.6～2.9℃，2月上旬偏低1.7～3.9℃。1月13—16日北部、中部、东部大部地区共10个市县出现轻度低温阴雨（临高13～19日为中度）；1月26日至2月4日，北、中部地区出现9～10天中度或重度低温阴雨；2月8—12日，海口、儋县（今儋州）再次出现轻度低温阴雨天气过程。过程最低平均气温8.7～11.1℃，极端最低气温7.4～9.9℃。

此次冷空气造成的低温阴雨及清明风等寒害天气，使禾苗、秧苗和106666.7多公顷越冬作物发生大面积死苗失株，农作物受灾面积53666.7公顷，成灾24933.3公顷。全省冬种番薯10万公顷，普遍出现叶茂根多现象，产量不高；春节前后插秧64933.3公顷，稻苗长势不佳。

1990年 年初受冷空气影响，1月下旬除南部地区外，海南各地平均气温比常年同期偏低1.1～2.3℃；2月上旬北、东部地区及屯昌偏低0.8～1.9℃；2月下旬北部、东部、中、西部大部偏低0.9～1.8℃。1月20—25日北部、中部、东部大部地区共10个市县出现轻度低温阴雨；1月31日至2月4日，北部地区及文昌、屯昌出现轻度低温阴雨；2月25日至3月7日，北、中部大部再次出现10～11天重度低温阴雨天气过程。过程最低平均气温9.1～12.0℃，极端最低气温6.8～10.1℃。

个别地区因寒害出现烂秧、死苗现象。东南部地区已插秧苗生长不良，西北部地区播下的种子迟迟不能发芽，甚至烂种，如海南北部的澄迈县全县播种1500多吨，因低温影响烂掉种子几百吨，占20%。

1993年 1月中旬至2月初，海南受北方一股强冷空气南下影响，1月中旬除南部外，各地平均气温比常年同期偏低0.9～2.1℃，下旬各地偏低3.4℃以上，其中屯昌、白沙、定安、澄迈偏低6.0～6.5℃。

1月15日至2月2日，除万宁、陵水、三亚外，各市县（15个）出现不同程度（多为重度）的低温阴雨天气过程。这次低温阴雨天气过程影响范围广，强度大，中部地区及澄迈、临高长达18天之久。过程最低平均气温8.9～15.0℃，极端最低气温1.8～8.8℃。1月29—30日，澄迈、临高、文昌、屯昌、白沙、琼中、通什（今五指山）等地出现1～2天霜冻。

低温阴雨、霜冻天气对海南省早稻、冬种瓜菜及水产养殖等生产造成较大影响。澄迈春节前后插植的早稻80%被冻死，损失冬种瓜菜约800公顷，占总面积的40%左右。儋州早稻烂种250吨，冻死西瓜苗6.67公顷，冻坏橡胶树新叶，严重影响正常生长，致使橡胶开割期推迟。文昌冻死秧苗1200公顷，冷死塘鱼90万尾，损失西瓜1933.3公顷。东方损失种子475吨，冻死秧苗666.7公顷，西瓜266.7公顷。屯昌在1月10日前所插秧苗80%枯黄，17头牛被冻死。通什冻死牛2头。

1994年　1月下旬受冷空气影响，海南各地平均气温比常年同期偏低1.1～2.2℃，下旬初至中期，北、中部部分地区及文昌出现3～5天轻度低温阴雨天气。2月27日至3月3日，北、中部地区及文昌再次出现4～5天轻度低温阴雨天气过程。过程最低平均气温9.0～12.2℃，极端最低气温5.5～8.7℃。

1月19—22日，琼海出现入冬后最强的低温天气，极端最低气温9.3℃，阴雨寡照，其北部水稻秧苗几乎变白，中部早稻回青迟，分叶缓慢，个别出现烂根死苗现象。万泉河一带约有60网箱养鱼的鱼苗普遍生病、厌食，出现不同程度死亡。2月25日至3月3日的低温，造成琼海南部和东部一带部分进入幼穗分化期的早稻颖花退化较多，空秕粒增多；开花期早稻花序几乎腐烂。屯昌处于开花期的芒果，受低温阴雨天气的影响，结果率低。

12月，陵水冬种西瓜正处于开花结果期，由于降雨多，日照少，落花落果严重，造成77公顷失收，80%的瓜农蒙受经济损失。

1995年　年初受强冷空气影响，海南各地1月上旬平均气温比常年同期偏低0.4～1.5℃，2月上旬偏低1.5～2.9℃。1月4—8日，中部、北部部分地区及通什（今五指山）出现2～5天轻度至中度低温阴雨。1月27日至2月6日，北部、中部地区及琼海、文昌出现6～10天不同程度的低温阴雨天气过程。过程最低平均气温10.5～13.5℃，极端最低气温4.0～10.4℃。

由于遭受冷害，东部地区的反季节西瓜开花期无法授粉，成活率低于50%，成熟期推迟1个月。琼海水稻秧苗分蘖缓慢，部分叶尖枯萎，烂根死苗，该市大路镇6.7公顷芒果花序几乎全部腐烂，福田镇13.3公顷冬瓜大部分枯萎死亡，耕牛、鱼苗也有死亡现象。

1996年　1996年度海南省受两次较强冷空气影响，造成两次低温阴雨天气过程。

第一次在1995年12月28日至1996年1月4日，中部、北部部分地区、东部的文昌及南部的通什（今五指山）等7个市县出现3～8天不同程度的低温阴雨天气过程。12月下旬平均气温比常年同期偏低0.9～2.5℃，过程最低平均气温10.7～12.7℃，极端最低气温3.5～6.2℃。

第二次在1996年2月18—27日，北、东、中、西部地区及通什共15个市县出现4～10天不同程度的低温阴雨天气过程，除万宁、乐东、通什为轻度外，各地均为中度或重度低温阴雨。2月下旬平均气温比常年同期偏低达3.0～6.7℃，过程最低平均气温7.6～12.3℃，极端最低气温6.8～10.0℃。

低温冷害造成海南省早稻受灾70130公顷，成灾49000公顷，绝收6380公顷。早稻出现不同程度的烂种烂秧，生长期普遍延长，大部分在5月份才进入抽穗扬花乳熟期。据海南省农业厅统计，至5月27日止，全省早稻收割面积仅占实插面积的23%。低温冷害使该省早稻减产粮食33700吨。全省直接经济损失1.98亿元。

经济作物橡胶受冻后落叶、枯萎，开割期普遍推迟10～30天不等，上半年产量受影响。琼海3666.7公顷胡椒，近700公顷落叶落果，2666.7余公顷椰子不同程度裂果。定安334公顷花生严重受冻。水果方面，春节前后开花的热带水果，几乎全部封花，幼果冻伤腐烂脱落，西瓜、芒果等普遍减产。冬种瓜菜损失较大，琼海、万宁、澄迈、定安4市县受灾6666.7公顷以上，澄迈迟种的黄瓜乳瓜90%以上死苗，定安严重损失瓜菜333.3公顷；琼山丝瓜死苗率70%～100%，节瓜50%以上，青瓜25%～60%，海雾侵袭到的乡镇，节瓜、苦瓜等几乎全部枯死。全省共冻死几十公顷秧苗、瓜菜。畜牧和水产方面，冻死牛、猪318头，鸡、鸭苗2000只，万宁200公顷虾苗被冻死，琼海1500万虾苗也有不同程度损失，文昌养鱼估计损失20%～30%。

1997年 2月上、中旬受较强冷空气不断补充影响，海南省出现持续半个月左右的阴雨天气，日照稀少，中旬气温偏低明显，大部分地区比常年同期偏低2.7～4.4℃，15～19日北部、中部出现轻度低温阴雨天气过程。过程最低平均气温12.4～13.6℃，极端最低气温11.4～12.3℃。

连续十多天阴雨、寡照及后来的高温、高湿，对反季节瓜菜生长不利。由于土壤湿度过大，瓜菜养份失调、根部坏死，高温高湿又使瓜菜病虫害增多。文昌种植的1500多公顷反季节西瓜，90%以上出现异常现象，瓜蔓长到10多节后停止生长。芒果开花结果期遇连阴雨，三亚芒果基本失收。

1999年 12月18—27日，受强冷空气及晴天辐射降温影响，海南省出现罕见的寒冷天气，除陵水、三亚外，全省各地出现不同程度的低温阴雨天气过程，其中中部、北部地区（除海口）及文昌、通什（今五指山）共9个市县为重度，其余7个市县为轻至中度影响。12月下旬平均气温比常年同期偏低3.2～4.4℃。过程最低平均气温6.8～11.6℃，极端最低气温0.4～7.4℃。23—26日中部地区及澄迈、临高、儋州、文昌、乐东、通什等9个市县出现1～4天霜冻天气。

低温、霜冻对农作物特别是冬种瓜菜和水稻秧苗造成严重影响。儋州、澄迈、屯昌等市县冬种瓜菜种苗受冻严重，植期较晚的有15%被冻坏，儋州部分乡镇补种苗4次，部分地区种苗长势较弱，老化严重。

全省农作物寒害受灾7600公顷，成灾2900公顷，绝收200公顷。蔬菜受灾面积2400公顷，其中90%无法收获。秧苗（种子）损失12400吨。牛、猪、羊、淡水鱼等也遭受损失。通什、琼中、保亭、屯昌、白沙和临高等市县损失较为严重。农业直接经济损失1.1亿元。

灾害发生前，省委、省政府及时召开由省有关部门负责人参加的会议，布置做好防寒工作。各市县政府接到通知后，立即组织机关干部分赴农村，认真安排好困难户、五保户等对象的生活和防寒工作。灾后，及时下拨救灾款和救灾物资，帮助灾民解决实际困难，保证灾区的稳定。

第三节　清　明　风

一、概述

清明风是海南省特有的早稻抽穗扬花期可能遇到的低温冷害。由于海南省季节早，清明节气前后即先后进入早稻孕穗、抽穗期，此时如果遇冷空气影响，将导致不实率、空粒率增加而减产。因此，清明风是当地特有的对早稻生产有较严重危害的低温冷害天气。

1. 清明风标准

（1）统计时段：3月下旬至4月中旬

（2）标　　准：由于冷空气南下影响，日平均气温≤22℃、≥3天或者日最低温度≤17℃，并伴有偏北风。

2. 清明风概况

凡省内有一个市县出现清明风天气过程，即作为该省1次清明风天气过程统计。海南省平均每年有1次清明风，最多年份2次，有25%的年份全省无清明风出现。

清明风年平均日数4.5天，最长13天（1956年）；过程持续日数平均7天，最长17天（1974年3月21至4月6日），持续日数3～7天的，占68%，8～14天的占23%，15天或其以上的占9%。

该省局部和小范围清明风的出现几率为27%，大范围清明风出现几率45%，范围大者可覆盖全省（1969年4月）。

海南省清明风的地区分布具有明显的规律性。以中部山区、西北部内陆最严重，出现几率达80%～85%，北部次之，出现几率为50%～60%，南部沿海地区基本没有清明风。

80%保证率的清明风终日，中部、西北部为4月11—16日，其他地区大多为4月1—8日。

比较严重的清明风年份有：1956年、1960年、1961年、1969年、1980年等。

二、古代（公元1840年以前）清明风灾害

清　康熙十四年（公元1675年）　琼山：春三月，地生白毛（霜结晶），长寸余。

清　康熙五十二年（公元1713年）　文昌：春，大寒，牛马冻死，槟榔陨落，大饥。钦差大臣赵申乔等临粤平粜，准发常平仓谷一千文百石赈济，钱粮缓征。

清　乾隆二十三年（公元1758年）　万州（今万宁）：春，大寒，陨霜三日。

三、现代（公元 1950—2000 年）清明风灾害

1988 年　海南省正处抽穗扬花期的杂优早稻，遭到"清明风"带来的低温、阴天影响，且影响持续时间长。全省 9333.3 公顷水稻受影响，总产仅 482200 吨，比上年同期减产 47465 吨，减产幅度 12%。定安县 3263.1 公顷受影响，减产 900 吨，占全县早造减产数的 1/3。

1989 年　全省早造插秧面积 168000 公顷，水稻正处于抽穗扬花的关键期时，均不同程度遭到"清明风"伴大雨袭击，其中 15333.3 公顷早熟稻损失较为严重，并由此引起春荒时间延长。

1993 年　4 月 7—9 日，琼海出现轻度"清明风"，低温造成早稻出现黑粒、空秕粒，结实率下降 5%。

第四节　寒　露　风

一、概述

海南省寒露风是出现在寒露节气前后的冷害天气，对晚稻的孕穗、抽穗有较大的危害，导致晚稻出现不实率、空壳率而减产。海南省由于冷空气造成的寒露风总的来看是比较轻的，主要出现在中部山区和西北部地区。但是，影响海南省的秋季热带气旋比较频繁，冷空气与热带气旋遭遇而形成的寒露风，会加剧其危害程度和影响范围。因此，寒露风也是该省晚稻不能稳产高产的重要原因之一。

1. 寒露风标准

（1）统计时段：9 月下旬至 10 月中旬

（2）标　　准：与清明风标准相同

2. 寒露风概况

海南省由于冷空气影响降温而达到寒露风标准的并不多见，达到标准的强度也不强，主要发生在中部山区和西北部内陆，几率为 20%左右。冷空气遭遇热带气旋而出现的寒露风，其影响范围和程度都比前者大得多。每年平均出现 1.2 次，个别年份有 3 次（1967 年）；平均每年寒露风日数 8.2 天，最多 22 天（1959 年）；各地寒露风出现频率，以白沙、五指山、琼中等地最高，达 80%～95%（其中，重过程频率为 30%～55%），平均日数也最多，约 7～10 天；西北部内陆出现频率约 50%～70%，平均日数约 2～4 天；南部沿海地区最少。

80%保证率寒露风初日，中部山区在 9 月下旬，其他地区为 10 月上、中旬。

二、古代（公元 1840 年以前）寒露风灾害

清　乾隆二十八年（公元 1763 年）　万州（今万宁）：秋九月，寒露节（初二，10

月 8 日）陨霜，迟禾不收。

清　乾隆三十二年（公元 1767 年）　万州（今万宁）：冬陨霜，晚禾无收，米价高腾。

清　乾隆三十三年（公元 1768 年）　万州（今万宁）：冬十月降霜，天虫食稻。

三、近代（公元 1840—1949 年）寒露风灾害

民国　三十二年（公元 1943 年）　屯昌：10 月烂冬，40 多天不能割稻，水稻烂在田中。

四、现代（公元 1950—2000 年）寒露风灾害

1988 年　9 月中旬，“寒露风”对海南省正在扬花的 1000 公顷晚造水稻有较大的影响，减产3～5成，损失粮食 8385 吨。

1997 年　9 月 20—21 日，受较强冷空气影响，海南省各地明显降温，25 日又有更强的冷空气补充南侵，使大部分地区下旬气温下降 4.8～8.1℃，中、北部出现“寒露风”天气。气温偏低对儋州、昌江、临高、澄迈等地正在抽穗扬花的晚稻生长不利。9 月 20 日晚，昌江县沿海一带受冷空气影响，出现 7 级大风，使 31 艘渔船、300 多名渔民被狂风巨浪困于 3 海里外的海面上。海上强风天气使琼州海峡的通航受阻。

第五章　雾灾和海上强风

第一节　雾　　灾

一、概述

浓雾是海南省发生在冬春季节的一种气象灾害。浓雾灾害是指近地面层悬浮的大量含有有害物质的小水滴或小冰晶遮挡人们的视线，引发交通事故、导致人体疾病和电力系统事故的灾害现象。雾一般是在低层大气层结稳定、夜间晴朗无云、微风或近地层水汽充足、低空逐渐形成逆温层的条件下形成的。浓雾不像风雨雷电那样惊天动地，它像一个温柔杀手，在无声无息中危害人民生命财产。浓雾灾害主要发生在交通、供电、人体健康等几个方面。

雾出现后，就会降低空气透明度，使人的视距受阻，视野模糊，汽车在雾中行驶，驾驶员稍有疏忽，就有可能发生交通事故，由于浓雾，海南省高速公路上发生多辆汽车追尾相撞的事故也时有发生。由于浓雾，常常影响飞机起飞和降落，甚至机毁人亡，造成航班停飞，航空港关闭；由于浓雾，影响船只航行，出现相撞或触礁、搁浅，甚至船沉人亡，造成轮船停航，给国家造成重大经济损失。

由于大雾的空气湿度大，会产生污闪而导致供电系统跳闸，造成大面积的停电。污闪是指在长期不下大雨的情况下，电力设备的绝缘子积集灰尘达到一定的厚度后，遇到浓雾，绝缘子污秽受潮，发生的击穿现象。发生闪落时，引起电压波动，非故障性电压升高，又可引起连锁闪落，迫使断路器相继跳闸，电网瓦解，从而影响居民的正常生活和各行各业的生产。

由于逆温层的作用，各种不同类型的废气、烟粒和其他原因造成的大气污染物被阻挡在逆温层下，不能扩散到高层大气中去，而滞留在低空不断堆积，越来越多，部分成为雾滴的凝结核，促使大雾更快形成，部分粘附于雾滴上，造成有雾时空气中的有害有毒物质含量要比平时高得多。危害人体健康。

（一）雾的标准

轻雾——水平能见度在 1000 米～10000 米；

雾——水平能见度在 500 米～1000 米；

浓雾——水平能见度在 50～500 米；

强浓雾——水平能见度小于 50 米。

海南省的雾按照天气形势可分为辐射雾、平流雾、锋面雾、混合雾等。通常所说的容易造成灾害的雾，多指浓雾或强浓雾，能见度越低，造成雾害的机会越大越重。

（二）雾日及分布

海南省的雾主要出现在冬春季节，由于冷空气的活动而产生的。海南省出现雾的季节主要在1—4月和9—12月，其中，以12月和1月最多。中部山区的白沙、五指山、保亭等县5—8月每月还有5天以上的雾日，保亭、五指山甚至还达10～11天。全年中白沙1和9—12月、五指山8—12月等5个月雾日在10天以上，保亭8—10月3个月雾日在10天以上。从地区分布来看，海南省中部和北部多雾。全年平均雾日，五指山、保亭、白沙84～104天，其他大多数地区11～46天。海南东南（万宁以南）沿海地区、昌江、东方少雾（也是华南沿海雾日最少的地段），全年雾日不足4天，三亚全年无雾。一般而言，中部山区以夏秋最多，北部以冬春最多，西部沿海多出现于12月至次年4月，说明山区以辐射雾为主，北部以平流雾为主。

二、现代（公元1950—2000年）浓雾灾害

1995年　4月底5月初，海南东部地区种植的西瓜受浓雾影响，大量烂叶，造成2～4成的损失。北部地区各类瓜菜叶片变黄腐烂，停止生长，开花的瓜类，结果几乎全部脱落。

1998年　1月19—22日，由于连续数日的阴雨、浓雾天气影响，海口美兰机场航班延误86个，取消76个，约5000余名旅客滞留海口。

1999年　1月18日，一场浓雾紧锁海口，海口美兰机场能见度降到800米以下，被迫取消航班111架次。

1月22日，浓雾弥漫海口，至15时27分，海口美兰机场取消航班27架次，迫降周边机场19架次。

1月23日，浓雾使海口机场取消航班26架次，迫降周边机场16架次。

2000年　1月除万宁、陵水、三亚外，海南各地均有雾日出现，北部地区及白沙雾日达9～16天。大雾天气对海南省交通运输造成较大影响。自1月1日起，因前期影响的冷空气天气过程结束，天气逐渐回暖等原因，当地连续几天大雾弥漫。4日北部地区及琼州海峡、北部湾北部海面出现了入冬以来时间最长的大雾天气，持续时间长达10个小时以上，海口市区能见度小于50米。当日海口美兰机场和轮渡码头关闭多时，美兰机场20多个航班延误起飞或停航，约有7班客、货轮渡延误，各地发生多起交通事故。

1月9日13时21分，琼州海峡因浓雾能见度差，造成一起两渔船相撞事故，一渔船严重受损，船体进水。

1月21日春运以来，海口连续数日浓雾天气，每天都因浓雾影响延误航班。24日，美兰机场50多个航班因浓雾延飞或停航，近千名旅客滞留海口。当日晚琼州海峡因浓雾造成20多个航班停航，400多辆以瓜菜车为主的车辆和近4000名旅客滞留港口数小时。

3月4日19时许，因琼州海峡浓雾弥漫，能见度极低，临高县一渔船触礁沉没。

第二节　海上强风

一、概述

海上强风（非热带气旋大风）是由于冷空气南下影响海南省时，海面上出现的≥12米/秒风速的大风，对海上交通运输、渔业生产、海上石油天然气生产等有严重危害。每年3—4月，在低压槽天气系统控制下，海南省常常吹强劲的西南风，风力也常常达到7级或7级以上，对海上交通运输、渔业生产、海上石油天然气生产等也有较大的影响。

海上强风出现的次数，11月至次年1月月平均4.5次，10月、2—3月月平均3次，4月1.9次。强风出现的次数占冷空气影响次数的百分率：11月至次年3月≥70%，以1月份最大（79%），4月份约50%，9月份为26%。

海上强风平均持续天数：11月至次年1月，一般为1～3天，其余月份1～2天。最长的一次强风天气过程持续天数达11天（1998年11月底至12月上旬）。

海上强风的最多风向为北—东北风，多数风力为6～7级，最大风速可达20米/秒。以北部湾、西沙群岛附近海面出现的几率最大。

二、古代（公元1840年以前）海上强风灾害

宋　建炎三年（公元1129年）　琼山：十二月五日，风霾大作，李纲北渡不捷。

宋　乾道十三年[①]（公元1177年）　崖州（今三亚）：一福建人为吉阳军都监，遇风飘到占城。

明　正德八年（公元1513年）　琼山：海贼流劫，副使詹尔遣指挥徐爵督千户杜严等追至澄迈东水港，遇风舟覆，百户王隆溺死。

明　正德十年（公元1515年）　琼山：八月二十八日，疾风自东北至琼山，沟涧田沼水溢风卷，西南方一带平地水深三尺，彼岸俱溢，东北干涸，鱼虾堆积如陵。

〔八月二十八日（10月5日），东北大风猛疾，凡琼山界沟涧田沼水俱飞卷西南，南渭田水深约三尺，飘溢坡岸，东北干约四十余丈，鱼虾堆积，人成箩拾之。〕

明　嘉靖二十八年（公元1549年）　琼山：九月（10月），琼州大风，宫室圮坏，草木摧折殆尽。

清　康熙四十年（公元1701年）　琼山：船主钱君特，前年春，从宁波渡海到琼，

① 原文如此，按公元纪年实应为淳熙四年。

办妥货物后在同年六月开船，船到海口遇大风，船破损。

清　乾隆三十五年（公元1770年）　琼山：大风，雷琼兵备道牌楼倾圮。

三、近代（公元1840—1949年）海上强风灾害

清　咸丰三年（公元1853年）　定安：六月，大西风连旬。六月十六日（7月21日）飓风后连接西风二十余日。

清　咸丰五年（公元1855年）　文昌：（十月）此月，水，六图大岭村二更后狂风大作，声响如雷，坏民房九十余间，砖瓦尽飞，有扎入椰子树深寸许者。

清　光绪十七年（公元1891年）　定安：十一月初三大风雨，自午刻起大雨如注，平地水深数尺，向来冬季如此大风雨人所罕见也。

清　光绪二十一年（公元1895年）　琼山：四月二十七日（5月21日），大风。

清　光绪二十四年（公元1898年）　三亚：十一月，藤桥大风，坏船甚多，海滨尸遍地。

民国　四年（公元1915年）　万宁：七月十五日，狂风忽起，暴雨连日，山洪暴发。

民国　二十二年（公元1933年）　海口：10月12日，有顺和渡货船来海口，驶达流沙港时，遇风沉没，损失数万元。

民国　二十六年（公元1937年）　文昌：4月25、26日清澜港海面大雾，并吹西北狂风，波涛汹涌，26日有渔船一艘为风打沉，溺毙二人。

四、现代（公元1950—2000年）海上强风灾害

1958年　12月12日出现大风（已预报），由于缺乏人力，文昌县铺前公社失收2500斤谷物，占晚造的5%。

1959年　12月19日夜间，在北部湾作业的海南船只遭到强风袭击，发生海损事件。据沿海各县统计，琼山县1艘船桅杆折断；澄迈县1艘小船受损；儋县（今儋州）7艘渔船受重创，刮走62只小钓艇，大船沉船3艘、损坏1艘，小船沉船、损坏7艘；东方县沉小船4艘，刮走2艘。总计沉船7艘，刮走渔艇63只，小船2艘，损坏船16艘，死亡14人。

1960年　3月31日，北部湾及海南沿海发生一次强风，海上船只遭受一定损失和人员伤亡。

3 月 29 日晨，海南行政公署水文气象局在海洋天气预报内提到：“受冷空气影响，预计 30 日夜间起本区北部海面，将出现偏北强风，希有关方面密切注意”；30 日傍晚发布强风警报，31 日晨发布强风警报，31 日中午增发警报一次。除照常广播及通知有关部门外，行署水文气象局立即分头和气象台、水产局进行多次联系，并发紧急电报通知沿海各县水文气象局，要求他们和海军、南海水产公司及港务局等有关方面联系，建议采取紧急抢救措施。湛江专区西部沿海，31 日上午 9 时左右起偏北风 8 级，阵风约 9 级，北部湾北部海面 31 日上午起偏北风约 7～8 级，雷州半岛东部海面和海南东方、儋县（今儋州）到澄迈一带海面 31 日 11 时左右起北风 6 级、阵风 7 级，海南琼山、文昌沿海一带海面 31 日中午起北风 6 级，北部湾南部海面和海南万宁、崖县（今三亚）到乐东一带海面 4 月 1 日傍晚前后起，西沙群岛附近海面 31 日上半夜起 5～6 级北到东北风。

1963 年　4 月 8 日晨，强风侵袭海南岛西海岸地区。冷空气侵袭昌化三实场，海上强风 6 级、阵风 7 级，风向由东北转偏北，海面有大浪。事前海南行署气象台发布了风时预报和风前紧急警报，昌化三实场指挥陆地连续进行海上广播，各地指挥部和各船舱也采取了防御措施，但昌化澳港仍造成沉船 6 艘，严重损坏 2 艘，失踪渔民 2 人。

1964 年　1964 年 3 月 24 日，昌江县遭受强风袭击，琼山一艘 5 吨的渔船在昌化海域捕鱼，来不及回港，在八所港外面被风刮破，工具、网具及私人财产损失约 5700 元，船上 4 人下落不明。临高县在海尾港口搁浅小船 1 艘，小艇 1 只，损失约 3500 元。

2000 年　2000 年 1 月 30 日，海南省气象台预报，受冷空气影响，琼州海峡东北风 5～6级，浪高 2. 5～3. 0 米。据此，海口港监对琼州海峡实行限航禁令，至 31 日 11 时 25 分解除。致使 500 多辆汽车滞留港口。

第六章　局地强对流天气

海南省地处热带北缘，高温、高湿，既受热带系统影响，又常受冷空气的侵袭，局地强对流天气经常发生，强对流天气十分激烈，容易成灾。幸好其影响范围一般比较小，持续时间较短，所以强对流天气通常只是一种局地性的灾害性天气，一般称之为“中小尺度系统”。中尺度系统一般水平范围大约在十几千米到三百千米，活动时间多为几小时到十几小时；小尺度系统水平范围只有几十米到十几千米，维持时间几分钟到几小时。影响海南省中尺度系统的有雷暴群、飑线等，小尺度系统一般地说，主要是单体雷暴、龙卷风等。但是，有时也会发生大范围的强雷暴天气过程，其影响范围可达数十县、甚至数省，持续时间可达一天以上。局地性强对流天气不仅对国民经济各部门影响很大，对经济建设和人民生命财产有很大危害。而且，对军事活动也有决定性影响。例如，由于积雨云中有强烈的扰动、积冰和放电现象，对飞行的安全威胁很大，即使是一般的雷雨天气，也会对其造成危险。

海南省主要的强对流天气有雷暴、冰雹、龙卷风。

第一节　雷　　暴

一、概述

雷电是一种大气物理现象，雷电灾害是重要的气象灾害，是“国际减灾十年”公布的最严重的10种自然灾害之一。雷暴是常伴有雷击和闪电的局地强对流天气，它产生于强烈的积雨云中，常伴有强烈的雷雨大风，有时会产生冰雹或龙卷风，给海南省经济建设和人民生命财产安全造成很大的破坏。有关资料表明，一个中等强度的雷暴的功率约有10万千瓦，相当于一座小型核电站的输出功率。其对各种建（构）筑物、计算机网络、易燃易爆场所、物资仓储场所、电力设备、通信、广播电视设施及其他设备设施和人员安全，危害极大。

海南省是雷暴高发区，据不完全统计，年均雷暴日数多数市县在100天以上，最多的达到149天（澄迈），即一年中有五个月的时间天天打雷，居全国之冠，每年因雷击伤亡的人数在50人以上，经济损失在亿元左右。它在海南省造成的人员伤亡和经济损失仅次于热带气旋。近年来，随着社会经济的快速发展，特别是城市经济的迅猛发展，农业产业化规模的不断壮大，各种现代化通讯网络、计算机信息网络、办公自动化系统和各种现代化设备设施的建立和不断升级换代，人类社会进入了电子时代，雷灾危及领域已从电力、建筑等传统领域扩展到几乎所有行业，如与高新技术密切相关的航天、航空、国防、通信、计算机、电子、石油化工、金融证券等行业。雷电也已从二维空间入侵变为三维空间入侵到各个角落。从闪电直击和过电压波沿线传输变为空间闪电的脉冲电磁场入侵，无孔不入地造成灾害，雷灾造成的经济损失越来越大。显而易见，雷击灾害已经成为破坏性日趋最严重的气象灾害之一。所以，海南省防雷减灾的任务，比全国任何地方都艰巨和繁重。

雷灾的这种状况，已引起各级政府和广大群众的高度重视。国家相继制定颁布了一系列的法律法规，对防雷管理依法进行规范。1999 年 10 月 31 日全国九届人大常委会十二次会议颁布了《中华人民共和国气象法》，首次从法律的层面，明确防雷的组织管理由气象行政主管部门负责，2001 年 11 月 29 日海南省二届人大常委会二十四会议颁布了《海南省实施〈中华人民共和国气象法〉办法》，进一步细化了防雷管理的内涵，再次从法律上解决了防雷组织管理问题。中国气象局也连续颁发了 8、10、11 号令，对防雷的各方面工作做了明确的规范。

长期以来，气象部门一直坚持对雷暴的活动（包括雷暴的发生、发展、变化等）进行昼夜不停、连续不断的观测记录及资料积累分析，对雷暴形成的物理机制、活动规律进行系统的研究。另外，现代防雷已经发展成新兴学科，防雷措施也已从防直击雷（外部防雷）发展到防感应雷、防雷电波侵入（即内外结合防雷）。据国内外有关资料表明，外部雷击事故仅占 10%～15%，内部感应雷、雷电波侵入事故占 85%～90%。经过多年的实践，气象部门在防雷的基础理论和应用技术方面比较扎实，各类气象院校和部分综合大学的大气科学系，陆续开办了防雷专业，对防雷科学技术进行全面系统的研究和培养大量的防雷技术的专门人才，在防雷减灾方面积累了丰富的经验，海南省的防雷技术队伍不断发展壮大，为加强和规范防雷减灾的管理，开展防雷技术服务，避免或减少雷灾造成的损失打下了坚实的基础。

（一）雷暴分布

海南省地处热带，四面环海，高温高湿，空气对流运动强烈，雷暴活动频繁，是全国雷暴最多的地区。

表 6.1　海南省累年逐月雷暴日数统计（天）

站名＼月份	1	2	3	4	5	6	7	8	9	10	11	12
海口	0	1	2	8	17	17	17	16	11	4	0	0
定安	0	1	3	10	19	18	19	20	14	5	1	0
澄迈	0	1	3	11	21	21	22	22	16	6	1	0
临高	0	1	2	8	17	17	18	18	14	5	0	0
儋州	0	1	2	10	20	18	19	19	15	5	1	0

续表

站名＼月份	1	2	3	4	5	6	7	8	9	10	11	12
琼海	0	1	1	7	15	13	11	15	11	5	1	0
文昌	0	1	2	8	17	15	14	19	13	4	1	0
万宁	0	0	1	5	12	11	9	14	11	5	1	0
屯昌	0	1	2	10	20	18	19	21	15	5	1	0
白沙	0	1	2	11	20	18	20	20	16	6	1	0
琼中	0	1	2	9	18	16	18	19	14	5	0	0
昌江	0	1	1	7	14	13	15	16	15	7	1	0
东方	0	1	1	5	11	11	11	15	16	9	1	0
乐东	0	0	1	6	14	12	14	17	16	8	1	0
五指山	0	0	2	8	19	17	19	20	18	7	1	0
保亭	0	0	1	6	18	16	17	20	17	7	1	0
陵水	0	0	1	5	14	14	13	17	13	5	0	0
三亚	0	0	1	3	9	9	10	13	13	5	0	0
西沙	0	0	0	2	5	4	4	6	7	4	1	0

雷暴年平均日数，多数地区 100 天以上。

全省雷暴的地区分布。总的趋势是由北部、中部向南逐步减少，五指山的北缘和西缘是全省雷暴的高值区，集中在澄迈、儋州、白沙、五指山、琼中、屯昌、定安等市县，为 100～124 天，澄迈县 124 天最多。南部沿海地区最少，三亚市 63 天最少。如果涵盖南海诸岛，则西沙的 33 天为最少。极端最多雷暴日数，以澄迈县的 149 天（1975 年）最高，为全国之冠。

雷暴的季节分布。海南省全年都有雷暴活动，但以 4～9 月为活跃期，约占全年雷暴总日数的 85%～93%，其中，5—8 月为集中期，北部、中部月均雷暴日数在 18 天以上，澄迈县每月均有 21～22 天，为全省之冠。

平均雷暴初日，多数地区在 3 月上旬至中旬，五指山以南地区出现于 3 月下旬，三亚最迟（30/3）。这与北部早春冷空气活动比较频繁，产生锋面雷暴的可能性较大有关。平均雷暴终日，全省都出现在 10 月下旬，临高结束最早（19/10）。初终日间天数，北部、中部 230～240 天，其余地区 210～230 天。雷暴初日最早的年份，1 月即出现雷暴，最迟的直到 5 月才有初雷；最晚的终雷出现在年底。

（二）雷电的危害方式

雷电在电子时代危害的方式，已经从闪电直击和过电压波沿线变为空间闪电的脉冲电磁场入侵，无孔不入地造成灾害。防雷工程已从防直击雷、感应雷进入防雷电电磁脉冲。雷灾的主要对象除人畜外，已集中在微电子设备设施上，常造成严重损失。有时雷电袭击的对象本身造成的直接经济损失可能不是很大，但由此造成间接的经济损失和影响却难于估量。因此，雷电防护已从防直击雷发展到综合系统防雷。海南省雷电的危害方式主要有以下几种：

1. 直击雷：雷电直接袭击在地面某一物体上，产生电效应、热效应和机械力，能量大，具有巨大的破坏性。

2. 感应雷：雷电放电时，在附近导体上产生的静电感应和电磁感应，它可能使金属部件之间产生火花，引起火灾。俗称“二次雷”，它对设备、人畜等有较大的危害。

3. 雷电波侵入：雷击发生时雷电直接击中架空或埋地较浅的金属管道、线缆，强大的雷电流沿着这些管线侵入室内，危害设备、设施及人身安全。

4. 雷击电磁脉冲：作为干扰源的直接雷击和附近地区雷击所引起的效应。绝大多数是雷电流通过连接导体的干扰以及磁辐射干扰。

5. 雷电高压反击：在遭受直击雷击的物体（金属体、树木、建筑物等）或防雷装置（接闪器、引下线、接地体等）在引导强大的雷电流流入大地时，在它的引下线、接地体以及与它们相连接的金属导体上产生非常高的电压，对周围与它们临近却又没有与它们连接的金属物体、设备、线路、人体之间产生巨大的电位差，这个电位差会引起闪络，造成危害。

（三）雷电灾害的防御

1. 建（构）筑物及设备设施防雷：

（1）牢固树立“安全第一、预防为主”的思想，充分认识海南省防雷减灾形势的严峻性和防雷减灾工作的重要性，切实把防雷减灾工作提上重要的议事日程，纳入各级政府的国民经济发展规划和财政预算，保证落实；

（2）易燃易爆场所、民航、学校、计算机网络、信息系统、金融、通信、交通、种植养殖场所、人员聚集场所及其他易遭受雷击的设备设施等，必须按照国家规范规定，设计安装防雷装置，安装的防雷装置应当符合国务院气象行政主管部门规定的使用要求；

（3）已安装使用的防雷装置应当依法主动申请安全性能定期检测，其中，易燃易爆场所等爆炸危险环境的防雷装置每半年必须检测一次，其余的，每一年检测一次，不合格的，应当及时进行整改，确保防雷装置的安全可靠；

（4）安装防雷装置必须使用国务院气象行政主管部门认可的、经省气象行政主管部门登记备案的防雷产品。

2. 个人防雷：

（1）政府及相关部门按照职责落实防雷应急抢险工作；

（2）人员应当留在室内，并关好门窗；

（3）人员应当躲入有防雷设施的建筑物或汽车内，并关好门窗；

（4）切断危险电源，不要在树下、电杆下、塔吊下避雨；

（5）在空旷场地不要打伞，不要把农具、羽毛球拍、高尔夫球杆等扛在肩上；

（6）切勿接触天线、水管、铁丝网、金属门窗、建筑物外墙，远离电线等带电设备和其他类似金属装置；

（7）尽量不要使用无防雷装置或防雷装置不完备的电视、电话等电器；

（8）不要随便在屋顶设置金属天线、晒衣铁线，更不能将晒衣铁线引入室内，或在室内乱拉电源线、电话线、电视天线等金属线；

（9）密切注意雷电预警信息的发布。

二、古代（公元 1840 年以前）雷暴灾害

元　中统到至正期间（公元 1260—1367 年）　琼山：郡城大路街林姓为雷化，视为神，建庙祀之，号雷庙祈祷多应。给事中许子伟议毁之，以神入梦乃止。

明　成化年间（公元 1465—1487 年）　定安：谯楼古钟，声闻至郡，郡大吏羡之，命夫辇去，行至梁沙辄重，夫力不能动，雷雨忽作，击伤纽夫。惊报，命允复旧置，遂轻如故，而声仅闻十里矣。

明　嘉靖四十一年（公元 1562 年）　文昌：雷震县大门，击毙二人。

明　万历十年（公元 1582 年）　琼山：四月，雷击景贤祠柱。

明　崇祯十一年（公元 1638 年）　琼山：七月，雷击文庙石柱。

清　顺治八年（公元 1651 年）　琼山：五月，雷震府学殿前柱及县学前柱，府学铁香炉失所在，县学石香炉撒于池泮。

清　顺治十六年（公元 1659 年）　琼山：夏四月朔夜半，有白气自海滨走，直抵北方，其光如电，将入云际，声震如雷，久之乃止。

崖州（今三亚）：四月朔，夜半，白气见，自海滨起，抵北，其光如电。空中声震如雷。顷之乃定。

（球状闪电，两地同记一事）

清　康熙五年（公元 1666 年）　崖州（今三亚）：三月晦，夜有白气，自北起，闪烁如电，入于海，声如雷（球状闪电）。与已亥年四月所见同。但彼自南而北，此盖自北而南云。

清　乾隆十三年（公元 1748 年）　万州（今万宁）：春三月天炮响于西北方，夏四月雷震州大堂宅门。

清　乾隆十五年（公元 1750 年）　文昌：雷震学宫前柱。

三、近代（公元 1840—1949 年）雷暴灾害

清　光绪七年（公元 1881 年）　琼山：安仁图大路坡村王国畅为雷击毙。

清　光绪十五年（公元 1889 年）　儋州：五月初五日大雨，雷击圣庙大成殿。

清　光绪二十九年（公元 1903 年）　感恩（今东方）：五月，宝上村见团火大如斗，

色绿阴，自岭起凌空疾射，至村西落。次早访之见，一塘水尽变浊，鱼虾死浮水面，臭不可闻。疑即夜见至火落此所致。（球状闪电）

民国 七年（公元 1918 年） 文昌：雷震文庙名宦祠，从墙根而起，屋顶飞碎。

四、现代（公元 1950—2000 年）雷暴灾害

1966 年 3 月 23 日，定安气象观测站西方 2 千米处，雷电击死 1 人，伤 1 人。

1971 年 4 月 26 日，昌江县叉河公社发生雷击，击死 1 人。

9 月 9 日，文昌县抱罗和潭牛公社，雷击死 2 人。

1972 年 5 月 7 日 13 时，陵水光坡公社 1 人被雷电击死，数人受伤。25 日 15 时 30 分，“什巴干楼”发生雷击，击死 1 人，重伤 1 人，轻伤 7 人。26 日 13 时，陵水小妹水库，雷电击伤 7 人。当日，三亚梅山公社发生雷击，受伤 10 多人，死亡 2 人。25 日崖城公社出现雷电，击死耕牛 1 头。

8 月 2 日，琼中乌石公社那路离 10 团约 1 公里的连队，雷电击破茅房顶，击伤 9 人。8 月 3 日雷击死 10 头牛。

8 月 23 日，东方抱板公社江泉农场，雷电击伤 1 人。

1976 年 5 月 21 日，保亭县新星农场东郊二队、江区三队，雷击死 1 人，伤 1 人。6 月 1 日，屯昌乌坡公社白毛坡大队 1 人被雷击死，身上衣服被烧光。20 日 14 时 30 分，昌江县昌城公社大风糖厂发生雷雨，雷电由变压器通过电灯线路导入职工宿舍，3 栋住房连续受雷击，死亡 5 人，重伤 4 人，轻伤 6 人。

1978 年 5 月 1 日，琼中乌石公社发生强烈雷雨，乌石农场 1 人被击死，击坏房屋 1 幢，击坏气象站电子仪器。当日，保亭县什玲公社什玲大队砖瓦厂，雷击伤 1 人。4 日，文昌县锦山公社下坡环生产队，雷电击死牛 21 头。15 日 14 时 37 分，保亭保城公路工区附近，雷击死 1 人，伤 2 人。

1985 年 6 月 11 日 8 时左右，三亚保港区前面，1 位农民在田间犁田时，人和水牛同时被雷击中，当场死亡，水牛的肚子被雷电击破。触雷时人和水牛被一团黑烟罩住，什么都看不清，待黑烟散去，人和水牛已倒在田中。

1990 年 7 月 17 日、22 日，海口市和万宁市万城镇分别出现强烈雷击现象。雷击点通讯设备遭严重破坏，通讯中断，雷击死 1 人，伤 1 人。

1992 年 5 月 9 日 15 时许，屯昌县城附近突然出现强对流天气现象——飑，其间狂风呼啸，电闪雷鸣，并伴有暴雨，仅 4 分钟降水量就达 62.3 毫米。城郊一农民在田间遭雷击死亡。

1993年 5月19日，陵水南门岭遭雷击，击坏岭上的电视塔和电视机3部，击死猪2头。

1994年 5—6月，琼中县遭雷电波及感应雷击，击坏程控电话49部，电视5部，农业银行、工商银行、建设银行、人民银行的电脑全部被雷电击坏。

1995年 7月15日15时，琼中县南方农场1人遭雷击死。同时，海口机场主跑道遭受雷击，被巨雷炸开一个不规则的刨面为42×50厘米、深12厘米的大坑，致使机场被迫关闭17个小时，当天的28个航班被取消，1500余名旅客滞留。雷击引起的感应过电压，使位于跑道南侧约200米处的海口自来水公司米铺水厂的空气开关感应爆炸、配电跳闸、5部彩电损坏，附近一带有线电视信号中断。海南化纤厂亦遭雷击。直接经济损失约50万元。

1996年 4月19日13时30分～14时，强对流天气袭击定安县仙沟、雷鸣、龙门等乡镇，风雨夹冰雹一齐袭来（雨量30～50毫米），雷电击死雷鸣乡新安村1人、伤2人，大风刮断雷鸣、龙门地区部分树木。5月30日15时，澄迈县大丰农场美玉作业区，雷电击死3人，伤1人。8月30日16时，雷击澄迈县中国银行，使计算机无法正常运行，电源避雷器受损。

1997年 3月16日18时左右，琼中县湾岭镇大岭水果基地1人被雷击死。19日11时后，昌江县南岭三场遭雷击，造成2人死亡，6人受伤。24日三亚市中亚大酒店交换机与中亚证券计算机网络同时受雷击，交换机一块用户板、几部电话机与计算机网络损坏，停止证券交易两天。

4月6日，海南化纤厂设备遭雷击，直接经济损失数万元，停产40多个小时。16日凌晨近4时，昌江县保平乡橡胶场，雷电击中一茅房，引起火灾，造成3人死亡，1人受伤。19日14时许，昌江县保平乡1人树下避雨被雷击死。23日17时，昌江县昌城乡1人驾牛车被雷击中，连人带牛当场死亡。4月中旬，琼中县百花岭1人被雷击伤。

4、5月，琼海市南港钛矿两次遭直击雷、雷电波侵入，击坏变压器、电动机多部，直接经济损失2.6万元，造成工矿车间停产20天，间接损失15万元。

5月4日17时30分左右，屯昌县新兴镇土克小学一棵高30米、直径30厘米的树遭雷击，树干裂开，树皮全部剥离。离树5米的钢筋水泥平顶结构教室也被雷击开几条裂缝。5日下午，澄迈县公安局遭雷击，损坏电话机、电视机20多部，直接经济损失4.5万元。19日15时40分左右，琼海市龙江、石壁镇遭雷击，造成2人2头牛死亡、2人受伤，毁坏民房6间，还有变压器、电视机、电线等设施受损，直接经济损失20多万元。20日夜，琼海市遭强直击雷或雷电波侵入，邮电局、中国银行、农业银行、工商银行、建设银行及市话用户的多部电话机、电脑终端及调制器等受损，共计损失20多万元。28日13时50分左右，万宁新中农场场部附近的一户人家遭受强烈雷击，雷电炸出一条长约7米、宽0.3米、深0.15米的坑，触击点几株矮冠树被炸得支离破碎，击穿电表，击毁电视机，通往其家的100米电线数段被烧毁。此前一天，雷电击中该场部2棵椰子树，其中1棵起火燃烧。5月下旬，海口机场遭雷击，部分通信设备和计算机设备受损，经济损失数万元。5月琼海市温泉镇、龙江镇、加积车站等遭雷击，造成4人死亡，3人受伤。

6月，琼海市石壁镇1人、2头牛遭雷击死亡。6月3日，琼山广播电台遭雷击，发射机和增音室设备被击坏，经济损失2万多元。6日，海南冷轧薄板厂设备被雷电击坏，造成直接经济损失35万元，停产13天。18日14时许，屯昌县黄岭农场2人遭雷击死亡。21日下午，白沙县龙江农场1人遭雷击死亡，4人受伤。22日15时，琼中县中平镇2人、1头牛遭雷击死亡，1人受伤。

7月2日下午，位于澄迈县老城镇的立达学园遭感应雷击，损坏电话交换机及多部电话机，直接经济损失1.5万元。17日约17时，琼海市大路镇3人避雨被雷击死。28日，澄迈县政府新宿舍楼遭雷击，损坏电视机多部，电话机10余部，直接经济损失2.8万元。8月中旬，海口电视台发射机房受感应雷击，造成发射机损坏，经济损失十几万元。1997年琼海市塔洋镇、龙江镇，1人被雷击死，1人受伤。

1998年 1998年是海南省雷电灾害比较严重的一年，3—10月均有雷灾出现，其中大部分发生在4—6月。据海口、文昌、琼山、定安、琼海、三亚、昌江、澄迈等市县的不完全统计，共造成人员伤亡50人，其中死亡24人，受伤26人。另外还有9条耕牛被雷击死。因雷电灾害，损毁计算机、电话程控交换机、移动电话发射机、电视中转台、工厂机器设备和房屋等，直接经济损失超过200万元。

3月7日，澄迈县1人遭雷击受伤。

4月17日，陵水县2人、澄迈县马村2人遭雷击死亡。21日，文昌锦山镇1名村民被雷击身亡。25日16时30分，琼山市新坡镇两个小孩遭雷击身亡；27日，琼山市仁丰邮电局程控机房遭雷击，瘫痪两天。28日17时，琼海市龙江镇兰山村8名农民在山坡上的草棚里躲雨遭雷击，造成1人死亡，7人受伤。同时，1000米处的沐里村两幢2层楼遭雷击，其中一幢被炸开3个直径10～20厘米的口子，另一幢屋角被炸掉，一楼被炸开一个直径约20厘米的口子。当日，琼海市温泉镇和九曲江乡2人、文昌市铺前镇2人遭雷击身亡。29日，文昌市新桥镇3人被雷击受伤。当日11时，三亚市林旺镇一海水养殖场工人遭雷击，2人死亡，13人受伤，其中6人重伤。同时，该市羊栏镇桶井村1人在野外遭雷击身亡，3米远的大树被雷击裂开。林旺邮电所、三亚度假村、三亚国际大酒店等单位的程控电话交换机、卫星电视接收系统和电脑网络等均遭受雷击，直接经济损失近20万元。

5月5日17时，琼海市万泉镇浴皇村1名老妇在家洗澡时被雷电波侵入感应的高电位击倒身亡，手被烧黑。13日下午，白沙县牙叉农场1人被雷电吓死。31日下午，雷击造成电厂至罗牛山奶牛场供电线路故障，片区大面积停电。

6月5日上午，白沙县工商银行10部电脑被雷击坏，直接经济损失10万元。8日下午，琼山市新坡镇光荣管区保礼村一农妇，因下雷雨，上山准备牵牛回家，半路上遭受雷击，当场身亡。10日，海南民生油气储运有限公司长流油气站遭受雷击，消防监测及其他控制系统被击坏，直接经济损失十多万元。18日下午4时，昌江县乌烈村出现强对流天气，农民苏某正在田洋犁田时遭雷击死亡。

9月15日上午，万宁二中的东、西两幢教工宿舍楼遭受雷击，东楼第二层的卫生间墙体被炸开一个直径为2厘米的裂孔，西楼第六层西南角的天面底棚天花板上被炸开一个直径约25厘米的圆洞，且有多部家电受损。

10月4日下午，海口市海南广场新建的省人大办公大楼遭受雷击，主楼22层的东南角被直击雷击损一个约长70厘米、宽35厘米、厚25厘米的楼角，炸开的墙体内基础钢筋被击烧黑，大楼幕墙玻璃被击碎一块，直接经济损失1万多元。8日下午，昌江县水头村发生一起多击点雷击事故。一击点在水头小学教学楼附近，该楼西南角被炸裂，造成1人受伤，教学楼及附近宿舍的电器全部被击坏，二楼办公室电源板处被炸开一个约2米宽的口子。另一击点在距第一击点约20米处的一棵大树上，树下1头水牛当场被击死。

1999年 4月9日下午，琼山市红旗镇良鹏村遭受雷击，击死1头耕牛。16日16时40分，省政府大院住宅楼和海南宾馆遭雷击，11部电视机和1部调制解调器损坏。19日下午，琼山市东营镇遭雷击，击死2头黄牛，击坏多部电视机，该镇工商银行储蓄所的自动取款机被击坏。

5月，陵水县广播电视台遭雷击，部分设备被击坏，直接经济损失3万多元。5月14日下午，澄迈县老城开发区海南锦艺达木制品有限公司遭受雷击，击坏1台空调机、压缩机电源开关和马达等设备，直接经济损失约0.6万元。17日下午，海口美兰国际机场遭受雷击，损坏供电系统，造成500多条灯管烧毁，边防检查站2台计算机被击坏。当日17时左右，琼山市东山镇海南加工厂发生雷击，击坏电视接收机1部、电视机和电话机多部，直接经济损失2万多元。19日上午，陵水县毛纺厂遭受雷击，1部电话机和1部计算机电脑被击坏；高速公路陵水管理处遭雷击，办公楼灯管全部烧坏。当日琼山市红旗镇邮电所遭受雷击，机房内5部电话机、多部电视机被击坏。27日22时左右，文昌市南阳镇新合管理区罗布坡村遭受雷击，当时3个青年人在凉棚休息，其中1人被击死，2人被击伤。当日该市文城镇文利家具厂遭雷击，平顶房的一根钢筋梁体被炸裂。

6月3日中午，海口市电信局省委微波楼内的语音信箱设备遭雷击，其中7块语音板被打坏，直接经济损失近百万元。当日18时45分，海口市秀英高架桥附近的军区第二仓库大院遭受雷击，1棵椰子树树冠着火15分钟，地面冒青烟。距雷击点60多米远的办公楼内的5部空调机和1部卫视接收设备部分被击坏，直接经济损失近2万元。

7月5日13时30分，省政府大院省领导住宅区的2个电视分配器被雷击坏；海口市电信局微波大楼同时遭受雷击，5块集成电路控制板被击坏，直接经济损失约15万元。7月下旬，海军加来机场遭受雷击，2部通讯台发射机、多部电视机、电话机被击坏。24日18时，东方市乐安小学遭受雷击，3间宿舍被击坏，1人死亡，4人受伤，其中2人重伤。31日13时25分，东方市十所村出现强雷雨，在村边田间施肥的1名青年妇女当场被击死，附近树下2头耕牛同时被雷击死。

8月4日晚，海南民生油气储运有限公司长流油气站遭受雷击，自动监控及传感设备等被击坏，直接经济损失约10多万元。12日下午，省建设银行东方分行宿舍区遭受雷击，1部电视接收机被打坏。29日凌晨1～2时，陵水县城附近出现强雷阵雨，高速公路陵水管理处的5部电脑和1部1000瓦UPS电源被打坏；县工商银行的全部电脑及其他设备被打坏，直接经济损失17万元，全县储蓄业务中断2天；县广播电视台的1个有线电视高频头、40个放大器被击坏，直接经济损失约2万元，全县有线电视停播2天。31日

15 时，白沙县南松小学遭受雷击，3 名教师在宿舍走廊内被雷击伤，1 台电视机被击坏，墙体被打掉 1 块。当日 16 时前后，屯昌县境内出现一次强雷阵雨，鸿达宾馆遭受雷击，1 台大型冰柜、1 部电脑、2 部电话机被击坏；明艳大酒店 1 部计算机、1 部电话机、1 部有线电视分路器被击坏；中国银行屯昌县支行电脑网络系统被击坏，直接经济损失 3.5 万元；县信用社的 2 部电脑、1 部调制解调器被击坏；枫木镇南岭管理区的 2 位青年在野外草棚避雨，遭雷击死亡。

10 月 4 日 15 时后，海口市乐普生商城遭受雷击，l 部程控交换机被击坏，直接经济损失 6.5 万元。

2000 年 2000 年雷电灾害从 4 月至 10 月均有发生，大部分发生在 5—10 月。据不完全统计，全省因雷电灾害伤亡 23 人，其中死亡 10 人。直接经济损失 700 多万元。

4 月 28 日下午，琼山市境内出现强雷雨，多个单位受雷击。市职业学校食堂内 2 人被击伤，墙角被击穿，堆放在其附近的一堆塑料物品被烧毁；市工商银行文庄储蓄所的自动柜员机、通信卡等被击坏，直接经济损失 6000 多元；灵山镇雍西村 2 头水牛被击死，林白村的两块稻田约 20 多平方米的水稻遭雷击起火烧毁。

5 月，海南省雷阵雨天气较多，雷暴日数达 7～25 天，雷击事故频繁，据统计，上半月共发生 25 起，死亡 5 人，重伤 3 人，轻伤 1 人，击死耕牛 4 头，击坏房屋 4 间，击毁变压器、电视机、电脑及通讯设备一批，造成直接经济损失 50 多万元。5 月 4 日 19 时许，琼山市东山镇一家 3 人遭雷击受伤。5 日傍晚，屯昌县中建农场 1 人遭雷击身亡。7 日，琼海市中原镇珍寨村王某夫妇，骑摩托车回家路上遇到雷雨，遭受雷击。雷电击中坐在后座位的妻子，当场死亡，强大的冲击波将丈夫抛出几米远，造成重伤。15 日下午 4 时 30 分左右，三亚市林旺镇青田村罗某和符某在港湾捕鱼时，两人被雷击身亡，死者身体均被烧黑。

6 月 6 日，琼中县城出现强雷雨，一名三轮摩托车司机在机械厂附近的一棵大树下避雨时，被雷击致死。附近的县供电公司的高压线路被雷击，断落在地面，电死 1 头水牛，并造成停电两天，经济损失 3 万多元。县城林园酒家的两台空调机等家用电器被雷击坏，经济损失近万元。19 日下午 3 时许，受强雷雨影响，儋州市那东公路洛南加油站被雷击倒塌，重伤 1 人，加油机被击坏，油罐被击扁，幸未引起火灾。当日下午 4 时 30 分左右，雷雨移至海口秀英区上空，驻军某部营区遭受雷击，一段围墙被击裂开，院内 3 棵高大椰子树被雷击起火，像 3 支巨大火把映红了天空。省人民医院秀英住院部和某公司也同时遭受雷击，程控电话交换机、电话机、卫星电视接收设备和洗衣房内设备等被击坏，经济损失 20 多万元。当日 17 时许，澄迈县瑞溪镇石琼小学狂风大作，雷雨交加。一教师宿舍里的几位女教师和学生被雷击，1 位女教师当场死亡，衣服被击碎，1 位同学被击伤，另 1 位教师和小孩的耳膜被击破。距离宿舍 30 米远的教学大楼的电源总开关被击坏，还有多间教室的电源线、灯管被击断、震爆。

7 月 8 日，雷击造成万宁市全市电话中断 1～2 小时；万城镇铜鼓岑村一妇女在稻田劳动时被雷暴击中，当场死亡。17 日 7 时许，海口府城地区受强雷雨影响，发生大面积的雷击事故。击坏电脑 39 部、电视机 25 部、电话机 60 多部、程控电话交换机 15 部和大批微波及电子设备，直接经济损失 150 多万元。22 日中午，通什（今五指山）市畅好乡那什村农民陈某夫妇上山收取橡胶水，因下大雨，夫妇俩在一间平房走廊避雨时遭受雷击，妻子当场死亡，丈夫脚部被击伤。

8 月 1 日，陵水受强对流天气影响出现暴雨，并发生较严重的雷击灾害。光坡镇 4 人遭雷击，造成 1 人死亡 3 人受伤；电视网络被雷击；毛纺厂、藤竹厂的 2 块车间生产线控制板、5 台电脑、19 部家用电器等被击坏；直接经济损失约 8 万元。当日凌晨 2～3 时，陵水县光坡镇坡尾管区一钛矿场地 4 位民工遭雷击，造成 1 人死亡 3 人受伤。陵水县宏业毛纺厂和县藤竹厂的 4 部电脑被击坏，直接经济损失 1 万多元；县电业公司和食品公司等单位职工的电视机、电冰箱、空调机、VCD 机等被击坏 15 部，直接经济损失 3 万多元；县电视台有线站的高频头、供电放大器、分配器和部分线路被击坏，直接经济损失 2 万多元。17 日海口秀英码头一油轮被雷击，引起排气口起火燃烧。28 日晚，海口椰岛公司程控交换机被击坏。

9 月 6 日 8～9 时，澄迈县境内出现一次强雷雨，长安镇长安村 7 位农民在野外一间小草棚避雨时被雷击中，曾某当场死亡，另有 3 人重伤，1 人轻伤；位于老城开发区的欣龙纺织厂的输电线路全部被雷击坏，据该厂估计，这次雷击造成的直接经济损失多达 24 万元。

第二节　冰　　雹

一、概述

冰雹是指坚硬的球状、锥形或形状不规则的固态降水，主要产生于对流旺盛的积雨云中。在夏季，因为太阳辐射强烈，地面受热不均或动力抬升作用出现对流，当空气处在不稳定状态时，对流不断加强，积雨云迅速发展，范围越来越大，高度越来越高，体积越来越大，前部气流上升，后部气流下沉。冰雹就形成于这种有强烈上升气流的积雨云中。冰雹直径一般为 5～50 毫米，大的也有超过 30 厘米的，常常给农作物和人身安全造成很大的危害。

海南省冰雹出现的机会极少，年平均北部 0.1～0.4 次，其余地区基本没有冰雹出现，其中，定安、琼山（今海口）占有记录的 17%～21%，文昌、屯昌占 11%～13%。冰雹主要出现在 3—5 月，其中，3 月占记录的 48%，4 月占 29%；其余月份基本没有冰雹。冰雹出现的机会虽然不多，但可击毁农作物、房屋和击伤人畜。如 1962 年 4 月，定安、琼山、文昌一带出现的一次冰雹天气过程，据群众反映，当时最大冰雹直径像碗口一般大。

二、古代（公元 1840 年以前）冰雹灾害

明　天顺五年（公元 1461 年）　琼山：二月降冰雹，大的如斗，小的如鹅卵。〔闰二月，雨雹大如斗。〕

明　成化五年（公元 1469 年）　琼山：闰二月癸未（二十八日，4 月 10 日）雨雹，

大如斗。

明　正德四年（公元 1509 年）　乐会（今琼海）：大雨雹，详呈奏蠲免田赋。

明　正德十五年（公元 1520 年）　临高：雨雹，初如弹丸，渐大如臼，伤人畜无数。

明　嘉靖四年（公元 1525 年）　乐会（今琼海）：乐会大雨雹漫地，大者如弹丸。

明　嘉靖十九年（公元 1540 年）　临高：大雨雹，大的如车轮，小的如弹丸，人畜伤亡不可胜计。

〔大雨雹漫地，小者如弹丸，大者如春臼，压死人无数。〕

〔大雨雹，坠死人畜不可胜记。〕

明　万历四十六年（公元 1618 年）　琼山：春旱，三月初四，祷雨。未时，有云自西南至雨皆雹，大如鸡卵，申时乃止。

明　崇祯十四年（公元 1641 年）　澄迈：二月，大雨雹，如鸡卵，弹子，碎瓦屋，毙耕牛，飞鸟多死。

明　崇祯十六年（公元 1643 年）　乐会（今琼海）：会同县，雨雹，大如斗。

定安：雨雹。

清　顺治十年（公元 1653 年）　定安：四月中午时，雨日相斗，冰雹。

昌化（今昌江）：秋月，雹。

清　康熙四十六年（公元 1707 年）　陵水：三月初四日，雨雹。

琼山：春三月，大雨雹，小者如拳，大者如盘，海外罕见。

清　乾隆四十一年（公元 1776 年）　儋州：三月，雨雹。

清　嘉庆元年（公元 1796 年）　万宁：春二月，雨雹。

清　嘉庆四年（公元 1799 年）　乐会（今琼海）：夏四月，乐会大雨雹。

清　嘉庆十七年（公元 1812 年）　万州（今万宁）：春二月，大雨雹，大有年。

清　嘉庆十八年（公元 1813 年）　定安：五月，大雨雹。

清　嘉庆二十二年（公元 1817 年）　定安：雨雹大如碗，伤居民甚众。

清　嘉庆二十四年（公元 1819 年）　定安：三月二十七日（4 月 21 日），大雨雹，伤禾破屋。

清　道光元年（公元 1821 年）　万州（今万宁）：二月十七日（3 月 20 日），大雨雹。

清　道光三年（公元 1823 年）　崖州（今三亚）：冬十二月，大雨雹。大者如斗，小者如拳。黄流、赤岭、赖洋诸村庐舍，多击毁。初，雹堆积如山。俄而化大水，冲决村田无算。

清　道光十六年（公元 1836 年）　儋州：三月，雨雹。琼山：三月，雨雹。

三、近代（公元 1840—1949 年）冰雹灾害

清　咸丰二年（公元 1854 年）　琼山：四月，羊山地区降特大冰雹，大如人头，小如拳头，民房瓦片半数被打坏，荔枝失收，次年未开花结果。

清　同治五年（公元 1866 年）　儋州：二月初十日（3 月 26 日），雨雹。

清　光绪三年（公元 1877 年）　琼山：四月，雨雹，大者重二三十斤，打伤人畜。

清　光绪十五年（公元 1889 年）　儋州：正月二十八日（2 月 27 日）雨雹。

清　光绪二十二年（公元 1896 年）　儋州：四月十七日（5 月 29 日），雨雹甚大，略伤禾稼。

清　光绪二十三年（公元 1897 年）　儋州：五月初九日（6 月 8 日），龙过，天雨小雹。

清　光绪二十六年（公元 1900 年）　儋州：四月十九日（5 月 17 日），雨雹。

清　光绪三十二年（公元 1906 年）　澄迈：三月十六日（4 月 16 日）午未时，雷雨大作，雨雹在加乐方，大伤房屋，树木枝折叶落，禾苗打烂难堪。

清　光绪三十四年（公元 1908 年）　东方：二月，南区天雨雹。如小指大。四月彗星见经天。

民国　六年（公元 1917 年）　昌江：2 月 27 日起连降八天冰雹，全县损失甚大。

东方：闰二月二十七八日（4 月 18、19 日）雨雹，黎峒亦有。

民国　九年（公元 1920 年）　文昌：二月十八夜，雨雹下降，小者二三方寸，大者可满方尺，北区一带屋瓦多被击坏，有至椽桷露出，庭间大雹堆积，水沟为之不通，墙壁花碎痕如斧琢，至草木徐芋尽无完叶，其鸟蛇动物亦间有击毙者。自来雹灾，此为特甚。

民国　十八年（公元 1929 年）　澄迈：三月初十，文儒乡尾坡下大冰雹，第二天还化不完。

民国　二十二年（公元 1933 年）　澄迈：六月，永发镇降大冰雹，第二天还化不完。

四、现代（公元 1950—2000 年）冰雹灾害

1952 年　4 月 22 日 15 时，澄迈、临高县接壤部位的 3 个乡 15 个村（纵横约 10 公里）遭受冰雹袭击，每块数斤，毁屋 820 间，狂风揭瓦 65.22 万块，死亡牲畜 34 头（只），损失农作物 26.7 公顷。临高禾谷、杂粮损失 56.87 吨，澄迈仁丁、大云、福山、敦茶等地 45 人、257.3 公顷耕地受灾。

1953 年　4 月 25 日，临高县木排场降冰雹约 15 分钟，冰雹直径 0.5～3.0 厘米，降雹密度各林区均不相同。

冰雹致使苗木受灾，损害橡胶苗 12255 株，其中断茎 475 株，断枝 488 株，重伤 3621 株，轻伤 7671 株。第四作业区受害较严重。苗木伤口长 0.5～2.0 厘米，宽 0.1～1.0 厘米，伤口多的苗木每株 20 处以上，一般的 2～5 处。

4 月 26 日下午，儋县（今儋州）洛基场第二作业区降冰雹，苗木受害 2294 株，其中较严重者占十分之一，受害苗木 90%以上集中在一个林段。

1966 年　3 月 23 日，文昌县蓬莱公社部分地区降冰雹，大的数十斤，一般的拳头般大，打坏房屋 96 间。

3 月 23 日 15～16 时，琼海先下雨，后降雨夹冰雹，持续时间 15 分钟左右。所降冰雹大的如粪箕、水桶，小的如口杯、鸡蛋，最小的如花生米大，最大的有 30 千克左右（未经核实），一般的 7.5～10 千克，小的也有 1.5～2 千克。密度为平均每平方米 5～7 个，房屋的桁桷被砸断。该县除博鳌、潭门两个公社外，18 个公社都降冰雹。冰雹较大的有阳江、文市、九曲江、朝阳 4 个公社，其中又以阳江为甚。

这次降雹规模之大，范围之广，为前所未有。据灾情严重的阳江、文市、九曲江、朝阳 4 个公社调查统计：损坏房屋 2057 间，40 人被打伤（重伤 8 人），伤亡牲畜 2493 头（只）。损失粮食 48.45 吨（不包括国家粮食损失）。326.7 公顷稻苗损失 3 成以上，71.3 公顷花生及 17000 多株胡椒损失 4 成以上，损失霍香 2 公顷，橡胶 300 株。

受灾较重的阳江公社 4 个大队 895 户，损坏房屋 1629 间、饭锅 18 个，打伤 30 人（重伤 5 人），伤亡牲畜 32 头（只）。损失粮食 48.4 吨，橡胶树 300 株。阳江粮所 1321.5 吨存粮被淋湿，其含水量达 15%～18%。

3 月 24 日 14～18 时，定安县雷鸣、居丁、黄竹等 3 个公社和南海农场 8 个大队、1 个公社农场、31 个村庄、50 个小队、农场 1 个作业区，遭受像碗大的冰雹袭击，最大的

约10～15千克，雹径30厘米左右，落冰雹堆积地面厚度0.3米，1个小时还溶化不完。

982户3856人受灾，冰雹打坏房屋1569间，瓦片损失9成的45间，8成的116间，5至7成的82间，损失瓦片953863块。轻伤2人，死亡牲畜469头（只），雷击死耕牛1头，打坏缸2个。黄竹新村水稻损失12.2公顷，估计减产30%，五甲水稻1.4公顷减产20%，甘蔗0.4公顷减产15%；居丁公社水稻损失2～3成的2.9公顷，橡胶苗损失1～2成的60万株；雷鸣公社损失7成以上的番薯、瓜菜豆10.5公顷，损失5～7成的农作物33.5公顷。

3月23、24日，文昌、琼海、定安、万宁的部分地区先后发生罕见的冰雹灾害，其特点是降雹时间长，一般持续时间达10多分钟；冰雹大，大的有40千克左右（未经核实），小的也有1.5～2.0千克；密度大，受灾面广，冰点集中。4个县9个公社、1个农场作业区、3723户（缺万宁县）、7042人受灾（缺琼海、万宁，包括龙卷风灾害在内）。重伤2人，轻伤25人，损失牲畜3217头（只），受损房屋6768间，其中严重的1745间，损失瓦片225万片（缺琼海县）。水稻受灾648.4公顷，其中47.1公顷失收；176.6公顷其他农作物受灾，27044株胡椒、橡胶，60万株橡胶苗受损，损失约1～2成。

灾情发生后，各受灾县对救灾工作很重视，组织工作组分赴灾区，组织指导抢救工作。如琼海县当晚即组织工作组250多人，由县长率领深入灾区生产队，依靠群众、发动群众开展救灾工作。邻近公社也互相支援。至26日止，80%的受损房屋已因陋就简地修复，受伤群众得到及时治疗。海南行署根据工作组报告，向琼海拨出救济款1万元，帮助受灾群众解决生产、生活困难。

3月24日17时左右，澄迈县加乐公社9个大队、文儒公社3个大队、长安公社的合福至长坡3个大队，普遍下了短时冰雹、冰粒，大者如鸡蛋，小者如黄豆。老城公社3个大队也下了像玉米粒样的冰雹。有些房屋的瓦片被打破，加乐公社常树大队部分秧苗被打倒伏。

3月29日15时许，文昌县蓬莱公社群合、新联和石马3个大队突然遭到一场历史罕见的冰雹袭击，历时10多分钟。据当地群众反映，最大的冰雹有几十斤重，一般的有口杯大。

由于来势凶猛，加上降雹前后又刮风下雨，损失较重。受灾最严重的群合大队和大湖一队、大湖二队、东头一队和住塘等4个生产队，绝大部分房屋的瓦面被打破近百个窟窿，有的甚至连一块完整的瓦片都没有。水稻、木薯、花生、甘蔗、胡椒等农作物和晚造种子、家禽等也受到不同程度的损失。3个大队中的43个生产队765户3186人受灾，损坏房屋1751间，农作物受雹害面积29.8公顷（一般损失30%～40%），打坏胡椒、橡胶、椰子苗2684株，损失种子0.64吨，击伤三鸟136只。

受灾最严重的群合大队，受灾生产队21个（占95%），受灾农户388户（占92%），损坏房屋1083间，占94.4%，其中瓦面全毁127间。受灾农作物19.2公顷，一般损失60%，损失胡椒、橡胶、椰子苗2564株，种子0.62吨，伤亡三鸟99只。

4月19日13时，冰雹袭击琼山县三江、大致坡公社，最大的直径12～15厘米，最小3厘米，毁坏水稻39公顷。

1968年　5月14日中午，屯昌县东路农场降冰雹，打烂一些橡胶树叶，造成轻微损失。

1972 年　4 月 18 日 12 时 45 分，临高县县城、博厚公社、红牌港一带下冰雹，持续半个小时，最大的直径 2 厘米，伴有 7 级西南风，毁坏渔船 3 艘，渔网 48 张。5 月 4 日下午，屯昌县国营东路农场降小冰雹，打坏一些橡胶苗。6 月，屯昌县枫木公社市坡一带降冰雹，约有几分钟，颗粒大如脚拇指，砸坏了一些冬瓜和蔬菜。

1976 年　4 月 10 日，保亭县什玲公社大田大队降冰雹，大小有脚指粗，2 公顷多成熟水稻被打落一部分谷子，死 23 只小鸡。

1978 年　4 月 30 日 15 时左右，琼山县新坡公社的文丰、农丰、雄丰、文川等 4 个大队降冰雹，持续约 20 分钟左右。最大的如草帽大，约 30～40 千克重（未经核实），一般的拳头大，最小的手指大，其密度与雨粒一样。降雹时，伴有 9 级大风和中雨。

冰雹打伤 2 人，损失瓦片 181426 块。早造秧苗损失 222.3 公顷，其中损失 2 成的 68 公顷，损失 60%～70%的 18.7 公顷，损失 80%以上的 26.9 公顷。损失红黄麻 59.8 公顷，干麻 94.38 吨，蔬菜 27.1 公顷。其中灾情较严重的文丰大队，受灾秧苗 55.6 公顷，损失粮食 136.65 吨。农丰大队东洋片 3 个生产队的 3.3 公顷成熟早稻几乎全部失收。

4 月 30 日 14 时 55 分至 15 时 11 分，定安县城附近地区下冰雹，同时伴有雷阵雨和飑，冰雹最大直径 4 厘米，重量 8 克。冰雹影响较大的宝安公社莫村、子良等 3 个生产大队，142 间房屋瓦片被打坏，成熟 8 成以上的 43.7 公顷早稻损失谷子约 80%，成熟 5～7 成的 108.9 公顷早稻损失谷子约 40%，21.6 公顷红黄麻不同程度被打断、打弯，其他坡地作物如瓜类也遭到不同程度的破坏。

1979 年　3 月 30 日，琼山县灵山、龙塘、龙桥、云龙、铁桥等 5 个公社遭到冰雹袭击，持续约 1 小时。2064 户 8554 人受灾，损坏房屋 7941 间，瓦片 87064 块，打死耕牛 1 头，“三鸟”100 多只。水稻损失 2～3 成的 20 公顷，4 成以上的 733.3 公顷，产量损失 500 吨，芝麻、花生、瓜菜损失 169.9 公顷。农业经济损失 84360 元。

灾情发生后的第二天，县委立即组织调查组，由 3 名常委带领分头深入灾区进行慰问，做好思想工作，安定群众情绪，并做好善后工作，与灾区的干部群众共同战胜灾害，制定生产救灾措施，帮助解决实际困难。

1980 年　3 月 5 日 16 时，文昌县抱罗公社遭受冰雹袭击，持续 20 多分钟，冰雹大的 10 千克左右，小的手指头大，冰雹堆积地面约 10 厘米厚。抱罗、振联、山梅、高峰、东宛、抱英、先锋、红旗、抱功等 9 个大队 48 个生产队受灾。民房损坏正宅 475 间、横宅 827 眼，打伤 6 人，其中重伤 4 人，“三鸟”损失 3 只。抱农、振联两个大队灾情较重，抱农大队 17 个生产队均受灾，损坏正宅 331 间，横宅 531 眼，损失重的房屋被打穿 60 个洞之多，打伤 4 人。

灾情发生后，县委立即派民政局的负责人带领干部赶赴灾区了解情况，做好群众思想工作，并组织医务人员抢救和治疗受伤灾民，经过几天奋战，把损坏的房屋修理好，掀起春耕生产的热潮，消除灾痕。

1983 年　4 月 22 日下午，屯昌县枫木墟降冰雹，小者如手指，大者似鸭蛋，持续时间 5 分钟，砸坏一些瓦房和农作物。5 月，屯昌县枫木区降冰雹，颗粒大如手指，排营洋和岭仔洋一带水稻受灾损失 10%～15%。

1983 年琼中县和平镇堑对村遭冰雹袭击，大者如鸡蛋，小者如指头，作物轻度受损。

1984 年　4 月 1 日 14 时 20 分，屯昌县南坤区加总、石雷两乡的 6 个村庄、2 所学校、1 个农场遭阵雨、冰雹袭击，持续约 20 分钟，颗粒大如椰子，地面积雹厚达 15 厘米以上，损坏房屋 350 多间。加总乡合水苗寨受灾最重，全村 29 间瓦房、数十间草房不同程度损坏，2.5 吨种子被淋湿，经济损失 1 万元以上。与南坤区相连的荇赛区各乡也遭冰雹袭击，民房不少瓦片被刮掉。

5 月 4 日，国营黄岭农场中间架一带受冰雹袭击，冰雹直径 0.5～6.0 厘米，最大的 0.75 千克。40 间房屋遭到不同程度破坏，6.7 公顷农作物受损，橡胶开割树、中小橡胶苗被打伤，部分橡胶树每株伤痕 60～120 个不等，严重皮伤的有 53.3 公顷，完全毁坏 10 公顷。

1985 年　3 月 28 日，定安北部地区下冰雹，大的如杯口大，小的如手指头大，部分房屋瓦片及少数农作物受损。

3 月 27、28 日和 4 月 10 日，琼山县的美仁坡、新坡、红旗、新民、旧州、龙塘、咸来等 10 个区遭受历史上罕见的暴风雨、冰雹袭击。这次冰雹来势猛，密度大，持续时间长，冰雹直径大的 10～15 厘米，小的 1～3 厘米。

冰雹打伤 2228 人，重伤 14 人，死亡 1 人，伤亡牲畜 6593 头（只）。倒塌房屋 29 间，损坏 7626 间，瓦片损失约 141 万块。9340 农户 36950 人生活困难。480.6 公顷出口瓜菜受损，经济损失 432 万元，13.3 公顷一般瓜菜受损；795.5 公顷水稻受浸，其中受浸 5 天以上的 360.7 公顷，被打坏水稻 233.3 公顷，秧苗损失 13.3 公顷，甘蔗损失 3 成的有 610.2 公顷，其他农作物损失 559.6 公顷，打坏橡胶树、林木 46.4 公顷。直接经济损失 600 万元。

受灾最重的是以外贸瓜菜出口为主的美仁坡区、新坡区和旧州区的旧州乡、道美乡，在 12 级阵风和冰雹连续袭击一个半小时后，整个外贸基地的瓜菜全部失收。

4 月 9 日下午，陵水本号区芭蕉树附近降冰雹，大的有 4 两，小的如鸡蛋，个别农民受击。

1986 年　3 月，琼中县国营阳江农场枫柳区出现一次降雹天气，碎瓦伤人，穿过沥青屋顶。

1987 年　3 月 9、10 日，澄迈、琼山、定安和屯昌 4 个县部分地区，遭受历史罕见的冰雹和龙卷风袭击。其来势猛，风力大，雷雨大，密度大（每平方米有雹 10 颗以上），降雹持续时间长（15～20 分钟），颗粒粗，最大粒直径达 20 厘米，大部分为 5～10 厘米，破坏力大。特别是澄迈县永发、美亭、瑞溪、白莲区和毗邻的国营金安农场较严重，永发区一些村庄降雹1个多小时后，仍可见直径5厘米左右尚没有融化的冰雹。

4个县10899户49530人受灾，52人受伤，损坏房屋16370间，其中损坏5成以上的6641间，损失瓦片12600万块，176.8公顷农作物受灾。直接经济损失135万元。

受灾较重的是澄迈县，有4个区（镇）11个乡44个村2866户16524人受灾，损坏房屋7057间，损坏5成以上的4467间，26人受伤，其中1人重伤，伤亡牲畜20头，西瓜损失3成以上的54.1公顷，果树、甘蔗、水稻等农作物都受到不同程度的损失。直接经济损失97万元。

灾后各级党委、政府及各有关部门都很重视，组织工作组深入灾区了解灾情，组织群众抗灾救灾。澄迈县委、县政府接到报告后，11日清晨组织由民政、三防、老区办、人大等共10人组成的工作组，由县长带队赶到灾区慰问群众，组织群众开展生产自救，做好灾民生活等善后安置工作。

4月11日16时和12日17时，定安县龙州、富文、坡寨、定城、雷鸣等乡（镇）发生两次冰雹灾害，秀龙坑、罗温等28个村民委员会83个自然村3476户13768人受灾。冰雹大的如椰子，中的如鸭蛋，小的如蚕豆，每平方米有150～200颗。房屋严重损失5成，较严重损失8成，损失瓦片428万块，农作物（多为蔬菜类）7.3公顷，打死打伤“三鸟”100多只。直接经济损失38.5万元。

1989年　5月1日16时3分，屯昌县南吕镇加积坡、赤草坡、路口坡、龙楼、石岭等村和乌坡镇岭底上、岭底下、加朗、岭头、鸭塘、乌石坡、龙秀坡、坡田、从良、村仔等村遭受冰雹袭击，其中加积坡、赤草坡、岭底上、岭底下等村最为严重。

336户1504人受灾，打伤46人，损坏房屋320间，65.8公顷农作物受损，其中水稻50.1公顷，估计减产谷子99.58吨。直接经济损失28.7万元。

5月13日17时，定安县龙塘镇水竹、天塘、东塘等3个村委会降冰雹，轻伤2人，倒塌民房4间，损坏76间，6.7公顷农作物成灾，还损坏一部分林木，直接经济损失1.35万元。

1989年冰雹灾害：农业受灾面积1100公顷，成灾面积853.3公顷，绝收面积240公顷。

1990年　2月17日16时，琼山、定安6个乡镇（新民、新坡、东山、仙沟、龙州、定城）降冰雹，持续15分钟，密度每平方米30～100粒，最重的半斤多，降雹时有8～10级风和大雨。两县8270户40620人受灾，重伤3人，伤牛40头，损坏民房1718间，番薯损失3～8成的140公顷，瓜菜损失5～8成的385.2公顷，失收13.3公顷。直接经济损失367.23万元。

灾后，省民政厅救灾处及两县民政局领导深入受灾乡镇了解灾情，发动组织灾民修复住房，抢救、改种各种农作物和瓜菜，尽量减少损失，并及时妥善安排好一部分灾民的生活。

1991年　5月1日16时，屯昌县两个乡镇遭冰雹及龙卷风的袭击，降雹持续15分钟，雹径约4厘米，龙卷风风力11级以上，横扫面积3.5平方千米，持续10分钟。550户2687人受灾，损坏民房1273间，橡胶、胡椒、林木16510株，蔬菜23.3公顷，163.3公顷水稻受灾，减产112吨。直接经济损失30.4万元。

6月5日15时许，琼中县营根镇一管区遭受冰雹袭击，并伴有8级大风，持续约15分钟，影响范围约2平方千米，冰雹大的如拳头，小的如拇指，地面积雹约20厘米。击穿房屋39间，刮倒2间，9.8公顷成熟水稻脱粒，损失稻谷约40吨，20公顷玉米、番薯、木薯等农作物受不同程度的损失，橡胶、芭蕉等作物倒断76株。直接经济损失9万元。

1992年　1992年4月10日14时30分，白沙县白沙镇上空乌云密布，雷雨交加，风力从8级增大到10级，并伴有冰雹，降雹历时约30分钟，冰雹大的直径8厘米左右，小的2厘米，密度每平方米100多粒；降水持续1个多小时，雨量约40～50毫米，范围约6平方千米。

这次雹灾突发性强，风力大，范围广，降雨强度大，给白沙镇4个管区造成一定的损失。瓦房掀顶10间299平方米，倒折橡胶树、果树、林木882株。正处抽穗扬花期的水稻倒伏10.7公顷，瓜菜2公顷。直接经济损失5.83万元。

5月2日17时，儋县（今儋州）番加管区和大尖管区遭受龙卷风和冰雹的袭击，风力12级以上，持续20分钟，经过范围约2平方千米，冰雹大的如鸭蛋，小的如拇指。8个村1300人受灾。正值扬花打苞期的早稻损失较重，水稻受灾30.7公顷，成灾18.7公顷，绝收1.3公顷，损失粮食27吨；毁坏瓜菜2公顷；折断橡胶树1120株，果树500株。直接经济损失25万元。

1993年　5月8日15时左右，通什（今五指山）毛阳镇大部分管区降冰雹约30分钟，冰雹多数如拇指大，最大的如拳头般大，重约750克，近70公顷水稻受损。

1995年　3月25日12时前后，文昌县北部由于冷空气影响，局地出现雷雨天气，昌洒镇的白土村、西山村降雹，大冰雹落下能将几斤重的西瓜砸烂，小冰雹能毁坏瓜叶。此次降雹范围不大，持续时间较短，农作物受灾面积6.7公顷。

1997年　3月20日12时左右，乐东县佛罗镇下大雨10分钟后降冰雹，袭击方圆4～5平方千米，给该地区农作物特别是120多公顷的“哈密瓜”、“白密瓜”造成至少200万元损失。

1998年　2月16日下午，琼山市红旗镇、云龙镇14个村庄遭受冰雹袭击，持续时间20分钟，364户2400人受灾，5.3公顷蔬菜被打坏。直接经济损失18万元。

2月17日、18日，文昌市文城、清澜、迈号、头苑、潭牛等5个乡镇发生2次冰雹灾害。水稻受灾3000公顷，番薯7666.7公顷，瓜菜8333.3公顷，尤其是西瓜、青瓜、辣椒等损失严重。直接经济损失3705万元。

第三节　龙　卷　风

一、概述

龙卷风是指积雨云中伸下的猛烈旋转的漏斗状云柱，是强对流天气的产物。

每年4—8月，海南省北部、西部可能发生龙卷风，但发生的几率极少。澄迈占总记录数的27%，定安占16%，文昌、屯昌分别占9%。龙卷风发生于强烈发展的积雨云（雷雨云）底部，虽然龙卷风的范围很小，但其中心气压极低、风速极大，最大可超过100米/秒。其所到之处，拔树毁房，伤亡人畜，摧枯拉朽，危害极大，比热带气旋的损害严重几倍。所幸的是，龙卷风一般范围较小、路径较短、维持时间不长，不然，灾害将更加惨重。如1970年9月18日15时56分，海口市实测到的一次龙卷风，其母体积雨云发展极其旺盛，并伴有强烈雷暴和短时降水，持续7分钟后即消失。

二、古代（公元1840年以前）龙卷风灾害

明　天顺二年（公元1458年）　琼山：夏四月，九龙见于郡西，云数色浮之，少顷下绞琼山县，仪门尽毁，死一妇，尸肉分散。转东北至白沙，民人吴振等家具漂荡。时蜻蜓随飞者万万计。

明　嘉靖二十四年（公元1545年）　琼山：六月二十五日（8月2日），东潭一物隆起，喷水自蔽，在田者熟视见其首尾鳞角屡起屡踣，盘旋久之，后有一龙自潭口逆而上，垂尾相曳以升，偃木伏舟，不可胜记。

清　康熙元年（公元1662年）　文昌：夏四月，西南白延都赤尾坡有雾如黑云，起自河中，声如雷鸣，自南疾驰西北，风雨随之，火光喷出，所过坏屋拔木，其色青苍，人为龙焉。

清　康熙三十五年（公元1696年）　定安：三月十二日，龙入县城，初见于东方，黑云密拥，须臾下江，诉流而上，抵北楼曳城而入，毁县署仪门吏舍，裂瓦折桷，少倾转两江而去。

清　康熙三十六年（公元1697年）　琼山：船主施辑候，前年从海南出发，在海南甲子所的海面遇到龙卷风，船破不能行，就在甲子所借小船装运残存的货物，船到宁波后借用大船。

清　乾隆三十二年（公元1767年）　琼山：八月二十二日（10月14日），有龙起东方，经郡西南归于海，所过处火星相随，大树民房多被扫坏。

清　嘉庆十八年（公元 1813 年）　定安：四月龙见，起自南方，至巡崖，大伤东一洁秀坡民居。

清　嘉庆二十三年（公元 1818 年）　万州（今万宁）：九月，有龙一条，从东南起吹向西北，遇树木房屋一尽折坏，时在二十一日（10 月 20 日）。

清　嘉庆二十四年（公元 1819 年）　定安：四月二十七日，龙伤民舍，起自西南往东北城中，大风飞瓦折木，伤书院庙宇。

清　道光五年（公元 1825 年）　定安：四月初五（5 月 22 日）龙见，起于隆门图龙簪塘村边，伤坏房舍树木。

清　道光十六年（公元 1836 年）　文昌：七月，犊图老村地雷雨暴作，有龙起潭中，旋风所至，树木尽拔，坏云氏祖祠，砖瓦桁桷俱飞无踪，唯木主香炉如故。

三、近代（公元 1840—1949 年）龙卷风灾害

清　道光二十三年（公元 1843 年）　定安：七月龙见于东南，二十五日未刻，起于东方，青黑尺余，转为云遮，其风极大，毁坏莫村潭览一带祠堂民舍。人以为不成龙者，屡经损坏村庄民舍。

清　道光二十六年（公元 1846 年）　定安：五月龙入县城，由南方入挂于中天，长数十丈，自南街至北街，头垂黑白气入建江吸水，退缩于南须臾大雨。

清　道光二十九年（公元 1849 年）　文昌：四月初七日（4 月 29 日），狂风大作，龙由云庄渡起向北方而升。

清　咸丰七年（公元 1857 年）　文昌：四月二十二日，七星岭边龙起，坏民房数间。

清　同治三年（公元 1864 年）　定安：八月初八（9 月 8 日）卯时，有龙起，午时飓风作，自西，二图伤连塘、芳塘、头家、门坡，经市下过，扫北帝庙为平地，屋崩压死母子三人，转上龙门岭，将李姓十余家扫为荒丘。随飞入岭口，岭腰黎统市入南远山，所经过处大树折，石篱崩，刨土深数尺，龙门岭下有守芋者在寮中，龙气摄之三腾三落而死，至午后飓风作矣。

清　光绪十六年（公元 1890 年）　文昌：羊角风起自西北而东南，当其冲者民房尽倾。水营村何氏宗祠扫毁平地，池中游鱼或有卷起数丈。

清　光绪十七年（公元 1891 年）　儋州：七月十六日（8 月 20 日）未时，大风骤起，云势如奔，须臾黑龙一条在云中蠕动，或屈或伸，或上或下，声如涛来，自北而南，

吁气两道如白云，卷石折木，崩塌房屋。

清　光绪二十三年（公元1897年）　儋州：五月初九日（6月8日），龙过，天雨小雹。

民国　五年（公元1916年）　文昌：冬十月初十日，狂风暴雨，有一孽龙从龛头溪起，坠于七星岭后深塘，所过树木尽偃，港头、书图二村民房毁崩二十余家，俗疑蛟患为灾。

民国　十九年（公元1930年）　临高：7月14日，发生龙卷风，下大暴雨，房屋倒塌，渔船翻沉，人畜伤亡，庄稼损失严重。仅安全村就有渔船沉30艘，死100多人。

民国　三十二年（公元1943年）　定安：新竹周秀村发生龙卷风，全村民房被卷掉，百姓迁往外地另建新居。

四、现代（公元1950—2000年）龙卷风灾害

1956年　澄迈县太平乡新云村被龙卷风捣毁。

1960年　5月7日16时，定安县黄竹公社的居丁、南汉，雷鸣公社的于埇、甘株、打罗坡、石留下、年田、罗村等8个村庄，以及琼山县谭文公社长昌、益新大队3个村庄被龙卷风袭击，持续时间20分钟。损失严重，仅定安县就有100多户受灾，倒塌房屋155间，压死4人，重伤66人，轻伤53人。其中居丁村受灾较为严重，倒塌房屋125间，损坏138间，压死3人，伤107人。

1961年　8月8日15时许，定安县居丁村西南方约1.5千米处的花园地上空，有一条灰色的云，逐渐下垂。当其经过该村向东北方向移动时，河塘里的水被卷起向四周喷射，哗哗声音响亮。由于这次龙卷风位置较高，仅有24间大房和5间小房被揭顶。

1962年　澄迈县加乐镇乐溪管区部分房屋瓦片被龙卷风卷走。

1963年　4月17日下午，澄迈县山口公社、临高县和舍、东江公社、儋县（今儋州）南丰、那大公社等地一带，突然发生龙卷风，并降大冰雹，使人民群众的生命财产遭受不同程度的损失。损坏房屋597间，其中倒塌171间，死亡10人，伤56人，损坏农作物271.8公顷，其中严重的62.6公顷。

澄迈县山口公社3个村庄100多户受灾，损坏房屋120间，1人死亡，52.7公顷农作物受损。临高县南部的和舍、东江、多文等公社，损坏房屋255间，1人轻伤，219.1公顷农作物受损，损失牲畜447头（只），损坏小型山塘水库11宗，水车5架，美男岭的全部树木被龙卷风刮秃，飞鸟绝迹。

4月17日14时49分，儋县（今儋州）同时出现强烈的冰雹和龙卷风，持续时间不

到 1 小时。龙卷风呈涡旋状，涡旋区内破坏力极大，根据橡胶树倒伏断杆程度以及其他地物实况判断，风速达 40 米/秒以上。冰雹密集区内风力较小，其东北部风力最大，超过 12 级。西流农场大域分场所在地南北长约 1500 米，东西宽约 500 米范围内的橡胶树叶子全部被打落；再往南北宽范围扩增 1000 米内，橡胶树叶子被刮落 90%；打落 80%叶子的范围更大，占全场橡胶面积 1/3 以上。

损失较重的是国营西流农场、西连农场和南丰、那大等公社。全县损坏房屋 222 间，其中刮倒 62 间，损坏橡胶树 42475 株，其中倒伏 3476 株，断杆 19811 株，断枝 16688 株。西流农场受灾严重，压死 1 人，重伤 2 人，冰雹轻伤 53 人，损坏房屋近百间。约 50%橡胶树受害，损失橡胶树 29220 株，直接经济损失 18.7 万元。南丰公社一艘运输船被龙卷风刮沉，淹死 8 人。

灾情发生后，海南区、相关县和公社立即组织工作组，深入灾区慰问，动员群众开展抢救与安置工作。澄迈、临高县筹款解决紧急困难，同时各地发动群众立即抢修损坏的房屋，采取借居等办法暂时安置灾民。儋县（今儋州）南丰公社船只沉没后，立即组织打捞。各方积极做好善后工作，使灾民基本得到妥善安置。

5、6 月间，澄迈县山口乡大云管区 1 个小孩被龙卷风卷走，10 多间房屋被破坏；永发镇卜后管区 7 间房屋瓦片被卷走；白莲镇文玉管区办公室遭袭倒塌，数人受伤。

8 月，海南先后 3 次遭受龙卷风袭击：8 月 13 日 15 时，发生在澄迈县永发公社排坑岑村；8 月 20 日下午，发生在澄迈县加乐公社加玉、北柳村；8 月 23 日凌晨 3 时，发生在琼海县石壁公社中凤生产队和朝阳公社仰止村、定安县岑口公社山潮村。

龙卷风风力猛，形状如直线，袭击面宽约 10 余米，长约 500 米，此范围内的房屋、树木等损失较大，龙卷风经过时，大椰子树被连根拔起。刮倒房屋 23 间，损坏 98 间，压死 1 人，重伤 1 人，轻伤 4 人，压死牛 1 头，伤猪 2 头，家私用具等损失不少。受灾较严重的是琼海县石壁公社中凤生产队，22 户 102 人受灾，其中损失严重的一家，倒塌房屋压死 1 人，重伤 1 人，轻伤 3 人，家私物件食物等全部损失。

琼海县接到消息后，23 日立即派出由粮食、供销、民政部门的干部和医生组成的工作组，到石壁公社对受灾者进行慰问和善后处理。减少粮食损失 4.25 吨，修好房屋 12 间，对尚未修建好房屋的受灾户暂时安置借宿，安抚死者家属，帮助解决伤者治疗和灾后口粮等困难。

1964 年 10 月 7 日中午，澄迈县老城公社老城大队良凤村、美造村遭受龙卷风袭击，风力很猛，刮倒房屋 18 间，打伤 4 人，损失家具、物件、家畜等，直接经济损失 8000 多元。

1965 年 4 月 26 日，澄迈县加潭水库发生龙卷风，在水库捕鱼的 2 人，因船被刮沉而死亡，刮倒林木不计其数。

1966 年 6 月 5 日 13 时 30 分，万宁县大茂镇遭受 12 级以上的龙卷风袭击，受灾范围直径约 800 米，刮倒房屋 11 间，镇上民房全部揭顶飞瓦，伤 3 人，刮断桉树 300 余株。

6 月 21 日 18 时，琼山县龙桥公社龙浩大队 5 个生产队、龙塘公社龙新大队 2 个生产队出现龙卷风。因风力大且低，大树被拔起，龙桥公社38间房屋损坏较严重，其中龙浩大队第11、12生产队全部损坏，龙塘公社损失较轻。另外，甘蔗、油麻、果树损失较多。

龙卷风发生后，县领导干部等组织人员，前往灾区抢救及安排善后工作，龙桥公社社教工作团组织民兵、青年200多人帮助群众修理房屋。

6月24日18时左右，定安县龙门、岭口、龙塘公社部分地区发生龙卷风，中心风力12级以上，损害范围直径6千米。岭口公社的儒沐塘、大塘，龙门公社的西丰、龙拨塘和龙塘公社的绿林等5个大队28个生产队10个村73户受灾，伤5人，103间房屋刮掉瓦片6万块，其中倒塌房屋1间，瓦全刮掉的房屋9间。岭口、龙塘公社3个大队被刮倒槟榔、椰子、菠萝蜜、香蕉、木瓜树5753株。龙门公社大山大队田头生产队1人被雷电击死。

1967年　年内，一股龙卷风从屯昌县新兴移入澄迈县文儒乡，倒塌房屋多间，2人受伤。

1969年　3月，澄迈县白莲镇沙吉管区发生龙卷风，刮倒花场市一道墙壁，美亭乡雅新村2间房屋被刮倒。

1969年，临高县南定公社郎基大队和南宝大队发生龙卷风，风力12级以上。直径40厘米的荔枝树被折断，卷走几间房屋屋顶，2间仓库（面积50平方米）倒塌，卷走库内0.25吨花生。

1970年　7—8月，定安县、澄迈县遭受龙卷风袭击，定安县新竹镇死亡3人；澄迈县美亭乡雅新村被摧毁瓦房4间，折倒大树2株。

1971年　4月，澄迈县永发镇排坑岭村发生龙卷风，24间房屋瓦片全部被卷走，桁桷全部移位。

5月3日，文昌县4个公社发生龙卷风，损失房屋十多间。

9月9日16时30分和17时30分，文昌县抱罗和谭牛公社分别发生一次陆龙卷，刮倒房屋24间，51间被刮走瓦片，打伤3人，同日被雷击死2人。

1972年　8月1日，屯昌县新兴公社卜文大队遭受龙卷风袭击，20多间房屋倒塌，损失瓦片30多万块，一口铁锅被卷到50米开外处。

1973年　5月14日，临高县临城西的农机一、二厂、农业局、食品站、水产局宿舍、县医院（今印刷厂）受到龙卷风袭击。24间房屋顶部被卷走，4间被刮倒，直径20厘米的树木被扭断。

7月和9月，澄迈县瑞溪、山口、福山、桥头4个公社7个自然村，先后4次遭受龙卷风袭击。倒塌房屋46间，刮掉瓦片254间，29人受伤，还损坏一批家具、用具及家畜、粮食，直接经济损失7万多元。

7月3日18时，澄迈县瑞溪公社瑞溪大队下村、土堀村遭受龙卷风袭击。下村房屋倒塌22间，刮掉瓦片44间，其中刮掉1/3以上的32间，伤20人。土堀村刮掉瓦片房屋63间（占78%），打伤1人。直接经济损失3万多元。

7月15日夜间，澄迈县山口公社善井大队后岭村和孔水大队朝田村遭受龙卷风袭击。后岭村倒塌房屋8间，刮掉瓦片房屋32间，打伤4人。朝田村刮掉瓦片房屋25间，打伤1人。直接经济损失2万多元。

9月6日晚上，福山公社卜才大队丰行村遭受龙卷风袭击，倒塌房屋4间，刮掉瓦片房屋15间，直接经济损失1.3万多元。

9月14日早上，桥头公社善丰、永红两个大队遭受龙卷风袭击。善丰大队正好村倒塌房屋6间，刮掉瓦片房屋20间，打伤1人。永红大队美定村倒塌房屋6间，被刮掉瓦片房屋55间，打伤2人。直接经济损失1万多元。

灾情发生后，各有关公社和大队迅速掌握情况，做好灾后安置工作。组织300多名干部群众，用2～5天时间，抢修好大部分房屋，妥善安排社员的医食住问题。

1975年　6月，乐东县黄流镇受龙卷风袭击，房屋倒塌2间，死1人。

9月19日17时左右，定安、屯昌县发生龙卷风，从定安县新竹公社转经屯昌县新兴公社到大同公社，造成3个公社8个大队有不同程度的损失。新竹公社伤6人，其中重伤1人，民房揭瓦28间。新兴公社5个大队25个生产队受灾，伤76人，其中重伤9人，民房揭顶785间，损失瓦片233.3万块，压死耕牛1头；打破小缸142个、饭锅132个；191.3公顷晚稻80%受损，刮倒橡胶树183株。大同公社伤3人，其中重伤1人，房屋揭顶198间（其中海新大队民房被刮走瓦片的61间），刮断橡胶树610株。

1978年　5月9日17时30分左右，澄迈县加乐公社南蛇岭东北方，常树大队西方出现龙卷风，向西南偏南移动，并向西南偏西方向转动，冲到地面，于17时35～37分袭击九龙水电站东岸，破坏范围直径约30米。刮倒草房6间，瓦房8间，约480平方米。被刮掉瓦片的房屋4间，1床棉被、1张乒乓球桌被卷到江里，轻伤20余人，重伤5人。

1982年　4月29日15时多，屯昌县坡心、澄迈县加乐、中兴、白莲等4个公社遭受龙卷风袭击，同时降下鸭蛋大小的冰雹。7个大队40个生产队212户受灾，重伤3人，轻伤13人，倒塌房屋2间，揭顶251间，损失瓦片287950块，桁条26条，桷条82条，直接经济损失19293元。损失水稻14.5公顷，橡胶树570株，58户277人生活受影响，缺粮4.76吨（不包括经常缺粮户）。澄迈县加乐公社损失严重，直接经济损失14293元。

灾情发生后，澄迈县政府和加乐、坡心等公社立即组织人员赶到现场组织发动干部群众互帮互助，做好抢救和灾后处理工作，安定民心，搞好生产。屯昌县坡心公社从全社抽派十来人组成泥工队伍，帮助受灾户修理房屋，并由党支部出面担保，为受灾群众借瓦借款，仅用一天的时间就基本修好受损房屋。澄迈县加乐公社领导到医院看望、慰问受伤的群众。5月2日又组织13人分头到6个大队逐家了解情况，与重灾户座谈，组织力量，互相帮助，灾后第3天就把损坏的房顶全部修好。

10月17日，琼海县福田、上埇、长坡公社，文昌县锦山、铺前公社先后遭到龙卷风袭击。琼海县刮倒房屋333间，揭瓦216间，压死1人。文昌县刮倒房屋7间，揭瓦

115 间。

1984 年　5 月 3 日 15 时 20 分前后，定安县定安区高良乡佳龙坎村遭受龙卷风袭击，持续十多分钟，并伴有小冰雹、大雷雨。这股龙卷风生成时间短，范围小，风速快，来势猛，破坏性强。高夏电灌站引水渡槽进水口段 12 个槽墩被摧毁，12 垮槽身被摔裂，22 垮受到卷裂损坏，渡槽倒塌 77 米（这座渡槽全长 780 米，128 垮）。折断电灌站高压水泥电杆 3 支，5 支被卷斜倒，800 米线路被刮断。佳龙坎村和乡小学校舍 75 间房屋瓦片被卷走，刮倒扭折林木 311 株，28.5 公顷正在打苞抽穗的杂优水稻、12 公顷瓜菜受到严重影响，直接经济损失约 7 万元。

6 月 2 日 16 时 30 分左右，定安县龙门区和黄竹区交界处发生龙卷风，直径约 30 米，自东北向西南方向移去，生消路径约 3 千米，最大风力估计 12 级以上，持续约 8 分钟，生消时间短，范围小，来势猛，破坏性强。龙卷风中心经过的国营南海农场三择、茂塘等 4 个村 88 户 489 人受灾，倒塌房屋 28 间，卷瓦 101 间，5 人受伤，0.7 公顷正成熟早稻卷掉谷子约 5 吨，直接经济损失 11 万多元。

7 月 4 日下午，儋县（今儋州）干冲、洋浦等 3 个乡受龙卷风袭击，死亡 5 人，伤 14 人，房屋倒塌 3 间，损坏 224 间，损坏渔船 2 艘，刮倒折（断）林木 110 株。7 月 9 日 16 时许，龙卷风袭击儋县干冲区，房屋倒塌 4 间，损坏 80 多间，干冲中学 30 余间房屋瓦片被卷走，压死 5 人，伤 7 人。

9 月 17 日 17 时，澄迈县石浮区昌文乡新村出现龙卷风，生消路径 1 千米，直径 50 米，风速快，破坏力大，刮顶损坏房屋 17 间，许多林木被刮倒，直接经济损失 8 万元以上。

1985 年　7 月 20 日 16 时 50 分至 17 时 10 分，定安县龙州区罗温乡堆山村遭受龙卷风袭击，中心风力达 12 级以上，为害范围直径 200 米，并降倾盆大雨。33 间房屋被刮掉顶，其中损坏 8 成以上的 22 间，损坏 5 成的 11 间，120 眼小宅、厨房被刮掉屋顶，其中损坏 8 成以上的 55 眼，推倒墙壁 15 处，折断桁条 71 根、木桷 5000 米，压伤 1 人，损失谷子 3.5 吨，直接经济损失 10 万元。

7 月 24 日 16 时 52～59 分，离定安县城西南方约 33 千米的龙洲区土敦山村遭受龙卷风袭击，持续 7 分钟，宽度 60～70 米，最大风力 12 级以上。全村 58 户受灾，轻伤 1 人，1 个大人和 2 个小孩被龙卷风一起卷起落到 10 米远处，小房屋倒塌 3 眼，掀瓦 82 间，大房屋掀瓦 87 间，3 米高的竹子、树木被刮倒 750 株。

8 月 23 日 22 时 30 分，昌江县昌城乡黄姜村受小范围强烈龙卷风袭击，来势突然猛烈，瞬间由地面旋向高空，估计当时风力在 10～11 级之间。8 间民房和 1 所学校受严重破坏，刮倒树木 5 株。

9 月 5 日 16 时左右，澄迈县长安区长坡乡土尾村遭受龙卷风袭击，106 户 470 人受灾，损坏大房屋 87 间 6960 平方米、小房屋 128 间 1048 平方米，被刮走瓦片 22.98 万块，其中严重损失的 58 户，17 人受伤，还损失一批树木、农作物，直接经济损失 2.8 万元左右。

10 月 15 日中午 12 时 10～15 分，琼海县潭门区潭门乡和福田区社昌乡刮龙卷风，风力12级以上，直径400米。16户114人受灾，损坏房屋127间2464平方米，门31个、窗78个、灯光渔网1张、树木500株左右。直接经济损失8万元。16日，陵水县椰林乡大本尾村和东排村出现龙卷风，民房倒塌3间，损坏13间，12人受伤。

1986年 4月21日17时30分左右，屯昌县新兴区新北、金星、南歧等乡遭受一股12级以上龙卷风袭击。3个乡5个村73户511人受灾，房屋被揭顶210间，损坏瓦片26万多块，其中瓦片损坏30%的37户103间，瓦片损坏50%的15户44间，瓦片损坏70%的21户63间，直接经济损失2万元。受灾严重的新北乡山柚园村37户受灾，损坏民房108间。

灾后，县政府领导带领有关部门负责同志赶赴灾区进行慰问，指导灾区做好生产自救和恢复家园等工作，解决灾民实际困难，帮助恢复家园和正常生产。

1987年 3月9日15时，屯昌县藤寨区岭肚、新丰、藤寨、周朝乡和屯昌区平坡乡遭受龙卷风袭击，风力11级以上，持续20分钟，140间民房遭到破坏。

4月11日16时左右，定安县龙州乡、富文乡、定城镇、雷鸣镇等地遭受强烈的龙卷风和冰雹袭击。龙卷风为害范围直径200米，纵长3000米左右，风力达12级以上（约70米/秒），约持续5～7分钟，破坏力很强，是该县解放后较大的一次龙卷风和冰雹灾害。几十年的老竹丛、椰子树、大榕树顷刻间被连根拔起，40厘米粗的小叶桉树被拦腰折断，3厘米厚的瓦片被风刮插入椰子树1.4厘米深，一株约1吨重的竹丛被龙卷风从3000米外卷落到南柳村里。受冰雹袭击较重的是坡寨乡和龙州乡的罗温村，冰雹大如鸡蛋，每平方米150～200颗。

秀龙坑、罗温等28个村民委员会83个自然村3476户13768人受灾，对南柳、坡村、出前坡、大坡溪、下村坡等5个村庄370户1323人造成不同程度损失。特别是南柳村受龙卷风正面袭击，造成房屋倒塌，人畜伤亡，损失严重，全村死亡3人，123人受伤（其中重伤45人，轻伤78人）；损坏民房896间，其中倒塌房屋290间，刮掉瓦片608间，石砖8600块，木桁537条，刮走木桷11953米，打坏210副门板和139个窗，直接经济损失64万元；死伤牲畜1218头（只），损失粮食10.5吨，卷走棉被、衣物606件，损坏家具、农具1263件（个），刮倒折（断）树木、竹子、椰子树、香蕉12618多株，损失农作物51.3公顷；刮断输电、电话线杆67条长8600米；损坏单车3辆，缝衣机2部等，直接经济损失163万元。

灾情发生后，海南行政区政府负责人率领工作组赶赴灾区，了解灾情，慰问灾民，指导做好安置灾民的善后工作。定安县委、县政府动员各机关单位干部职工1300人次，派出汽车130辆，投入救灾。驻县部队派出100名官兵和4辆汽车到灾区帮助救灾，为灾民修缮房子，抢搭雨棚，清理砖瓦片。海南人民医院医疗组连夜赶到现场救治重伤灾民，绝大部分伤员转危为安。灾民的食宿得到安置。

1989年 5月1日15时至16时15分，屯昌县南吕镇的加积坡、赤草坡、路口坡、龙楼、石岭等村和乌坡镇的岭底上、岭底下、加朗、岭头、鸭塘、乌石坡、龙秀坡、坡田、从良、村子等村遭受龙卷风和冰雹袭击。刮倒房屋2间，损坏1770间，死1人，伤

46 人；推倒电线杆 3 根；成熟水稻 90%谷粒被吹落，打苞水稻 90%以上稻苞被打破，水稻受重灾 120 公顷，轻灾 200 多公顷，甘蔗、番薯、蔬菜受灾 213.3 多公顷。直接经济损失 114 万元。

5 月 13 日 16 时 15 分，定安县永丰乡发生龙卷风，经过 4 个村庄。灾情发生后，省民政厅领导和县党政领导及时带领工作组下去慰问，发动灾民采取补救措施，安排生产、生活、治疗及修复家园等。

5 月 24 日 17 时 20 分，一股龙卷风从万宁县北坡乌场刮起，途经万城东侧至长丰镇莱山管区一带，直径 120～150 米，行程约 20 公里，风力 12 级以上，风速 50 米/秒，起止时间约 20 余分钟。3 个镇 8 个管区 25 个自然村 1250 户 8000 人和多个钛矿厂受袭击，死亡 1 人，重伤 10 人，轻伤 46 人，倒塌房屋 71 间，揭顶 843 间；损失胡椒、树木 6665 株，损失“三鸟”2000 只；损坏变压器 2 部，输电线路 3 千米，刮倒（断）电杆 33 条。直接经济损失 171.2 万元。

5 月 26 日 22 时 45 分，陵水县三才镇牛堆管理区三才村发生龙卷风，中心最大风力 12 级以上。39 户 240 人成灾，其中重灾 3 户 13 人，毁坏房屋 3 间，面积 100 平方米，掀顶 62 间 1740 平方米，损失谷子 0.75 吨，刮断椰子树、木麻黄树 160 多株。直接经济损失 12.45 万元。

7 月 27 日 11 时 40 分，文昌县宝芳乡老龙村遭受龙卷风袭击，倒塌房屋 2 间，折断树木 1 万余株，死亡牲畜 1 头，折断高压线 2 根，经济损失 8 万元。

9 月 11 日 8 时 30 分，澄迈县元龙、桥头管区发生龙卷风，直径 50 米，持续半个小时。瓦房揭顶 65 间，损坏甘蔗 4 公顷，折断林木 150 株，直接经济损失 6 万元。

10 月 2 日 20 时，琼海县文市乡的文市、群联、桥园 3 个管区遭受龙卷风袭击，4 人受伤，其中 1 人重伤，全倒房屋 4 间，粮食、家具、用具、生产工具等直接经济损失 3.5 万元。

10 月 3 日早上，一股龙卷风从定安县岭口镇的大底水库附近刮起，范围宽 80 米，长 4 千米，先后经过大塚、大塘田、松树园、尔古井等 4 个自然村。38 户 396 人受灾，倒塌民房 12 间，损坏 105 间，3 户 13 人无家可归，2 人受伤，伤牛 1 头；毁坏林木 6000 株，库存粮食 10 吨，损失甘蔗 109.3 公顷；损坏高压电线 2 条，输电线路 600 米。直接经济损失 39 万元。

1990 年　7 月 16 日夏令时 17 时，儋县（今儋州）木棠镇锦山村和洛基镇 3 个管理区遭受龙卷风袭击，风力 12 级以上，持续时间 5 分钟。木棠镇锦山村 18 户 64 间房屋受到不同程度的破坏，其中 9 户 16 间损失严重。洛基镇三个管区损坏房屋 62 间，折断橡胶、树木 3000 株。直接经济损失 10.63 万元。

11 月 16 日，琼海县长坡镇遭受龙卷风袭击，最大风力 12 级以上，持续 15 分钟。文子、椰林两个管区受灾较重，倒塌民房 12 间，损坏 73 间，损坏胡椒、橡胶 3.5 公顷，林木 1.2 万株。

1991 年　5 月 17 日下午，澄迈县加乐镇美龙村、大路坡村遭受 10 级龙卷风袭击，持续半个小时，损坏 2 户住宅 3000 块瓦片，17 间民房约 1700 块瓦片被掀掉摔坏。

1992 年 4月8日6时20分，文昌县新桥镇大顶管区边山村遭受龙卷风袭击。龙卷风向东北方向移动，直径400米，风力12级以上，并伴降大雨，历时10分钟左右。

龙卷风风力强，速度快，时间短，破坏性大，造成屋倒树断，人员伤亡，损失较重。直径50厘米粗的荔枝树、菠萝蜜树被拦腰折断，并刮出20多米远。全村27户126人，受灾19户104人，砸死1人，伤2人；房屋倒塌32间，损坏59间；刮断果树37株，林木210株，橡胶树370株，还有一批生活用品被毁，直接经济损失51万元。

5月2日17时，儋县（今儋州）番加管区和大尖管区遭受龙卷风和冰雹的袭击，风力12级以上，持续20分钟，经过范围约2平方千米，冰雹大的如鸭蛋，小的如拇指。8个自然村1300人受灾。正值扬花打苞期的早稻损失较重，水稻受灾30.7公顷，成灾18.7公顷，绝收1.3公顷，损失粮食27吨，毁坏瓜菜2公顷；折断橡胶树1120株，果树500株。直接经济损失25万元。

9月19日17时许，琼山县龙桥镇挺丰管理区坡斌村遭受一股龙卷风袭击，直径约50米。由于风力大，全村39间房屋被掀掉屋顶，其中倒塌2间，一部彩电被风卷落地损坏，电杆、低压电线被刮断，一棵20多厘米粗的榕树被拦腰卷断。

1993 年 8月20—21日（9309号台风影响期间），定安、澄迈、临高县、儋州市先后遭到龙卷风的袭击，倒塌房屋36间，损坏971间，房倒压死6人，重伤10人，轻伤23人，直接经济损失51.6万元。

8月20日晚上，澄迈县金江镇大拉村、京岭村及永发镇永发村遭到龙卷风的袭击，损坏民房615间，倒塌11间，1600人受灾，重伤1人，轻伤2人。金江中学校舍损坏33间。20日23时，龙卷风袭击临高县美夏乡美夏村。20日，定安县雷鸣镇新安村发生龙卷风，18间房屋的瓦片被风卷走。21日凌晨2时袭击临城镇美山村、南宝乡古道村，重伤9人，轻伤10人，倒塌民房23间，损坏126间，揭顶149间，直接经济损失15万元。21日，龙卷风从儋州市那大镇穿过和庆镇，倒塌房屋压死6人。

1994 年 在9419号台风影响期间，8月27日8时20～25分，澄迈县桥头（新兴港）发生龙卷风，直径20～30米，风力约11～12级，共计掀掉房顶122间，渔船损坏数只，轻伤5人，经济损失约33万元。

1997 年 3月20日12时许，受冷空气影响产生强烈对流，龙卷风夹着罕见的冰雹袭击乐东县佛罗、黄流、英海、冲坡、乐罗、九所等6个镇。袭击范围约243平方千米，下冰雹持续15分钟，地面积雹3～25厘米，其来势突然、凶猛，覆盖面宽，破坏力较大。造成3.8万人受灾，14人受伤，损坏民房700间，农作物受灾面积1149公顷，成灾1036公顷，直接经济损失2544.3万元。

4月29日，澄迈县新吴镇、太平镇遭受龙卷风的袭击，直接经济损失1.8万元。

5月3日14～18时，琼海市万泉、石壁镇等地遭受强雷雨和龙卷风的袭击，4630人、295.3公顷水稻受灾，6座路桥被毁，橡胶、槟榔、胡椒、水果等作物受损，直接经济损失246万元。当日19时，澄迈县桥头镇发生龙卷风，9间房屋被毁，刮走瓦片24万多块，损坏高压线路3千米，直接经济损失32万元。

5 月 6 日 8 时 10～40 分，受低压槽影响，强烈的龙卷风夹着暴雨突然袭击万宁市乌场港，风力 11 级以上，其时间短，风力猛，经过地带狭窄，破坏力强，将停靠在港口的 7 艘渔船掀翻，死亡 11 人，伤 2 人，直接经济损失 841 万元。

灾情发生后，省委省政府领导带领有关部门干部赶到乌场港组织抢险救灾，寻找失踪渔民，帮助遇难家属恢复生产，安置好灾民生活。

5 月 22 日 16 时，琼山市东山镇雅德村委会文选、龙湾村发生龙卷风并降暴雨，受灾人口 820 人，3 人受伤，损坏民房 293 间，折断树木 142 株，直接经济损失 93.2 万元。

1998 年　4 月 25 日 17～18 时，琼山市东山镇大坡村和新坡镇一带遭受龙卷风袭击，大风持续约 20 分钟，接着降大到暴雨 40 分钟，龙卷风移动路径宽约 100 米，长 3 千米，不少高大的林木被折断。新坡镇降大雨挟小冰雹，伴有雷雨大风。共造成 720 人受灾，死亡 2 人、耕牛 4 头，1 人受伤，损坏房屋 54 间，刮倒电线杆 3 根，卷断电线 1000 米，毁坏瓜菜 10.5 公顷，直接经济损失 26 万元。

4 月 29 日 15 时 30 分，文昌市新桥镇遭受龙卷风袭击，4 个村庄 189 人受灾，3 人受伤（同时遭到雷击）。损坏房屋 55 间，刮倒香蕉 750 株，橡胶树 378 株，林木 550 株，直接经济损失 28.55 万元。

5 月 3 日 14 时，文昌市东路镇受龙卷风袭击，32 人受灾，16 间房屋受损，损失胡椒 150 株，直接经济损失 11 万元。

7 月 14 日 6 时，昌江县海尾镇一艘 70 吨位、360 马力的大渔船在离八所渔港 20 海里的海面被龙卷风击沉，10 名渔民落水 7 小时多后获救。

2000 年　4 月 27 日 16 时 30 分，临高县加来农场沧浪村遭受龙卷风袭击，造成 16 户 42 间面积约 1008 平方米的民房全部被掀飞瓦片，折断 1 根高压电线杆。直接经济损失近 1.5 万元。

4 月 28 日 15 时 45 分，文昌市湖山中心小学和湖塘、东山、昌青、罗吴等村庄遭受龙卷风袭击，约持续 20 分钟，部分供电线路、门窗损坏，损坏房屋 10 间，树木倒折约 500 棵，经济损失约 15 万元。

5 月 6 日 18 时，屯昌县南吕镇天堂村遭受龙卷风袭击，风力约 10 级以上，持续 25 分钟，风后降大暴雨。造成 53 间民房损坏或倒塌，5 公顷水稻受损，毁坏瓜菜 2.1 公顷，卷倒槟榔、荔枝等 1600 多株，折断林木 6300 多株，毁坏输电线路 3500 米，直接经济损失 19.75 万元。

第七章　气象次生灾害

气象次生灾害是指由于气象原因引发的山体滑坡、泥石流、风暴潮、森林火灾、酸雨、空气污染、病虫害等灾害。海南省四面环海，处于热带低纬的地理位置与其所具有的地形、地貌、地质、植被、气候环境等诸多因素，发生山体滑坡、泥石流、森林火灾、酸雨、空气污染等气象次生灾害的机会较少。但是，每次热带气旋影响时海洋上发生风暴潮的机会却非常频繁，由气象因素引发的病虫害也时有发生，因此，本章对山体滑坡、泥石流、森林火灾、酸雨、空气污染等气象次生灾害不作专门叙述，重点介绍风暴潮和病虫害两种气象次生灾害，以供相关部门和社会各界研究和防范。

第一节　风　暴　潮

一、概述

风暴潮是伴随着热带气旋活动而产生的海洋灾害，它是海水在热带气旋的强力作用下，迫使海水不断向近海沿岸输送、堆积而形成的海水异常现象，导致沿岸水位异常升高，对沿岸地区造成极大的威胁。风暴潮是导致潮水漫浸、冲毁海塘、海水倒灌、引发海啸的主要原因，破坏力极大。如果热带气旋登陆时，正好遇上天文大潮，则风暴潮的破坏力更大，灾害更严重。因此，在防御热带气旋灾害中，要特别注意热带气旋是否与天文大潮相结合。海南省四面环海，是受热带气旋影响最严重的省份之一，1949～1997 年登陆海南省的热带气旋有 120 个，仅次于广东省的 199 个，位居全国第二。伴随着热带气旋活动的风暴潮出现的机会也是非常频繁，对海南省的危害是不容忽视的。

二、古代（公元 1840 年以前）风暴潮灾害

明　永乐二十一年（公元 1423 年）　琼州：秋八月，琼州府潮溢，漂溺甚众。

明　弘治十三年（公元 1500 年）　临高县：八月，潮水溢涨。

明　弘治十四年（公元 1501 年）　琼山县：闰七月，琼州飓风，潮溢，平地水高

六尺。

明　正德三年（公元1508年）　乐会县（今琼海），七月大风，海溢数十里。

明　嘉靖三年（公元1524年）　七月乐会（今琼海）、万州（今万宁）大风，海溢数十里。

明　隆庆六年（公元1572年）　万宁县：七月二十二日，飓风大作，海水涨溢，民溺水死者不可胜数。

明　万历六年（公元1578年）　文昌县：潮溢溪，并尽咸，吸者苦之。

明　崇祯五年（公元1632年）　临高县：六月临高飓风，海水涨溢。

清　康熙十一年（公元1672年）　崖县（今三亚）：闰七月飓风大作，山涨海溢，淹死男女十余口。澄迈县　闰七月十七日飓风，……海水涨溢，海边田禾咸灌失收。

清　康熙十三年（公元1674年）　海南岛：海水溢，漂没人畜无算，崖州（今三亚）尤甚。

清　康熙二十六年（公元1687年）　文昌县：七月潮溢，害稼二十里许。

清　乾隆十年（公元1745年）　万宁县：秋七月，飓风大作，番船大坏，东澳、港北等处，货物漂流，浮上者数人。

清　乾隆三十三年（公元1768年）　琼山县：夏六月，飓风大作，白沙港内船伤百余只。

清　嘉庆十三年（公元1808年）　文昌县：九月十六日夜，飓风大作，海潮自铺前涨至乌树岭下十余里，居民死者十余人。经年田咸不可耕种。

清　嘉庆二十三年（公元1818年）　澄迈县：八月十八日飓风大作，拔木坏屋，海水涨溢，人民溺死。万宁县：八月十八夜，飓风大作，海水涨溢，溺死者不可胜数。

清　道光八年（公元1828年）　文昌县：飓风大作，商船覆没甚众。

三、近代（公元1840—1949年）风暴潮灾害

清　光绪二十三年（公元1897年）　琼山县/海口市：八月二十一日，飓风大作，海水暴涨高数丈，海口大街水深数尺。港内大小船均被打坏，铺户民房亦多倒塌，沿海村庄

尤甚。崖县（今三亚）：十月，飓风大作。打破三亚港船只无数，蛋户死者百余人。

清 宣统元年（公元 1909 年） 昌感县（今昌江）：十月，暴雨飓风，海面溺死者颇多。

民国 十三年（公元 1924 年） 临高县：6 月 19 日，海边一带村庄水深一尺多。

民国 十七年（公元 1928 年） 琼山县：发生潮灾，年最高潮位二点二一米。文昌县 10 月 1 日，狂风、暴雨、海潮袭击铺前一带，近海帆船沉没，海潮冲没明朝村，房室全倒塌，该村一百多人只存三人。

民国 十九年（公元 1930 年） 临高县：6 月 19 日飓风，新仍港海滨一带船只沉没，死尸不计其数，海滨船户及乡村民家因房屋倒塌被压死伤者不知凡几。

民国 二十二年（公元 1933 年） 临高县：8 月 13 日飓风，临高各港船户失踪者几十余艘，计调楼港 60 余艘，黄龙港 20 余艘，昆社、新盈两港五六艘，损失不下四十余万元，人命达千余名。临高县 8 月 16 日飓风，渔船失踪达九十余艘，损失四十万元。

民国 二十三年（公元 1934 年） 海口市：8 月 23 日，有顺和渡货船来海口，驶达流沙港时，遇风沉浸，损失数万元。海口市，9 月 18 日狂风大雨，海口船只被吹沉者共有六十余艘，人民死伤数十。

民国 二十六年（公元 1937 年） 琼山县：3 月 16 日，有渔船一艘被风打沉，溺毙二人。

民国 三十七年（公元 1948 年） 琼山县/海口市：9 月 27 日风灾，海潮猛袭，最高潮位二点四八米。海口（时属琼山县管辖）得胜沙路被潮水浸没，街道水深到膝（1 尺至 1 尺 2 寸），溺死三百多人，淹没农田六百六十六多公顷，沉没渔船一百九十六艘，打坏渔船一百二十七艘。沿海低洼村庄，海水涌溢，茅舍崩倒。

民国 三十七年（公元 1948 年） 文昌县：9 月 27 日，飓风大作，暴雨倾盆，海潮骤涨，田咸二年不可耕种，铺前潮水位高达二点六二米。

四、现代（公元 1950—2000 年）风暴潮灾害

1952 年 10 月 28 日，崖县（今三亚）海潮高涨，超过常年水位 1 公尺，保港、崖城、羊栏、马岭、林旺、藤桥等地海堤均被海水漫顶而过，被潮水淹死水稻 133.33 公顷，损失主粮约 14.5 万公斤。

1955 年 9 月 25 日，第 26 号强台风袭击海口地区，并引起海潮暴涨，海口站最高潮

位 2.18 米，超警戒水位 1.18 米。沿海防潮堤围被冲击毁坏，海水涌入。灵山、东营等沿海地区潮灾淹卤面积 3980.5 公顷，其中大林区卤浸 2238.7 公顷，为解放后第一次大潮灾。

1963 年　8 月 16 日，在第 9 号台风袭击时，海口站增水 1.1 米，潮位 1.62 米，超警戒水位 0.62 米。9 月 7 日，第 11 号台风引起海潮暴发，海口站潮位 2.38 米，超警戒水位 1.38 米，为实测第二高潮位（仅次于 1948 年 9 月 27 日潮位）；东方站最大增水 1.88 米，最高潮位 4.16 米，超警戒水位 1.36 米。这一次海潮冲垮海堤 94 处 27 千米，冲坏建筑物 5 座，淹没稻田 5120 公顷，打沉大小船 192 只，损坏 47 只。海口市区大部分受淹，损失水泥 290 吨，化肥 45 吨，粮食 81 吨。市郊 4 个公社 69 个村庄 18781 人受洪、潮包围。

1964 年　7 月 2 日，第 3 号台风引起风暴潮，东方站最高潮位 3.9 米，超警戒水位 1.1 米，全岛晚造水稻受潮水淹浸 757.2 公顷，其中文昌县受淹 86.67 公顷。海水涌入八所港码头，水深 1 米左右，码头面被冲刷得坑坑洼洼，装矿机的重型钢轨被扭成蛇形，码头边角被冲垮，1 艘拖轮和 17 艘渔船被打沉，溺死 10 多人。

1966 年　7 月 26 日，受第 8 号台风影响，海口站出现暴潮，该站增水 1.36 米，潮位 1.13 米，超警戒水位 0.1 米。

1971 年　10 月 8 日 22 时，第 26 号台风从崖县（今三亚）登陆，最大风力 11 级，陵水县新村港最大潮位 3.92 米（榆林平均海平面以下 0.9 米起算）。三亚市也出现 1949 年后的最高潮位，保港海堤被冲毁。东方八所站出现仅次于 1963 年的高潮位。

1972 年　11 月 8 日，海潮伴随第 20 号台风而出现，文昌县铺前、清澜的潮位分别为 2.22 米和 2.34 米。清澜站潮水超过警戒水位 1 米多，打沉渔船 164 艘，损坏 40 艘。

1973 年　10 月 18 日，由于受第 18 号强台风影响，沿海各地海潮上涨。琼山县沿海沿江地区有 12 个村庄受浸，26 个村庄被水包围。乐东县九所、乐罗公社围海造田的围坝被海潮冲垮，水稻受淹 213.3 公顷。临高县马袅公社 3 个大队水稻受潮淹 66.67 公顷。

1974 年　10 月 13 日，受第 21 号台风影响，海口地区沿海的潮水超过警戒水位 0.35 米。

1980 年　7 月 22 日，海南岛沿海岸均受不同程度的暴潮袭击，大部分地区接近历史最高潮位。海口站潮水位 4.08 米，超警戒水位 1.28 米，仅低于 1963 年最高潮位 7 厘米。文昌县铺前潮位 2.4 米，与历史最高潮位（1948 年 9 月 27 日）相近。全岛被海潮打坏的江海堤围 34 条 497 段、18975 米。海潮淹没烂掉晚稻禾苗 2466.67 公顷。被风打沉和冲走的大小机帆船 30 艘，损坏的 146 艘，损失鱼网一大批，价值共 22.35 万元。因风暴潮影响港口运输、海运被阻损失 13 万元。海口市区一半街道受浸，拦海农场的拦海大坝 5 处决口，533.3 多公顷土地被咸水淹没，133.3 多公顷鱼塘受破坏，场内两个大队 700 多农民的房屋被淹，133.3 多公顷农作物全部损失。滨海大道 4 千米的护坡全部被海潮冲垮，300 米左右长的路段被冲掉。全市 7 万多居民、农渔民的住户，45 家工厂被淹，有的水深达 1.5 米，许多职工居民的家具什物被浸，有的被冲走。港口码头、工厂、仓库被冲淹的煤、盐、水泥、木材、针棉织品、烟、酒等物资损失 53 万元。琼山县被暴潮冲垮防潮堤 32 处，总长 6070 米，损失土方 44.9 万立方米，石方 2570 立方米，海潮淹浸农田 915.27 公顷，其中中、晚造水稻受淹面积 628.6 公顷，基本上全部失收，预计总产 270 多万斤。东营公社防潮堤被冲垮 2000 多米，山豆、上洋、华堆、华平、山上等 5 个村庄全部受浸，受灾约 2000 多人。这些村庄民屋受淹深达 1 米半，农田被潮水冲入的有 333.3 公顷，损失谷子 6.5 万斤，大米、豆 3 万斤，“三鸟”231 只，全部损失金额达 14.08 万元。滨海公社北港大队防潮堤被冲垮 550 米，海水冲入农舍深达 1 米多。塔市公社防潮堤被冲垮，使县盐场损失食盐 70 吨，被海潮浸了 33.3 多公顷农田，公社养殖的 1 万只海马也被冲走，损失 1 万元。海潮还冲垮演丰公社防潮堤 7 条，决口 24 处，淹没农田 225.27 公顷，致使两造不能种水稻。被潮浸的大队有 6 个，生产队有 50 个（共 1332 户 5175 人）。文昌县被海潮冲垮防潮堤 19 处，受淹农田 486.67 公顷。澄迈县沿海两个渔港、4 个大队遭受海潮袭击，房屋被水淹深达 1.8 米，4 个公社的防潮堤被海潮冲垮 31 处 5700 米。临高县新盈港防浪堤被冲坏 3 处共 96 米，损失石方约 2000 立方米，价值约 10 万元。三江农场防潮堤被海潮冲垮 21 处，共 4967 米，冲走土石方 4.53 万立方米，333.3 多公顷稻田被潮淹。罗豆农场防潮堤被冲垮 3 处，长 138 米，100 公顷稻田被海水淹。桂林洋农场靠海边的 53.3 公顷水田也被海潮淹没。

1983 年　第 11 号台风于 9 月 30 日 10 时在文昌县龙楼附近沿海地区登陆，并伴有大海潮，海口最高潮水位 3.44 米，超警戒水位 0.64 米。海口、琼山、临高等地被海潮冲垮防潮堤 18 段，长 2.365 千米，渔船被风浪打沉 8 艘，撞坏 26 艘，冲走网具 76 件。破坏最严重的是琼山县灵东防潮堤东营段，堤身滑坡长 626 米，其中一段决口长 56 米，使 1333.3 公顷农田受淹。双坡防潮堤被冲坏 220 米，东和防潮堤塌坡长 70 米，北港防潮堤被冲坏 300 米，三江防潮堤被冲坏 20 米，塔市防潮堤被冲坏 4 处。全县潮淹水稻 60 公顷，大约损失 8 成，计损失稻谷 12.5 万千克。秀英港码头被海潮浸湿水泥 2000 吨，玉米 4200 吨。海口市长城堵海西付堤被暴潮冲断 1 处长 38 米，淹没农田 46.67 公顷；滨海大道的道路堤坝被海水冲坏 150 米，损失 4 万元。临高县马袅防潮闸，潮水位比正常潮水位高 1.2 米，水浸桥顶 10 厘米，使防潮闸有九孔闸门全部损坏，堤内也有 6 宗建筑物被冲毁，致使 146.67 公顷农田被淹。

1985 年　8 月 23 日海潮上涨，淹昌江县海尾村，使民房、交通、农作物受到很大损失。

1985 年　10 月 21 日，受第 21 号强台风影响，文昌、琼海、万宁等沿海地区遭受大海潮的袭击，文昌清澜站最高潮水位 1.70 米，全岛防浪堤被冲坏 376 米，损失 10.2 万元，被海潮冲走小舢板 24 艘，损坏 140 艘，打坏小型机船 32 艘，冲走网具 41 张。琼海县福田区至长坡区 34 千米海岸防护林约 8 万株被海潮冲走，离海岸 150 米外的县藻场也被海水浸没 50 厘米。青葛渔港防浪堤被冲坏 209 米，严重损坏 15 米，深 1.4 米，损失 10 万元。潭门渔港防浪堤沉陷 14 米，损失 2000 元。该县沿海地区农田被咸水浸没 200 公顷。文昌县的东郊、清澜、白延等区有 14 个村庄 2295 人被海潮浸淹，浸淹房屋 362 间，冲走石灰 2500 吨，小型机船 13 只，咸水淹没农田 61 公顷，决堤 3 处，损失土方 1500 立方米，冲垮鱼虾塘堰 109 口。

1986 年　9 月 5 日，第 16 号台风使海南岛北部沿海的海潮暴涨，海口站潮水位上涨高达 3.45 米，超过警戒水位 0.65 米。被海潮冲坏崩坍的江海堤围 129 处，长 16537 米，其中渔港防浪堤损坏 6 条，长 1164 米，护岸堤损坏 1 条 330 米。海口市拦海防潮堤被大海潮冲坏 13 千米，市滨海大道防潮堤岸冲塌 60 多米。琼山县北港防潮堤被冲塌 600 米，特别是演丰区塔市防潮堤东头前间被冲毁后，使 1 万多亩农田受淹。澄迈县木春、花场防潮堤有 800 米被海潮冲坏决口。码头损坏 2 个。渔船被打沉打坏 369 艘，其中全毁 28 艘，损坏 295 艘，网具损失 3343 张。海淡水养殖损失 5.2 万元。

1989 年　10 月 2 日，由于第 26 号台风影响，沿海各地出现高潮，海口站 2 日 22 时 40 分潮水位 2.3 米，清澜港 2 日 23 时 10 分潮水位 1.20 米（榆林基面），港北 2 日 21 时 40 分潮水位 1.53 米（榆林基面）。陵水县沉坏渔船 45 艘，损坏网具 58 张，损坏海养珍珠架 250 平方米，珍珠贝 46.2 万个，海养石斑鱼排 7 个。东方县被海潮冲垮防潮堤 1 条 3 处，长 0.5 千米，损失价值 65 万元，并沉坏渔船 9 只。琼海县九曲江防潮堤塌坡 2 处，长 170 米，损失土方 8770 立方米，石方 163.2 立方米，其中浆砌石 963.2 立方米，砼 73.5 立方米，损失价值 24.82 万元。

1991 年　7 月 13 日，受第 6 号风影响，本岛沿海均有明显增水，据观测记载，清澜海洋站出现最高潮位 2.71 米，超过当地警戒水位（2.25 米）0.46 米，13 日 6 时出现最大增水 1.03 米；东方站最高潮位 3.75 米，接近当地警戒水位（3.80 米），13 日 17 时，出现最大增水 0.73 米；秀英站最高潮位 2.68 米，接近海口市区警戒水位（2.80 米），13 日 3 时出现最大增水 0.63 米。西沙海洋站最大浪高 7.1 米，尊歌海站 6 米，东方站 2.2 米。这次台风过程潮高浪大，使万宁县 2000 公顷稻田及陵水县 1000 公顷稻田受淹。陵水县的下排溪村和东方县的墩头村受淹严重。冲决堤围 24 千米，打坏渔船 711 艘，网具 8447 张，在损坏的渔船当中，大部分是在避风港内相互碰撞而损坏、沉没。另外，一艘台湾钢体渔轮“逢佑七号”（吨位 198 吨），被抛到三亚榆林港珊瑚礁盘上，多处受损。这次台风引起暴潮、巨浪等海洋灾害造成全岛沿海农业、渔业、海岸设施等损失共计 8189.31 万元，其中农业损失 5108 万元，渔业损失 2223.09 万元，其他损失 858.22 万元。

8 月 16 日，第 11 号台风带来海潮暴涨，本岛北至西北部有 2 米左右增水，其中秀英海洋站最大增水 1.93 米，最高潮位 3.62 米（16 日 8 时 58 分），超过警戒水位 0.82 米；东北部的清澜海洋站最大增水 0.69 米，西部的东方县海洋站最大增水 0.78 米，最大浪高

6～7米，造成较大灾害。全岛有11个村庄受淹，其中琼山县北港岛（1.4平方千米、3个村、250户）几乎全部淹没，房子进水普遍高达0.5～1米，最深有1.8米。万宁县的龙滚、北坡、和乐、东澳、大茂、后安、山根等沿海地区被潮水浸淹农田2400公顷，损失46%。损失渔船650艘，网具3455张。最严重的是：文昌县境内有5艘300吨以上（其中有1艘800吨登陆艇）船只被抛上码头或陆地搁浅。冲决堤围8.4千米，有大小4个码头损坏严重。这次风暴潮和巨浪等海洋灾害造成沿海农业、渔业、海岸设施等直接经济损失共计5486.68万元，其中农业损失460万元，渔业损失3785.82万元，其他损失1240.86万元。

8月29日，第16号台风使海南省东部沿海出现较高潮位，文昌清澜、万宁沿海潮水超警戒水位0.2米，万宁县受海潮盐咸晚造水稻800公顷，被海潮冲坏防潮堤8.5千米。三亚市铁炉盐场的海堤被海潮冲垮6处，长约200米，损失土方2500立方米，石方40立方米，浸溶仓库食盐205吨，损坏渔船70艘，损坏网具521张。海上、海岸设施受灾损失527.57万元。

2000年　9月9日，受0016号台风（悟空）影响，海南岛北部、东部、东南部沿岸产生0.5～1.0米的风暴潮，其中东部至东南部沿岸形成风暴潮灾害，陵水受巨浪影响，使文昌、琼海、万宁、陵水四市县沿岸形成潮灾，海洋水产受灾面积777公顷，潮灾损毁房屋900间，船只55艘，4市县83.61万人受灾。造成海南省各市县渔业损失20.14亿元，直接经济损失13.861亿元。

第二节　病　虫　害

一、概述

病虫害是由气象原因引发的次生灾害，与气象条件息息相关，同时，也与不同作物对气象条件的适应性有关。海南省种植的作物主要有水稻、胡椒、荔枝、龙眼、芒果、西瓜等，他们对气候环境的适应性有一定的区别，病虫害产生的气象条件也不尽相同。而且，同一作物不同病虫害发生的气象因子也有差别。

水稻：各种病虫害都适宜温暖高湿的气候条件（22～28℃），特别是分蘖期、孕穗期、抽穗期病虫害最重。

胡椒：降雨特别是台风后连续降雨、气温冷凉、湿度大是胡椒瘟病、胡椒细菌性叶斑病流行的主因子。一般8—10月或9—11月三月总雨量若超过1000毫米时，病害就有可能流行。但是，高温干旱却是胡椒花叶病发生的主因。

芒果：连续多雨或大雾、夜间冷凉是芒果炭疽病、白粉病、细菌性黑斑病、流胶枝枯病流行的气象因子。而干旱缺水却是芒果灰斑病发病的气象原因。

荔枝、龙眼：降雨和湿度是决定荔枝龙眼霜疫霉病、荔枝龙眼炭疽病、酸腐病的主要条件，22～28℃是最适宜病流行的气象条件。

西瓜：低温阴雨、寡照、高湿是西瓜幼苗猝倒病发病的主要条件。但高温、雨量大、湿度高、22～24℃却是西瓜疫病、炭疽病、枯萎病、蔓枯病、叶枯病流行的主要气象条件。

由此可见，海南省的气候对种植热带水果和经济作物具有得天独厚的条件，但是，对病虫害的发生和流行也有一定气候空间，因此，海南省在发展热带高效农业的过程中，应当认真掌握气候变化规律，了解当年的天气变化趋势，采取有效措施，做好病虫害的预防和防治工作。

二、现代（公元1950—2000年）农作物病虫害灾害

1953年 澄迈县妙林乡20%的秧田受剃枝虫害，三、四区也发生虫害，一区南斗、后龙两乡自6月起瘟死耕牛21头，病19头。至7月19日止，万宁县虫害已在一、二、三、四区蔓延，8个乡受害面积133.3公顷；临高县60%的乡村受害533.1公顷，一般的乡村受害50%，严重的60%～70%；东方县西方乡90%的稻田中有虫；昌感（今昌江）县为害面积129.4公顷，乌烈乡虫害范围长1.5千米、宽1千米，江纳乡0.1公顷田内聚虫多者达3万多条。7月下旬起，临高、昌感（今昌江）、儋县（今儋州）、乐东、东方、琼山、万宁、琼东（今琼海）、定安、澄迈、文昌、海口等12个市县部分地区先后发生稻田虫害，害虫繁殖蔓延迅速，有的一条虫产卵30～40个，二三天内即蔓延近10公顷，虫类有稻苞虫、剃枝虫、钻心虫、浮尘子、蝗虫、三化螟虫、蟋蟀、日本螺等十多种，昌感（今昌江）县3个乡26.7公顷水稻全部被虫吃光，文昌七区保阜乡害虫在3天内吃坏禾稻4.7公顷，临高县南宝3个乡二三天内吃掉53.3公顷。

1955年 年内海南岛受虫灾面积约66666.7公顷，成灾19333.3公顷，估计受灾人口50万，成灾13万。

6月底，琼山、儋县（今儋州）、临高、澄迈4个县发生蝗虫为害农作物，受害面积4.0公顷。及时发动群众68249人进行捕杀，到7月中旬捕杀面积2.7公顷，基本上消灭了蝗虫。

7、8月间，乐会（今琼海）、定安、文昌、万宁、琼山、澄迈、临高、儋县（今儋州）、东方、崖县（今三亚）等11个市县发生蝗虫、稻色虫、剃枝虫等10多种虫害，为害农作物16.2公顷，其中以蝗虫、稻色虫害最严重。虫害发生后，严重地区都成立了除虫机构，发动与组织群众及时消灭害虫。

1956年 年内定安、万宁、儋县（今儋州）3个县发生各种虫害，虽经人力捕杀，但均未完全捕灭，部分乡还相当严重。定安县15～16个乡受虫害，较重的如新竹、卜效、卜优、南埠、南岑、大山等乡受害面积达50%～70%，约有2000～2667公顷田地。万宁县龙滚区一些乡村，每天晚上都有人继续捕捉蝗虫。

1965年 8月底，海南晚造生产有56000公顷田地发生病虫害灾，经各地采取行动后，已基本扑灭。但到9月中旬，新发生病虫害20000公顷。虫灾主要是卷叶虫、三化螟、浮尘子，病害主要是黄矮病、白叶枯、稻热病、条斑病等。比较严重的有8个县：琼

海县受害3333.3余公顷，澄迈2400公顷，琼山2000公顷，万宁2666.7公顷，临高2000公顷，崖县（今三亚）1866.7公顷，乐东1800公顷，屯昌1066.7公顷。临高县农田因病虫害的影响，有666.7公顷左右无收成。

1987年 年内海南干旱带来了病、虫害。从8月开始，部分农作物被病虫害袭击，特别是西部的乐东、东方等县的10多个乡镇蝗害严重。受害面积3800多公顷，水稻、玉米、杂粮等作物遭到损害，对群众的生产、生活安排十分不利。

1988年 年内三亚、乐东、东方3个市县发生虫害。由于久旱少雨，这3个市县14个乡镇发生飞蝗危害，受害面积16000公顷，其中水稻2266.7公顷，甘蔗733.3公顷，其他农作物13000公顷。三亚市1个镇1000公顷，乐东县7个乡镇8666.7公顷，东方县6个乡镇6333.3公顷。飞蝗灾害直接威胁晚造生产，又增加了地方财政开支，如乐东县开展灭蝗花费45万元后，第五代幼虫尚有潜伏。

9月至10月初，海南省乐东、东方、昌江、三亚4市县，发生东亚飞蝗虫害，晚造农作物成灾面积16666.7公顷，减产1500吨。

1989年 3—4月，屯昌、定安等4个县发生稻瘟病、稻蓟马虫害，受灾面积25066.7公顷，成灾7533.3公顷。较严重的屯昌县受灾3533.3公顷，成灾2466.7公顷，分别占早造插秧面积的53%和36%。

1992年 2—4月，三亚、陵水、临高、乐东等16个市县发生稻瘟病和稻蓟马虫灾害，受灾农作物66666.7公顷，其中水稻26666.7公顷，造成早稻减产较为严重。全年农作物因病虫害受灾81766.7公顷，成灾32913.3公顷，绝收7613.3公顷。

1993年 上半年由于气温高，雨量少，全省发生飞蝗灾害。省领导指示成立省防蝗指挥部，开展灭蝗救灾工作。

1994年 三亚市冬春旱情严重，随着气温逐渐升高，三化螟和急性稻瘟开始为害，至3月中旬受害面积80公顷。

9月，受热带气旋大风影响，陵水县处于孕穗—抽花期的晚稻叶片受伤，加上高温，病菌乘虚而入，造成白叶枯病发生蔓延，全县受害面积592.5公顷，为害率大于50%，一部分田块颗粒无收。

1998年 上半年，海南省早造因病虫害受灾面积18700公顷，比上年同期偏多8700公顷，受灾较重的有文昌、临高、定安、陵水和儋州，受害面积占总面积的14%～35%。下半年，农作物受虫害面积9800公顷，比上年同期减少554公顷，受害较重的有琼海、琼山、文昌、临高和屯昌，受害面积占总面积的9%～15%。

1999年 上半年由于持续高温干旱，海南省相继发生稻飞虱、蝗虫等虫害，尤其是北部和西部地区，部分迟插水稻飞虱为害甚重。当年早稻飞虱发生期偏迟，虫口密度偏高，为害程度严重。据田间调查，每百丛稻虫口密度500～800头，严重的密度达3500～5900头，已有“穿顶”现象。至5月中旬，全省处于分蘖后期至孕穗期的水稻约66666.7公顷以上，均有不同程度的虫害发生。儋州市海头、富克等乡镇、农场，蝗虫危害甘蔗、水稻等作物，面积约666.7公顷，每0.1公顷有虫67～267头，严重的530～1333头。

12月18—27日，受强冷空气及辐射降温影响，除陵水、三亚外，全省各地出现不同程度的低温阴雨天气过程，其中9个市县为重度，7个市县为轻度至中度影响；22—26日中部地区及临高、儋州、文昌、通什（今五指山）等7市县出现十几年来未遇的霜冻天气。虫害普遍，一般虫害为害率达20%～30%，三亚藤桥等镇达40%以上。

附录一　海南省政区历史沿革

秦以前，海南岛先后属“南交”和“杨越”之南域，古籍亦称之为“雕题国”和“离耳国”（或“儋耳国”）。始皇帝三十三年（公元前214年），秦王朝统一岭南，设立南海、桂林、象郡3郡，海南地处象郡边缘区域。西汉武帝派伏波将军路博德平定南越后，于元封元年（公元前110年）在海南岛设珠崖、儋耳2郡，含16县。从此海南岛正式归入中国版图。始元五年（公元前82年）废儋耳郡并入珠崖郡，初元三年（公元前46年）罢珠崖郡改置朱庐县。西汉末年，中央政权放松了对海南的统治。东汉建武十九年（公元43年），后伏波将军马援抚定珠崖。三国吴赤乌五年（公元242年）复置珠崖郡，郡治在雷州半岛的徐闻（今属广东），海南岛仍只设朱庐县。从汉元帝至南齐时代的500多年间，海南行政建置极不稳定，一直处于废郡置县状态。南朝梁大同年间（公元535—545年），高凉郡（今广东电白、阳江一带）俚族首领冼夫人辅佐其夫、郡守冯宝平定地方动乱，并奏请朝廷批准在海南岛西北部废儋耳郡地置崖州，从而恢复海南与中央政权的直接联系。《北史》与《隋书》均载“海南儋耳归附者千余峒”，为“海南”一词的最早记载。隋大业年间（公元605—618年）复置珠崖、儋耳2郡，并在岛南部增设临振郡，3郡共辖10县。其间隋炀帝“以诬怨望”流放宗室邹国公杨纶到珠崖，海南岛开始成为贬官流配之地。唐朝加强对海南的统治，州县建置数量不断增加。贞观元年（公元627年）设崖州都督府总辖各州县，并将南海诸岛列入中国疆域，归崖州都督管辖。贞元五年（公元789年）罢崖州都督，设琼州都督府，直隶中央政府，下辖琼州（岛北部）、崖州（岛东北部）、儋州（岛西北部）、振州（岛南部）、万安州（岛东南部）5州，共22县，奠定了此后海南历代行政建制的基础，也是以“琼州”一词指称海南全岛之始。五代时期，海南属南汉（公元917—971年）统辖，原5州辖县缩减为14个。宋初，朝廷为加强中央集权，减少行政层次，将崖州并入琼州，振州改称崖州；熙宁六年（公元1073年）又改设1州（琼州）3军（南宁军、万安军、吉阳军），辖10县2镇。南宋王朝将南海诸岛及其海域划归万安州管辖，正式对其行使主权。岛北部的一个渡口由水军营寨发展为航运小港，称“海口浦”，今日的海口市由此得名。元代沿用宋制。元至治元年至泰定元年（公元1321—1324年），文宗图帖睦尔以亲王身份被贬居海南3年，回京登基（公元1328年）后，曾将设立不久的安定县升格为南建州。自宋至元，海南先后隶属广南西路、湖广行省和广西行省。明初，琼州脱离广西改由广东管辖，并升格为琼州府，辖3州（儋、崖、万）13县（琼山、文昌、澄迈、乐会、会同、临高、定安、万宁、宜伦、陵水、宁远、昌化、感恩），并将南海诸岛改归崖州管辖。清代基本沿袭明制。民国元年（公元1912年）至民国三十六年，海南行政机构先后称为琼崖绥靖处、琼崖镇守府、琼崖道、琼崖善后处、琼崖行政委员会、琼崖实业专员公署、广东省第九区行政督察专员公署等。1926年，海口从琼山县划出单独设市（县级）。1935年在黎、苗族聚居的五指山区增设白沙、保亭、乐安（后改称乐东）3县。1948年成立海南特别行政区长官公署，直隶中央行政院。翌年成立海南建省筹备委员会。1949年10月1日中华人民共和国成立，1950年5月

1 日海南岛解放。其后海南行政建制长期称海南行政区公署，行署为广东省派出机关；在中、南部少数民族地区成立海南黎族苗族自治州，实行广东省和海南行政区双重领导。1984 年成立海南行政区人民政府，仍隶于广东省。1988 年 4 月从广东省划出，单独建立海南省，同时撤销海南行政区和海南黎族苗族自治州。

珠崖郡　汉至唐政区名。①汉元封元年（公元前 110 年）始置，治所在瞫都县（今琼山市龙塘镇），为地方一级政区，隶属于中央政府，辖海南岛北部和东部地区的瞫都、珠崖、玳瑁、紫贝、苟中、临振、山南等县。元封五年后督于交趾刺史部。汉昭帝始元五年（公元前 82 年）儋耳郡并入以后，辖境扩大至全岛。汉元帝初元三年（公元前 46 年）废。②三国吴赤乌五年（公元 242 年）置，治所在徐闻县（今广东省徐闻县南），管辖今海南岛和雷州半岛，为地方二级政区，隶属于交州（时治所在今广州市）。晋灭吴后，并入合浦郡。③南朝宋元嘉八年（公元 431 年）置，治所在徐闻县，为地方二级政区，隶属于交州（时治所在今越南北宁省仙游东）。大明八年（公元 464 年）废。④南朝梁武帝（公元 502—549 年）置，治所在义伦县（今儋州市西北），一说在徐闻县，为地方二级政区，隶属于崖州（时治所在今儋州市西北）。陈朝沿置，至隋初废。⑤隋大业三年（公元 607 年）以崖州改置，治所在义伦县，统领全岛 10 县，为地方一级政区，隶属于中央政府。大业六年废，于故址改置儋耳郡。⑥隋大业六年置，治所在舍城县（今琼山市东南），管辖今海南岛北部、东北部地区，为地方一级政区。唐武德（公元 618—626 年）中改置崖州。天宝元年（公元 742 年）复为珠崖郡。乾元元年（公元 758 年）再改为崖州。

儋耳郡　汉至隋政区名。西汉元封元年（公元前 110 年）始置，领儋耳、九龙、至来、乐罗等县，郡治在今儋州市三都镇南滩村。据《山海经·海内南经》注，“锼离其耳，分令下垂以为饰，即儋耳也”。说明儋耳原为部族名，后为郡名。始元五年（公元前 82 年）并入珠崖郡。隋大业六年（公元 610 年）复置。唐武德五年（公元 622 年）以后曾先后改称儋州、昌化军、南宁军、儋县等。

临振郡　隋、唐时期政区名。隋大业三年（公元 607 年）析海南岛西南地置，领昌化、延德、宁远、澄迈、武德 5 县，治所在宁远县（今三亚市境内）。唐武德五年（公元 622 年）改为振州，领宁远、延德、临川、陵水等县。天宝元年（公元 742 年）复得临振郡。

崖州　南朝梁至清政区名。①南朝梁大同年间（公元 535—545 年）始置，治所在义伦县（今儋州西北），为地方一级政区，统辖全海南岛，隶属广州都督府。陈朝沿置。隋大业三年（公元 607 年）改为珠崖郡。②唐武德五年（公元 622 年）置，治所在舍城县（今琼山市东南），管辖海南岛北、东北部地区，初为地方一级政区，开元（公元 713—741 年）以后降为地方二级政区。天宝元年（公元 742 年）改为珠崖郡，乾元元年（公元 758 年）复为崖州。③北宋开宝五年（公元 972 年）将原崖州并入琼州，同时将南部的振州改为崖州，治所在宁远县（治今三亚市崖城镇），为地方二级政区，管辖海南岛南部地区。熙宁六年（公元 1073 年）改为珠崖军。④明洪武元年（公元 1368 年）置，为地方三级政区，隶属琼州府。清初沿明制。光绪三十一年（公元1905年）升为直隶州，改隶琼崖道。民国元年（公元1912年）改为崖县。

琼州　唐至明初政区名。唐贞观五年（公元631年）析崖州地置，治所在琼山县（今琼山市南端新民乡）。贞观十三年，入崖州。不久复置，管辖海南岛北部内陆地区。初为地方一级政区，开元（公元713—741年）以后降为地方二级政区。天宝元年（公元742年）改为琼山郡，乾元元年（公元758年）复为琼州。乾封二年（公元667年），州城被黎族人民起义军所占领。直至贞元五年（公元789年）十月，岭南节度使李复才遣兵平定，并奏请升琼州为下都督府，兼琼、崖、振、儋、万安等5州招讨游奕使，统领全岛军政。五代十国时南汉沿置。北宋开宝四年（公元971年）平南汉、以儋、崖、振、万安等4州隶琼州。开宝五年，治所移至今琼山市府城镇。开宝、熙宁间，先后在此置琼管转运司和琼管安抚司，其长官大都由琼州知州兼领。政和元年（公元1111年）十二月升琼州为靖海军（节镇名）。南宋沿置。两宋时琼州也称琼山郡，为地方二级政区，先后隶属广南路和广南西路。元初改为琼州路，后屡易其名。明洪武元年（公元1368年）改为琼州府，二年降为琼州，三年复升为琼州府。

儋州　唐、五代及明清政区名。唐武德五年（公元622年）以儋耳郡改置，领义伦、昌化、感恩、富罗4县，州治所在义伦（今儋州市境）。天宝六载（公元747年）改为昌化郡。乾元元年（公元758年）复为儋州，辖义伦、昌化、感恩、洛场、富罗5县。宋熙宁年间（公元1068—1077年）易名昌化军，后又改称南宁军。明洪武二年（公元1369年）复为儋州，属琼州府管辖。清沿之。

振州　唐代政区名。武德五年（公元622年）以原临振郡改置，辖宁远、延德、临川、陵水4县，州治所在宁远（今三亚市境内）。天宝元年（公元742年）改为临振郡。贞元五年（公元789年）恢复振州，辖宁远、延德、吉阳、落屯、临川5县。宋开宝五年（公元972年）改为崖州。

万安州　唐宋时代政区名。唐龙朔二年（公元662年）以琼州和振州的一部分划置，辖万安、富云、博辽、陵水4县，州治所在万安（今万宁市境）。天宝元年（公元742年）、贞元元年（公元785年）曾改称万安郡、万全郡等。贞元五年复为万安州，所辖县不变。五代时期，州下省去富云、博辽2县。宋统一后隶属琼州。熙宁年间（公元1068—1077年）易名万安军，领万宁、陵水2县。明洪武三年（公元1370年）改为万州。

海北海南道　元政区、监察区名。世祖至元年间（公元1264—1294年），先后置海北海南道宣慰司都元帅府和海北海南道肃政廉访司，其辖区相同，治所均在雷州路（今广东省雷州市），分别隶属湖广行省和江南诸道行御史台。领雷州、化州、高州、钦州、廉州等5路和乾宁军民安抚司（治所在今琼山市府城）、南宁军（治所在今儋州市中和镇）、万安军（治所在今万宁市）、吉阳军（治所在今三亚市崖城镇），辖境相当于今广东省西南部、海南岛和广西自治区东南局部地区。至正（公元1341—1368年）末年改属广西行省。明洪武二年（公元1369年）六月并入广东行省。（参见“海北海南道宣慰司”、“海北海南道肃政廉访司”）

琼州路　元政区名。元代海南岛最高行政机构。世祖至元十五年（公元1278年）置，治所在琼山县（今府城镇）。其官署称安抚司，秩正三品，设达鲁花赤、安抚使各1员长之，下设同知、副使、佥事等官。统领全岛诸军县，直辖琼山、澄迈、临高、文昌、会同、乐会、定安7县。至元二十八年改为琼州路军民安抚司。天历二年（公元1329年）十月改为乾宁军民安抚司。元统二年（公元1334年）十月改为乾宁安抚司，为地方二级政区。先隶属湖广行省海北海南道宣慰司，至正二十三年（公元1363年）后隶属广西行省海北海南道宣慰司。明洪武（公元1368—1398年）初年改为琼州府。

琼州府　明清政区名。明至清中期海南最高一级行政机构。明洪武元年（公元1368年）十月以元乾宁安抚司改置，次年降为州，三年复升为府，为地方二级政区。治所在琼山县（今琼山市府城镇），领全岛3州（儋、万、崖）10县，直辖琼山、文昌、澄迈、临高、定安、会同、乐会7县。长官1人，称知府，正四品，掌一府之政。下设同知（正五品，无定员）、通判（正六品、无定员）、推官（正七品，1员）等。初隶属广西行省，从洪武二年（公元1369年）六月起改隶属广东行省。洪武九年六月后隶属广东承宣布政使司。清初沿明制。乾隆十八年（公元1753年），知府降为从四品，琼州府遂渐成为雷琼道的下属机构。光绪三十一年（公元1905年）崖州升为直隶州，万州降为万县改隶崖州，此后琼州府仅领儋州和直辖的7县，隶广东省琼崖道。1912年废。

海南道　明清监察区名。为明清时广东省提刑按察司分司机构之一。明洪武（公元1368—1398年）中期置，治所在琼州府（今琼山市府城镇），长官称按察司副使（正四品）或佥事（正五品），也称道员、巡道，设1员，掌全岛监察、司法事务。在各州县设分司机构。成化八年（公元1472年）改为海南兵备道（即兼监督岛内武官和分理军务等），额设副使1员。万历七年（公元1579年），以王弘诲上书请求，改为海南兵备道兼提学道（即兼管岛内学校和科举考试等）。清初沿明制。康熙十三年（公元1674年）改为分巡雷琼道。雍正八年（公元1730年）改为分巡海南道加兵备衔。乾隆三年（公元1738年）复为雷琼道。

雷琼道　清监察区名。广东省提刑按察司分司机构之一。分巡雷琼兵备道的简称。乾隆三年（公元1738年）十一月，以海南道改置，治所在琼州府（今琼山市府城镇），辖雷、琼二府，辖境包括今海南岛和雷州半岛。长官称按察司副使（正四品）或佥事（正五品），通称道员，也称巡道、道台，掌监察、司法、兵备、学校等事务。乾隆十八年裁副使、佥事名称，定道员为正四品。同治五年（公元1866年）雷琼道尚存。光绪年间（公元1875—1908年）改为琼崖道。

琼崖道　历史机构。①清末广东省按察司和布政司的派出机构。光绪年间（公元

1875—1908年）置，治所在琼州府（今琼山市府城镇）。长官称道员，正四品。管辖琼州府和崖州直隶州。宣统三年（公元1911年）尚存，时称琼崖兵备道。辛亥革命后废。②民国初期海南最高行政机构。民国3年（公元1914年）置，为地方二级政区，隶属广东省，治所在琼山县（今琼山市府城镇）。长官称道尹，掌全岛民政事务。时因政局动荡，官员频繁更迭，先后任道尹的有姚春魁、王寿民、郑火、朱为潮、梁迈、周沅、黄明堂、饶芙裳、杨晋等9人。民国9年（公元1920年）冬废。

崖州都督府 官署名。唐贞观元年至贞元五年（公元627—789年）海南岛最高军政机构。为下都督府，治所在崖州（今琼山市东南），故名。初领全岛崖、儋、振3州。贞观三年割儋州属广州，同年又划回。贞观五年（公元631年）增领琼州。龙朔二年（公元662年）又增领万安州。长官1人，称都督，从三品，掌全岛军政。下设别驾（定1人，从四品）、长史（定1人，从五品上）、司马（定1人，从五品下）等官。唐乾封年间（公元666—668年），李逸曾任崖州都督府都督。先后隶属广州中都督府、岭南五府经略使和岭南节度使。贞元五年十月岭南节度使李复奏请置琼州都督府，崖州都督府遂废。

琼州都督府 官署名。唐代中后期海南岛最高军政机构。为下都督府。贞元五年（公元789年）十月由岭南节度使李复奏置，治所在琼州（今琼山市南端新民乡），故名。初领全岛琼、崖、儋、振、万安5州，咸通（公元860—874年）中期又增领忠州。长官1人，称都督，从三品，兼全岛五州招讨游奕使，掌全岛军政。下设别驾、长史、司马等官。先后隶岭南节度使和岭南东道节度使。

琼管转运司 官署名。北宋前期海南岛最高行政机构。开宝年间（公元968—976年）置，统辖全岛各州县，治所在琼州（今琼山市府城镇）。长官称琼管转运使，或称琼管转运司公事、琼管转运事等，由琼州知州兼领，掌管全岛财赋和监察各州县官吏。下设副使、判官等职。初隶属广南路转运司，后隶属广南西路转运司。宋熙宁年间（公元1068—1077年）改为琼管安抚司。

琼管安抚司 官署名。亦称海南安抚司，简称琼管司或琼管。北宋熙宁年间至南宋末年海南岛最高军政机构。宋熙宁年间（公元1068—1077年）置，治所初在琼州（今琼山市府城镇）；大观年间（公元1107—1110年）移至镇州（今东方市广坝）；政和元年（公元1111年）镇州废，移还琼州。其长官名称因时而异，见于史志的有琼管体量安抚、琼管安抚都监、海南安抚都监、广西路安抚都监提辖海外逐州军公事、琼管安抚使、琼州安抚使、琼管师守、琼管帅等，多由琼州知州兼领，镇州知州也曾兼任，掌管全岛兵民之事，隶属广南西路经略司。南宋末废。

靖海军 宋节镇名。大观元年（公元1107年）十月升镇州置，治所旧址在今东方市广坝。政和元年（公元1111年）十二月镇州废，以靖海军额归琼州，升琼州置，治所在今琼山市府城镇。其长官称节度使（宋朝节度使只用作宗室、外戚、将相的荣衔，无职掌，多不赴任，其事务归本州知州、通判兼掌），隶属广南西路经略安抚司。南宋末废。

海北海南道宣慰司　官署名。海北海南道宣慰司都元帅府的简称。元代湖广行省的派出机构，统辖海南岛等地军政事务。世祖至元十七年（公元1280年）置，治所在雷州路（今广东省雷州市），设宣慰使或宣慰使都元帅3员长之，秩从二品。下设同知、副使或副都元帅、佥都元帅（各2员）等官。领雷州、化州、高州、钦州、廉州等5路和乾宁军民安抚司（治所在今琼山市府城镇）、南宁军（治所在今儋州市中和镇）、万安军（治所在今万宁市）、吉阳军（治所在今三亚市崖城镇），辖境相当于今广东西南部、海南岛和广西东南局部地区。又在乾宁军民安抚司设分司机构。初隶属湖广行省，至正二十三年（公元1363年）后隶属广西行省。明洪武二年（公元1369年）六月并入广东行省。（参见“海北海南道”）

海北海南道肃政廉访司　官署名。元代统辖海南岛等地的监察机构。世祖至元三十年（公元1293年）十一月置，治所在雷州路（今广东省雷州市），设廉访使2员长之，秩正三品，掌辖区监察、司法事务。下设副使、佥事、经历、知事等官。领雷州、化州、高州、钦州、廉州等5路和乾宁军民安抚司（治所在今琼山市府城镇）、南宁军（治所在今儋州市中和镇）、万安军（治所在今万宁市）、吉阳军（治所在今三亚市崖城镇），辖境相当于今广东西南部、海南岛和广西东南局部地区。又在乾宁军民安抚司设分司机构，隶属江南诸道行御史台。后废。大德三年（公元1299年）十月复置，元末又废。

海北海南博易提举司　官署名。元代管理海南岛等地的海外贸易机构。世祖至元三十年（公元1293年）九月立，税依市舶司例，即物货三十取一。至大四年（公元1311年）罢之，禁下番船只。延祐元年（公元1314年）弛其禁，改立泉州、广东、庆元三市舶司。每司设提举2员长之，秩从五品。下设同提举、副提举、知事等官。

黎兵万户府　官署名。亦称黎兵屯田万户府。元朝为控制和镇压黎民而设立的军事、屯田合一机构。世祖至元三十年（公元1293年）八月置，治所在琼州路（今琼山市府城镇），掌屯田，兼管民兵、黎峒，统千户所12处。大德二年（公元1298年）五月罢，以其事人琼州路军民安抚司。元统二年（公元1334年）十月复置，设万户3员长之，秩正三品，统千户所13处，即五原、仁政、遵化、义丰、潭揽、文昌、昌化、会同、临高、澄迈、永兴、乐会、万安。千户正五品。每千户所领百户所8处。百户正七品。每千户所领兵千人，屯户500，皆以土人为之，官给田土、耕牛、种子、农器，免其差徭。共屯田1953.2公顷。隶属湖广行省海北海南道宣慰司都元帅府。元末废。

海南卫　官署名。海南卫指挥使司的简称。明代海南岛最高军事机构。洪武五年（公元1372年）置，治所在琼州府（今琼山市府城镇），长官称指挥使，1员，正三品，掌全岛军务。下设指挥同知（2员，从三品）、指挥佥事（4员，正四品）等官。先后统领前、后、中、左、右5个千户所（均在卫治周围，其中后所驻海口）和儋州（在州治西）、万州（在州治西）、崖州（在州治西）、清澜（在文昌县东南30里）、昌化（在昌化县北10里）、南山（在陵水县西南）、水会（在琼山县西南300里水蕉村）7个守御千户所。除水会所于万历二十八年（公元1600年）置外，其余均为洪武年间置。共额设旗军（即正卒）

15927 名。隶属广东省都指挥使司。明末废。

琼州镇 官署名。清代统辖海南岛等地绿营兵的军事机构。顺治八年（公元 1651 年）置琼州水师镇，后改为雷琼镇，嘉庆十六年（公元 1811 年）改琼州镇。治所在琼州府（今琼山市府城镇），长官 1 员，称总兵，俗称总镇，秩正二品，掌辖区水陆军务。所属有副将（从二品）、参将（正三品）、游击（从三品）、都司（正四品）、守备（正五品）、千总（从六品）等官。先后统领 11 营，其中驻海南岛 8 营，驻岛外 3 营。隶属广东总督、水师提督和陆路提督。宣统三年（公元 1911 年）废。

琼 海南的别名。唐代因海南岛北部有山产玉石而称琼山（古人称美玉为琼）。贞观元年（公元 627 年）在此建立琼山县。贞观五年设琼州都督府总辖全岛各州县，并直隶中央政府。故后世以“琼州”、“琼岛”或“琼”指称海南岛，“琼”渐成为海南的简称。

琼崖 海南的别称。自西汉至明清在海南岛上先后设珠崖郡、崖州、琼州都督府、琼州路、琼州府等行政机构管辖全岛。宋代以后逐渐形成琼州在北，崖州在南的格局，故合称“琼崖”。清末设琼崖道，管辖琼州府和崖州直隶州，琼崖遂成为海南的别名。民国时期普遍以琼崖指称海南。

涨海 中国南海的古称。最早出现在东汉（公元 25—220 年）杨孚《异物志》中。三国吴（公元 222—261 年）万震《南州异物志》记述从马来半岛到中国的航线时写道“东北行，极大崎头出涨海”，亦以“涨海”指南海，“崎头”则指“涨海”中的珊瑚岛。《梁书》卷五十四第一次使用“南海”称谓。唐以后古籍中渐见普遍，如被流放越南的初唐诗人沈佺期就有“身投南海西”的诗句。

南荒 海南的古称。又称炎荒。古代岭南为南蛮（古代中原人对南方少数民族的称呼）所居，而海南岛又在南蛮居地最荒远、炎热之处，故被称为“南荒”、“炎荒”。宋代苏轼贬琼于元符三年（公元 1100 年）遇赦北归时作《六月二十日夜渡海》诗云：“九死南荒吾不恨，兹游奇绝冠平生。”明代丘浚咏五指山诗有“五峰如指翠相连，撑起炎荒半壁天”的句子。

九乳螺洲 西沙群岛的古称。始于北宋庆历五年（公元 1045 年）曾公亮《武经总要》：“入海战舰……从屯门山用东风西南行，七日至九乳螺石。”明、清文献转称为“九乳螺洲”，沿用至近代。1935 年中国政府正式命名为“西沙群岛”。

七洲洋 西沙群岛的古称。南宋咸淳十年（公元 1274 年）吴自牧著《梦粱录》第一次称西沙为“七洲洋”。据《元史》载：元世祖至元二十九年十二月（公元 1293 年初）将军史弼率海舟千艘，“发泉州……过七洲洋、万里石塘，历交趾、占城界”。清雍正八年（公元 1730 年）陈伦炯《海国闻见录》亦以七洲洋称西沙群岛，并说“沙分东、西沙”，首次使用了“西沙”称谓。公元 1935 年中国政府正式命名为“西沙群岛”。

千里长沙、万里石塘 南海诸岛的古称，有时特指南沙群岛或别的群岛。简称“长沙（砂）”、“石塘（堂或床）”。中国古籍中的“石塘”即珊瑚环礁，“长沙”即珊瑚岛周围的洲滩和暗沙。最早见于南宋淳熙五年（公元1178年）周去非《岭外代答》：“东大洋海有长沙、石塘数万里。”嘉泰三年至嘉定元年（公元1203—1208年）义太初序《琼管志》载：吉阳军（今三亚市境）“东有千里长沙、万里石塘”。明正德六年（公元1511年）海南名贤王佐《琼台外纪》亦载“（万）州东长沙、石塘”。以上均泛指南海诸群岛的整体。1935年中国政府初定名为“南海各岛屿”，公元1947年正式命名为“南海诸岛”。但古籍中也有特指，如“千里长沙”多指称西沙群岛，“万里长沙”尤其“万里石塘”多指称南沙群岛。明宣德五年（公元1430年）绘制的《郑和航海图》所标“万里石塘屿”，嘉靖十五年（公元1536年）黄衷《海语》所载“万里长沙”，以及清道光二十二年（公元1842年）魏源《海国图志》卷九载“南洋之间有万里石塘，俗称万里长沙……塘之北为七洲洋”等，其位置与范围均确指南沙。现代文献曾称南沙为“南海九岛”。公元1935年中国政府定名为“团沙群岛”，公元1947年正式命名为“南沙群岛”。

石星石塘 中沙群岛的古称。闽南语中“塘”即指“礁”，“石塘”即指珊瑚环礁。明宣德五年（公元1430年）绘制的《郑和航海图》所指“石星石塘”，其位置、范围即指中沙群岛，有时也包括东沙群岛。嘉靖六年（公元1527年）顾岈《海槎余录》则以“千里石塘”称中沙。1935年中国政府曾以“南沙群岛”之名指称中沙群岛，公元1947年正式命名为“中沙群岛”。

海口浦 旧地名。在今海口市境，濒临琼州海峡。汉至唐先后属玳瑁、珠崖、朱卢、颜城等县。宋熙宁四年（公元1071年）隶琼山县，称海口浦，为商船聚泊的港口。海口称谓自此始。明洪武三年（公元1370年）改称海口都，仍属琼山县。十七年设海口千户所。二十八年筑城，称海口所城。清康熙二十三年（公元1684年）至雍正七年（公元1729年），设海口水师营。咸丰八年（公元1858年）在《天津条约》中被辟为通商口岸，成为南亚诸国和中国大陆交通道口。民国元年（公元1912年）改称海口镇。民国15年海南置行政委员会，海口从琼山县分出，独立设市（县级），称海口市政厅。民国20年废海口市，称海口所，复隶琼山县。民国三十八年海南成立特别行政区，海口复设市（县级），为行政区机关所在地。1950年4月23日海口解放。1951年4月为广东省人民政府海南行政公署所在地。1975年经国务院批准升为广东省辖市（地级）。1983年复为海南行政区辖市（县级）。1984年10月为海南行政区人民政府所在地。1986年经国务院批准又升格为省辖市（地级）。1988年成为海南省省会，省政治、经济、文化、交通中心。

忠州 旧地名。唐咸通五年（公元864年）以琼山县南部黎峒（约今屯昌县境以及定安县西南部、琼中县北部）析置，为最早在海南岛山区黎峒设立的州。因黎民不断反抗，7年后废。

镇州 旧地名。宋大观元年（公元1107年）在海南岛西部昌化江中游地区（约今东方、昌江一带）设置，治所在今东方广坝。其建制基础是此前于崇宁年间（公元1102—

1106年）在其地开通道路1000余里，将900余黎峒6万余人口编入户籍。州下设通华、四达2县。4年后废。

南建州 旧地名。元世祖至元二十九年（公元1292年）割琼山县南部和新附黎峒置定安县。天历二年（公元1329年）升定安县为南建州，隶属琼州府，州治所设于琼牙乡。明洪武二年（公元1369年）废州复为定安县。

昌化军 旧地名。宋熙宁六年（公元1073年）以儋州改置，属广南西路。端平二年（公元1235年）改为南宁军，属广西。

珠崖军 旧地名。宋熙宁年间（公元1068—1077年）以崖州改置，辖地约今三亚、乐东一带。政和七年（公元1117年）改吉阳军。明洪武元年（公元1368年）复名崖州。

万安军 旧地名。宋熙宁七年（公元1074年）以万安州改置，辖地约今万宁、陵水地区，治所在博辽（今陵水一带），隶于琼。大观年间（公元1107—1110年）复改为万安州。绍兴七年（公元1137年）废万安州为万宁县，十三年又改县为万安军。元代沿置。明洪武三年（公元1370年）改为万州。

吉阳军 旧地名。宋政和七年（公元1117年）以珠崖军改置，领临振、藤桥2镇。绍兴六年（公元1136年），废宁远县，改藤桥镇为吉阳县。绍兴十三年恢复吉阳军，领宁远，吉阳2县。元代沿置。明洪武元年（公元1368年）改为崖州。

南宁军 旧地名。南宋端平二年（公元1235年）以昌化军改置，领宜伦、昌化、感恩3县，属广西。元代沿置。明洪武二年（公元1369年）复为儋州，隶琼州府。

曋都县 旧地名。其他在今琼山市境内。海南最早的县份之一。西汉元封元年（公元前110年）置，属珠崖郡。初元三年（公元前46年）废，入朱卢县，属合浦郡。

玳瑁县 旧地名。其地在今琼山市境内。海南最早的县份之一。西汉元封元年（公元前110年）置，属珠崖郡。初元三年（公元前46年）废，入朱卢县，属合浦郡。晋太康元年（公元280年）复置，仍隶合浦郡。约南北朝（公元420—589年）时废。

珠崖县 旧地名。其地在今海口、琼山境内。海南最早的县份之一。西汉元封元年（公元前110年）置，属珠崖郡。初元三年（公元前46年）随珠崖郡废，入朱卢县，属合浦郡。东汉建武十九年（公元43年）罢朱卢复置。三国吴赤乌五年（公元242年）废。

紫贝县 旧地名。其地约今文昌市境内。海南最早的县份之一。西汉元封元年（公元前110年）置，属珠崖郡。初元三年（公元前46年）废，入朱卢县，属合浦郡。

苟中县　旧地名。其地约今澄迈县。海南最早设置的县份之一。西汉元封元年（公元前 110 年）置，县治所在今澄迈县美亭乡美中墟，属珠崖郡。隋大业三年（公元 607 年）迁于今老城镇老城墟，改名澄迈县。

临振县　旧地名。其地约今三亚市境。海南最早的县份之一。西汉元封元年（公元前 110 年）置，属珠崖郡。初元三年（公元前 46 年）随珠崖郡废。

山南县　旧地名。其地在今陵水县境。海南最早的县份之一。西汉元封元年（公元前 110 年）置，属珠崖郡。初元三年（公元前 46 年）随珠崖郡废。

儋耳县　旧地名。其地在今儋州市境。为海南最早的县份之一。西汉元封元年（公元前 110 年）置，属儋耳郡。始元五年（公元前 82 年）废儋耳郡，并入珠崖郡。

九龙县　旧地名。其地约今东方市境。海南最早的县份之一。西汉元封元年（公元前 110 年）置，属儋耳郡。始元五年（公元前 82 年）属珠崖郡。初元三年（公元前 46 年）废，入朱卢县，属合浦郡。

至来县　旧地名。其地约今县江黎族自治县境。海南最早的县份之一。西汉元封元年（公元前 110 年）置，属儋耳郡。始元五年（公元前 82 年）改属珠崖郡。初元三年（公元前 46 年）废，入朱卢县，属合浦郡。

乐罗县　旧地名。其地在今乐东县南部沿海一带，是海南最早的县份之一。西汉元封元年（公元前 110 年）置，属儋耳郡。始元五年（公元前 82 年）随儋耳郡废，入珠崖郡。

颜卢县　旧地名。其地属今琼山市境，设时无考。隋大业三年（公元 607 年）属珠崖郡。唐武德五年（公元 623 年）改为颜城县，属崖州。贞观元年（公元 627 年）改为舍城县，后又分出，入琼山县。

义伦县　旧地名。其地在今儋州市境内，设时无考。隋时属珠崖郡。唐时属儋州。宋太平兴国元年（公元 976 年）改为宜伦县，仍属儋州所辖。

感恩县　旧地名。其地在今东方市境，设时无考。隋时属珠崖郡。唐时属儋州。宋熙宁六年（公元 1073 年）降为镇，并入宜伦县，属昌化军。元丰四年（公元 1081 年）复置，仍属昌化军。绍兴六年（公元 1136 年）改属琼州。端平二年（公元 1235 年）改属南宁军。明洪武十九年（公元 1386 年）改属崖州。清沿明制。1949 年 12 月中共琼崖地方组织将感恩县和昌江县合并为昌感县。民国时期的感恩县延续到 1950 年 5 月海南岛解放时止。

朱庐县　海南古地名。亦作朱卢县。西汉初元三年（公元前 46 年）罢珠崖郡改置，辖原珠崖、儋耳2郡之地（此前儋耳已并入）。东汉建武十九年（公元43年）改为珠崖县。三国吴赤乌五年（公元242年）复名。晋太康元年（公元280年）改为玳瑁县。南朝宋元嘉八年（公元431年）复置。约梁大同（公元535—545年）年间废。

毗善县 旧地名。其地在今临高县境。隋大业三年（公元607年）置，属珠崖郡。唐武德五年（公元622年）改为富罗县，属儋州。同年析富罗县部分置临机（鸡）县。开元元年（公元713年）改临机县为临高县。

昌化县 旧地名。其地约今昌江县境。隋大业三年（公元607年）置，属临振郡。唐时属儋州。宋熙宁六年（公元1073年）废，入昌化军。元丰三年（公元1080年）复县。绍兴六年（公元1136年）属琼州，绍兴十四年属昌化军，端平二年（公元1235年）改属南宁军。元至清代先后属儋州、崖州、琼州府、琼崖道。民国元年（公元1912年）改名昌江县，县治所在昌化城。

吉安县 旧地名。其地在今昌江县境，设时无考。隋大业三年（公元607年）属珠崖郡，六年属临振郡。唐废之，以其地归昌化县。

延德县 旧地名。其他在今三亚、乐东一带，设时无考。隋大业三年（公元607年）属临振郡。唐武德五年（公元622年）属振州。五代十国时期废。

宁远县 旧地名。其地在今三市市境内，设时无考。隋大业三年（公元607年）属临振郡。唐武德五年（公元622年）属振州。五代沿唐制。宋熙宁六年（公元1073年）废县，设临川镇，属崖州（朱崖军）。绍兴六年（公元1136年）复置。元代属吉阳军。明洪武元年（公元1368年）属崖州。正统四年（公元1439年）废，入崖州。

曾口县 旧地名。其地约在今定安、澄迈交界地区。唐贞观十三年（公元639年）由琼山、澄迈县析置，县治所在今澄迈县永发镇，属琼州。五代十国时废，入澄迈县。

武德县 旧地名。其地约今文昌市境。隋大业三年（公元607年）置，属临振郡。唐武德五年（公元622年）改名平昌县，属崖州。贞观元年（公元627年）改平昌为文昌县。

临川县 旧地名。其地在今三亚市境内。唐武德五年（公元622年）置，属振州。五代十国时废。

舍城县 旧地名。其地在今琼山市境内。唐贞观元年（公元627年）以颜城县改置，属崖州。旋析置琼山县。开元元年（公元713年）废。贞元五年（公元789年）复置，仍属崖州。五代南汉沿之。北宋开宝五年（公元972年）改属琼州。熙宁四年（公元1071年）废，入琼山县。

富罗县　旧地名。唐武德五年（公元 622 年）由毗善县改置，属儋州，同年析出部分置临机（鸡）县。开元元年（公元 713 年）改临机县为临高县。五代南汉乾和十五年（公元 957 年）废富罗县，其地部分归入临高县，部分并入义伦县。

临机县　旧地名。亦作“临鸡”。唐武德五年（公元 622 年）析富罗县部分置，开元元年（公元 713 年）改为临高县。（参见“毗善县”、“富罗县”）

吉阳县　旧地名。其地在今三亚市境内。唐贞观元年（公元 627 年）析延德县置，属振州。宋熙宁六年（公元 1073 年）废为藤桥镇。宋绍兴六年（公元 1136 年）复置，属琼州；宋绍兴十三年（公元 1143 年）改属吉阳军。元世祖至元二十八年（公元 1291 年）废。

万安县　旧地名。其地在今万宁市境内。唐贞观五年（公元 631 年）析文昌县地置，隶琼州。唐贞观十三年改隶崖州，龙朔二年（公元 662 年）改属万安州，至德二年（公元 757 年）改称万全县，乾元元年（公元 758 年）复为万安县。宋绍兴七年（公元 1137 年）改为南宁县、隶琼州；十三年复称万安县。元沿宋制。明初改名万宁县。

富云县　旧地名。其地在今万宁市境内。唐贞观五年（公元 631 年）置，属琼州；十三年改属崖州。龙朔二年（公元 662 年）属万安州。五代南汉时（公元 917—971 年）废。

博辽县　旧地名。其地约今陵水黎族自治县境内。唐贞观五年（公元 631 年）置，属琼州；十三年改属崖州。龙朔二年（公元 662 年）属万安州。五代南汉时（公元 917—971 年）废。

平昌县　旧地名。文昌县的古称。（参见“武德县”）

颜罗县　旧地名。其地约在今琼山市境内。唐贞观十三年（公元 639 年）析琼山、澄迈县置，属琼州。五代十国时废。

颜城县　旧地名。（参见“颜卢县”、“舍城县”）

容琼县　旧地名。其地约今琼海市境内。唐贞观十三年（公元 639 年）析琼山、澄迈县置，属琼州。显庆五年（公元 660 年）析置乐会县。贞元七年（公元 791 年）废容琼县，入乐会县。

乐会县　旧地名。其地在今琼海市境内。唐显庆五庆（公元 660 年）析容琼县置，属琼州。宋大观三年（公元 1109 年）改属万安军，后复属琼州。元世祖至元二十八年（公元 1291 年）划西北部置会同县（民国时期改称琼东县）。明、清时期属琼州府管辖。1958 年 12 月乐会、琼东、万宁 3 县合并为琼海县。1959 年复析出万宁县。

落屯县 旧地名。其地在今三亚市境内。唐天宝元年（公元 742 年）置县，属延德郡。乾元元年（公元 758 年）属振州。五代十国时废。

宜伦县 旧地名。其地在今儋州市境内。宋太平兴国元年（公元 976 年）由义伦县改名，属儋州。儋州曾先后改为昌化军和南宁军，宜伦县为 2 军所辖。元仿宋制。明正统四年（公元 1439 年）并入儋州。

洛场县 旧地名。其地在今儋州市境内。唐乾元元年（公元 758 年）置县，属儋州。宋开宝五年（公元 972 年）废。

会同县 旧地名。（参见“乐会县”）

崖县 旧地名。其地在今三亚市境内。民国元年（公元 1912 年）以古崖州改置，隶广东省琼崖道。此后随建制变革和政权更迭，先后属琼崖绥靖处、镇守府、行政委员会、实业专员公署、广东省第九区行政督察专员公署、海南特别行政长官公署、海南行政区公署（1954 年起同时隶属海南黎族苗族自治州）管辖。1984 年改为三亚市（县级），1987 年升格为地级市。

琼东县 旧地名。（参见“乐会县”）

儋县 旧地名。其地在今儋州市。民国元年（公元 1912 年）以古儋州改置。1993 年撤县设儋州市。

新民县 旧地名。其地约今屯昌县境内。1948 年 2 月中共琼崖区委将澄迈县第二区（今西昌乡）、琼山县第六区（今新兴镇、大同乡、屯昌镇、黄岭乡、藤寨乡、南坤镇）划出成立新民县。1949 年 2 月由南吕、乌坡、枫木、北海、岭门乡组成定西特区（相当县级建制）。1950 年 5 月定西特区并入新民县。1952 年 7 月，因同辽宁省新民县重名而改为屯昌县。

中华人民共和国成立后海南行政区划沿革

1949 年 12 月，毛泽东主席发出解放海南岛的命令，在琼崖纵队的配合下，野战军渡海作战，海南岛于 1950 年 5 月 1 日全境解放，并成立海南军政委员会。1951 年 4 月 22 日，成立海南行政区公署，驻在海口市。下辖 1 市 16 县：海口市、琼山、文昌、琼东、乐会、万宁、定安、新民、澄迈、临高、儋县、陵水、崖县、昌感、白沙、保亭、乐东县，92 个区镇，1104 个乡。

1952 年，改新民县为屯昌县，新置东方、琼中两县。同年 7 月 1 日，成立海南黎族苗族自治区人民政府，驻在乐东县抱由镇。下辖 5 县：白沙、乐东、东方、琼中、保亭。1953 年 6 月，又将崖县、陵水两县划归自治区管辖。1955 年 10 月 17 日，海南黎族苗族自治区改为海南黎族苗族自治州。1957 年 5 月新置那大县。其时，海南行政区公署下辖 1

州1市19县。

1959年3月，海南行政区作重大变动。自治州人民政府搬来海口市同海南行政区公署合署办公；撤销琼山县，划归海口市；撤销琼东、乐会、万宁3个县，合并为琼海县；撤销定安、屯昌2县，合并为定昌县；撤销那大县，划归儋县；撤销临高县，划归澄迈县；撤销昌感县，划归东方县；撤销白沙县，分别划归东方、琼中2县；撤销陵水、保亭2县，与万宁兴隆农场和崖县合并设立崖县大县；成立西、南、中沙群岛办事处；另外保留文昌县和乐东县的建制。海南行政区公署共辖1市9县1个办事处。

1960年9月，恢复琼山、万宁、保亭3个县，全区共有1市12县1个办事处。

1961年5月，行政区再次作重大变动，全区由原有的12县划分为17县，将崖县分设为崖县和陵水县，将定昌县分设为定安县和屯昌县，将澄迈县分设为澄迈县和临高县，将东方县分设为东方、白沙、昌江3县，保亭、琼中、乐东县域也相应作了局部调整。

1962年2月，恢复海南黎族苗族自治州行政机构，州政府搬到通什镇。自治州共辖8个县：崖县、陵水、乐东、东方、昌江、白沙、琼中、保亭。

1968年4月5日，海南行政公署停止行使职权，成立海南行政区革命委员会，实行“一元化”领导，自治州人民政府也被革命委员会取代。直至1980年1月，撤销海南行政区革命委员会，成立广东省海南行政区公署，随之成立海南黎族苗族自治州人民政府。

1984年5月，第六届全国人民代表大会第二次会议审议，并通过国务院关于成立海南行政区人民政府的议案，撤销海南行政区公署，成立海南行政区人民政府（一级地方国家政权机关）。崖县改建为三亚市（县级）。全区共辖1州2市16县1个办事处，291个区，22个区级镇，2207个乡镇，6个街道办事处，61个镇管区，166个居委会，1.87万个村委会。

1986年5月31日，海口市升级为地级市。同年6月12日，设立通什市（县级）。

1987年9月，六届全国人大常委会第二十二次会议通过了“关于国务院提请审议设立海南省的议案的决定”。同年12月，撤销海南黎族苗族自治州，三亚市升级为地级市。

1988年4月13日，第七届全国人民代表大会第一次会议通过《关于设立海南省的决定》和《关于建立海南经济特区的决定》的两项议案。海南省人民政府于4月26日正式挂牌成立。省会设在海口市。海南省的行政区域包括海南岛和西沙群岛、南沙群岛、中沙群岛的岛礁及其海域。海南省实行省直接管理市、县的行政管理体制，下辖两个地级市，即海口市、三亚市；1个县级市，即通什市；16个县，即琼山县、文昌县、琼海县、万宁县、定安县、屯昌县、澄迈县、临高县、儋州县、东方黎族自治县、乐东黎族自治县、陵水黎族自治县、白沙黎族自治县、昌江黎族自治县、琼中黎族苗族自治县、保亭黎族苗族自治县；1个办事处，即西沙、南沙、中沙群岛办事处。1989年共有100个乡，204个镇，6个市区，17个街道办事处，350个居委会，2307个村委会。

1992年12月，琼海撤县设市；1993年3月，撤销儋县，设立儋州市；1994年1月，琼山撤县设市；1995年11月，文昌撤县设市；1996年8月，万宁撤县设市；1997年3月，东方撤县设市。

截至1998年底，海南省共辖2个地级市，即海口市、三亚市；7个县级市，即通什市、琼山市、文昌市、琼海市、万宁市、儋州市、东方市；4个县，即定安县、屯昌县、澄迈县、临高县；6个民族自治县，即乐东黎族自治县、陵水黎族自治县、白沙黎族自治县、昌江黎族自治县、琼中黎族苗族自治县、保亭黎族苗族自治县；5个市辖区，即海口市振东区、新华区、秀英区、三亚市河东区、河西区；1个办事处（县级），即西沙、南沙、中沙群岛办事处。基层设置203个镇，105个乡，18个街道办事处，2597个村委会，323个居委会。

附录二　海南省历年主要台风灾情统计资料（附表 1—32）

附表 1　1950 年第 32 号台风灾情调查统计表

站　名	灾民（人）	受灾耕田（亩）	伤亡人数（人）		毁坏房屋（间）		损失稻谷（%）	损失牲口（头）	损失经济作物（亩）	损失桥梁（座）	沉坏渔船（只）
			伤	亡	全塌	半塌					
琼山	180260		53	47	6640	7982	70	16	3591		
文　昌	6452		75	54	2927	15850	55	192	77470		
定　安	1228		34	6	4027	11969	60	112	12625		
澄　迈	64			2	103	732	50		219		
临　高			3	98	1	1					19
儋　县				16	28						8
万　宁				2	49		20			17	
新　民					10	1	30		4		
琼　东	196	12383	7	3	216	629	41	20			
昌　感		3050									
陵　水	112			11	1272	33	40	888			
崖　县		760			134	149		1854			
合　计	188312	16193	172	239	15407	37346	46	3082	93909	17	27

附表 2　1952 年第 15、17 号台风灾情调查统计表

（发生时间：1952 年 8 月 27 日及 9 月 6 日共 2 次）

站名	受灾范围		灾民人数（人）	伤亡人数（人）		毁坏房屋（间）		受灾耕田（亩）	农作物损失（担）			损坏橡胶树（株）	损失渔船（只）	死亡家畜（头）		
	区数	乡数		伤	亡	全塌	半塌		稻谷	杂粮	其他			牛	猪	羊
文昌	5		3763	31	2	361	5809		6274	6823		5754	8	3	32	12
琼山		19			38	55	732		4679	1734	94					
定安	3		27275	1	1	319	701	499569	149870	27336		3675		4	21	
屯昌	3	25	4791	10	1	196	737	12839	23884	21364	55054	952	1	3	11	1
琼东		29	2625			76	393	39717				776	12	2	4	
万宁			1200	2	7	113	889		4090			818	7	1	9	
陵水			1270	2		427	229	17097	765	3437			17	3	32	4
乐会		11	4170	4	1	86	443		21991	1606		2156		2	7	
崖县	6	6	16843		16	1722	52795	13099	19690	14333			50	176	768	128
昌感	1	23	232			65	176	423	1184	5560			3	20	35	
临高	1	11			5	3	72	40	2090				5			
澄迈	4		8669	6	12	118	5596	159632	9506	1730	4782	976	17	1	11	
白沙			337			40			90							
东方			13000		3	77	82		12892	11767				12	241	12
儋县	2		17961			43	13						3			
琼中	2	13	9406	2	2	150	118	11371	4808	2207				2	8	
乐东	5		32484			784	482	31065	85811	4616				64	280	71
海口市	1	1	1203			65	6	198713	1379	5867	4895			1		
合计	33	138	145229	58	88	4700	69273	983565	349003	108380	64825	15107	123	294	1459	228

备注：①资料来源：由各县报送，海南行政区公署民政处汇总。

②据统计灾情损失估价为 6284742937 元（当时货币）

附表 3　1954 年第 2 号台风灾情调查统计表

站名	受灾范围		伤亡人数（人）		毁坏房屋（间）		粮食损失（斤）		农作物损失（亩）			船舶损坏（艘）		死亡家畜（头）		林木损失（株）	
	区数	乡数	伤	亡	全塌	半塌	谷	米	水稻	杂粮	经济作物	全部坏	部分坏	牛	猪	椰树	槟榔
陵　水	4	62	178	11	1210	8928	373	115500	12205	10209	1327	81	121	63	514	4628	8831
崖　县			64	13	2922		120000	2000000	22945	292346	785	8	20	19	4591		
定　安	3	13				500	600000		18200								
澄　迈	4	56			55	604		500	184	3133	1888						
琼　山	1	1							1581								
琼　东																	
东　方				4													
万　宁		83	3	2	330	1008			34640	8661	4222	31		11	33	600	
昌　感									46193			2					
屯　昌			9	1	26	94		54900						4	20		
琼　中	4	15		1					16635					34			
乐　东			2	1			145		21	353				33			
白　沙			3	1													
万宁兴隆农场							98260		894		650				83		
保　亭			25	5			119260	18325						18			
合　计	16	230	284	39	4543	11134	938038	2189225	153498	314702	8872	122	141	182	5241	5228	8831

备注：①本统计表未包括其他零星损失项目。

②本表所列“毁坏房屋”系指瓦屋，不包括草屋（草屋全塌 7769 间，半塌 7881 间）。

附表 4　1955 年第 26 号台风灾情调查统计表

站　名	伤亡人数（人）			毁坏房屋（间）		沉坏渔船（只）			损坏水利工程（宗）
	伤		亡	全塌	半塌	沉	失踪	损坏	
	重	轻							
海　口		203	4	192	501				
文　昌	7	27	1	376	4540			7	
琼　东		8		56	83			20	
乐　会		9		59	1809			2	
万　宁	1	5		164	54			39	4
定　安	1	7		50	242				
琼　山	4	13	4	1910		4			22
屯　昌		26	4	422	872				725
澄　迈	35	88	1	616	3937	11			
临　高	7	119	4	317	1129	5		30	
儋　县		6	2	787	243	5	5	90	6
昌　感		9	1	44	407		3	2	
陵　水	1	2	1	9	13				29
崖　县			4						75
乐　东			1						432
白　沙	1	5							639
琼　中		6							
东　方		2							
保　亭									817
合　计	57	535	27	5002	13830	25	8	190	2749

附表 5 1964 年第 3 号台风损失情况统计表

县市别	早、中造		晚造			杂粮		渔业			水利			经济作物		人口死亡		牛死（头）	猪死（头）	羊死（头）	瓦房			草房	
	受灾面积（亩）	损失总产量（万斤）	水浸（亩）	沙压（亩）	潮水浸（亩）	受灾面积（亩）	损失产量（斤）	沉船（只）	坏船（只）	鱼塘冲走尾数（万）	冲坏水库（宗）	冲坏渠道（土方）	防潮堤（条）	橡胶（株）	果树（株）	死亡	受伤				全倒（间）	半倒（间）	刮屋顶（间）	全倒（间）	半倒（间）
总计	371173	2754.3	171777	5613	11358	87916	3137142	15	45	37319	105	8862	31	675381	1378891	5	71	206	2213	428	1449	24219	21647	4793	13030
海口	6123	45				1613	195600	1											8		3	45		20	182
琼山	33637	251		700		9500	380000			2300	1				151810				16	20	200	12071	4271		
文昌	96472	392			11358	1813					13				599000	1	13		72		254		2270		
琼海			64226	2884		696								8665	57652		7	8	30	26	87	513	483	283	97
万宁	2128	38	70000			4364	507938	14	26		44	8811	17	561168			19	9	105	29	250	1937		910	1214
定安	23975	212	7524			9282	346095			35000	25				250440		3	2	12		36	973	12570		1148
屯昌	10000	10												1252	36893				4		23	154			
澄迈	75675	473												37120			4	1	15		84	4855		48	124
临高	52665	400				2224									44837						48	631	2053	388	502
儋县	22000	438	10300			13100	1220000				8		14	4500			4	23	176	21	192	1925		306	359
崖县	1101	15	199			2220			3					21366	281			20	377	29		1			720
陵水	21718	260	1647								1			41310	1236	4		55	396	7	118	162		808	694
琼中	12000	127	612			4188	360000								66609			15			7	16		154	996
保亭	27	0.3				14443													166					46	630
东方	262	7	11523			6864			10	19	13	51			14767		21	21	307	65	86	667		528	1027
乐东	1680	22		529		6450												21	169		9	23		734	1593
昌江	8832	8	4796	1500		1620	127509		6									16	238	231	52	246		237	1331
白沙	2878	56	950			9593									155366			15	122					331	2413

附表 6　1972 年第 20 号强台风损失情况统计表（一）

项别 / 数量 / 县别	房屋损失（间）			伤亡人数			农作物损失				
	合计	其中 倒塌	其中 揭顶（半倒）	合计	其中 死	其中 伤	晚造损失产量（万斤）	橡胶树（株）	胡椒（株）	林木（株）	番薯受浸（亩）
总　计	296051	31244	264807	586	51	535	7557	3422248	22566189	25187166	97184
海　口	4673	125	4548	16	3	13	150	3996	9500	184596	1650
琼　山	59233	6650	52583	54	11	43	1969	197000	44080	1790000	45000
文　昌	125969	16201	109768	288	26	262	2052	429300	865500	16571142	800
琼　海	37467	2896	34571	58	4	54	200	927565	963523	4647808	30000
万　宁	17076	2596	14480	46		46	414	50160	360080	1917900	18402
定　安	25793	308	25485	7		7	700	18427	15103	75720	1170
屯　昌	8017		8017				600				
澄　迈	1303	501	802	6		6	787				
临　高							200				
儋　县											
东　方											
白　沙							104				
昌　江							150				
乐　东											
崖　县							1				
陵　水	28	4	24				80		200		100
琼　中	97	28	69				90		8098		62
保　亭							60	200	105		
通　什											
农　垦	16395	1935	14460	111	7	104		1795600			

说明：本表房屋损失仅只瓦房损失不包括倒塌的茅屋。另海南直属系统倒塌的房屋有 27277 平方米；揭顶的有 23739 平方米，均未包括在全区总数内。

附表 6　1972 年第 20 号强台风损失情况统计表（二）

项别	水利工程损失情况		渔船损失情况							被雨水淋湿和水浸湿的粮、油（单位：万斤）							
数量	损坏工程宗数	其中：冲垮水利工程（宗）	渔船损失合计（只）	其中：（1）沉、失踪			（2）损坏渔船			大米	稻谷	面粉	豆类	旱粮	花生	芝麻	食油
县别				小计（只）	吨位	其中：机船（只）	小计（只）	吨位	其中：机船（只）								
总　计	231	20	482	164	1068	3	318	2060	16	293	2084	69.3	8.7	2.2	148	1.7	0.07
海　口										6.6	25.7	1.2	1.8		2		
琼　山	25	11	36	5	35		31	199		22	360	0.4	0.5		140	1.7	
文　昌	18		268	91	637		177	1139	2	127	643	25.4	1.4	0.9	3		
琼　海	48		69	43	267	3	26	292	7	120	900	28	5	1.3	2.5		0.07
万　宁	9	4	105	22	110		83	415	6	18	143	14.3					
定　安	17	1									11.6						
屯　昌	69	3															
澄　迈	28										1.3						
儋　县	11		1				1	15									
陵　水	1	1	1	1	5												
琼　中	5																
清澜码头			2	2	14												

说明：1. 水库水利工程冲垮 20 宗。其中小山塘水库 17 宗，库容 2 百万立方米水库 3 宗（即琼山县东城、高岭和荔枝良水库）。

2. 交通运输船只：打沉 20 只，搁浅损坏 41 只。

附表 7　1973 年第 14 号台风损失情况统计表（一）

项别/数量/县别	受灾严重的社、队数			受 灾 户 数		人员伤亡情况			牛、猪死亡情况		中小水库损坏情况（宗）	船（沉、坏）（条）渔船、运输
	公社（个）	大队（个）	生产队（个）	受灾户数	房屋全、半倒的户数	死亡（人）	重伤（人）	轻伤（人）	牛死亡（头）	猪死亡（头）		
总　计	25	387	4308	113745	73173	926	1690	4470	621	951	174	621
琼　海	18	154	2069	51000	46000	709	1531	3825	397	535	16	255
万　宁	3	33	560	16167	9080	62	119	327	98	137	3	303
定　安	2			14345	4821	2	24	7	4	2	6	
屯　昌	2	69	743	18400	4227	12	8	75	14	15	43	
琼　中		53	357	9000	3000	1	4	17	55	44	30	
东　方		78	579	2499	1397	2	2	3	22	29	19	
昌　江				1200	394				1	150	15	
白　沙					3655	2	2	2	27	21		5
文　昌				450	100				3	5	42	
澄　迈				234	49			3				
儋　县					450	2				13		
崖　县						6						
陵　水						3						
农　垦						125		211				

附表 7　1973 年第 14 号台风损失情况统计表（二）

项别/数量/县别	房屋损失情况														
	合计			其中：机关、工厂、商店			民房			学校			国家仓库		
	全倒（间）	半倒（间）	揭顶（间）	全倒（间）	半倒（间）	揭顶（间）	全倒（间）	半倒（间）	揭顶（间）	全倒（间）	半倒（间）	揭顶（间）	全倒（间）	半倒（间）	揭顶（间）
总计	126003	57171	252433	5655	1548	8697	100298	52701	204818	4878	1589	3781	1277	1333	1887
琼海	82048	29016	77465	3563	526	1782	75008	27353	74181	2573	285	982	904	852	520
万宁	21946	13443	30493	895	77	1976	19447	12757	27336	1530	574	1174	74	35	7
定安	1370	2201	37052	112	205	482	1142	1663	35889	112	327	532	4	6	149
屯昌	1300	4092	55650	242	131	1981	683	3795	52843	246	58		129	108	826
琼中	2098	2708	8882	177	220	890	1804	2160	7534	100	58	214	17	270	244
东方	1569	1440	2533	186	243	310	1370	1129	2130	10	62	90	3	6	3
昌江	257	753	1419	63	131	830	104	480	374	84	88	131	6	54	84
白沙	840	2899	3107	325	4	338	325	2893	2554	123		179	67	2	36
文昌	252		827	3			223		716	25		111	1		
澄迈	32	61	1272	14		10	18	31	1256		26				6
儋县	377	558	476	75	7	98	168	440		69	111	368	65		10
保亭	19		7				6		5	6			7		2
农垦	13895		33250												

附表 8　1974 年第 23 号台风损失情况统计表

灾项 县别	民房		国家集体房屋		人伤亡		牲畜死亡		船只损坏（只）	物资损失							经济作物		
	全倒（间）	半倒（间）	全倒（间）	半倒（间）	死	伤	牛（头）	猪（头）		谷子（万斤）	水泥（吨）	倒伏	受浸	成熟	扬花灌浆	损失总产量（万斤）	甘蔗	胡椒	橡胶
合计	927	1421	14	68	1	21	59	24	14	102	254	116	50. 62	57. 05	23. 47	10589. 4	85177	776	2150
海口															0. 3	10			
琼山												30	7	20		1500	5000		
文昌												16	6. 3	2. 5		500			
琼海	250	266	5	11		7	11	6				15	10	8		1500	13700		
万宁	541	916	6	46		10	23	9	14	13. 45	241	5. 92	4. 7	1. 99		3000	2627	639	510
定安	40	34								7. 55		12. 3	11. 6	4		500	17900		25
屯昌	16	104	1	11								0. 7	6	1. 35		200	15000	30	350
澄迈	2	1										8. 04	2. 67	3. 76	1. 1	1000	28000		
临高												13		8	4. 6	628. 7			
儋县							1					5. 27	0. 16	0. 45	1. 4	144. 4	1500	57	
东方												2. 4	0. 39		3. 4	253			
白沙	18											1. 79	0. 2		0. 47	164. 3			609
昌江														1. 2	2. 6	175			
乐东													0. 2			40			
崖县												0. 5	0. 5	4. 5	8	350			
陵水																			651
琼中	60	100	2		1	4	24	9		81	13	3	0. 9	1. 3		480	1450	50	5
保亭												2. 1			1. 6	152			
通什												0. 02				10			

附表 9　1975 年第 10 号台风损失情况统计表

县别	晚造损失（万亩）			甘蔗倒伏（万亩）	橡胶（株）	胡椒（株）	房屋（间）				牛死亡	冲垮水库坝（宗）	打沉渔船（艘）	损坏渔船（艘）
	受灾面积	其中					揭顶	全倒	重伤	死亡				
		成灾面积	受浸面积											
合　计	135.72	10.26	21.01	10.38	631691	68724	15311	452	14	33	97	5	7	4
文昌县	27.4		0.03	0.38			53	4			4			2
琼海县	33.24	7.64	2	2.4			1599	3						
万宁县	2.4		2.4	0.87	5610	65900	1332	50			6			
定安县	16													
屯昌县	12			3.5			9103	68	10		2			
澄迈县	5.99			0.37	3980	27	199	1						
临高县	9.1			1.2	5000									
儋　县							50							
东方县	1.37	0.45	0.67	0.01			455	83	3		9			
白沙县	1.87	1.87	0.75	0.68	1100		264	1		2		3		
昌江县	0.91	0.25	0.11				24	1						
乐东县	4		7.59		1074		330	14		4	13			
崖　县	5.86		5.66	0.21	400	400	45	38	1	25	30	2	4	
陵水县	7.04		1.18	0.25	23	433	143	17			13		3	2
琼中县	6.79		0.29	0.22	982	1956	594	27			18			
保亭县	0.62	0.05	0.32		600						2			
通　什	0.48		0.01		22	8								
农　垦	0.65			0.29	612900		1120	145		2				

附表 10　1977 年第 3 号台风损失情况统计表（一）

项别	人员伤亡		伤亡畜数（头）		国家（集体）仓库（间）			国家（集体）房屋（间）			民房（间）			草房（间）	
县别	亡	伤	牛	猪	全倒	半倒	揭顶	全倒	半倒	揭顶	全倒	半倒	揭顶	全倒	揭顶
合　计	90	129	183	517	358	410	7744	971	1069	13134	2178	5631	92773	2204	9938
海　口															
文　昌	1	2	2	8	5		170				13		690		
琼　山															
琼　海		12	2	44	209	352	7503	62	49	1781	204	681	45666		
万　宁			14	24				300	240	1500	215	330	1940		
定　安		20	2	4							169	1436	3652		
屯　昌		43	3	14				435	709	9842	84	907	27810		
澄　迈		2									480	432	7651		
临　高															
儋　县	3	35	3	13							596	1430	3161	93	1196
陵　水															
崖　县	2														
白　沙	60		52	138	85	58	71				227		1148	863	2710
保　亭															
乐　东															
东　方	5	2	24	72							41	311		481	
昌　江	5		50	38					22		43	104	771	124	
琼　中	1	4	31	162	59			174	49	11	106		284	643	6032
农　垦	13	9													

附表10　1977年第3号台风损失情况统计表（二）

项别／数量／县别	损坏公路桥（座）	冲坏农田（亩）		农作物损失				经济作物损失				损坏物资			
		冲坏	沙盖石压	风打早稻（亩）	中晚造损失面积（亩）	晚造秧苗（万斤）	橡胶（万株）	甘蔗（万亩）	芝麻（万亩）	胡椒（万株）	椰子（万株）	冲走稻谷（万斤）	淋湿谷子（万斤）	花生种子（万斤）	大米（万斤）
合　计	47	10766	10103	60054	66685	269.7	435.67	20.3	7.37	35.71	0.75	17.6	1594.8	50.4	10.4
海　口															
文　昌								0.04							
琼　山				642					5.7						
琼　海							57.1	2.84		34.8	0.73				
万　宁							1.8			0.36	0.02				
定　安				210			5.2	3.84	0.09	0.31			56		
屯　昌				1258			31	2.88		0.18			879	50	9.3
澄　迈				6249			4.5	8.5	1.5				24		
临　高															
儋　县				50000			75.8	0.9					45	0.2	1.1
陵　水															
崖　县															
白　沙	5	3886	6580	827	6135	65.6	7.9	1.2	0.08			17.6	503		
保　亭															
乐　东	19					63									
东　方	19	2600			2400	30.3							4.9	0.11	
昌　江	4	2780	688	513	2500	30							75.1	0.09	
琼　中		1500	2835	365		2.86	2.37	0.1		0.06			7.8		
农　垦							250								

附表 11　1978 年第 18 号台风损失情况统计表（一）

县　别	中、晚造水稻损失					番薯损失		打断打倒甘蔗面积（万亩）	损失橡胶（万株）	损失胡椒（万株）
	受淹面积（万亩）	其中：严重损失（万亩）	倒伏（万亩）	受影响（万亩）		受浸面积（万亩）	其中：严重损失（万亩）			
				抽穗开花	青黄熟					
合　计	106.38	13.15	75.44	129.5	33.72	12	2.84	12.02	109.93	1.97
海　口	1.23	0.56	0.56	15	0.3	0.38	0.38	0.1		
文　昌	14.7	0.42	6	14.7	2.3					
琼　山	14.5	1.39	7	12	1	1.6		0.74		
琼　海	8.8	2.4	19	8.84	1	1.73	0.42			
万　宁	8.83	1.5	3.6	9.8	2.1	1.6	0.7	0.4	1.62	1.79
定　安	2.13	2.5		7.8	0.38	2.27		2.18	0.1	
屯　昌	5.63	0.01	1.18	2.88	0.1	0.19		0.72	0.2	
澄　迈	6.25	0.3	6.06	6.36	1.4	0.1		2.46	0.7	0.18
临　高	3.1			5.08	1.27	0.67		1.07	0.4	
儋　县	4.5	0.13	3.5	2.8	7.7	0.81	0.81	0.5	0.17	
陵　水	6	0.01	4.0	8.5	3	0.5				
崖　县	2	0.5	1.15	8.5	0.8	0.2				
白　沙	0.2	0.47	2	2.5	0.27	0.06	0.06			
保　亭	5.46	0.04	2.3	2.5	4.4	0.06	0.47			
乐　东	6.57	2.4	4.47	15.5	0.6	1.5				
东　方	2.63	0.01	0.86	1.38		0.4				
昌　江	0.25	0.25	0.1	2.78	4	0.03				
琼　中		0.25	0.5	2.5	3.1	0.5				
通　什		0.01	0.05	0.08						
农　垦			13.11						106.74	

附表 11　1978 年第 18 号台风损失情况统计表（二）

县别	瓦房倒塌（间）			草房倒塌（间）		死、伤人		死牛（头）	死猪（头）	损坏水利工程（包括 17 号台风）						
										垮坝（宗）		损坏（宗）				
	全倒	半倒	揭顶	全倒	半倒	死亡	伤			小（一、二）型	山塘	小（二）型以上水库	山塘	堤围	小水电	渠道
合　计	2275	5193	8664	505	30	4	26	69	48	5	42	83	101	31	33	57
海　口	42		84	34				2	2					3		
文　昌	58		671			2	3	6	18			4	12		1	
琼　山	7						2	16	9	1	6	1		7	1	
琼　海												4	23	17	19	
万　宁						1	1	1				6	11	3		
定　安	467	253			30		5	26				2			2	
屯　昌	214	841	6770	50						2		14	8			
澄　迈	586	4099	1139				12	3	19	1		4	8		2	
临　高	442			115		1	2						4	1	4	23
儋　县	419			153								1	12			15
陵　水							1					8				3
崖　县												8				2
白　沙												15			1	
保　亭											6	1	23			1
乐　东	29			138				15		1	3	9				7
东　方												4				3
昌　江	7			15							1	1			2	3
琼　中	4										26	1				
通　什															1	

附表 12　1980 年第 7 号台风损失情况统计表（一）

项别 / 数量 / 县别	伤亡人数		伤亡畜数(头)		损坏房屋（幢）			早造损失		晚造损失	甘蔗损失		芝麻损失		番薯（万亩）	豆类（万亩）	蔬菜（万亩）
	死	伤	牛	猪	全倒	半倒	揭顶	面积（万亩）	总产量（万斤）	受淹面积（万亩）	面积（万亩）	产量（吨）	面积（万亩）	产量（万斤）			
（合计）	21	118	114	159	4355	10585	102775	6.45	1190	38.6	18.59	134871	5.17	155.1	1.26	5.03	0.52
海　口	2	7	20	20	265		3777			1.65	0.56	5950	0.76	22.8			0.21
琼　山	1	6	15	15	245	554	19241	0.3	6	9.47	2.43	27600	1.64	49.2	0.70	1.28	0.31
文　昌	2	9	4	4	407		5223			10	0.5	5000			0.05		
琼　海	1		1		157	64	200			7	0.87	4300			0.3		
万　宁										0.02							
定　安		5	7	2	309	621	7087	0.23	46	6	2	9000			0.21	1.3	
屯　昌					231	4280	6045	0.08	16	0.1	0.69	3900				0.2	
澄　迈	6	24	16	33	1192	3767	28197	1.09	218	2.32	4.65	30000	1.51	45.3		0.75	
临　高	2	42	25	8	846	1010	26067	2.7	540	0.87	3.89	30000	1.26	37.8			
儋　县	1	1			12		2500	1.3	260	0.05	1.5	15000				1.5	
海南直属	1	4	7		372	252	1792										
农垦系统	4	20	16	77	282	37	2646	0.75	104	1.12	1.5	4121					
自治州	1		3		37												

备注：①此次台风损坏热作、林业部分：橡胶损失 433.961 万株，损失干胶 321.31 万千克；胡椒损失 25.06 万株，产量损失 50.12 万斤；损坏林木 1167.4 万株、椰子树 0.66 万株、果树 10.5 万株。

②此次台风淋湿稻谷 1142.6 万斤；冲断桥梁 28 宗；损坏设备物资折价 5499.27 万元。

附表 12　1980 年第 7 号台风损失情况统计表（二）

项别 / 数量 / 县别	损坏江海堤围		损坏水库塘坝		损坏房屋（幢）			早造损失		晚造损失	甘庶损失		芝麻损失
	段	长度（米）	宗	工程量土石方（万立方米）	电灌站（宗）	渠道（处）	渡漕等建筑（座）	输电线路（千米）	水库管理房屋（幢）	水库电话线路（千米）	水泥（吨）	钢材（吨）	木材（立方米）
（合计）	497	18975	127	4.41	43	3930	240	795.7	21	385	3468	86	99
海　口	18	1300						1	2		1500	8	10
琼　山	32	6070	1	0.26		6		750	10	37	639	8	16
文　昌	301	800	4	0.87		3775	94	30	3	98	327	3	20
琼　海			4	0.5		3	1	8	3	92	469	6	10
万　宁						1							
定　安					22	4	4			47	200	30	7
屯　昌			2	0.3	2	4		3.5	3		15	7	6
澄　迈		5700	95	1.8	17	12	117	2.2		31	173	13	20
临　高			7	0.6	2	3	23	1		30	145	11	10
儋　县			1	0.08									
海南直属										50			
农垦系统	24	5105	10										
自治州	122		3			122	1						

附表 13　1980 年第 14 号台风损失情况统计表（一）

项别 / 数量 / 县别	人伤亡 人		房屋			水利工程				渔船（只）	人行桥（座）	电话线（公里）	水泥电杆（条）	渔网（张）
	死	伤	全倒（间）	半倒（间）	揭瓦（间）	水库护坡损坏（处）	渠道（处）	涵闸（处）	水坝（宗）					
合计	6	3	426	829	10010	12	126	34	2	38	14	10	163	74
海口	1													
琼山			19		820	1				8				4
文昌	1		55	14	907	4	27	11		1	12		33	
琼海						2	4	2						
万宁														
定安			2	4	2161	5	9							
屯昌														
澄迈	1	2	141	380	2006					8				
临高	3	1	206	431	4116		5		2	21	2	1	130	70
儋县			3				81	21				9		
农垦														

备注：此次台风淋湿稻谷 6 万斤，淋湿渔粉 200 万斤。

附表 13　1980 年第 14 号台风损失情况统计表（二）

项别 / 数量 / 县别	中造水稻		晚造水稻		水稻受浸（万亩）	甘蔗		橡胶		胡椒	
	已成熟损失三成（万亩）	损失总产（万斤）	抽穗、扬花损失三至四成（万亩）	损失总产（万斤）		倒断（万亩）	分析损失产量（吨）	倒断（万株）	价值（万元）	倒断（万株）	价值（万元）
合　计	5.3	795	55.54	9725.1	24.4	1.48	40500	64.06	15.7	3.95	19.75
海　口	0.02	3	0.15	26.25	4	0.09	2700				
琼　山	0.84	126	18.16	3178.6	7.7	0.06	1800	0.21	2.1	0.39	1.95
文　昌	2.61	391.5	6.47	1132.25	3.5	0.05	1500	0.19	1.9	2.59	12.95
琼　海			15.5	2712.5	3						
万　宁			8.3	1457.5	4	0.09	2700				
定　安	0.37	55.5	0.98	171.5		0.4	12000				
屯　昌			0.95	166.25		0.1	3000	0.04	0.4	0.3	1.5
澄　迈	0.3	45	0.43	75.25	1.2	0.16	4800	1.09	10.9	0.67	3.35
临　高	0.06	9	1	175	1	0.4	12000	0.04	0.4		
儋　县	1.1	165	3.6	630							
农　垦						0.13		62.49			

附表14 1982年第17号强台风损失情况统计表

项别 数量 县别	人员损失		死亡耕牛（头）	民房损失			水稻成灾（万亩）	其他作物损失			
	死人（人）	伤人（人）		全倒（间）	半倒（间）	揭顶（间）		甘蔗（万亩）	番薯（万亩）	豆类（万亩）	其他（万亩）
合 计	2	4	14	951	3247	20651	81.55	16.72	4.7	1.99	0.54
海 口				87	779	529	1.03	2.41	0.18		0.34
琼 山		3	1	152		3466	23.53	2.6		0.80	
文 昌	1	1	11	309	2311	10389	26.3	1.3	4.00		0.15
琼 海					20		9.5	2			
万 宁							2				
定 安				13	14		4.8	2.0		0.20	
屯 昌				24		18	0.87	0.98	0.45		0.09
澄 迈				167			5.30	0.73			
临 高	1			39	123	1629	5.05	2.3			
儋 县			1	45		4000	3.16	1.55		0.99	0.06
海南农垦			1	115		620	0.007	0.85	0.07		

附表 15　1983 年第 11 号台风损失情况统计表

项别 / 数量 / 县别	死亡人数	死亡耕牛（只）	损坏房屋（间）			晚造损失（万亩）		甘蔗损失（万亩）	夏秋种损失（万亩）	林木损失（万株）	橡胶损失（万株）	胡椒损失（株）	蔬菜损失（亩）	船舶损失	
			全倒	半倒	揭顶	受灾	成灾							打沉	损坏
合　计	2	4	697	607	10177	50. 26	34. 01	32. 98	10	110	41. 12	1800	9400	8	26
海　口	1		430			2. 21	0. 21	0. 13	2. 2				4000	5	
琼　山			4		1401	0. 97	3. 40	12			0. 27		2000	3	7
文　昌			20		471	14. 5	14. 5	1. 03		62	0. 4	1800	2000		
琼　海															
万　宁															
定　安			3	220	140	14	10	7	3. 3	14			500		18
屯　昌						0. 9	0. 9						400		1
澄　迈			65	387	2850	3. 9		8. 1			14. 5		500		
临　高			150		5000	9	5	3	4. 5	16	8				
儋　县															
农　垦	1		25		315	4. 78		1. 72		18	17. 95				

备注：①防潮（洪）堤损坏 18 段长 2. 365 千米，涵闸 13 座。

②冲垮渠道 10 处长 0. 53 千米，渡槽 2 座。

③损坏水库护坡 5 宗、桥梁 2 座、公路护堤 150 米、输电线路 13 千米。

附表 16　1984 年第 10 号台风灾情统计表

县别	农业损失（万亩）				林木（万株）	橡胶（万株）	人员受伤（人）	房屋（间）		山塘水库（宗）		崩溃水陂（宗）	涵闸倒塌（座）	崩决渠道（处/千米）	溃决堤围		倒断输电线路	
	水稻		其他作物															
	成灾面积	其中：受浸面积	成灾面积	其中：甘蔗面积				倒塌	损坏	崩溃	损坏				条/处	长度（千米）	高压（条/千米）	低压（条/千米）
海　口	1.0	1.0	3.3	2.02	6		3		1260		1			2/0.05	2/4	0.1	1/3	
琼　山	14.6	5.7	17.38	12.7	15	61		98	6315		7	1		3/0.5	5/7	3.87		
文　昌	28.6	18.0	6.6	4.6	310	35	10	1221	9113	1	12		1	1/0.1	9/325	14.87	/1.8	663/164
琼　海	3.0	3.0	0.5	0.5							4			7/0.4				
万　宁	1.47							6			20	3		1/0.8	1/7	0.7		
定　安	10.2	4.5	10.2	7.7	16	8		91	2000		1			63/2.18				
屯　昌	0.52	0.52	1.2	1.2														
澄　迈	3.80	0.69	6.03	6.03	22			22	963	1	6	1	5	13/0.7	3/16	0.44	3/3	12月26日
临　高	6.5	4.5	5.29	5.29							1			11/0.5	1/1	0.002		
儋　县	0.37	0.37	5	5.0				71			2							
农　垦				1.4	5.33	7.79	1	45	325		35		6	35/3.8				
合　计	70.06	38.28	55.5	46.44	374.33	111.79	14	1554	19976	2	89	5	12	136/9.03	21/360	19.98	4/7.8	689/176

备注：此表未计入的损失部分：牲畜死伤 101 头，刮沉打坏渔船 3 艘；损坏农灌站 6 宗；损坏水电站 3 宗；损坏其他水利工程 28 宗；倒断水利通讯线路 28 条 96 千米；损坏工程量土方 31.90 万立方米、石方 2.53 万立方米、砼 661.15 立方米。

附表 17　1985 年第 18 号台风灾情统计表

市、县	伤亡人数		损失牲畜（头）	房屋		农作物受灾（万亩）						橡胶林木受灾（万株）		损坏水库（座）	溃决堤防		崩坏水陂（座）	塌坏涵闸（座）	崩决渠道（处/米）	损坏水电站（座/千瓦）	水利损失价值（万元）
	死亡（人）	伤（人）		倒塌（间）	损坏（间）	水稻受灾	其中成灾	其中受浸	坡地物作受灾	坡地物作成灾	坡地物作甘蔗	橡胶	林木		处	米					
合　计	16	15	385	2672	39176	94. 88	62. 68	28. 2	33. 13	17. 95	12. 5	267. 5	654. 86	25	888	51262	43	514	1954/58521	13/1600	526. 56
海　口						0. 5	0. 5	0. 5	0. 2	0. 2					2	100			2/100		2. 80
琼　山						3. 62	2. 2	2. 2	0. 15					5	18	1200		5	18/1200		25. 51
文　昌				36		3. 66	2. 68	2. 1	2. 14	1. 55			0. 27	3	174	1800		4	174/1800		14. 2
琼　海			95	6	2463	16	9. 0	9. 0	5. 5	1. 5	1. 5	4. 33	56. 1	7	392	25600	2	290	392/25600	2/1400	36. 85
万　宁				431	1967	17. 6	15. 6	8. 60	3. 41	2. 9	2. 21	18. 0	500		72	19000		26	72/19000	4/	235. 48
定　安				36	268	3. 8	1. 4	1. 4	2. 03	1. 56	1. 56	0. 02	4. 2	3	171	2080		61	171/2080	1/	25. 4
屯　昌				11	424	1. 4	0. 8		1. 88	1. 76	1. 76	1. 25	1. 32	2	7	1000			7/1000		7. 35
澄　迈	3(失踪)					2. 5	2. 5	2. 5	4. 0	4. 0	4. 0			3	4	260			4/260		4. 53
临　高	2(失踪)					3. 5	1. 5	1. 5	1. 5	1. 5	1. 5				48	222		16	48/222		6. 14
儋　县			1			0. 4	0. 4	0. 4												2/200	10. 30
陵　水	2	15	13	720	30506	15. 86	9. 9		5. 96	0. 58				1					325/2000		44
三　亚	2		9	126	196	4. 6	2. 7		1. 9								2	20	32/359		14
琼　中			49		102	5. 18	4. 7		0. 48								35		605/1000		35
保　亭	4		28	916	850	4. 48	4. 3		0. 54	0. 3							4		68/3700		50
东　方						3. 0	3. 0														
乐　东						1. 0	1. 0														3. 0
白　沙						2. 60	0. 5		2. 10	2. 10				1					36/200		12
农　垦	3		190	390	2400	5. 18			1. 34			243. 9	92. 97					92		4/	

附表 18　1985 年第 21 号台风灾情统计表

市县名称	损失价值总计（万元）	伤亡人数		房屋		农业受灾						损坏水库（宗）	溃决		冲垮山塘（宗）	崩坏水陂（座）	塌坏涵闸（座）	崩决渠道（处/米）	损坏水电站（座/千瓦）	损失价值（万元）
		死亡（人）	伤（人）	倒塌（间）	损坏（间）	面积（万亩）	水稻			其他作物			处	米						
							受灾（万亩）	成灾（万亩）	失收（万亩）	受灾（万亩）	成灾（万亩）									
合计	26833	13	150	5269	76925	149.85	91.42	60.79	4.54	58.44	41.59	48	135	8975	37	69	46	810/50432	13/5502	360.86
海口	72			2	4	1.69	1.0	0.15		0.69	0.04		15	300				1/5		4.5
琼山	342	1	2	8	12000	10.6	6.00	4.0		4.6	3.06	2	5	100				54/1620		3.0
文昌	111			37	500	8.73	6.1	1.81	0.1	2.63	1.26	3	4	1400						7.5
琼海	1566		1	150	2210	9.39	4.25	2.55	0.15	5.14	2.55	9	24	2185				134/9570	1/400	33.65
万宁	3631		5	780	13420	18.36	10.6	7.1		7.76	3.36		51	4571				113/876		52.1
定安	425		4	69	7000	9.52	6.4	4.68	0.56	3.08	2.44		5	40				90/930		7.4
屯昌	323		2	184	2325	5.47	4.1	1.1	1.1	1.37	1.37	8						8/45		6.4
澄迈	98		15	15	692	6.23	3.1	0.63		3.16	2.78	3	5	76						6.5
临高	197			28	807	11.9	6.5			5.4	3.5							11/61		11.11
儋县	156			271	1951	6.36	2.0			4.4	1.8							100/150		3.5
陵水	4719	4	53	1743	10912	14.06	8.36	8.36		5.7	5.7	13						83/2500		68
三亚	1046	3	47	214	8173	8.97	7.9	5.52	2.36	1.09	0.31	4	26	303				15/405		50.7
琼中	180			73	462	3.43	3.2	2.94	0.27	0.23	0.23	3						70/1000	8/5057	30
保亭	2098	3	2	227	2293	7.63	6.0	6.04		1.59	1.59	1						75/32000		57.5
白沙	575			15	285	6.8	2.8	2.8		4.0	4.0							15/150		6.0
乐东	180			1	150	4.21	3.3	3.27		0.94	0.94	1								5.0
东方	441		7	53	295	10.35	5.8	5.76		4.59	4.59	1						12/120		2.0
昌江	275			41	110	5.89	3.9	3.85		2.04	2.04							4/150		3.0
通什	83			158	111	0.26	0.2	0.23		0.03	0.03							25/850		3.0
农垦	10315	2	12	1200	13225														4/45	

附表19　1986年第13号台风灾情统计表

县别	农业受灾（万亩）							房屋		损失粮食（万斤）	损失水库（宗）	崩溃水陂（座）		涵闸（座）		崩决渠道（处/米）	崩决堤围（米）	损坏电排站（站/千瓦）	崩决堤围站	损坏其他水利工程（宗）	水利工程损失价值（万元）	损失总价值（万元）
	合计	水稻			其他作物			倒塌（间）	损坏（间）			固定式	临时式	闸孔倒塌	损坏							
		面积	其中：成灾面积	其中：失收面积	面积	其中：成灾面积	其中：失收面积															
合计	25.65	16.33	8.62	2.15	9.22	8.89	2.06	5	12	790.6	6	2	26	32	43	89/3185	16	3/88	3/522	4	63.1	431
文昌	5.1	5	0.06		0.1	0.07				31												9.8
琼海	14.6	7	7	2.1	7.6	7.6	2.06			700	6	2		4	11			3/88	3/522		29.7	329
万宁	4.3	2.8	1.56	0.05	1.5	1.2				15.6			24			6/55				3	5.8	45
定安	1.2	1.18			0.02	0.02				27			2	28	32	83/3130	1				24.4	32.2
屯昌	0.45	0.35						5	12	17												15
澄迈																	15			1	3.2	

附表 20　1986 年第 16 号台风灾情统计表

县市别	农业受灾面积（万亩）									人员		房屋		死亡耕牛（头）	损坏水库（宗）	山塘		崩溃水陂（座）	涵闸		崩决堤渠道（处/米）	溃决堤围（条/处）	损失总价值（万元）
	水稻			其他作物																			
	面积	其中：成灾面积	其中：失收面积	面积	其中：成灾面积	其中：失收面积	甘蔗面积	林木（万株）	橡胶（万株）	死亡（人）	受伤（人）	倒塌（间）	损坏（间）			崩溃（宗）	损坏（宗）		闸孔倒塌（座）	损坏（座）			
合　计	87.99	49.06	14.85	152.64	103.67	34.29	42	2273.1	843	5（失踪）	53	6364	70099	59	32	36	40	56	183	540	565/13996	106/129	21586.1
海　口	2.5	0.75	0.15	2.97	2.97	0.89	2.1	9.1		1	1	714	3477	14	6				2		24/100	3月3日	1590.6
琼　山	21.38	13.35	4.29	23.45	19.3	7.98	8.1		45	1	4	798	15238	8	18	12	29	10	36	110	194/1750	13/30	4015
文　昌	16	8	4.12	19.3	17	1.1	1.6	1320	16	2（失踪）	4	2923	12725	27	8			35		80	124/6649	52/52	3216.5
琼　海	7	2.1		7.3	1.16				5.6			87	550					3	25	125		2月2日	210
万　宁	0.86	0.86																		1		2月5日	25.8
定　安	10.9	5.15	1.02	10.78	9.78	7.96	4.1	43.95	16.7			162	3261			1		4	52	35	1123.6		
屯　昌	1.65	1.65		2.28	2.28				20			7	91								19/190	495	
澄　迈	20.5	10	5	39.2	23.52	13.92	9	428	50	1	41	1053	16220	10		23	11	4	28	61	104/4130	34/37	5980.6
临　高	3	3	0.2	12.5	10.5	2.37	9	462	40		3	620	18537						40	128	67/1177	2329	
儋　县	1.7	1.7		7.46	7.46		7	10	49.7												33/	1600	
农垦局	2.5	2.5	0.07	27.4	9.7	0.07	1.1		600														1000

备注：①未列入表内受灾项目尚有：倒断高压线路 109 条 356 千米；倒断低压线路 2097 条 656.4 千米；其他工程 630 宗；损坏电排站 35 座 907 千瓦；损坏水站站 7 座 90 千瓦。

②水利工程损失价值 737.81 万元。

附表 21　1987 年第 10 号台风灾情统计表

县市别	农业受灾（万亩）										人员房屋			交通线路		损失粮食（万斤）	死亡耕牛（头）	损失总价值（万元）
	合计	水稻			其他经济作物						人员受伤（人）	房屋（间）		损坏公路（千米）	倒断电话线（千米）			
		面积小计	其中：成灾面积	其中：失收面积	面积小计	其中（万亩）						倒塌	损坏					
						甘蔗	香蕉	胡椒	橡胶	林木								
合　计	55.16	15.99	14.95	0.46	39.16	4.57	0.92	2.33	14.92	10.1	12	607	8805	147	1444	555.2	9	14137.1
琼　海	7.3	3.8	3.8		3.5	1.4	0.1	2					750		61	260		417.5
万　宁	6.42	4	4		2.42					0.5		3	951		11	279		918
屯　昌	0.52	0.11			0.4	0.31												19.6
农　垦	24.73	0.93			23.8	0.2		0.1	14.58	8.91	8	440	5700	105	925		2	5465
自治州	16.19	7.15	7.15	0.46	9.04	2.66	0.82	0.23	0.34	0.66	4	164	1404	42	447	16.2	7	7317

备注：①水利水电工程部分的损失未计入表内，计有：损坏水库 8 宗；崩溃水陂固定式 76 座、临时式 134 座；涵闸闸孔倒塌 5 座、损坏 57 座；溃决渠道 903 处 48761 米；溃决堤围 4 条 10 处，决口长度 81068 米；倒断高压线路 150 条 197 千米；倒断低压线路 201 条 262 千米；损坏其他水利工程 77 宗；水利工程损失价值 696.8 万元。

附表 22　1988 年第 23 号台风灾情统计表

市、县	人畜伤亡		房屋倒塌		交通电讯							农业受灾（万亩）							林木（万株）	崩坏鱼虾塘（亩）	损失价值（万元）
							输电线路		通讯线路		损失价值（万元）	水稻			番薯、旱粮		甘蔗				
	人死	牛死	倒塌（间）	损坏（间）	损坏桥梁（座）	公路（千米）	（杆）	（千米）	（杆）	（千米）		受灾	洪涝成灾	失收	受灾	洪涝成灾	受灾	橡胶			
合计	1	41	970	24582	58	78.9	269	366.11	441	513.8	825.8	57.01	4.24	1.79	6.39	1.72	37.25	20	898.88	1803	8243.8
海口				110							5										
琼山													0.15								
文昌				15100	25		40	2	270	13.5	164.5	20			4.5	1.5	2.5	0.01	10	1000	710
琼海										24	4.8	78					8	3	0.2		737.4
万宁	1			1298				175	58	140	322.2	11.25			0.12		0.8	8.5	3.2	200	996.6
定安				2	2		20	0.2	12		11.1	4.04	0.5	0.48	1.5	0.22	2.8	0.05	0.23	22	212.8
屯昌				1960		0.3					119	5.6	2.2	0.6			1.2	0.5	4.2	45	206.5
澄迈				46		1.5		20		20	34.7						4	2	5		86
临高				327							0.32						3.2	0.05	11.5		192.5
儋县				3000			12	10			60		0.5				6	0.3	2		334
陵水				210	7	0.1					36.1		0.5				0.3	0.01			141.24
三亚				4			2	0.01			7.7	0.45		0.01					12		2.65
乐东							30	1.5			1.5										
东方				113			36	1.3	45	12.5	5.75	3.5							5.6		95.11
昌江				7			83	6			12										
白沙				90		4	46	2.1	56	2.8	14.1	0.4		0.2			7.5	0.02			113.6
琼中																	0.09	0.07	6.75	112	178.4
保亭												0.6	0.2					0.1			
农垦		41	970	2315	24	73		148		301		2.77			0.20		0.86	5.40	838.2	424	4237

备注：①农业受灾项目还有：胡椒 5.48 万亩；咖啡 1.38 万亩；椰子 20.2 万亩；南药 0.021 万亩；水果 1.56 万亩。

②此次台风损坏水库护坡 28 宗；冲坏江海堤防 14 条 71 处 19.8 千米；冲垮山塘 10 宗；崩坏水陂 137 座；塌坏涵闸 92 座；损坏渡槽 25 座；崩决渠道 552 处 36150 米；损坏水电站 10 座 2485 千瓦；损坏机泵站 7 座 74 千马力；损坏其他工程 189 宗。水利水电工程损失价值 362.5 万元。未计入表内。

附表 23　1988 年第 24 号台风灾情统计表（一）

市、县	农业受灾（万亩）														渔业			损失价值（万元）
	水稻			番薯、旱粮		甘蔗		热作				南药	水果	林木（万株）	沉坏渔船（只）	损坏网具（张）	崩坏鱼虾塘（亩）	
	受灾	洪涝成灾	失收	受灾	洪涝成灾	受灾	洪涝成灾	橡胶	胡椒	咖啡	椰子							
合　计	118.31	46.8	8.98	18.42	6.51	32.4	4.22	18.5	19.3	3.49	0.11	0.2	3703.1	3988	104	128	6502	14842
海　口	2.3					1.7							0.02			65		215.6
琼　山	11.5	11.5	1.2	1.86		0.12	0.12							1.3				952.9
文　昌	27	10	3	5	2	2.5		0.2	2.5	0.01	0.11		0.01	25			1500	1550
琼　海	5	5		1.3		4	0.5	0.3	7.8					900				1415
万　宁	11			0.77		2.8		8.5	2.5	1.0		0		1560	24	16	200	2831
定　安	9.1	5.6	2.5	2.5	1.0	4	2.0	0.25	0.15	0.16				836			522	1152
屯　昌	5.85	0.5		0.05		3		0.15	0.07				0.11	4			105	25
澄　迈	19	4		2		8		4	0.1	1.9		0.2		12			1000	496
临　高	8.52	5.52		2.51	2.51	1.6	1.6	0.02	0.03	0.08				12.5	28	47		494
儋　县	8	4	2	2	1	2								18	52			832
陵　水	0.63	0.41	0.22	0.02		0.22			6					110				91.6
三　亚	0.27		0.02															6.5
昌　江	0.4																	12
琼　中	1.44		0.04															5.1
保　亭	0.6	0.3						0.21										38.8
农　垦	7.70			0.41		2.48		4.84	0.16	0.34			3703	510			3175	4724

附表 23　1988 年第 24 号台风灾情统计表（二）

市、县	受灾人口		伤亡人数		死亡牲畜		房屋倒塌					交通电讯				损失价值（万元）
	其中洪水围困											输电线路		通讯线路		
	村庄（个）	人数（万人）	死亡（人）	伤（人）	牛、羊（头）	三鸟（头）	倒塌（间）	损坏（间）	茅房、工棚（间）	损坏桥梁（座）	公路（千米）	（杆）	（千米）	（杆）	（千米）	
合　计	117	4.19	5	27	2821	31200	2713	24576	3324	57	402	408	380.5	750	441.6	2085.8
海　口								95				10	0.5			6.8
琼　山	17	0.58			2318	28700	1590	7800	78				120	300		631
文　昌	24	0.38	1			2500		3100		34	8	322	41.3	356	29	328.1
琼　海	44	0.74						230	40		175				45	152.5
万　宁			2				318	5139	2363				17.5	58	140	570.1
定　安	5	0.49					51	3200	136			40	0.4	24	3	44.4
屯　昌					3		150	1500		2	4					125.2
澄　迈	27	2.0			492		42	120	150		3		50		42	75.7
临　高							2	425	7			22	1.8	12	0.6	44.1
儋　县								1000	500		150					40.0
陵　水								20	50							2.5
琼　中					8											
保　亭								256				14	22			62.2
白　沙			1													
昌　江								16								3.2
东　方			1	23												
农　垦				4			560	1675		21	62		127		182	

备注：此次台风损坏水库 175 宗；冲坏江海堤防 43 条 326 处 103 千米；溃决堤防 18 处 697 米；冲垮山塘 56 宗；崩坏水陂 106 座；塌坏涵闸 559 座；损坏渡漕 77 座；崩决渠道 1769 处 91538 米；损坏水电站 21 座 5246 千瓦；损坏机（泵）站 83 座 1032 马力；损坏其他工程 210 宗。合计损失价值 1135.7 万元。未计入上列表中。

附表24　1989年第5号台风灾情统计表（一）

市、县	农业受灾（万亩）																	渔业			损失价值（万元）
	合计			水稻			番薯、旱粮		甘蔗		热作				南药	水果	林木（万株）	沉坏渔船（只）	损坏网具（张）	崩坏鱼虾塘（亩）	
	面积	其中洪涝	成灾	受灾	洪涝成灾	失收	受灾	洪涝成灾	失收	洪涝成灾	橡胶	胡椒	咖啡	椰子							
合　计	181.31	19.53	56.64	83	5.35	4.26	33.51	6.39	48.32	9.65	54.16	27.81	2	0.43	2.53	7.33	3499.7	133	3066	2269	51723
海　口																					
琼　山	17.87			15.9			1.97														142.4
文　昌	10.2			1.2		1.2	7.0					1.2				0.8	12				54.6
琼　海	10.08	1.01	9.07	0.23			0.02	0.01	2.0	1.0	1.0	2.1			0.12	0.2	60	1			1388
万　宁	3.99	2.36	2.36	0.3	0.3		1.16	1.16	0.8	0.8	1.6	1.3	0.2	0.13	0.15	0.3	222.7	53	698	104	4862.5
定　安	12.91			8.0			1.0		2.05		0.15	0.15	0.16		0.1	0.3	358			250	920
屯　昌	3.65						2.5				0.15						20				
澄　迈	7.85	1.3	1.3	5.8	1.3		0.05		2.0								15				58
临　高	12.5			12.5													4.5				117.3
儋　县	46	1.0	29	20.3	0.83	0.3	0.7	0.2	23		10	20					15	2			1290
陵　水	5.27			0.7			1.7		0.66		1.0	0.12		0.15	0.02	0.92	1840	72	17		4815.25
三　亚	3.21		3.21	1.4		2.15	0.81	0.13	1.6	0.1	1.1	2.13		0.04	0.83	1.2	20	1			1299
乐　东	3.65		3.5			0.15	2.6				0.11	0.03	0.04	0.1	0.2	0.25	150	2	1251	350	1605.6
东　方	8.51	4.91		2.03	1.67	0.36	4.86	3.24	1.62												3430.9
昌　江	19.3	8.2	8.2	5.5	0.2		2.5	0.5	7.5	7.5	2.7					1.1	100	1	1100		1287
白　沙	1.94	0.75		0.9	0.4	0.05	0.35	0.35	0.5		0.25		0.04			0.09					299
琼　中	3.0			1.5	0.15		0.8	0.8	0.25	0.25	0.15										160.3
保　亭				0.5	0.45	0.05	3.08		0.73		9.95		0.02	0.01	1.11	0.11	2.8			100	4517.11
通　什				0.05	0.05		0.33				0.04						1.0				
农　垦	11.38			6.19			2.08		4.62		25.96	0.78	1.54			2.06	677.7			1465	25476

附表 24　1989 年第 5 号台风灾情统计表（二）

市、县	伤亡人数		死亡牲畜		房屋倒塌			损坏粮食（万斤）	交通电讯						损失价值（万元）
	死亡（人）	伤（人）	牛、羊（头）	三鸟（头）	倒塌（间）	损坏（间）	茅房、工棚（间）		50	公路（千米）	输电线路		通讯线路		
											（杆）	（千米）	（杆）	（千米）	
合　计	18	107	870	113530	7078	101404	61062	5264.4		242.5	4763	1051.5	2136	2274.7	7820.84
海　口											23	1.9			1.92
琼　山								795				54		2.9	65.1
文　昌						1610		48							4.83
琼　海					178	318					50	26.5	80	3	43.55
万　宁	3	7	98	11430	1047	8950	2470		2	17	3204	257	47	16.1	1171.9
定　安					35	2276	95	360			20	2	20	2	243
屯　昌						150		80					3	4	
澄　迈								500							200
临　高						850									17
儋　县					65	4500	200	1900		59	21	16			210.0
陵　水		4	50	70000	1535	42398	39211	525	1	50	610	31	133	6.7	3408.6
三　亚		7	138	15000	377	7341	3044	3.87	2	17	22	1.05	110	5.5	450
乐　东		56	315	8600	324	8948	9500	450	3	15	356	36	45	80	764.6
东　方			8		241	1065	248			16.5	14	9.1		160	
昌　江		5	45	4500	200	2100	165			20	230	18	200	15	375
白　沙	2				171	572	1450	500			46	8	250	12	69.5
琼　中					120	86	120	82.5			55	11	954	189	73.6
保　亭		5	56	4000	94	1403	4500	20	1	40	82	16	173	20	701.03
通　什			4		6	2	59		3	8	30	21	121	12.5	21.21
农　垦	5	23	156		2685	18835			38			543		1746	

备注：此次台风受灾项目尚有：损坏水库 94 宗（其中小（一）型以上 48 处 9.56 千米；溃决堤防 3 处 320 米；冲垮山塘 73 宗；崩坏水陂 360 座；塌坏涵闸 653 座；损坏渡漕 52 座；崩决渠道 2630 处 59157 米；损坏水电站 14 座 1189 千瓦；损坏机（泵）站 26 座 544 马力；损坏其他工程 241 宗，合计损失 1790.2 万元。

附表 25　1989 年第 25 号台风灾情统计表

市、县	农业受灾（万亩）																渔业			损失价值（万元）
	合计			水稻			番薯、旱粮		甘蔗		热作			南药	水果	林木（万株）	沉坏渔船（只）	损坏网具（张）	崩坏鱼虾塘（亩）	
	面积	其中洪涝	成灾	受灾	洪涝成灾	失收	受灾	洪涝成灾	受灾	洪涝成灾	橡胶（万株）	胡椒	咖啡							
合计	36.68	24	18.7	33.6	23.26	3.83	2.27	0.84	0.13	0.06	10.6	0.09	0.06	0.12	0.49	57	18	223	150	7217.8
海口	3.2	0.3	0.3	2.15	0.3	0.04	1.05													892
文昌	15	15	15	15	15															800
万宁	2.01	1.35	1.35	0.76	0.76	0.012	0.53	0.53	0.06	0.06	9.28	0.07	0.1	0.05	0.48	53		210	112	1066.5
陵水	13.74	5.29		13.1	5.03	2.9	0.26	0.26									18	13	8	4053
三亚	2.23	1.97	1.97	2.12	2.12	0.83	0.05	0.05	0.07		1.34	0.02		0.07	0.01	4.02			30	440.8
昌江	0.5	0.05	0.05	0.5	0.05	0.05														25.5

备注：此次台风损坏水库 4 宗；冲坏江海堤防 10 条 63 处 36.2 千米；冲垮山塘 3 宗；崩坏水陂 208 座；塌坏涵闸 65 座；损坏渡槽 21 座；崩决渠道 507 处 93595 米；损坏其他工程 47 宗，计损失价值 403.46 万元。

附表 26　1989 年第 26 号台风灾情统计表（一）

市、县	农业受灾（万亩）																渔业			损失价值（万元）
	合计			水稻			番薯、旱粮		甘蔗		热作			南药	水果	林木（万株）	沉坏渔船（只）	损坏网具（张）	崩坏鱼虾塘（亩）	
	面积	其中洪涝	成灾	受灾	洪涝成灾	失收	受灾	洪涝成灾	受灾	洪涝成灾	橡胶（万株）	胡椒	咖啡							
合　计	338.36	65.83	72.86	197.91	55.3	20.62	29.07	6.52	52.05	19.29	2845.3	8.51	2.28	1.81	10.88	3483.27	207	605	2842	102679.51
海　口	4.75	1.3		2.14			1.3		1.31											344.65
琼　山	27.91	7.4	24.5	13.6	6	0.6	0.5	0.2	10.4	1.2	13.2	0.003				30				1343.6
文　昌	27.17	8.32		21.0	8.0		0.32	0.32	0.56		3.96	3.9	0.18		0.05	21	2			1114.5
琼　海	12.96	2.7		4.75	1.77		1.0	1.0	4.07	3.67	2.5	0.6	0.05	0.08	0.6	76.8	26		1000	1331
万　宁	24.72	10		10	10		1.3		0.33		59.07	3	0.3	1.2		169.6	103	530	353	13886.2
定　安	22.95	9.5	2.5	17	7	1.3	1.5	0.5	4	2	6.6	0.15	0.1		1.6	150			222	1300
屯　昌	10.71	3.5		5	2.5	0.05	2.49	0.97	4	2	55.11	0.03			0.01	25.8	20		427	1156.8
澄　迈	34.85	1.33		20.5	1.33		2.2		12		0.05					5.0			120	644.2
临　高	12.06	4.0	8.06	3.50	2.5		1.5	1.5	2.5		1.72	0.03	0.09		0.35	3.75				429.48
儋　县	48.7	2.5	14.9	25	2.3	5	0.7	0.2	2.3	9.2	300					10	2		30	3230
陵　水	26.75		18.29	17.1		8.5	3.1		2.2		39.6	0.12		0.4	2.5	900	45	58	174	16479
三　亚	13.39	2.19	2.44	12	2	0.03	0.44	0.19	0.32		831.6	0.02		0.09	0.51	67.82				2240
乐　东	18.53		0.6	15.7	1.87	0.5	4.03		0.81		12				1.31	1531.9		7	40	17112.33
东　方	7.68	2.81	0.8	6.93	2.8	2.8	0.38		0.36	0.01	0.012				0.01	0.45	9			1097.83
昌　江	2.1			2		0.3	0.1									3				76
白　沙	10.16	1.85		3	0.6		0.9	0.4	6	1	1.98				2				45	489
琼　中	7.25			4.8		0.03	0.66		0.15	0.15	47.52		0.05		0.15				171	258.5
保　亭	10.68	6.76	0.74	6.93	5.8	1.13	3.74	0.96			278.5				0.01	2.45			154	11753.6
通　什	3.92	1.67	0.03	2.11	0.83	0.38	0.68	0.28	0.06	0.06	24.5	0.06	0.27	0.04	0.18	35.8			106	3699
松　涛	0.03										0.99							10		2.5
农垦合计	11.09			4.85			2.23		0.68		1054	0.55	1.78		1.6	428.7				22719
侨务合计											33.33	0.05	0.06			21.2				1972.32

附表 26　1988 年第 24 号台风灾情统计表（二）

市、县	受灾人口 其中洪水围困 村庄（个）	受灾人口 其中洪水围困 人数（万人）	伤亡人数 死亡（人）	伤亡人数 伤（人）	死亡牲畜 牛、羊（头）	死亡牲畜 三鸟（头）	房屋倒塌 倒塌（间）	房屋倒塌 损坏（间）	房屋倒塌 茅房、工棚（间）	损失粮食（万斤）	交通电讯 损坏桥梁（座）	交通电讯 公路（千米）	交通电讯 输电线路（杆）	交通电讯 输电线路（千米）	交通电讯 通讯线路（杆）	交通电讯 通讯线路（千米）	损失价值（万元）
全省总计	134	1.91	48	535	1310	326279	29268	206946	58394	115093	198	437.4	6875	1390.1	4043	3977.6	27119.77
海口							2		5	944			17	1.2			5.7
琼山	7	0.138					122	237	176	9712	16	2.3	54	10.5	58	11	98
文昌	1	0.013	1			6500	15	210	456	15000							1515.5
琼海	106	1.08	1	6	10	13091	174	2608	2200	3315			50	199.7	310	17.6	686.75
万宁			8	17	243	51200	3453	24368	2300	11300	21	35	5830	323	980	49	2185.1
定安				1			15	2200		10500			20	2	24	3	20.0
屯昌				5		700	298	4405		2835	3	19.5	58	3.4	150	12	1347.9
澄迈	1	0.05					18	131			3	0.5		11.6		20	83.52
临高					12	32	2	550	12	6000							637.85
儋县							65	4500	200	12500	2	60	20	15	10	10	300
陵水	6	0.35	24	454	606	200000	19691	123218	40000	20265	11	87	488	39	1755	117	16987
三亚	1	0.096	2	10	22	4200	469	5251	3145	6665		1.8					663.2
乐东			3	1	287	50100	43	3958	3223	250	3	111	34	70	96	80	35.42
东方							52	410	194				100				57.53
昌江								50	20				11	4			12
白沙			1					120	150				30	5	20	150	36
琼中					42		83	474	750		5		25	40	22	1565	136
保亭			2	5	33		700	2130	4515	4985	1	20	29	4	500	10	1177.8
通什	12	0.18	2		55	456	178	1144	1048	6635	7	100.3	109	22.7	106	19	783
松涛								12						4	12	50	8.7
农垦			4	36			3777	28319		4130	126			635		1864	
侨务							111	2651		57.0							342.8

备注：此次台风损坏水库 69 宗［小（一）以上 18 宗］；冲坏江海防 58 条 162 处 53.47 千米；溃决堤防 6 处 34 米；冲垮山塘 83 宗；崩坏水陂 700 座；损坏渡漕 110 座；崩决渠道 5973 处 691015 米；损坏水电站 27 座 7503 千瓦；损坏机（泵）站 21 座 602 马力；损坏其他工程 153 宗。损失价值 1918.79 万元。

附表 27　1989 年第 28 号台风灾情统计表（一）

市、县	农业受灾（万亩）																	渔业		损失价值（万元）
	合计			水稻			番薯、旱粮		甘蔗		热作				南药	水果	林木（万株）	沉坏渔船（只）	崩坏鱼虾塘（亩）	
	面积	其中洪涝	成灾	受灾	洪涝成灾	失收	受灾	洪涝成灾	受灾	洪涝成灾	橡胶（万株）	胡椒	咖啡	椰子						
合　计	122.59	36.73	46.9	53.86	27.4	13.43	16.51	4.66	46.25	4.7	403.93	0.651	1.36	0.275	2.11	2.293	496.7	38	9155	40617.18
海口市														0.002	1.05			3	2000	242
琼山县	1.6	0.22	1.6	1.6		1.6	0.184			0.22										230.2
文昌县	19.62	10.8	5.00	15.8	10.8	5.00	2.55		1.21		0.07	0.01					16.4			178.5
琼海县											0.0632									
万宁县	1.01	0.86	0.86	0.92	0.81	0.0092	0.0368	0.036	0.0543	0.016	0.3	0.066		0.002	0.038	0.016	1.5		4	217.71
定安县	11.7	2.6	3.2	1.2	0.6	1.2	2.5	0.5	8	1.5	3.3	0.2	0.1			0.04	53.2		640	2675
屯昌县	10.58	2.84	2.84	6.52	2.5	0.19	0.34	0.34	3.72		0.04	0.05	0.15		0.028		13.5		40.5	248.6
澄迈县	13.35	0.4	0.4	0.25		0.25	1.1	0.4	12.0		0.012						6			884
临高县	7.626	2.35	4.912	3.5	1.8		0.55	0.55	1.2		1	0.015	0.035			0.15				21.49
儋　县	15	1.0	8	2	1				12		0.125				0.1		2			1467
陵水县	5.3	5.15	5.15		3.2	1.95	3.1	0.35	2.2	1.6	2.208			0.246	0.066	0.25	3.7	21		2277
三亚市	1.53	5.584	6.007		4.12	1.834	0.393	0.372	1.140	1.084	0.05		0.02			0.343	87.29	10	19	575.76
琼中县	3.5	0.2	0.2	2.5			0.8		0.2	0.2	4.4	0.09	0.3	0.025	0.06				151	91.1
通什市	3.18	2.11	2.24	0.8	0.4	0.53	2.3	1.63	0.08	0.08	4.8		0.05		0.765	0.21	80.8		1300	11373
保亭县	8.1	2.36	5.74	4.55	2	0.35	0.84	0.36			0.037					0.05	1		5000	6802
白沙县	2	0.13	0.13	1	0.13	0.016			1		0.15									62.12
昌江县	5.5		0.4	4.4		0.4	0.1		1								3			561
东方县	3.21	0.125	0.225	3.21		0.1		0.125								0.454	3.35	4		310.5
乐东县																				
松　涛											0.032									1.2
农　垦	9.78			5.61			1.72		2.45		387.34	0.22	0.70			0.78	225			12399

附表 27　1989 年第 28 号台风灾情统计表（二）

市、县	受灾人口 其中洪水围困 村庄（个）	受灾人口 其中洪水围困 人数（万人）	伤亡人数 死亡（人）	伤亡人数 伤（人）	死亡牲畜 牛、羊（头）	死亡牲畜 三鸟（头）	房屋倒塌 倒塌（间）	房屋倒塌 损坏（间）	房屋倒塌 茅房、工棚（间）	损失粮食（万斤）	交通电讯 损坏桥梁（座）	交通电讯 公路（千米）	交通电讯 输电线路（杆）	交通电讯 输电线路（千米）	交通电讯 通讯线路（杆）	交通电讯 通讯线路（千米）	损失价值（万元）
总　计	187	13. 55	40	180	753	26363	9969	51113	12276	10050. 8	126	403. 45	2471	460. 14	1153	1215. 3	20652. 61
海口市																	
琼山县										510		0. 7					300
文昌县	28	0. 32		1	2		24	208		2000	11	25		0. 2			1048. 5
琼海县																	
万宁县						1020	425	4200	18	125. 7	5	0. 10	630	34			410. 5
定安县				3	31	650	338	1750		1600	3		18	3. 6	20	2. 5	23. 7
屯昌县							181	3633		865. 3	5	1. 2		0. 04	12	6	332. 5
澄迈县			1					560		1550	1			3		6	91
临高县								670		795							201. 35
儋　县							80	3600	150	974			15	12	8	6	180
陵水县	16	0. 919			1. 31	18700	790	11220	1850		7	15	262	21	70	17	1390
乐东县																	
琼中县	16	0. 16	6		18		27	663	1217	375	7	197	36	48	125	256	410
通什市	93	8. 75	4	145	423	1674	1865	2451	3680	450	13	140	1346	84	753	38	13915. 7
保亭县	3		24	2						20							
白沙县								561				11					40. 21
昌江县								120								6	30
东方县							1	252	47				40	25			30. 26
三亚市	31	3. 4	4	22	94	4319	593	6466	5314	785. 8	1	3. 45	124	6. 3	140	3. 8	2240. 7
松　涛								14				10		25	25	45	8. 2
农　垦			1	7	54		5645	14745			73			198		829	

备注：此次台风损坏水库 29 宗［小（一）以上 16 宗］；冲坏江海防 25 条 218 处 18. 7 千米；溃决堤防 34 处 4726 米；冲垮山塘 28 宗；崩坏水陂 490 座；塌坏涵闸 1318 座；损坏渡槽 65 座；崩决渠道 2054 处 77090 米；损坏水电站 19 座 3553 千瓦；损坏机（泵）站 49 座 893 马力；损坏其他工程 168 宗。损失价值 2043 万元。

附表 28 1990 年第 16 号台风灾情统计表（一）

市县名称	损失价值总计（万元）	受灾人口			伤亡人数		损失牲畜		房屋、茅房工棚				损失校舍		
		合计（万人）	洪水包围		死亡（人）	受伤（人）	数量（头）	损失价值（万元）	倒塌（间）	损坏（间）	倒塌工棚房（间）	损失价值（万元）	倒塌（平方米/间）	损坏（平方米/间）	损失价值（万元）
			村庄（个）	人数（万人）											
海口市	10.7										1	0.04			
琼山县	836.0								20	500		16.00			
文昌县	485.7									3		0.62			
琼海县	1707.6									455	227	57.63	200/6	1000/12	5.00
万宁县	3169.0					1	58	8.70	103	3898		420.70	400/8	9600/480	50.40
定安县	346.2								32			19.20	70/2	90/2	2.10
屯昌县	77.4						1	0.07		2500		52.00			
澄迈县	95.2								25	21		31.30			
临高县	685.6									183		.		4320/22	21.96
陵水县	1993.4					14			284	2594	1320	191.00	420/14	13753/547	110.90
三亚市	5158.1		24	1.90		1	105	3.50	30	3500	2800	251.20		2895/158	22.60
乐东县	349.5					4	50		140	138	1073	84.50			
东方县	108.6						1	0.12	59	67	331	54.15			
昌江县	381.8								103	95	427	203.55			
白沙县	185.9								15	41	151	12.70	400/8	1600/32	19.20
琼中县	159.1						26	1.50			136	5.44	600/10	900/15	15.00
保亭县	24.7														
通什市	483.3	1.50					65	6.70	9	27	66	13.60	170/3	2600/30	7.40
农垦小计	5037.0									4365		648.00			
总 计	21294.8	1.50		1.90		20	306	20.59	820	18387	6532	2061.63	2260/51	36758/1298	254.56

附表 28　1990 年第 16 号台风灾情统计表（二）

市县名称	农业受灾															橡胶、林木、果树			
	合计（万亩）				其中（万亩）														
	面积	成灾	其中：洪涝		水稻			旱粮、油、作物		瓜菜	甘蔗		热带作物（万亩）	损失粮食产量（吨）	损失价值（万元）	橡胶（万株）	林木（万株）	果树（万株）	损失价值（万元）
			受灾	成灾	受灾	其中成灾	其中失收	受灾	其中成灾		受灾	成灾							
海口市	1.23									0.03	1.20				10.73				
琼山县	30.33	15.58			13.50	13.50		2.08	2.08	1.30	12.60		0.85	2632	670.00	2.0	10.0	0.6	120.00
文昌县	15.00	15.00			15.00	15.00								6000	480.00				
琼海县	35.15	4.05			28.60	4.05				2.10	3.45		1.00	10050	1202.00	13.5	58.2	0.6	365.00
万宁县	15.92	9.75	5.02	3.35	11.60	7.60	1.2	0.85	0.85	0.76	1.30	1.30	1.41	14400	1440.00	19.6	92.6	25.5	1093.00
定安县	19.70	11.80			8.20	7.00	1.2	2.00	2.00	2.00	7.00	2.80	0.50	355	268.85	30.0	105.0	35.0	37.57
屯昌县	8.00	5.00			8.00	5.00	3.0							2370					
澄迈县	11.71				0.37			0.34			11.00			98	24.72	4.8	10.3	0.8	20.50
临高县	5.42	4.52	5.30		0.02	0.02				0.90	4.50	4.50		3	170.00	18.0	15.0	15.0	486.00
儋　县	10.17	3.30			0.17					0.50	9.50	3.30							
陵水县	11.42	2.62			8.20	2.46					0.80	0.16	2.42	7380	840.00	17.0	39.0	21.0	745.00
三亚市	17.34	8.05	8.05	5.95	12.15	5.40	1.6	1.57	1.46	1.69	1.92	0.51	0.01	8340	2850.80	0.8	71.2	10.4	1788.00
乐东县	7.02	1.10	1.10	1.10	3.77	0.64	0.1	0.75	0.46		2.50				200.00	19.0			37.80
东方县	2.07	1.70			1.13	1.13		0.57	0.57	0.16	0.21					0.4	8.0		44.00
昌江县	1.17	0.20			0.20	0.20					0.97			274	40.00	1.0	3.7	0.2	61.65
白沙县	3.64	1.65			0.03	0.03	0.0			0.04	3.75	1.62			35.20	1.0	1.3	1.7	20.48
琼中县	2.14	0.16	1.90	0.12		0.01		0.01	0.01	0.03	0.11	0.03	0.09	360	43.60	15.9	1.5	0.6	40.00
保亭县																			
通什市	3.54	1.35			1.55	1.14	0.2	0.47	0.20	0.16	0.02	0.01	1.35	781	148.30	9.6	78.8	11.0	103.80
农垦小计	1.21				0.96						0.25					389.6			4389.00
总　计	202.18	85.83	21.37	10.52	113.45	63.18	7.4	8.64	7.63	9.67	60.90	14.23	7.63	53043	8424.20	541.4	494.6	122.4	9351.80

附表 28　1990 年第 16 号台风灾情统计表（三）

市县名称	库区工程		江海堤防				冲夸山塘（宗）	崩坏水陂（宗）	塌坏活闸（座）	损坏渡槽（座）	崩决渠道（处/米）	损坏水电站（座/千瓦）	损坏机（泵）站（座/马力）	水利损失价值（万元）
	损坏		冲坏		溃决									
	合计	小(一)以上	条/处	千米	处	米								
海口市														
琼山县			1/4	1.0				1			10/450			23.00
文昌县			4/16	0.8					4		75/3750			4.97
琼海县	13	7	2/2	0.1				4	17	4	24/720			43.20
万宁县			7/7	18.5			25	34	20	4	11/1890			90.30
定安县	1	1							49	3	157/2451			17.11
屯昌县								15	17		43/375			25.30
澄迈县								6	2		34/493			18.70
临高县									12		7/22			7.56
儋　县														
陵水县	8	2	2/2	0.4			3	11	15	5	31/763	1/40	1/20	47.54
三亚市	9	9	2/2	0.1				15	178	3	415/6345			152.20
乐东县	5	1	2/	0.8			1	2	28	2	273/3789		12/	27.20
东方县					1	10					/			10.04
昌江县			2/5	0.7	2	100	17	4		3	20/250			43.60
白沙县							3	18	7	1	38/1580			57.20
琼中县								18			360/15300			53.60
保亭县								14	13	1	109/1352			24.73
通什市	6						4	58	16	3	640/6875	10/80	6/32	87.60
总　计	42	20	22/38	22.4	3	110	53	200	378	29	2247/46405	11/120	19/52	733.85

备注：此次台风造成损失尚有：

①水产渔业：崩坏鱼虾塘 1809 亩；沉坏渔船 70 只；损坏渔网具 521 张。损失价值 144.3 万元。

②交、电、通讯：损坏桥梁 19 座；公路 269.5 千米；损坏输电线路 342.9 千米；损坏通讯线路 935.1 千米。损失价值 285.48 万元。

③其他损失：仓库粮食 26 吨；工矿产品 15 吨。损失价值 18.48 万元。

附表29　1991年第6号台风灾情统计表（一）

市县名称	损失价值总计（万元）	受灾人口 洪水包围		伤亡人数		损失牲畜		房屋、茅房、工棚				损失校舍		
		村庄（个）	人数（万人）	死亡（人）	受伤（人）	数量（头）	损失价值（万元）	倒塌（间）	损坏（间）	倒塌工棚茅房（间）	损失价值（万元）	倒塌（平方米/间）	损坏（平方米/间）	损失价值（万元）
海口市	722.9							9		2	6.82	/	/	
琼山县	1971.4							310	30		59.00	/	/	
文昌县	2739.0							32	552		60.00	/	1250/	2.50
琼海县	4410.0			1	14			78	1148	2129	50.00	620/30	2400/240	13.00
万宁县	12500.0	6	0.26	2	22	185	63.46	1629	28175	5339	2172.80	31133/2008	126048/5564	1374.66
定安县	2344.9				2	12	1.50	169	16639	4515	521.00	580/25	827/176	44.50
屯昌县	332.5					3	0.21	7	182	57	46.60	/	84/2	0.50
澄迈县	1030.6							3	850	350	29.45	/	2460/82	4.70
临高县	317.9							9	2271		.	/	626/152	39.40
儋　县	1372.8							230	5500		117.00	/35	/95	975.00
陵水县	8047.2	8	0.52	2	32	460	13.80	1834	13935	1203	851.60	13000/217	49890/832	577.00
三亚市	794.2	30	2.50			35	1.40	25	182	258	21.60	/	60/2	1.00
乐东县	4270.3	32	1.64	8	21	396	103.50	1130	4911		829.30	18580/22	29428/26	318.40
东方县	739.3	3	0.73	1		1241	4.70	404	2339	12	315.90	/	160/4	0.80
昌江县	1219.1	8	1.38	4		777		24	391	238	332.00	/	3190/52	0.14
白沙县	685.8							56	352	610	46.60	1800/48	1700/58	59.40
琼中县	468.3					14	0.70	25	650	856	48.50	38/	2280/38	11.40
保亭县	1727.3				2	181	2.17	123	2450		46.03	80/2	320/8	1.30
通什市	1490.6			9	5	112	11.20	35	80	475	74.35	/	307/6158	196.20
农垦小计	15000.0			4	13			900	8100		.	/	/	
侨务农场	647.0										. .	/	/	
其　他	414.2			1				30	233		28.22	/	/	
总　计	63345.3	87	7.03	32	111	3416	202.64	7062	88970	16044	5656.77	65831/2387	221040/13488	3619.90

附表 29　1991 年第 6 号台风灾情统计表（二）

市县名称	农业受灾（万亩）															橡胶、林木、果树			
	合计（万亩）				其中（万亩）								热带作物（万亩）	损失粮食产量（吨）	损失价值（万元）	橡胶（万株）	林木（万株）	果树（万株）	损失价值（万元）
	面积	成灾	其中：洪涝		水稻			旱粮、油、作物		瓜菜	甘蔗								
			受灾	成灾	受灾	其中成灾	其中失收	受灾	其中成灾		受灾	成灾							
海口市	6.40				0.01			1.25	0.13	4.99	0.15				609.00	1.00	0.40	0.1	154.50
琼山县	3.60				.			0.60		0.40	2.50		0.01		405.00	15.20	210.00	7.5	1465.00
文昌县	3.52				0.15			0.78		0.02	1.30		1.10		1052.00	49.00	78.00	0.6	1152.00
琼海县	11.02	1.17			0.50	0.50				1.50	2.50	0.67	5.85		1812.00	42.00	75.00	2.5	2200.00
万宁县	12.45	5.69			7.26	2.72		0.91	0.74	1.15	2.93	2.23	1.99		2360.60	45.60	546.20	72.7	3422.00
定安县	9.95	1.32			1.66	0.86		0.52	0.24	0.72	5.20	0.22	1.85		639.00	20.00	106.90	48.1	889.89
屯昌县	3.01				.					0.71	2.30				186.30	3.80	4.50		61.70
澄迈县	11.49	0.20			0.08	0.08		0.12	0.12	0.28	11.00		0.01	40	749.90	6.20	50.00	10.0	207.00
临高县	3.87	3.87			0.42	0.42				0.25	3.20	3.20		420	42.00	0.50	17.50	21.0	216.40
儋　县	5.92	1.70			0.57	0.15		0.15	0.05	.	5.20	1.50		250	205.00	9.60			
陵水县	4.55	1.35	1.10	0.20	1.10	0.20		3.00	0.80	0.20	0.25	0.15	0.08		924.50	7.90	213.00	131.0	3651.40
三亚市	10.68	2.13	8.35	2.13	2.10	1.23	0.10	2.20	0.70	0.95	2.20	0.20	0.50		230.60	2.50	3.10	16.0	432.00
乐东县	20.60	2.95			0.77	0.77		3.70	0.40	1.32	7.10	0.18	0.74		698.40	106.10	201.80	31.4	488.70
东方县	3.16							1.09		1.68	0.29				222.00	0.70	10.10	0.3	57.00
昌江县	5.01	1.32	1.01	0.60	0.04	0.04		0.60	0.47	2.40	1.60	0.81	0.01	85.00	460.00	0.10	16.90	10.5	88.00
白沙县	3.84	1.55			0.05	0.03				0.13	3.61	1.52	0.05		217.60	12.40	25.20	1.2	204.30
琼中县	1.82	1.22			0.30			1.13	1.13	0.21	0.13	0.09	0.04		103.60	3.60	11.80	0.7	112.40
保亭县	24.45	8.47	5.61	0.28	5.61	5.23	0.20	5.62	3.74	0.42			12.80		672.04	41.40	16.40	9.0	919.08
通什县	2.83	1.43	0.93	0.43	0.93	0.43	.	1.40	0.90	0.10	0.20	0.10	0.20		247.00	3.00	5.00	2.6	461.00
农垦小计											8.03					968.50			15000.00
侨务农场															165.00	56.00			482.00
总　计	148.17	34.37	17.00		21.55	12.66	0.30	23.07	9.42	17.43	59.69	10.87	25.23	795	12001.54	1395.10	1591.80	356.2	31664.37

附表 29　1991 年第 6 号台风灾情统计表（三）

市县名称	水产渔业				交通、电力、通讯						损失价值（万元）
	崩坏鱼虾塘（亩）	沉坏渔船（只）	损坏网具（张）	损失价值（万元）	损坏桥梁（座）	公路（千米）	输电线路		通讯线路		
							（杆）	（千米）	（杆）	（千米）	
海口市									6	20.0	0.60
琼山县							80	6.4	500	20.0	5.20
文昌县	10000			500.00			550	50.0			18.00
琼海县	2030	31		210.00			1800	300.0	2400	120.0	32.00
万宁县	941	470	1722	288.80	80	269.4	3448	591.8	425	76.9	1287.60
定安县	60		28	33.00	2	3.2	125	466.5	12	11.5	184.00
屯昌县	40			1.20			17	4.1		17.0	14.50
澄迈县								56.5		50.0	14.13
儋　县	30		100								
陵水县		105	79	226.00		94.0		24.0			51.70
三亚市	40	6.00	120	5.50	4	15.0	9	7.5	11	1.1	19.50
乐东县	270	55	4710	103.00	6	370.5	98	3.3	206	2.0	52.00
东方县	51	8	8	33.90	2						2.50
昌江县	11	36	1680	80.50	12	50.0	435	29.0	570	51.4	166.90
白沙县					5	15.0	30	3.0	200	7.0	26.00
琼中县	58			6.70	4	48.0	94	63.0	262	218.0	105.00
保亭县	39			19.50	2	21.0	82	5.5	17	2.5	33.83
通什市	200			60.00	6	50.0	50	20.0	60	10.0	120.00
农垦小计					93			843.4		1749.0	
其　他						40.0					386.00
总　计	13770	711	8447	1568.10	216	976.1	6818	2474.0	4669	2356.4	2519.46

备注：此次台风造成的损失，还有：

①水利方面的损失：库区工程损坏 83 宗［小（一）型以 44 宗］；垮坝小（一）型 1 宗；冲坏江海堤防 94 条 221 处 37.5 千米；溃决堤防 48 处 1260 米；冲垮山塘 111 宗；崩坏水陂 358 宗；塌坏涵闸 906 座；损坏渡漕 84 座；崩决渠道 4729 处 186573 米；损坏水电站 32 座 2363 千瓦；损坏机（泵）站 22 座 4998 匹马力；损失灌溉面积 31.40 万亩等。水利损失价值 4030.32 万元。

②其他损失：仓库粮食 593 吨；工矿产品 410 吨。损失价值 2082.25 万元。

附表30　1991年第11号台风灾情统计表（一）

市县名称	损失价值总计（万元）	受灾人口		伤亡人数		损失牲畜		房屋、茅房工棚				损失校舍		
		洪水包围												
		村庄（个）	人数（万人）	死亡（人）	受伤（人）	数量（头）	损失价值（万元）	倒塌（间）	损坏（间）	倒塌工棚茅房（间）	损失价值（万元）	倒塌（平方米/间）	损坏（平方米/间）	损失价值（万元）
海口市	4519.6				4	1	0.05	46	1215	1564	248.06		150/3	2.50
琼山县	10019.5			1		2	0.20	625	8100		157.30			
文昌县	5718.0				2			150	1500		1710.00		10000/200	100.00
万宁县	157.3													
定安县	586.8			1	3	32	1.05	68	9849	3887	111.22	640/31	1661/284	27.85
屯昌县	616.9							11	201	35	52.30	48/1		0.25
澄迈县	3861.1	1	0.35		1	1	0.05	2500	5500	512	491.10		3900/130	3.90
临高县	5511.9			3		235	4.70	572	17873	187	1919.88	900/45	3250/325	50.50
陵水县	3835.8	3	0.13	4	2	200	10.00	2370	30000	88	665.50	2000/100	18000/1200	34.00
三亚市	943.9	8	0.40			154	145.00		25	110	13.50			
乐东县	2800.7	13	1.87			354	22.03	416			315.00	3900/129	2680/105	44.58
东方县	1545.2	1	0.23	1	3	158	0.35	179	553	410	164.64			
昌江县	815.4	3	0.36		2	13	1.30	227	524	761	138.50		1915/56	12.20
白沙县	3117.5							11	527	35	32.90	2576/18	6163/156	81.84
琼中县	85.9							6	28	41	10.50			
通什市	42.3								100	50	0.35		450/50	4.50
农垦小计	14462.0			4	7				12850		642.00			
侨务农场	145.2							25			10.00			
其　他	635.4							13			22.00			
总　计	59420.4	29	3.34	14	24	1150	184.73	7219	88845	7680	6704.75	10064/324	48119/2509	362.12

附表 30　1991 年第 11 号台风灾情统计表（二）

市县名称	农业受灾（万亩）														橡胶、林木、果树			
	合计				其中								热带作物（万亩）	损失价值（万元）	橡胶（万株）	林木（万株）	果树（万株）	损失价值（万元）
	面积	成灾	其中：洪涝		水稻			旱粮、油、作物		瓜菜	甘蔗							
			受灾	成灾	受灾	其中成灾	其中失收	受灾	其中成灾		受灾	成灾						
海口市	2.93	1.06	1.06	1.06	0.74					1.10	1.14			3293.90	5.0	9.3		381.44
琼山县	22.10	7.73	8.03	6.03	5.28	4.78	0.50	1.50	0.50	1.25	12.50	1.20	1.57	2272.0	102.0	1840.0	70.0	7120.00
文昌县	15.50	9.50	12.00	8.00	12.00	8.00				1.50	1.50		0.50	1510.0	15.0	150.0	0.2	1240.00
万宁县	2.80	0.35	2.80	0.35	2.80	0.35								157.27				
定安县	14.59	6.65	6.61	3.86	4.55	1.80	0.20	1.14	0.35	2.06	5.96	2.44	0.88	276.54	15.2	113.4	1.4	68.82
屯昌县	3.57	1.36	1.47	1.36	0.87	0.76	0.10			0.60	2.10			259.00	4.2	10.6		263.00
澄迈县	25.02	4.80	6.00	1.80	6.00	1.80	0.20	3.40		1.50	12.80	3.00	1.32	1594.00	44.0	560.0	15.0	1617.50
临高县	12.56	6.73	3.75	3.75	3.75	3.75				1.41	5.58	1.57	1.82	1849.90	36.6	105.0	155.0	1336.60
儋县	11.25	3.90	2.00	1.05	3.50	0.10		0.25		0.95	5.60	2.85	0.95	936.00	69.0	320.0	0.1	1995.00
三亚市	4.30	4.00	3.20	3.20	3.20	3.20	0.00	0.11	0.05	0.75	0.25			306.00	3.5	2.7	4.2	181.60
乐东县	30.80	4.30	20.00	2.40	20.00	1.20	0.70	2.30	0.80	1.20	6.20	1.10	1.10	793.00	98.6	5.6	2.9	1244.10
东方县	8.19	4.99	3.75	2.55	3.75	2.55	1.20	0.16	0.16	1.85	0.43	0.43		1208.20	0.1	15.8	111.0	83.60
昌江县	2.91	1.78	2.01	1.20	2.01	1.20		0.08	0.08	0.14	0.58	0.58		137.60	0.4	2.2	8.3	81.20
白沙县	6.04	1.27			0.39	0.14					5.65	1.13		188.98	119.9	35.0	2.5	2585.50
琼中县	0.20	0.20	0.12	0.12	0.09	0.09		0.08	0.08	0.03				3.50	2.5	1.2	0.1	41.50
通什市	0.12	0.07	0.12	0.07	0.05	0.04		0.05	0.03	0.01	0.01			4.50	0.1		0.1	12.00
农垦小计	29.00				16.00						13.00			1450.00	967.7			11520.00
侨务农场	0.81	0.81	0.08	0.08	0.03	0.03				0.05	0.73			105.00	0.1	0.7		2.60
其　他																80.0	370.8	84.00
总　计	192.69	59.50	73.00	36.88	85.01	29.79	2.90	9.07	2.05	14.40	74.03	14.30	8.14	16345.39	1483.9	3251.5		29858.46

附表 30　1991 年第 11 号台风灾情统计表（三）

市县名称	水产渔业				交通、电力、通讯						损失价值（万元）
	崩坏鱼虾塘（亩）	沉坏渔船（只）	损坏网具（张）	损失价值（万元）	损坏桥梁（座）	公路（千米）	输电线路		通讯线路		
							（杆）	（千米）	（杆）	（千米）	
全省总计	8867	650	3455	1793.61	86	378.5	3780	973.9	8966	584.3	1667.69
海口市	3350	60	2360	440.25		1.5	655	12.4	1		21.80
琼山县		28	689	69.20			600	280.0	573	46.0	72.80
文昌县	3000	336		832.00			171	135.0	174	100.0	136.00
定安县	265			11.01	1	66.9	289	92.1	54	13.3	43.39
屯昌县	45			1.35			13	3.5		15.0	11.85
澄迈县	650	68	74	77.00				56.0		80.0	38.00
临高县		126	152	20.50	15	11.5	1525	76.2	820	41.0	38.35
儋　县	1000	18	180	57.80	45	15.0	159	80.0	120	69.0	19.00
三亚市	45			13.50	1	85.0	30	15.0			39.00
乐东县											
东方县	30			6.00	3	5.0	170	8.5			4.20
昌江县	432	14		262.00	6	44.5	68	6.2	200	10.0	134.30
白沙县					5	27.0	95	185.0	110	120.0	61.10
琼中县									11	69.0	13.90
通什市						2.0	5	2.0	3	1.0	3.00
农垦小计											650.00
侨务农场	50			3.00				22.0		20.0	24.60
其　他					10	120.0			1900		356.40

备注：此次台风造成的损失，还有：

①水利方面的损失：库区工程损坏 26 宗［小（一）型以 23 宗］；垮坝小（一）型 1 宗；冲坏江海堤防 178 条 21.2 处 37.5 千米；溃决堤防 54 处 1532 米；冲垮山塘 52 宗；崩坏水陂 104 宗；塌坏涵闸 932 座；损坏渡槽 45 座；崩决渠道 6673 处 77343 米；损坏水电站 16 座 1151 千瓦；损坏机（泵）站 19 座 286 匹马力；损失灌溉面积 32.58 万亩等。水利损失价值 1729.77 万元。

②其他损失：仓库粮食 445 吨；工矿产品 259 吨。损失价值 773.75 万元。

附表 31　1992 年第 4 号台风灾情统计表（一）

市县名称	损失价值总计（万元）	受灾人口			伤亡人数		损失牲畜		房屋、茅房工棚				损失校舍		
			洪水包围												
		合计（万人）	村庄（个）	人数（万人）	死亡（人）	受伤（人）	数量（头）	损失价值（万元）	倒塌（间）	损坏（间）	倒塌工棚房（间）	损失价值（万元）	倒塌（平方米/间）	损坏（平方米/间）	损失价值（万元）
琼海县	919.0	4.00								10		6.00			
万宁县	5085.6	12.00					471	24.70	951	7969		708.40	110/23	342/13	121.30
定安县	393.5	2.50							18	236	386	30.60		260/13	4.50
屯昌县	203.2	2.50							14	87	21	17.35		210/4	2.15
临高县	1284.4	4.50			1				81	2974	220	65.74	945/15	3700/90	51.30
陵水县	4437.8	17.00					118	6.00	321	6961	2460	757.50	5550/297	12100/605	142.00
三亚市	3359.3	15.00	5	0.09	1	16	162	8.10	419	4201	2564	464.00	1510/38	440/20	12.70
乐东县	1685.1	12.00					70	3.50	45	534	312	41.00	800/20	4800/120	44.60
东方县	382.1	5.00	1	0.23					203	571	454	143.00			
昌江县	223.6	2.00								60	140	10.00			
白沙县	771.7	2.50							11	75	65	11.45	2480/31	8160/132	199.20
琼中县	288.3	4.50								351	556	49.68		1300/26	5.20
保亭县	1554.9	5.00				3	51	2.55	174	1031	1916	200.40	80/2	6120/151	62.80
通什市	1236.5	6.00					500	25.00	80	500	250	95.00		12000/200	120.00
农垦小计	17387.0	20.00							1530	22204		2986.40			
侨务农场	100.2	4.00								248	93	29.10			
总　计	39276.2	118.50	6.00	0.32	2	19	1372	69.85	3847	48012	9437	5615.62	11475/426	49432/1421	765.75

附表 31 1992 年第 4 号台风灾情统计表（二）

市县名称	农业受灾（万亩）															橡胶、林木、果树			
	合计				其中									损失粮食产量（吨）	损失价值（万元）	橡胶（万株）	林木（万株）	果树（万株）	损失价值（万元）
	面积	成灾	其中：洪涝		水稻			旱粮、油、作物		瓜菜	甘蔗		热带作物						
			受灾	成灾	受灾	其中成灾	其中失收	受灾	其中成灾		受灾	成灾							
琼海县	4.40	1.65	1.55	1.55	2.00	0.35				1.20	1.20	0.10	4.95		481.00	10.0	11.0	25.0	241.00
万宁县	8.04	6.38	3.20	1.84	4.70	3.20	1.80	0.95	0.95	0.85	1.69	0.40	3.05	142	2.00	40.0	153.5	13.3	3354.40
定安县	9.92	5.20	2.41	2.41	0.41	0.41		3.00	2.70	2.00	4.50	2.50	0.01	20	129.00	6.0	1.4	0.3	219.00
屯昌县	0.57	0.45	0.45	0.45	0.40	0.40				0.05	0.02		0.10		85.00	1.8	1.9		53.50
临高县	16.50	15.20	12.00	12.00	12.00	12.00		1.30		0.14	3.00	3.00	0.01	1500.00	1010.00	18.0	6.8	11.2	54.42
陵水县	1.86	0.96	1.12	0.96	0.16			1.22	0.54	0.40	0.08	0.02	0.83		822.20	2.5	19.2	50.7	2367.00
三亚市	3.20									3.20					1315.20	9.4	41.8	35.6	1109.00
乐东县	1.60	0.70	0.70					0.50		0.70	0.40		1.50			11.0	11.0	10.0	1384.00
东方县	3.06	2.73	0.42							2.73	0.33				81.90	0.1	5.5	0.8	64.00
昌江县	2.38	0.32	0.38	0.32	0.08	0.02		0.70		0.30	1.20		0.10		152.00	0.8	2.0	0.6	38.00
白沙县	2.45	1.12								0.08	2.35	1.12			35.00	19.6	11.1	1.4	476.80
琼中县	1.25	0.45	0.24	0.15	0.24	0.15		0.81	0.81	0.09	0.07	0.05	0.05		68.75	4.8	12.0	0.7	126.30
保亭县	26.34	1.45						26.12	1.23	0.22	0.02	0.01	0.06		454.26	26.1	2.0	5.4	640.61
通什市	1.99	1.46	0.46	0.46	0.06	0.03		1.00	0.50	0.40	0.03	0.02	0.50		96.00	20.0	30.0	2.0	600.00
农垦小计	4.79	2.00	1.50	0.10	1.50	0.10		2.57	1.90		0.62				435.00	494.0	155.0	81.0	12171.20
侨务农场	0.21					16.66					0.21				7.35	0.4	3.2	0.8	61.20
总　计	88.56	40.07	24.43	20.24	21.55		1.8	38.17	8.63	12.36	15.72	7.22	11.16	1662	5174.66	664.5	467.4	238.8	22960.43

附表 31　1992 年第 4 号台风灾情统计表（三）

市县名称	水产渔业				交通、电力、通讯						损失价值（万元）
	崩坏鱼虾塘（亩）	沉坏渔船（只）	损坏网具（张）	损失价值（万元）	损坏桥梁（座）	公路（千米）	输电线路		通讯线路		
							（杆）	（千米）	（杆）	（千米）	
全省总计	1640	89	266	566.70		708.0	5551	898.5	1990	572.8	2496.76
琼海县		6		140.00				2.1		35.0	24.00
万宁县	600	62	106	202.50	17	177.3	1660	561.3	422	340.0	280.71
定安县							2	3			0.80
屯昌县	7			0.70			35	8	25	12.0	17.70
临高县							4	5	142	8.2	18.50
陵水县		6		95.40	3	8.7	259	14.4			38.70
三亚市	72	15	160	18.20	4	64.0	25	42	14	45.0	49.22
乐东县	130			40.00	2	50.0	25	12	40	2.0	12.00
东方县							567	17.1	385	7.6	7.15
昌江县								5.0		10.0	12.50
白沙县						11.0	28	7.0	440	10.0	16.73
琼中县	12			2.00			47	12.0	132	15.5	9.65
保亭县	87			8.70	1	32.0	109	54.6	3	1.5	175.40
通什市	200			6.00	3	100.0	450	50.0	300	60.0	90.00
农垦小计	532			53.20		250.0	2340	105	87	13.0	1741.20
侨务农场						15.0				13.0	2.50

备注：此次台风造成的损失，还有：

①水利方面的损失：库区工程损坏 42 宗［小（一）型以 31 宗］；垮坝小（一）型 1 宗；冲坏江海堤防 58 条 94 处 30.2 千米；溃决堤防 52 处 1853 米；冲垮山塘 162 宗；崩坏水陂 35 宗；塌坏涵闸 270 座；损坏渡漕 45 座；崩决渠道 1647 处 44224 米；损坏水电站 2 座 50 千瓦；损坏机（泵）站 13 座 268 匹马力；损失灌溉面积 22.17 万亩等。水利损失价值 1374.62 万元。

②其他损失：仓库粮食 962 吨；工矿产品 7 吨。损失价值 251.88 万元。

附表32　1992年第5号台风灾情统计表（一）

市县名称	损失价值总计（万元）	受灾人口	洪水包围		伤亡人数		损失牲畜		房屋、茅房工棚				损失校舍		
		合计（万人）	村庄（个）	人数（万人）	死亡（人）	受伤（人）	数量（头）	损失价值（万元）	倒塌（间）	损坏（间）	倒塌工棚房（间）	损失价值（万元）	倒塌（平方米/间）	损坏（平方米/间）	损失价值（万元）
总　计	24515.1	134.34	31	2.79		6	500	27.2	2281	43693	4218	2633.04	6360/323	81282/3260	529.09
海口市	407.7	4.60								97	181	44.55			
琼山县	599.6														
文昌县	3124.0	15.00				6			9	2800	125	149.00			
琼海县	832.5	8.10								124	200	13.00			
万宁县	1747.4	15.02	24	1.42			120	4.50	30	3202	1476	295.26	90/2	2839/110	20.49
定安县	866.1	6.50					2	0.10	12	5554	923	82.87		625/23	
屯昌县	332.7	17.00							27	310	27	34.85		105/3	1.60
澄迈县	1046.0	18.50							210	1500		58.50	120/40	39000/1300	36.50
临高县	2665.9	5.50					150	12.00	286	17005		455.60	900/18	1950/58	20.50
儋　县	2815.3	4.65	2	1.00			25	1.50	1050	3057	65	471.10	1300/65	23200/1160	258.00
陵水县	35.2														
乐东县	192.7	1.58					102	5.10		112	376	45.46			
东方县	217.2	3.22	1	0.23			26	0.80		411	621	8.40		1110/55	20.30
昌江县	174.6	1.10		0.14						80		4.00		140/7	14.00
白沙县	445.3	2.15	4						21	280	22	6.00		350/14	4.20
琼中县	233.1	1.58							105	314	182	28.45		900/30	4.50
通什市	143.0	5.00					20	1.00		50	20	12.00		1300/12	13.00
农垦小计	8600.4	24.74					55	2.20	525	8750		910.00	3950/198	9763/488	136
侨务农场	46.5	0.10							6	47		14.00			

附表 32　1992 年第 5 号台风灾情统计表（二）

市县名称	农业受灾															橡胶、林木、果树			
	合计（万亩）				其中（万亩）								热带作物（万亩）	损失粮食产量（吨）	损失价值（万元）	橡胶（万株）	林木（万株）	果树（万株）	损失价值（万元）
	面积	成灾	其中：洪涝		水稻			旱粮、油、作物		瓜菜	甘蔗								
			受灾	成灾	受灾	其中成灾	其中失收	受灾	其中成灾		受灾	成灾							
总　计	116.27	34.63	22.21	7.36	21.95	5.83	0.10	10.65	3.03	7.75	59.89	13.55	11.37	225	7299.51	248.9	847.3	58.6	10805.68
海口市	1.55	0.51						0.03		0.51	1.03				254.20	0.5	7.7		63.20
琼山县	1.28	1.28									1.28	1.28			128.00	4.3	6.8	9.0	429.00
文昌县	7.68	2.46	2.59	1.96	2.59	1.96		0.18		0.50	0.24		4.17		816.10	3.2	155.6		709.20
琼海县	6.45	2.08	1.50	0.48	1.50	0.08		1.30		0.40	1.20	30.00	0.55		672.00	4.0	3.5	7.5	25.00
万宁县	11.78	4.30	7.31	2.17	7.31	2.17	0.1	1.73	1.37	0.61	0.64	0.19	1.49		479.70	29.7	193.8	9.2	637.33
定安县	5.70	2.41	1.51	0.59	0.92			0.07		0.59	3.80	1.82	0.32		136.91	2.9	21.4	1.6	605.56
屯昌县	2.42	0.17	1.51		1.51					0.17	0.62		0.12		185.50	2.0	4.1	0.3	68.30
澄迈县	12.40	0.40	0.50		0.50					0.40	11.50			75.00	105.00	12.3	11.4	8.5	844.45
临高县	9.90	5.40								0.60	9.30	4.80			666.00	9.0	385.0	15.4	1294.00
儋　县	24.65	9.55	3.00	2.00	3.00	1.50		5.20	1.05	0.30	12.60	3.50	0.35	150.00	1878.00	0.5	3.5	0.4	27.70
乐东县	2.29	0.61	0.72		0.72			0.53		0.61	0.42		0.01		41.50				
东方县	3.10	1.60			0.37			0.73		1.60	0.40				140.40	0.1	4.2	0.1	16.70
昌江县	0.55	0.10						0.20		0.10	0.20		0.05		101.00	0.2	1.5	0.3	17.50
白沙县	4.20	0.80									4.20	0.80			84.00	11.0	6.5	0.6	282.50
琼中县	0.80	0.80	0.15	0.15	0.11	0.11		0.58	0.58	0.04	0.06	0.06	0.03		54.90	3.3	4.5	0.3	107.34
通什市	0.03	0.05	0.02	0.01	0.02	0.01		0.05	0.03	0.01					20.00	0.1	1.0	2.0	30.00
农垦小计	20.60	1.28	3.40		3.40			0.05		1.28	11.60		4.27		1506.30	165.7	36.8	3.4	5645.40
侨务农场	0.84	0.83								0.03	0.80	0.80	0.01		30.00	0.1			2.50

后　　记

《中国气象灾害大典·海南卷》终于与读者见面了。这是一部比较全面反映海南省气象灾害的历史典籍，同时也是海南省开展灾害研究、指导防灾减灾最全面、最权威的资料工具书。海南省位于热带北缘，属于全国气象灾害高发区，防灾减灾的任务极其繁重。《中国气象灾害大典·海南卷》的出版发行，对各级党政领导机关规划海南省社会经济发展和组织防灾减灾提供了科学的决策依据，也为科研、业务、管理等部门和工作人员的具体工作提供帮助，不仅具有现实意义，更有深远的历史意义，具有十分珍贵的收藏价值。为了方便读者阅读和使用本卷资料，现将有关事宜说明如下：

（一）气象灾害类型的划分

根据海南省的实际，气象灾害的类型分为九大类：热带气旋（俗称台风）、干旱、暴雨（洪涝）、海上强风、低温冷害（含低温阴雨、清明风、寒露风）、雷暴、冰雹、龙卷风、雾害。

气象灾害分类不重复。如某一次热带气旋灾害，既出现大风又产生暴雨，则归入热带气旋类型中，在暴雨类型中就不再重复记载。淫雨的描述中，若没有“风”的概念，则归入暴雨类型，若有“风”的概念，则归入热带气旋类型。

气象次生灾害，如赤潮、海啸、森林火灾等发生几率很小，本卷不作为独立的灾害类型描述记载。

（二）资料搜集及入典原则

基本原则：凡是由气象原因直接或间接引发的灾害均予以搜集入典。

根据海南省的实际，有些气象灾害虽然影响的范围不大，如仅影响一个市县，但是已经造成了较大程度的人员伤亡、财产损失，也搜集入典。反之，有些气象灾害虽然已经发生，但是没有造成损失和灾害，也不能入典。

（三）关于资料的完整性

1. 范围的完整性

编写人员广泛查阅各种史志资料，共查阅了《琼州志》、《海南省志》、《海南岛史》、《海南岛气候》、《黎族古代历史资料》、《琼山县志》、《文昌县志》、《琼海县志》、《万宁县志》、《定安县志》、《澄迈县志》、《屯昌县志》、《琼中县志》、《临高县志》、《儋县县志》、《白沙县志》、《昌江县志》、《感恩县志》、《乐东县志》、《保亭县志》、《崖州志》、《昌江二千年大事记》及《广东自然灾害史料》、《海南千年自然灾害史料集》等20余部史志及其他资料。

查阅了各市、县政府灾情报告和民政、三防、农业、农垦、林业等有关部门灾情及救灾情况报告以及气象部门的气象服务总结材料等档案资料。

2. 资料的完整性

为了力求全面，我们将有文字记载以来的气象灾害资料尽可能详细地搜集，对地方志中有关县名、治所及变更、天文记事、自然灾害、瘟疫等可能与气象有关的记载予以抄录，然后按年份排列。

古代的气象资料中，海南省现在观测的气象灾害，除雾害外均能搜集到，在气象灾害类型方面，资料搜集的范围是比较完整的。一些小范围及轻度的气象灾害，由于记录密度小（如雷电、雷暴大风、海上强风、龙卷风、冰雹、连阴雨等的记录很少），且灾情以描述为主，灾害本身及救灾情况基本没有记载。气象次生灾害，特别是病虫害史志的记录基本空白。

古代的气象资料中断现象比较多，15 世纪以前的气象资料有较大的缺漏，中断的次数较多、时间较长，一般中断时间有 9～10 年，最长中断时间达 29 年，超过太阳黑子平均活动周期；16 世纪或其以后的气象灾害资料，缺漏较少，且缺漏的最长时间不超过 4 年，小于厄尔尼诺活动周期。

现代的气象资料相对比较完整和全面，灾情资料比较翔实。但是，气象预报、气象服务、防灾抗灾救灾等方面的情况，由于历史的原因，有较多的缺漏，如气象预报稿，按规定仅保留 1 年，现在已无法查阅。

（四）关于资料的准确性

本卷搜集的气象灾害资料，在时间上是可靠的，但也存在一些不确定性，特别是古代的资料，不准确的因素更多。如清朝以前的资料，均以阴历标记。民国时期的资料，有时用阴历，有时用公历，有时用民国纪年，比较零乱。二十世纪九十年代新编的一些志书，在这方面也不讲究，导致灾害发生的时间难于确定，无法考证，本卷只能原文照录。

一些大范围的气象灾害，在不同的志书中出现的时间也有差异，有些可以用天气系统影响前后时间差异解释，有些则无法作出合理的说明。如有些旱灾记录中写明："自五月不雨至明年二月"，但却在水灾中记载："秋大风雨"，诸如此类矛盾，难于考证孰是孰非，只能照原样保留。

有一些气象灾害发生区域也值得质疑，如定安等内陆县份有台风暴雨影响的记录，而同时间的沿海县份却没有记载，这显然是不合理的，但也无法考证，只好照录。

从各类史志和资料的内容来看，《海南千年自然灾害史料集》和《广东自然灾害史料》有衍源关系，定安、澄迈县志有许多资料源自琼山、海口，昌化与感恩的资料有些相似。如定安县志记：公元 982 年，八月飓风，损坏民舍社甚多。然而，实际上定安县至公元 1291 年才从琼山县分出。又如澄迈县志记：1928 年七月十五日，琼州遭暴风袭击，波及澄迈，风速 22～26.8 米/秒，其实，当时仅仅海口有气象观测，澄迈不可能有准确的观测数据。另外，"崖州"与"珠崖"并非因承关系，然而，崖州志却记载包含珠崖郡的资料等等，这些显然不符合史实。

古代的地名与今相比，变化很大，在入典时难于一一进行考证，如崖州在历史上与现在的崖县（三亚市）不是完全一致的，崖州志记载的灾害不一定发生在现在的三亚市境内，但已无法确定实际发生的区域，只好记在崖州（三亚市）目下。元朝以前，海南行政区变化较大，地名的准确性较差，明朝起海南行政区划比较稳定，除白沙、乐东、琼中、保亭为民国时期设置、五指山为上世纪八十年代设置外，其余政区无大的变化，地名的准确性较高些。

至于古代灾害的描述，大多数是合理的，也是比较可信的。但是，对冰雹的描绘，有的地方却有些过分，如“大者如轮、小者如盆”，显然是违背常规的。由于无依据订正，也只能照录，读者应可以判断。

本卷中，凡是用汉字数码表示的，即为农历，如九月二十八日；凡是用阿拉伯数字表示的，即为阳历，如5月16日。古代资料的计量单位照录，以汉字数码表示，如四千八百亩；现代资料统一使用标准计量单位，并用汉字名称，不用英文字母，如356米、150千克，不用356m、150kg。

由于不同版本的灾情统计数字有些出入，本卷中的数据，凡有政府文件的，以政府文件的数据为准；无政府文件的，以省三防办的数据为准。

海南省气象局党组对编写《中国气象灾害大典·海南卷》的工作高度重视，吴岩峻局长亲自担任编委会主任，主持《中国气象灾害大典·海南卷》的编写工作。《中国气象灾害大典·海南卷》古代、近代灾情部分由陈海编写，现代灾情部分由周茂华、陈小丽编写，绪论、各章的概述及后记由符大良编写，全卷由符大良负责校阅、审改、统稿，吴岩峻局长负责终审。《中国气象灾害大典·海南卷》的资料收集和编写工作得到中国气象局《中国气象灾害大典》编委会、海南省档案馆、海南省“三防”办公室、各市县人民政府、各有关部门及人士的关心和支持，特此一并致谢！